Wirtschaftsrecht III

Unternehmens- und Konzernrecht

Von
Professor Dr. jur. Bernhard Nagel

R. Oldenbourg Verlag München Wien

Die Deutsche Bibliothek - CIP-Einheitsaufnahme

Nagel, Bernhard:
Wirtschaftsrecht / von Bernhard Nagel. - München ; Wien :
Oldenbourg.
3. Unternehmens- und Konzernrecht. - 1994
ISBN 3-486-23124-3

Gesamtherstellung: R. Oldenbourg Graphische Betriebe GmbH, München

ISBN 3-486-23124-3

Vorwort

Das Lehrbuch Wirtschaftsrecht III setzt die beiden vorangegangenen Lehrbücher fort, die eine Einführung in die Grundrechte und das bürgerliche Vermögensrecht mit Bezügen zum Handelsrecht geben sollten. Auch in diesem Lehrbuch habe ich die induktive Vorgehensweise gewählt. Ich führe in die Probleme anhand von Fällen ein. Da es sich beim Unternehmens- und Konzernrecht jedoch um eine spezielle Rechtsmaterie handelt, habe ich die Literaturhinweise verstärkt. Insbesondere werden am Ende jedes Kapitels auch Empfehlungen zur vertiefenden Lektüre gegeben.

Da es seit 1980 möglich ist, eine GmbH von Anfang an durch eine Person zu errichten, und da ich die Mitbestimmung in die Darstellung einbeziehe, habe ich den Begriff "Gesellschaftsrecht" bewußt aufgegeben und den Begriff "Unternehmensrecht" gewählt. Dieser systematische Ansatz ließ es erforderlich erscheinen, auch einen kurzen Einblick in das Recht der öffentlichen Unternehmen zu geben; ohnehin werden derzeit viele von ihnen in privatrechtlich verfaßte Unternehmen umgewandelt. Es erscheint notwendig, wenigstens kurz auf die unternehmensrechtlichen Aspekte des Kapitalmarktrechts einzugehen. Kurze rechtsvergleichende Hinweise sollen ferner verdeutlichen, daß übergreifend rechtliche Regelungsprobleme im Ausland mit ähnlichen, zumindest vergleichbaren rechtlichen Mitteln bewältigt werden. Die ökonomische Analyse des Rechts ist nicht systematisch in das Lehrbuch eingearbeitet. Sie taucht aber in Passagen zum Insiderrecht und zur Mitbestimmung auf. Hier liegt überhaupt einer der Schwerpunkte der Darstellung. Es ist erforderlich, die betriebliche und die Unternehmensmitbestimmung im Zusammenhang zu betrachten und als Teil der Unternehmensorganisation, d.h. auch das Unternehmensrecht, zu verstehen. Das Konzernrecht, das in den meisten Lehrbüchern zu kurz kommt, müßte seiner Bedeutung entsprechend eigentlich noch umfangreicher dargestellt werden. Hier dürfte auch einer der Schwerpunkte der weiteren Rechtsentwicklung liegen. Leider konnten die Rechnungslegung und die Besteuerung des Unternehmens aus Platzgründen nur relativ kurz dargestellt werden.

Für vielfältige Hilfe danke ich Ronald Grünberg, Bernhard Heni, Birgit Riess, Anita Teichert und Gisela Theis.

Für Anregungen und Kritik der Leser bin ich dankbar. Meine Adresse ist: Fachbereich 6 der Universität - Gesamthochschule Kassel, 34109 Kassel.

Bernhard Nagel

Literatur (Auswahl)

1. Zur Einführung

Klunzinger, E.: Grundzüge des Gesellschaftsrechts, 8. Aufl., München 1993
Roth, G.H.: Handels- und Gesellschaftsrecht, 4. Aufl., München 1994

2. Lehrbücher zur Vertiefung

Eisenhardt, U.: Gesellschaftsrecht, 5. Aufl., München 1992
Emmerich, V./Sonnenschein, J.: Konzernrecht, 5. Aufl., München 1993
Fabricius, F.: Grundbegriffe des Handels-, Wirtschafts- und Unternehmensrechts, 5. Aufl., Stuttgart 1978
Hopt, K./Hehl, G.: Gesellschaftsrecht, 3. Aufl., München 1987
Hueck, G.: Gesellschaftsrecht, 19. Aufl., München 1991
Hüffer, U.: Gesellschaftsrecht, 3. Aufl., München 1991
Kraft, A./Kreutz, P.: Gesellschaftsrecht, 7. Aufl., Frankfurt/M. 1988
Kübler, F.: Gesellschaftsrecht, 4. Aufl., Heidelberg 1994
Maiberg, H.: Gesellschaftsrecht, 7. Aufl., München 1990
Raisch, P.: Unternehmensrecht, 2 Bände, Reinbek 1973 und 1974
Raiser, T.: Recht der Kapitalgesellschaften, 2. Aufl., München 1992
Schmidt, K.: Gesellschaftsrecht, 2. Aufl., Köln 1991
Schmidt, K.: Handelsrecht, 4. Aufl., Köln 1994
Wiedemann, H.: Gesellschaftsrecht, Band 1 (Grundlagen), München 1980
Wiedemann, H.: Gesellschaftsrecht, 5. Aufl., München 1988
Würdinger, H.: Aktienrecht und das Recht der verbundenen Unternehmen, 4. Aufl., Karlsruhe 1981
Brox, H.: Handels- und Wertpapierrecht, 9. Aufl., München 1991
Theisen, M.: Der Konzern, Stuttgart 1991

3. Kommentare

Baumbach, A./Duden, K./Hopt, K.J.: Kommentar zum Handelsgesetzbuch, 28. Aufl., München 1989
Baumbach, A./Hueck, A.: Kommentar zum GmbH-Gesetz, 15. Aufl., München 1988
Hüffer, U.: Aktiengesetz, München 1993
Lutter, M./Hommelhoff, P.: GmbH-Gesetz, Kommentar, 13. Aufl., Köln 1990
Hachenburg, W.: GmbH-Gesetz, Kommentar, 8. Aufl., 1990 ff.
Kölner Kommentar zum Aktiengesetz, hrsg. v. Zöllner, W.: 2. Aufl., Köln 1986 ff.
Scholz, Kommentar zum GmbH-Gesetz, 7. Aufl., Köln 1988

4. Standardkommentare zum BGB

Alternativkommentar zum BGB, ab 1979
Erman, W.: Handkommentar zum Bürgerlichen Gesetzbuch, 9. Aufl., Münster 1992
Münchener Kommentar zum BGB, ab 1978, 2. Aufl. ab 1984, 3. Aufl. ab 1991
Palandt, Bürgerliches Gesetzbuch, 53. Aufl., 1994

Soergel, Kommentar zum BGB, 11. Aufl. ab 1978, 12. Aufl. ab 1987
v. Staudinger, Kommentar zum BGB, 12. Aufl. ab 1978

5. Lehrbücher, Handbücher und Kommentare zur Unternehmensmitbestimmung

Fabricius, F. u.a.: Gemeinschaftskommentar zum Mitbestimmungsgesetz, Neuwied 1978
Fitting, K./Wlotzke, O./Wißmann, H.: Mitbestimmungsgesetz, 2. Aufl., 1978
Hanau, P./Ulmer, P.: Mitbestimmungsgesetz, München 1981
Kittner, M./Fuchs, H./Zachert, U./Köstler, R.: Arbeitnehmervertreter im Aufsichtsrat, 4. Aufl., Köln 1991
Nagel, B.: Unternehmensmitbestimmung, Köln 1981
Raiser, T.: Mitbestimmungsgesetz, 2. Aufl., Berlin 1984
Wißmann, H.: Vertretung der Arbeitnehmer in Unternehmensorganen, in: Münchener Handbuch zum Arbeitsrecht, Band 3, München 1992

6. Ökonomische Analyse des Rechts

Adams, M.: Eigentum, Kontrolle und beschränkte Haftung, Baden-Baden 1992
Assmann, H.-D./Kirchner, Ch./Schanze, E.: Ökonomische Analyse des Rechts, Tübingen 1993
Lehmann, M.: Bürgerliches Recht und Handelsrecht - eine juristische und ökonomische Analyse, Stuttgart 1983
Neumann, M. (Hg.): Ansprüche, Eigentums- und Verfügungsrechte, Berlin 1983
Ott, C./Schäfer, H.-B. (Hg.): Ökonomische Analyse des Unternehmensrechts, Heidelberg 1993
Schäfer, H.-B./Ott, C.: Lehrbuch der ökonomischen Analyse des Zivilrechts, Berlin/Heidelberg 1986
Schüller, A. (Hg.): Property Rights und ökonomische Theorie, München 1983
Weise, P./Brandes, W./Eger, T./Kraft, M.: Neue Mikroökonomie, 3. Aufl., Heidelberg 1993

Am Ende jedes Gliederungspunktes in Römischen Zahlen (I bis XV) finden sich Literaturhinweise zur Vertiefung.

Inhaltsverzeichnis

Schaubilder

Abkürzungsverzeichnis

aaO	am angegebenen Ort
AblEG	Amtsblatt der EG-Kommission
Abs.	Absatz
AcP	Archiv für die civilistische Praxis (Zeitschrift)
a.E.	am Ende
a.F.	alte Fassung
AG	Aktiengesellschaft
AktG	Aktiengesetz
Anm.	Anmerkung
AO	Abgabenordnung
ArbG	Arbeitsgericht
ARGE	Arbeitsgemeinschaft
BB	Betriebsberater (Zeitschrift)
betr.	betreffend
BetrVG	Betriebsverfassungsgesetz
BewG	Bewertungsgesetz
BFH	Bundesfinanzhof
BGB	Bürgerliches Gesetzbuch
BGBl.	Bundesgesetzblatt
BGH	Bundesgerichtshof
BGHZ	Amtliche Sammlung der Entscheidungen des Bundesgerichtshofs in Zivilsachen
BStBl.	Bundessteuerblatt
BT-Drucks.	Bundestags-Drucksache
DB	Der Betrieb (Zeitschrift)
DVO	Durchführungsverordnung
e.G.	eingetragene Genossenschaft
EG	Europäische Gemeinschaft
EGBGB	Einführungsgesetz zum Bürgerlichen Gesetzbuch
EStG	Einkommensteuergesetz
ff.	fortfolgende
FGG	Gesetz über die Angelegenheiten der freiwilligen Gerichtsbarkeit
GBO	Grundbuchordnung
GbR	Gesellschaft bürgerlichen Rechts
GenG	Genossenschaftsgesetz
Gew.	Gewerkschaft
GewSt.	Gewerbesteuer
GewStG	Gewerbesteuergesetz
GF	Geschäftsführer
GG	Grundgesetz für die Bundesrepublik Deutschland
GmbH	Gesellschaft mit beschränkter Haftung
GmbHG	Gesetz betreffend die Gesellschaften mit beschränkter Haftung
GR	Gesellschaftsrecht
GrEStG	Grunderwerbsteuergesetz

GWB	Gesetz gegen Wettbewerbsbeschränkungen
Hachenburg	Großkommentar zum GmbH-Gesetz, 8. Aufl. ab 1990
Halbs.	Halbsatz
HGB	Handelsgesetzbuch
h.M.	herrschende Meinung
HR	Handelsrecht
i.V.m.	in Verbindung mit
JZ	Juristenzeitung (Zeitschrift)
KAGG	Gesetz über Kapitalanlagegesellschaften
KapErhG	Gesetz über die Kapitalerhöhung aus Gesellschaftsmitteln und über die Gewinn- und Verlustrechnung
KG	Kommanditgesellschaft
KGaA	Kommanditgesellschaft auf Aktien
KK	Kölner Kommentar zum Aktiengesetz, 2. Aufl. 1986 ff.
KO	Konkursordnung
KSchG	Kündigungsschutzgesetz
Kübler	Kübler, Gesellschaftsrecht, 4. Aufl. 1994
KVStG	Kapitalverkehrsteuergesetz
LM	Lindenmaier-Möhring, Nachschlagewerk des Bundesgerichtshofes
MitbG	Gesetz über die Mitbestimmung der Arbeitnehmer
m.w.N.	mit weiteren Nachweisen
n.F.	neue Fassung
NJW	Neue Juristische Wochenschrift
Nr.	Nummer
OHG	offene Handelsgesellschaft
OLG	Oberlandesgericht
RefE	Referentenentwurf
RGZ	Amtliche Sammlung der Entscheidungen des Reichsgerichts in Zivilsachen
RiW	Recht der internationalen Wirtschaft (Zeitschrift)
Rz.	Randziffer
S.	Seite, Satz
s.o.	siehe oben
Stat. Jahrbuch	Statistisches Jahrbuch für die Bundesrepublik Deutschland
StAnpG	Steueranpassungsgesetz
stG	stille Gesellschaft
StGB	Strafgesetzbuch

StKapErhG	Gesetz über steuerrechtliche Maßnahmen bei Erhöhungen des Nennkapitals aus Gesellschaftsmitteln und bei Überlassung von eigenen Aktien an Arbeitnehmer
str.	streitig
s.u.	siehe unten
TVG	Tarifvertragsgesetz
u.	und
UmwG	Umwandlungsgesetz
UStG	Umsatzsteuergesetz
VAG	Gesetz über die Beaufsichtigung der privaten Versicherungsunternehmen (Versicherungsaufsichtsgesetz)
vgl.	vergleiche
v.H.	vom Hundert
VO	Verordnung
VVaG	Versicherungsverein auf Gegenseitigkeit
WM	Wertpapiermitteilungen (Zeitschrift)
WR I	Nagel, Wirtschaftsrecht I, Grundrechte und Einführung in das Bürgerliche Recht, München, 3. Aufl. 1993
WR II	Nagel, Wirtschaftsrecht II, Eigentum, Delikt, Vertrag, mit einer Einführung in die ökonomische Analyse des Rechts von Eger, 2. Aufl. München 1993
WSI-Mitteilungen.	Zeitschrift des Wirtschafts- und Sozialwissenschaftlichen Instituts des DGB
z.B.	zum Beispiel
ZBB	Zeitschrift für Bankrecht und Bankwirtschaft
ZIP	Zeitschrift für Wirtschaftsrecht (früher: Zeitschrift für Insolvenzpraxis)
ZPO	Zivilprozeßordnung

I. Einführung

a) Begriffe

Unternehmensrecht und Konzernrecht sind Rechtsgebiete, die sich mit privaten Organisationen befassen. Auch der Einzelkaufmann wird vom Unternehmensrecht erfaßt. Streng genommen müßte jeder Arbeitnehmer des Unternehmens durch das Unternehmensrecht erfaßt werden. Im Verständnis der traditionellen Jurisprudenz ist der Arbeitnehmer jedoch gegenüber dem Kaufmann oder der Gesellschaft, welche ein Unternehmen betreibt, etwas Außenstehendes. Ein eigenes Rechtsgebiet, das Arbeitsrecht, soll sich mit den Problemen befassen, die zwischen dem Unternehmer in seiner Rolle als Arbeitgeber und dem Arbeitnehmer entstehen können. Vielleicht wird es diese Trennung in 20 Jahren nicht mehr geben, zumal der Arbeitnehmer in einer viel engeren Beziehung zum Unternehmen steht als mancher Gesellschafter, etwa ein Kleinaktionär in einer Publikumsgesellschaft. Dennoch soll an der gegenwärtigen Trennung von Unternehmensrecht und Arbeitsrecht festgehalten werden, da Lehre und Rechtsprechung von ihr ausgehen. Auch typische Probleme des Einzelkaufmanns, wie etwa die Frage seiner Kaufmannseigenschaft (von der die Geltung des Handelsgesetzbuchs für ihn abhängt), die Firma (der Name des Kaufmanns) und die Führung der Handelsgeschäfte, sollen hier nicht weiter vertieft werden. Sie werden traditionell im Rahmen des Handelsrechts dargestellt. Probleme der inneren Unternehmensorganisation und Verfassung entstehen hier nicht, da Unternehmer und Unternehmen zusammenfallen. Andererseits geht es auch nicht an, das Unternehmensrecht als Gesellschaftsrecht zu bezeichnen, jedenfalls nicht mehr seit dem Jahre 1980, in dem das Gesetz über die Gesellschaften mit beschränkter Haftung (GmbH-Gesetz) novelliert wurde. Seither gibt es nämlich die sogenannte Ein-Personen-GmbH. Ein einzelner Mensch kann also eine Gesellschaft mit beschränkter Haftung gründen, d.h. letztlich als Einzelkaufmann seine Haftung beschränken. Ferner muß das Recht der Mitbestimmung schon heute als Teil des Unternehmensrechts betrachtet werden, da es die innere Unternehmensorganisation betrifft.

Hinzu kommt die zunehmende Bedeutung des Konzernrechts, das im 3. Buch des Aktiengesetzes von 1965 geregelt ist. Konzerne können nicht nur zwischen Aktiengesellschaften, sondern auch zwischen Personal- und Kapitalgesellschaften aller Art gebildet werden. Vielfach stehen Konzernuntergesellschaften im Alleineigentum der Obergesellschaften. Es handelt sich hier nicht mehr um von Personen geprägte Gesellschaften, sondern um miteinander verflochtene Unternehmenssysteme, deren Probleme nicht mehr in der Denkungsweise des klassischen Gesellschaftsrechts bewältigt werden können.

So wird gleich zu Beginn der Darstellung zweierlei deutlich: Die Begriffe, mit denen wir es beim Unternehmens- und Konzernrecht zu tun haben, wandeln sich ebenso, wie sich die wirtschaftliche Wirklichkeit wandelt, in der Unternehmen und Konzerne agieren. Inwieweit der Begriffswandel auch zu einem Wandel der Rechtsnormen, der Rechtsauslegung und der vertragsrechtlichen Gestaltung führt, muß zu Beginn dieser Darstellung noch offenbleiben. Soviel kann aber schon zu Beginn gesagt werden: Der historische und ökonomische Wandel beeinflußt Rechtssetzung und Rechtsanwendung. Deshalb soll tief in die Ursprünge der Entwicklung des Unternehmensrechts zurückgegriffen werden, das traditionell als Gesellschaftsrecht verstanden wurde, d.h. als das Recht der Unternehmergesellschafter nach außen und nach innen.

b) Historische Entwicklung

Schon das römische Recht kannte neben der bloß schuldrechtlichen Bindung zwischen mehreren Vertragsparteien, der societas, die körperschaftlich verfaßte Organisation, die universitas. Der Begriff "universitas" umfaßte nicht nur private Zusammenschlüsse, sondern auch Gemeinden und staatliche Einrichtungen, die wir heute dem öffentlichen Recht unterstellen. Insbesondere hat sich aus der "universitas" die Universität als Verband von Lehrenden, Lernenden und Forschenden entwickelt. Schließlich hat die "universitas" auch zur Entstehung der Lehre von der juristischen Person beigetragen.

Springt man vom römischen Recht zum mittelalterlichen Recht, so findet man die Körperschaften der Stadtgemeinden, der kaufmännischen Gilden, der handwerklichen Zünfte und der Universitäten. Ihre Ordnung bestimmt sich nach schriftlich festgelegten Normen. Sie handeln durch Organe wie den Rat, die Bürgerversammlung oder den Zunftmeister. Die Zusammensetzung der Organe richtet sich nach formalisierten Verfahren, im Laufe der Zeit immer häufiger nach dem Mehrheitsprinzip.

Seit dem 13. Jahrhundert entstanden kaufmännische Personengesellschaften, aus denen sich die heutigen Personenhandelsgesellschaften (offene Handelsgesellschaft - OHG, Kommanditgesellschaft - KG) und die stille Gesellschaft entwickelten. Aus der societas fratrum, also der Gesellschaft der Söhne eines verstorbenen Kaufmannes, entstand die heutige OHG. Das berühmteste Beispiel für eine solche societas sind die Brüder Fugger, die ihre gemeinsame Gesellschaft im Jahre 1494 gründeten.

Die Vorläufer der modernen Kapitalgesellschaften (Aktiengesellschaft - AG, Gesellschaft mit beschränkter Haftung - GmbH) sind die Handelskompagnien. Im Jahre 1600 wurde die englisch-ostindische, im Jahre 1602 die niederländisch-ostindische Kompagnie gegründet. Beides waren Kolonialgesellschaften, die durch einen hoheitlichen Gründungsakt (charter oder octroi) Rechtsfähigkeit erwarben und vom Staat kontrolliert wurden. Die Anteile an diesen Kompagnien waren übertragbar (Inhaberaktien). Aus dem Handel mit diesen Anteilen entwickelte sich der Börsenhandel. Mißbräuchliche Börsengeschäfte wiederum führten zu strenger staatlicher Kontrolle. All diese Rechtsformen und Mechanismen trugen mit dazu bei, daß sich im 18. und 19. Jahrhundert die europäische Gesellschaft aus einer ständisch-feudalen in eine bürgerliche Gesellschaftsordnung weiterentwickelte. Während in der ständischen Sozialverfassung die Gilden und Zünfte Produktion und Absatz kontrollierten, konnten die kaufmännischen Personenhandelsgesellschaften von jedem, der dem organisierten Stand der Kaufleute angehörte, gegründet und aufgelöst werden. Die Kompagnien konnten in dem Bereich, für den sie zugelassen waren, ebenfalls recht frei schalten und walten. Daneben nahmen sie allerdings auch administrative Aufgaben wahr, ja sie führten sogar Kriege; dies geschah unter strenger Aufsicht der jeweiligen Gründungsstaaten.

Das moderne Gesellschaftsrecht entwickelte sich mit dem Übergang von der korporativständischen zur bürgerlich-liberalen Wirtschafts- und Sozialordnung. Feudale Beschränkungen und Zunftzwänge sollten abgebaut werden. Jeder Bürger sollte Unternehmer werden können. Die ständischen Schranken für die wirtschaftliche Betätigung begannen sich im 19. Jahrhundert aufzulösen. Ausgangspunkt war die französische Revolution im Jahre 1789. In ihrer Folge bildete sich die klassische Kodifikation des Handelsrechts unter Napoleon heraus, der code de commerce im Jahre 1807.

Da es in Deutschland keine bürgerliche Revolution gegeben hatte, sondern nach 1815 die alten Regenten in ihren vergrößerten Territorien weiterregierten, mußte auch die Kodifikation auf sich warten lassen. Friedrich Carl von Savigny bildete mit Erfolg die historische Rechtsschule (vgl. WR I, S. 2). Er vertraute auf die Entwicklung des Rechts durch Sitte und Volksglaube als Gewohnheitsrecht, erst in zweiter Linie durch die Jurisprudenz und erst für die Zeiten "steigender Kultur" durch die Gesetzgebung als Repräsentant des Volkes.

Das Gesellschaftsrecht konnte sich aber daran nicht halten. Es mußte den stürmischen technischen und wirtschaftlichen Aufschwung im 19. Jahrhundert begleiten. So entstand in Preußen das Eisenbahngesetz von 1838 und das Aktiengesetz von 1843. Die aus dem code de commerce bekannte société anonyme wurde in Deutschland Aktiengesellschaft oder Aktienverein genannt. Die erste ausführliche Regelung enthielt das allgemeine deutsche Handelsgesetzbuch (ADHGB) des deutschen Bundes von 1861. Die Gründung einer AG bedurfte der staatlichen Genehmigung (Konzessionssystem), die allerdings immer großzügiger gewährt wurde. Schließlich wurde das ADHGB im Jahre 1870 novelliert. Die Konzessionspflicht wurde beseitigt und durch ein System von Normativbestimmungen ersetzt, das im wesentlichen noch heute gilt. Danach kann jeder eine AG gründen, wenn er die gesetzlichen Normen erfüllt. Da diese Freiheit zu unseriösen Gründungen von Aktiengesellschaften mißbraucht wurde, mußte das Gesetz im Jahre 1884 zugunsten der Aktionäre und des Publikums novelliert werden.

Es lohnt sich, die Zeit zwischen 1838 und 1884 genauer zu betrachten. Sie wird als sogenannte Take-off-Phase der industriellen Entwicklung in Deutschland bezeichnet. Während die mittelalterliche Produktionsweise dadurch gekennzeichnet war, daß die Rolle des Produzenten und des Verkäufers meist zusammenfiel, der Gewerbetreibende seine Produkte also selbst am Markt absetzte, bildete sich im 19. Jahrhundert die Trennung zwischen dem Produzenten und dem Händler heraus. Zu Beginn des 19. Jahrhunderts war Deutschland ein Agrarland mit kapitalextensiver, d.h. arbeitsintensiver handwerklicher Produktion. Erst ab 1830 - 1840 verlagerte sich die Produktion in die Fabriken. In den Fabriken waren nicht wie in der Manufaktur lediglich die Arbeitskräfte zusammengefaßt. Hier wurden darüber hinaus die Produktionsvorgänge technisiert und mechanisiert. Es bildete sich die Arbeitsteilung heraus. Die Mechanisierung wurde durch technische Erfindungen ermöglicht. Hierzu zählen die mechanische Spinnmaschine, die Dampfmaschine und später die Werkzeugmaschinen.

Eine neue Produktionsweise beschleunigte die Entwicklung. Es entwickelte sich der Kapitalismus, der dadurch gekennzeichnet ist, daß ein Unternehmer Geld einsetzt, produziert und die produzierten Waren mit dem Ziel verkauft, am Ende mehr Geld zu erhalten. Die Produktion für den anonymen Markt steht im Gegensatz zur mittelalterlichen Produktion, die auf Bestellung erfolgte. Sie brachte bestimmte Risiken wie z.B. die Überproduktion oder die Fehlproduktion mit sich. Sie führte aber auch zu einer Ökonomisierung immer weiterer gesellschaftlicher Bereiche. Dinge, die früher im Hause produziert wurden, wurden nun von Unternehmern übernommen: Kleider nähen, Pullover stricken, Marmelade einkochen und Brot backen. Die Entwicklung geht bis heute weiter, auch Dienstleistungen werden kommerzialisiert: man "kauft" heute Ferienreisen, man mietet Fernsehapparate, Kleider, ja ganze Abendgesellschaften.

F.-W. Henning beschreibt die Entwicklung zwischen den Jahren 1835 und 1900, die weg vom Verlag (Heimarbeit) und der Manufaktur hin zur Industrie verläuft. Der Anteil des Handwerks geht zwar zurück, aber die enorme Ausweitung der Produktion führt auch zu einem Ansteigen des handwerklichen Sektors der Produktion.

Schaubild 1

Die Take-off-Phase der deutschen Industrie im 19. Jahrhundert

Schema der Änderungen in der Struktur der Produktionsweise im gewerblichen Sektor und Herkunft der industriellen Arbeiterschaft (1835 bis 1900)

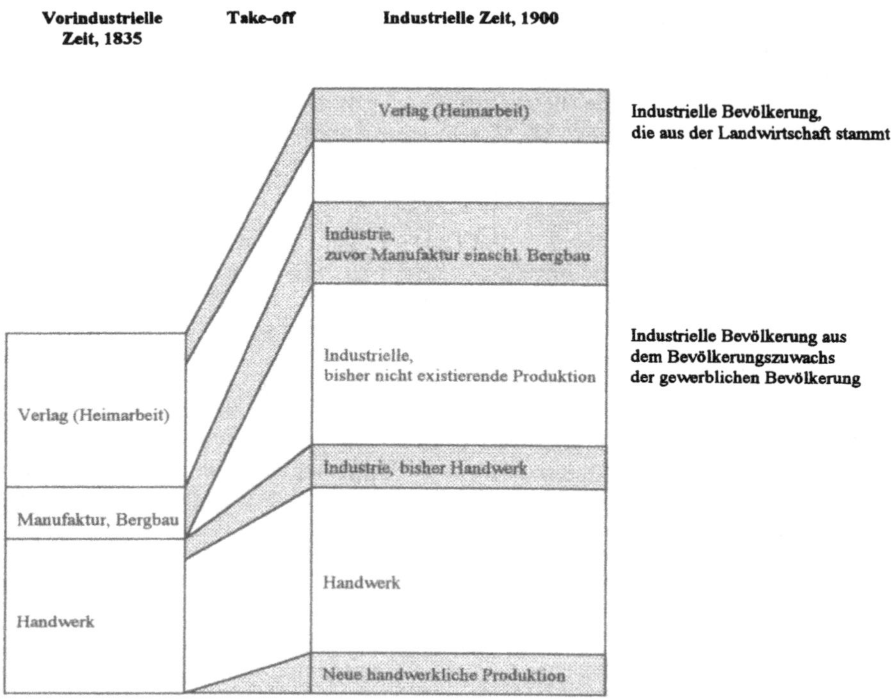

Die Abgrenzung zwischen den einzelnen Bereichen des sekundären Sektors (Verlag, Manufaktur und Handwerk) konnte nicht einwandfrei durchgeführt werden, da sehr starke Überschneidungen vorhanden waren.

Quelle: F.-W. Henning, Die Industrialisierung in Deutschland 1800 bis 1914, Paderborn 1973, S. 127

Die Industrialisierung in Deutschland wurde stärker als in England vom Metallsektor getragen, weniger vom Textilsektor. Insbesondere der Maschinenbau und der Bau von Eisenbahnen, der 1835 begann, erforderte eine steigende Eisenproduktion. Den Ausgangspunkt bildete die Entwicklung des Eisenbahnwesens, die nicht nur zu einer räumlichen Erweiterung der zuvor lokalen Märkte, sondern auch zu einer zeitlichen Beschleunigung beim Umschlag des eingesetzten Kapitals führte. Außerdem wurde die Regelmäßigkeit der Lieferung erhöht, die Transporte über die Eisenbahn kamen pünktlich beim Besteller an.

Zu Beginn des Ersten Weltkrieges im Jahre 1914 gab es in Deutschland 61 000 km Normalspurbahnen und 2 700 km Schmalspurbahnen. Damit waren fast alle Orte Deutschlands nicht mehr als wenige Stunden Fußmarsch von einer Eisenbahnstation entfernt. Die Arbeitskräfte, die für die Industrialisierung gebraucht wurden, konnten täglich oder wöchentlich zum Arbeitsort fahren. Die Standorte für industrielle Unternehmungen konnten weiter gefächert werden. Damit verbreiterte sich die Basis für die Industrialisierung. Je Kilometer Streckennetz wurden im Durchschnitt 250 000 Mark ausgegeben. Hierbei ist zu bedenken, daß sich die Kosten seit 1850 erheblich absenkten.

Die Finanzierung der Eisenbahnen erfolgte durch Privatleute und den Staat. Die Privatbahnen finanzierten sich aus der Emission von Aktien und aus den ausgeschütteten bzw. nicht ausgeschütteten Gewinnen. Der Staat brachte die Finanzmittel für den Eisenbahnbau vor allem durch Anleihen oder Investition von Gewinnen der Eisenbahn auf.

Das Problem der privaten Eisenbahngesellschaften bestand darin, genügend Kapital zu sammeln. Dies geschah über die Ausgabe von Anteilen (Aktien). Die Interessenten mußten aber gegen das Risiko einer persönlichen Haftung bei einem Scheitern der Gesellschaft gesichert werden. Deshalb wurde die Aktiengesellschaft dem französischen Beispiel von 1807 folgend mit einer eigenen Rechtspersönlichkeit versehen und die Haftung der Gesellschafter auf die Anteile (Aktien) begrenzt. Schließlich sollte der Anleger die Möglichkeit haben, die Aktie rasch zu verkaufen, wenn er Geld brauchte. Die Aktie mußte also leicht übertragbar sein. Sie wurde daher als Wertpapier ausgestaltet und börsenfähig gemacht, d.h. die Aktie konnte wie eine bewegliche Sache durch Einigung und Übergabe übertragen werden. Das Recht aus dem Papier (Ansprüche des Aktionärs) folgt dem Recht am Papier (Eigentum). Da die AG als juristische Person nur eine Fiktion des Gesetzgebers darstellte, bedurfte sie einer Organisation, um handlungsfähig zu werden. Sie erhielt durch den Gesetzgeber Bevollmächtigte als Organe, nämlich den Vorstand, den Aufsichtsrat (Kontrollorgan) und die Hauptversammlung (Versammlung der Aktionäre).

So war die Aktiengesellschaft durch vier Elemente gekennzeichnet:

- eigene Rechtspersönlichkeit
- Bevollmächtigte als Organe
- Haftung nur mit der Aktie
- leichte Übertragbarkeit der Aktie.

In Preußen entwickelte sich allein zwischen 1870 (Aufhebung des Konzessionssystems) und 1872 die Zahl der Aktiengesellschaften von 203 auf 478. Im Jahre 1873 ging sie wieder auf 162 zurück. Dies hing mit dem sogenannten Gründungsschwindel zusammen.

Unterkapitalisierte Aktiengesellschaften brachen in der Wirtschaftskrise von 1873 zusammen. Als Antwort wurde im Jahre 1874 eine Novelle des Aktienrechts verabschiedet. Danach erhielt jede Aktie ein Stimmrecht, es kam zu verstärkten Kontrollvorschriften, vor allem auch im Interesse der Gläubiger, schließlich wurde das Verbot der sogenannten Unterpari-Emission gesetzlich verankert, d.h. die Aktien durften nicht unter ihrem Nennwert ausgegeben werden. Dies gilt noch heute.

Die verstärkte Konzentration der reichsdeutschen Wirtschaft führte nach 1880 zur Bildung von Kartellen und Syndikaten (gemeinsamen Verkaufsgesellschaften). Hervorzuheben sind der Montan- und Elektrobereich, etwa das rheinisch-westfälische Kohlesyndikat von 1893. Das Reichsgericht betrachtete die Bildung von Kartellen als zulässig; es ging hier vom Grundsatz der Vertragsfreiheit aus. Dies führte bis zum Ersten Weltkrieg zu einer immer stärkeren Kartellierung und Vermachtung der Wirtschaft, ohne daß der Gesetzgeber hiergegen etwas unternommen hätte.

Kleinere Unternehmen insbesondere aus dem handwerklichen Sektor waren nicht daran interessiert, die Unternehmensanteile der Anonymität der Marktentwicklung an der Börse auszusetzen. Sie wollten wissen, wer an ihrem Unternehmen beteiligt ist. Gleichzeitig wollten sie aber die Vorteile der beschränkten Haftung in Anspruch nehmen. Aus diesem doppelten Gedanken entstand im Jahre 1892 die Gesellschaft mit beschränkter Haftung (GmbH), der Reichstag verabschiedete das GmbH-Gesetz. Nach mehreren Novellen, zuletzt im Jahre 1980, ist es noch heute in der Bundesrepublik Deutschland in Kraft.

Im Jahre 1900 traten das Bürgerliche Gesetzbuch (BGB) und das Handelsgesetzbuch (HGB) in Kraft. Das BGB enthält noch heute in den §§ 705 ff. die Grundnormen des Gesellschaftsrechts. Das HGB enthält das Recht der offenen Handelsgesellschaft, der Kommanditgesellschaft und der stillen Gesellschaft. Wie das Recht der GmbH wurde auch das Aktienrecht, das ursprünglich noch im HGB geregelt war, im Jahre 1937 in einem eigenen Gesetz zusammengefaßt. Dieses wurde im Jahre 1965 durch ein neues Aktiengesetz ersetzt. Man kann aber immer noch sagen, daß die systematische Grundgliederung des Gesellschaftsrechts in Deutschland seit 1900 in Kraft ist.

Nach dem Ersten Weltkrieg ging es zunächst darum, der Überfremdung deutscher Aktiengesellschaften Einhalt zu gebieten. Man erlaubte Stimmrechtbeschränkungen und Mehrstimmrechte wie z.B. im Fall der Familie Siemens. Außerdem wurde den Banken gestattet, ihr sogenanntes Depotstimmrecht auszubauen, d.h. sie stimmten, soweit der Aktionär nicht widersprach, die in ihren Depots lagernden Aktien ab. Da jedoch die neuen Freiheiten mißbraucht wurden und insbesondere mit Hilfe von Mehrstimmrechten komplizierte Konzerne mit wenig Kapital aufgebaut wurden, mußte die Kontrolle verstärkt werden. Die Weltwirtschaftskrise nach 1929, in deren Verlauf das Deutsche Reich im Jahre 1931 eine Ausfallbürgschaft für die Verbindlichkeiten der Darmstädter und Nationalbank (Danatbank) und anderer Gesellschaften übernehmen mußte, ließ eine Reform des Aktienrechts als dringlich erscheinen. Dies geschah für die Rechnungslegung durch Notverordnung des Reichspräsidenten im Jahre 1931. Erst im Jahre 1937 kam es zu einer vollständigen Neuordnung des Aktienrechts in einem eigenen Gesetz. Inzwischen hatten aber in Deutschland die Nationalsozialisten die Macht übernommen. Deshalb wurde in der AG das Führerprinzip verankert, d.h. die Stellung der einzelnen Aktionäre wurde gegenüber dem Vorstand geschwächt. Der NS-Staat gebot der Konzentration und Vermachtung der Wirtschaft nicht nur keinen Einhalt, sondern machte sich die Kartelle und

Konzerne sogar nutzbar. Für die Branchen wurden Reichswirtschaftsführer eingesetzt, die - wenn auch nur beschränkt funktionierende - Marktwirtschaft wurde durch eine Zentralverwaltungswirtschaft mit privatem Eigentum an Produktionsmitteln, aber starker staatlicher Einflußnahme, ersetzt.

Nach dem Zweiten Weltkrieg sorgten die alliierten Siegermächte für die Entflechtung und teilweise Demontage der Großunternehmen und Konzerne. Während im Osten eine staatliche Zentralverwaltungswirtschaft eingeführt wurde, entschied sich die in den drei Westzonen gegründete Bundesrepublik Deutschland nach der Vorgabe der westalliierten Mächte für eine Wettbewerbsordnung, die durch ein Kartellgesetz im Jahre 1957 abgesichert wurde. Die ursprünglich fehlende Fusionskontrolle wurde durch eine Novelle zum Gesetz im Jahre 1973 eingeführt.

Im Jahre 1969, also während der Regierungszeit der großen Koalition, wurde das Publizitätsgesetz verabschiedet, in dem die Veröffentlichungspflicht von großen Gesellschaften erheblich erweitert wurde. Dieses Gesetz ist inzwischen zum großen Teil überholt. Umfangreiche Publizitätspflichten wurden durch Richtlinien der Europäischen Gemeinschaft vorgegeben und durch Bundesgesetze in nationales Recht transformiert. Besonders wichtig ist die vierte Richtlinie, die sogenannte Bilanzrichtlinie. Weitere Richtlinienentwürfe konnten noch nicht verabschiedet werden, dies gilt insbesondere für die europäische Aktiengesellschaft, die fakultativ neben den nationalen Aktiengesellschaften eingeführt werden soll.

Einer der Streitpunkte ist die Mitbestimmung. Sie hatte sich in der Eisen- und Stahlindustrie der britischen Zone nach 1945 entwickelt; Hauptmerkmale waren die paritätische Repräsentanz der Arbeitnehmerseite im Aufsichtsrat und die Einführung eines Arbeitsdirektors als Vorstandsmitglied, der nicht gegen die Mehrheit der Arbeitnehmervertreter im Aufsichtsrat bestellt werden kann. Durch diese Unternehmensmitbestimmung wurde die bereits seit 1920 existierende betriebliche Mitbestimmung (Betriebsräte) erheblich erweitert, die nach 1945 wieder in den Westzonen eingeführt worden war. Heute gibt es ein ausdifferenziertes Mitbestimmungsrecht, wobei für die Branchen außerhalb von Kohle, Eisen und Stahl das Mitbestimmungsgesetz von 1976 mit einem leichten Übergewicht der Anteilseignerseite im Aufsichtsrat maßgeblich ist. Diese Mitbestimmungsregelungen stoßen auf große Widerstände bei anderen Mitgliedsstaaten der EG. Die Widerstände gehen so weit, daß mitbestimmte Aktiengesellschaften nicht einmal fakultativ hingenommen werden. So ist es bis heute nicht gelungen eine Verordnung über das Statut einer (fakultativen) Europäischen Aktiengesellschaft und eine damit verknüpfte Richtlinie über die Mitbestimmung in dieser Euro-AG zu verabschieden.[1]

Während früher relativ große Spielräume für Satzungs- und Geschäftsordnungsregelungen in den Aktiengesellschaften bestanden, gilt heute der Vorrang der gesetzlichen Organisationsregelungen, auch und gerade im Bereich der Unternehmensmitbestimmung. Größer sind die privaten Regelungsspielräume im Recht der Personalgesellschaften, aber auch hier gibt es strikte Vorgaben, wie z.B. das Prinzip der vollen persönlichen Haftung im Recht der OHG.

---

[1] Vgl. den zweiten geänderten Vorschlag vom 25.8.1989, ABlEG Nr. C 263 v. 16.10.1989, S. 41 ff.

Auch wenn viel über Marktwirtschaft gesprochen wird, hat sich der Bereich der staatlichen Regulierung in den letzten Jahrzehnten doch stetig ausgedehnt. Die Frage, inwieweit eine Deregulierung möglich oder sogar sinnvoll ist, kann hier nur angedeutet werden. Großräumige Verwerfungen in der Weltwirtschaft nach dem Zusammenbruch der Sowjetunion und dem Aufstieg der ostasiatischen Staaten sprechen eher dafür, daß die staatliche Regulierung noch verstärkt wird, wenn auch nicht mehr nur im Rahmen des Nationalstaats, sondern auch im Rahmen der Europäischen Gemeinschaft mit bestimmten Bandbreiten für die nationalstaatliche Ausfüllung.

Drei Gesetze aus dem Jahre 1994 sind unternehmensrechtlich bedeutsam: Die sog. kleine Aktienrechtsreform dereguliert das Aktienrecht für kleine Gesellschaften. Das Umwandlungsgesetz weitet die Möglichkeiten der Umwandlung von einer Rechtsform in die andere aus und faßt das Gebiet systematisch zusammen. Das zweite Finanzmarktförderungsgesetz erweitert u.a. den Anlegerschutz und senkt den Mindestnennbetrag einer Aktie auf fünf DM.

Bis 1977 war die Zahl der Kapitalgesellschaften in Deutschland relativ gering, da es eine sogenannte Doppelbesteuerung gab. Die Gesellschaft mußte ihre Gewinne versteuern, der Gesellschafter mußte die ausgeschütteten Gewinne auf seine Anteile zusätzlich zur Einkommensteuer anmelden. Diese Doppelbesteuerung fiel im Jahre 1977 weg. Seither ist die Zahl der GmbHs ständig angestiegen. Sie sprang über 500 000, während die Zahl der Aktiengesellschaften auch nach der Wiedervereinigung nicht über ca. 3 000 hinauskam. Dennoch sind gerade die großen Gesellschaften nach wie vor in der Rechtsform der AG organisiert, die GmbH ist die typische Rechtsform für kleine und mittlere Kapitalgesellschaften sowie für Konzernuntergesellschaften.

Zur Vertiefung: *K. Schmidt*, GR, S. 638--646, 1121 f.; *Kübler*, S. 5-17; *Max Weber*, Zur Geschichte der Handelsgesellschaften im Mittelalter, 1889 (Nachdruck 1964); *Horn/Kocka* (Hg.), Recht und Entwicklung der Großunternehmen im 19. und frühen 20. Jahrhundert, 1979; KK-*Zöllner*, Einl. Rz. 56 ff.

II. Vorüberlegung: Die Rechtsform des Unternehmens

A betreibt als Einzelkaufmann eine Buchhandlung, deren Räume renoviert werden müssen. Er überlegt sich, welche Risiken er eingeht, wenn er einen Bankkredit aufnimmt. Bekannte empfehlen ihm, seine Haftung zu beschränken. Freunde sind bereit, Geld in das Unternehmen zu stecken, wollen im Gegenzug aber in regelmäßigen Abständen Einblick in die Bücher nehmen und sich vorbehalten, daß wichtige Maßnahmen nur mit ihrer Zustimmung vorgenommen werden dürfen. Andere Freunde empfehlen ihm, einen Steuerberater zu konsultieren. Zu welcher Entscheidung ist A zu raten?

A muß sich zuerst überlegen, ob er ein Darlehen aufnehmen oder eine Gesellschaft gründen will, oder ob er beide Maßnahmen miteinander koppeln will, also Darlehen plus Gesellschaft. Wenn er seine Leistungsfähigkeit so gut einschätzt, daß er Zinsen und Tilgung des Bankkredits allein tragen kann, so sollte er keine Gesellschaft gründen, d.h. das Geschäft als Einzelkaufmann weiterbetreiben. Mit unternehmensrechtlichen Fragestellungen muß er sich dann nicht beschäftigen. Vielmehr genügt es, wenn er den Darlehensvertrag so günstig abschließt, daß ihn die Zinshöhe und die Rückzahlungsbedingungen nicht zu sehr belasten.

A kann sein Risiko, den Kredit für die Renovierungskosten nicht angemessen verzinsen und amortisieren zu können, jedoch so hoch einschätzen, daß er Freunde mit in das Unternehmen hineinnimmt. Er muß sich dann für eine von vielen Unternehmensformen entscheiden, welche ihm die Rechtsordnung anbietet. Hierbei muß er die Vor- und Nachteile der einzelnen Unternehmensformen abwägen. Im Vordergrund dürften bei jeder Unternehmensgründung die Haftungsrisiken, die Kapitalaufbringung, die Organisationsstruktur und Kompetenzverteilung, in größeren Unternehmen die Publizität und die Mitbestimmung stehen.

Auch als Einzelkaufmann kann A seine Haftung beschränken, allerdings muß er dazu den Umweg über die Gründung einer Gesellschaft mit beschränkter Haftung (GmbH) nehmen. Nach der Gründung, die A als Einzelperson vornehmen kann, haftet für die Schulden der GmbH nur noch das Gesellschaftsvermögen, nicht jedoch A mit seinem Privatvermögen. Dies wird durch den rechtstechnischen Kunstgriff ermöglicht, die GmbH als juristische Person gegenüber ihren Gesellschaftern zu verselbständigen. Für die Schulden der Gesellschaft haftet dann nur noch die juristische Person, nicht mehr der hinter ihr stehende Gesellschafter.

Seine Haftung kann A auch dadurch beschränken, daß er die Rechtsform der Kommanditgesellschaft (KG) wählt. A selbst würde dann die Rechtsstellung eines Kommanditisten (beschränkte Haftung) übernehmen, während er einem anderen Gesellschafter die Rechtsstellung des Komplementärs (Vollhafter) verschaffen müßte.

A könnte sich auch dafür entscheiden, die volle persönliche Haftung, die für ihn als Einzelkaufmann gilt, unverändert zu lassen. Er könnte aber zur Kapitalaufbringung Kommanditisten in sein Unternehmen hineinnehmen und dadurch statt des Bankkredits (Fremdfinanzierung) eine Eigenfinanzierung erhalten. Für die Einlagen der Kommanditisten müßte er keine Zinsen bezahlen. Allerdings hätten diese einen Anspruch auf ihren Gewinnanteil. Auch könnte ihnen A bestimmte Kontrollrechte nicht entziehen, die ihnen die Einsicht in die Bücher und Papiere der Gesellschaft ermöglichen.

Gründet A eine Personengesellschaft, so unterliegt er nicht den Gesetzen über die Unternehmensmitbestimmung. Dasselbe gilt, wenn er eine AG oder GmbH mit 500 oder weniger Arbeitnehmern gründet.

Für die Wahl der Gesellschaftsform ist außerdem die Frage von Bedeutung, ob das Unternehmen ein Handelsgewerbe betreibt. Was hierzu gehört, ist in § 1 HGB definiert. Vor allem sind die Anschaffung und Weiterveräußerung von Waren oder Wertpapieren erfaßt, hinzu kommen die Übernahme der Bearbeitung oder Verarbeitung von Waren für andere, sofern das Gewerbe nicht handwerksmäßig betrieben wird (§ 1 Abs. 2 Nr. 1 und 2 HGB). In § 1 HGB sind noch weitere sogenannte Grundhandelsgewerbe genannt. Hinzu kommt: Erfordert ein handwerkliches oder ein sonstiges gewerbliches Unternehmen, das nicht schon ein Grundhandelsgewerbe betreibt, nach Art und Umfang einen in kaufmännischer Weise eingerichteten Geschäftsbetrieb, so gilt das betriebene Gewerbe als Handelsgewerbe, wenn die Firma (der Name) des Unternehmens im Handelsregister eingetragen worden ist. Der Unternehmer ist verpflichtet, die Eintragung herbeizuführen.

Personengesellschaften, die ein solches Handelsgewerbe betreiben, können nur die Rechtsform der OHG oder der KG wählen. Sie müssen allerdings stets nach Art und Umfang einen in kaufmännischer Weise eingerichteten Geschäftsbetrieb erfordern, andernfalls sind sie nur Gesellschaften des bürgerlichen Rechts (§ 4 Abs. 2 HGB).

Was die steuerliche Belastung anbelangt, so ist seit 1977 die sogenannte Doppelbesteuerung bei Kapitalgesellschaften weggefallen, allerdings nur für die Einkünfte der Gesellschaft, nicht für ihr Vermögen. Ausgeschüttete Gewinne von Kapitalgesellschaften werden um den Betrag erhöht, der bereits als Körperschaftsteuer (Einkommensteuer der juristischen Person) auf den Gesellschafter, Aktionär oder GmbH-Gesellschafter entrichtet wurde. Allerdings wird ein Betrag abgezogen, der auf seine später fällig werdende Einkommensteuer verrechnet wird.

Wenn A über die richtige Gesellschaftsform nachdenkt, muß er allerdings auch die Kosten der gewählten Gesellschaftsform bedenken. So handelt er sich z.B. mit der Wahl der GmbH erhebliche Aufwendungen für die Bilanzierung, die Erstellung der Gewinn- und Verlustrechnung sowie für andere Dienstleistungen ein, die nur ein Steuerberater ordnungsgemäß erbringen kann. Derartige Kosten sind mit den Vorteilen abzugleichen, welche die Haftungsbeschränkung bietet.

III. Personengesellschaften

1. Grundelemente

A betreibt eine Trinkhalle in Bremerhaven. Sein Bruder B betreibt eine Trinkhalle in Kiel. Als Eigentümer des Grund und Bodens sind jeweils beide Brüder im Grundbuch eingetragen. Wegen des größeren Ertrages des Kieler Geschäfts und wegen der damit verbundenen größeren Arbeit erhält B eine jährliche Vorabzahlung von DM 30.000,--, im übrigen werden aber Gewinn und Verlust aus den beiden Geschäften gleichmäßig zwischen den Brüdern aufgeteilt. A möchte seinen Anteil an der Trinkhalle in Bremerhaven an X veräußern. Er fragt an, ob dies zulässig sei.

Nach § 719 BGB kann ein Gesellschafter nicht über seinen Anteil an dem Gesellschaftsvermögen und an den einzelnen dazu gehörenden Gegenständen verfügen; er ist nicht berechtigt, Teilung zu verlangen. Durch diese Vorschrift könnte A daran gehindert sein, seinen Anteil an der Trinkhalle in Bremerhaven an X zu veräußern. Voraussetzung ist, daß ein Gesellschaftsvertrag zwischen A und B über den Betrieb der beiden Trinkhallen zustande gekommen ist. Nach § 705 BGB verpflichten sich durch den Gesellschaftsvertrag die Gesellschafter gegenseitig, die Erreichung eines gemeinsamen Zweckes in der durch den Vertrag bestimmten Weise zu fördern, insbesondere die vereinbarten Beiträge zu leisten. Fraglich ist hier, ob A und B sich verpflichtet haben, einen gemeinsamen Zweck durch ihre jeweiligen Beiträge zu fördern. In Frage kommt auch eine Interpretation des Vertrages, wonach jeder seinen getrennten Zweck (Betrieb der jeweiligen Trinkhalle) verfolgen will und lediglich jeder am Gewinne des anderen teilnehmen sollte. Ein solcher Gewinnteilungsvertrag ist noch kein Gesellschaftsvertrag. Hinzu muß kommen, daß jeder auch das andere Geschäft fördert. Nach Ballerstedt[2] ist ein Zweck dann gemeinsam, wenn jeder ihn sowohl als den eigenen wie als den des anderen zu fördern verspricht. Das Reichsgericht,[3] das einen sehr ähnlich gelagerten Fall zu entscheiden hatte, ließ es für die Gemeinsamkeit des Zwecks ausreichen, daß die beiden Brüder einander vertrauten; ein einheitlicher Zweck sei auch dann gegeben, wenn eine wechselseitige Einmischung in das jeweilige andere Geschäft ausgeschlossen ist. Zu fragen ist, ob nicht ein Mindestmaß einer gemeinsamen Organisation objektiv erkennbar sein muß. Gegen ein solches Erfordernis spricht die Tatsache, daß Gesellschaften oft für zeitlich begrenzte Zwecke gebildet werden, z.B. zum Besuch eines Fußballspiels oder einer Theateraufführung. Die gemeinsame Organisation besteht dann nur in den Köpfen der Gesellschafter und in der Einhaltung von zuvor getroffenen Abreden. Eine solche Organisation können aber auch die beiden Brüder vereinbart haben. Deswegen erscheint die Entscheidung des Reichsgerichts aus dem Jahre 1910 richtig. A kann nicht wirksam über seinen Anteil an X verfügen (§ 719 BGB).

A und B beschließen, einen Personenwagen VW Golf zu kaufen. Sie wollen sich den Kaufpreis teilen und die Autohändler in der Umgebung darauf befragen, wieviel Preisnachlaß sie bekommen können. Nach langwierigen Vorbereitungen, bei denen auch noch mehrere Vorführwagen geprüft werden, gelingt es ihnen, mit dem Händler H zum Preis von DM 25.000,-- einig zu werden. Sie bezahlen den Kaufpreis und lassen sich den Kraftfahrzeugbrief übergeben. Ist eine Gesellschaft zwischen A und B entstanden?

---

[2] JuS 1963, 253
[3] RGZ 73, 286-288

Nach § 705 BGB ist erforderlich, daß A und B einen gemeinsamen Zweck fördern, indem sie die erforderlichen Beiträge zahlen. Dieser Zweck ist der Erwerb des Autos, die Beiträge sind nicht nur die Geldmittel, sondern auch die sonstigen Tätigkeiten, insbesondere die Verhandlungen mit den Autohändlern. Ein Gesellschaftsvertrag nach § 705 BGB liegt vor. Da die Brüder kein Handelsgewerbe betreiben, sondern den Erwerb des Autos als einmaligen Akt betrachten, kommt keine OHG in Frage. Es handelt sich also um eine BGB-Gesellschaft. Die Gesellschaft endigt nach § 726 BGB mit der Zweckerreichung. Mit Abschluß des Erwerbsvorgangs ist auch die Gesellschaft zum Abschluß gekommen.

A und B haben vereinbart, daß A das Auto jeweils montags, mittwochs und freitags nutzt, während das Auto an den übrigen Tagen B zur Verfügung steht. Die Ausgaben für Steuern, Kraftstoff, Kundendienst und Reparaturen sollen geteilt werden. A fragt an, ob er seinen Anteil an X veräußern kann, ohne B fragen zu müssen.

Die Veräußerung des Anteils könnte A durch § 719 BGB versperrt sein. Nach dieser Vorschrift kann er nicht selbständig über seinen Anteil verfügen. Man nennt diese Bindung auch "gesamthänderische Bindung". Diese Art, das Vermögen der Gesellschafter für den Teil, den sie in die Gesellschaft eingebracht haben, aneinander zu ketten, stammt aus der Tradition des deutschen Rechts. Nach den Prinzipien des römischen Rechts besteht eine gesamthänderische Bindung in der Personengesellschaft nur, wenn sie gesondert vereinbart ist.

A und B verfolgen sicher dann einen gemeinsamen Zweck, wenn sie gemeinsam etwas mit dem Auto unternehmen wollen. So liegt eine Gesellschaft vor, wenn sie z.B. als Anhänger des Motorsports gemeinsam am Wochenende Rennen besuchen. Dasselbe gilt, wenn sie das Auto zu gemeinsamen Reisen (z.B. Fußballspiele, Theateraufführungen, aber auch Ferienreisen) benutzen. Für die Lösung des Falls wird unterstellt, daß sie dies nicht wollen. Um die Gemeinsamkeit der Zweckverfolgung herzustellen, könnte es ausreichen, daß sie gemeinsam die Kosten für Kraftstoff, Kundendienst, Reparaturen, Versicherung und Steuern tragen. Derartige Kosten sind aber notwendige Nebenfolgen des Umstandes, daß sie das Auto gemeinsam besitzen. Es ist fraglich, ob das "gemeinsame Haben" eines Gegenstandes dafür ausreicht, die gemeinsame Zweckverfolgung nach § 705 BGB zu bejahen. Dies wird von Lehre und Rechtsprechung verneint.[4] Die Begründung folgt aus dem Verhältnis des Gesellschaftsvermögens zum Gesellschaftszweck: Zuerst müssen sich die Vertragspartner über den Zweck einig sein, das bloße gemeinsame Haben eines Vermögens oder einer Sache reicht zu einer solchen Zweckbestimmung nicht aus. Daher ist im Falle der beiden Brüder noch kein gemeinsamer Zweck vereinbart worden. Es ist deshalb nach § 719 BGB auch nicht erforderlich, den gemeinsamen Zweck dadurch zu sichern, daß das Gesellschaftsvermögen zusammengehalten wird. Wenn A seinen Anteil an dem Auto an X veräußert, wird die Nutzung des B nicht vereitelt. B kann nach wie vor an den ihm vorbehaltenen Tagen fahren.

A und B sind gemeinsam Eigentümer des Autos, sie bilden keine BGB-Gesellschaft, sondern lediglich eine sogenannte Bruchteilsgemeinschaft als Miteigentümer (§ 1008). Für derartige Bruchteilsgemeinschaften gelten die §§ 741 ff. BGB. Nach § 744 Abs. 1 steht die Verwaltung des gemeinschaftlichen Gegenstandes den Teilhabern gemein-

---

[4] Vgl. dazu Karsten Schmidt, AcP 182, 482

schaftlich zu. Nach § 747 Satz 1 kann jeder Teilhaber über seinen Anteil verfügen. Allerdings kann über den gemeinschaftlichen Gegenstand im Ganzen auch nur die Gesamtheit der Teilhaber, also A und B gemeinsam, verfügen (§ 747 Satz 2).

Verträge über die Nutzung eines Gegenstandes können Gesellschaftsverträge sein, wenn nach § 705 BGB ein gemeinsamer Zweck verfolgt wird. Wird ein solcher Zweck nicht verfolgt, so sind die Regeln der sogenannten schlichten Rechtsgemeinschaft nach § 741 ff. BGB anwendbar. Diese Regeln sind gegenüber dem Gesellschaftsrecht subsidiär. Sie greifen nur ein, falls kein Gesellschaftsvertrag bejaht werden kann. Die Bindung im Rahmen einer schlichten Rechtsgemeinschaft ist erheblich schwächer als im Rahmen einer Gesellschaft. Ein Beispiel hierfür ist, daß A über seinen Anteil an dem Auto, wenn nur eine Gemeinschaft vorliegt, selbständig an X verfügen kann, während er dies bei Vorliegen einer BGB-Gesellschaft wegen § 719 BGB nicht erreichen könnte.

A betreibt ein Hotel, das dringend renovierungsbedürftig ist. Sein Freund B stellt ihm hierfür eine Mio. DM zur Verfügung. Er verlangt für die Laufzeit des Kredits 4 % Zinsen und 20 % Beteiligung am Geschäftsgewinn. Nachdem beide sich geeinigt haben, werden die Renovierungsarbeiten erfolgreich durchgeführt. Als der Geschäftsbetrieb stark zunimmt, verlangt B, an der Geschäftsführung beteiligt zu werden. Er macht geltend, es sei eine Personengesellschaft zustande gekommen.

Voraussetzung für das Entstehen einer Personengesellschaft (BGB-Gesellschaft, OHG, KG oder stille Gesellschaft) ist, daß nach § 705 BGB ein Vertrag zu einem gemeinsamen Zweck abgeschlossen wurde, der auch gemeinsam verfolgt werden soll. Da die Gegenleistung des A für die Kreditgewährung des B nicht nur in Gestalt eines bestimmten Zinssatzes gegeben wurde, sondern darüber hinaus in der Form einer Gewinnbeteiligung, könnte man einen gemeinsamen Zweck darin erblicken, daß nun sowohl A als auch B an einer möglichst hohen Gewinnmarge interessiert sind. Es ist jedoch fraglich, ob B diesen Zweck auch gemeinsam mit A verfolgen will, ob er sich also in dem Vertrag verpflichtet hat, neben der Darlehensgewährung auch bestimmte zusätzliche Leistungen während der Laufzeit des Darlehens zu erbringen. Dies ist nicht geschehen. B verlangt nachträglich eine Änderung des Vertrages, nämlich eine Beteiligung an der Geschäftsführung. In dem ursprünglichen Vertrag, den es auszulegen gilt, ist dies nicht vorgesehen. Hier war zwar der Zweck gemeinschaftlich (Gewinnerzielung), nicht aber die Zweckverfolgung. Vielmehr wird jeder unter eigener Verantwortung und auf eigene Rechnung tätig (getrennte Zwecke und getrennte Kassen). A ist lediglich verpflichtet, dem B eine Abrechnung über die von ihm erzielten Ergebnisse zuzustellen. Wie er diese Ergebnisse erzielt, hat allein er zu entscheiden. Es handelt sich daher nicht um einen Gesellschaftsvertrag, sondern lediglich um eine besondere Form eines Darlehens, um ein sogenanntes partiarisches Darlehen. Die Gegenleistung liegt hier teilweise in einer Beteiligung am Geschäftsergebnis. Dies kann auch bei Pacht- und Dienstverträgen der Fall sein.

Die Auslegung des Vertrages kann also ergeben, daß der Zweck, auch wenn man die gemeinsame Absicht der Gewinnerzielung unterstellt, nicht gemeinsam verfolgt wird. Dann liegt kein Gesellschaftsvertrag nach § 705 BGB vor. Dies gilt unabhängig davon, welche Bezeichnung die Parteien für den abgeschlossenen Vertrag gewählt haben. Ist die Vertragsgestaltung lückenhaft, so sind Anhaltspunkte für den gemeinsamen Zweck die Beteiligung an einem etwa eintretenden Verlust, die Mitwirkung an der Geschäftsführung, die Unterstützung des Unternehmens durch Zuführung von Kunden oder durch andere Maßnahmen und schließlich das in dem Fall nachträglich eingeforderte Kontrollrecht.

2. Erscheinungsformen der Personengesellschaften

a) BGB-Gesellschaft

Die Gesellschafter einer BGB-Gesellschaft verfolgen einen gemeinsamen Zweck (§ 705 BGB), der nicht im Betrieb eines Handelsgewerbes besteht. Sonst müßten sie sich in der Rechtsform der OHG organisieren (§ 105 HGB), wenn die Haftung nicht beschränkt sein soll. BGB-Gesellschaften werden gegründet, wenn Personen ideelle Zwecke verfolgen, wenn sie wirtschaftliche Zwecke, aber kein Gewerbe verfolgen oder wenn sie ein Gewerbe, aber kein Handelsgewerbe verfolgen. Je nachdem, für welchen Zeitraum eine Gesellschaft eingegangen wird, unterscheidet man zwischen kurzfristigen, meistens sogenannten Gelegenheitsgesellschaften und langfristigen Gesellschaften.

A, B und C sind Arbeitskollegen. Sie gründen eine Mitfahrgemeinschaft. Um Benzin zu sparen, nimmt jeweils ein Arbeitskollege den anderen in seinem Auto gegen Kostenbeteiligung mit.

Es handelt sich um eine BGB-Gesellschaft. Der gemeinsame Zweck liegt darin, daß die Fahrt zur Arbeitsstätte gemeinsam organisiert wird, um Kosten zu sparen. Der BGH hat sich mit derartigen Gesellschaften befaßt, weil bei Unfällen die Frage nach eventuellen Haftungserleichterungen auftauchte. Er lehnte dies im Ergebnis ab.[5]

A, B und C gründen eine Anwaltssozietät. Die Einkünfte der sogenannten Socii sollen der Gesellschaft zufließen, die Gewinne und Verluste sollen geteilt werden.

Hier handelt es sich ebenfalls um eine BGB-Gesellschaft, da es sich bei Rechtsanwälten um sogenannte höhere oder freie Berufe handelt. Standesrechtliche Schranken führen dazu, daß hier weder eine OHG noch eine KG gegründet werden kann (kein Handelsgewerbe). Ebenso ist die Situation bei ärztlichen Gemeinschaftspraxen, bei gemeinsamen Steuerberatungsgesellschaften und bei sogenannten Partnerschaften von Architekten. Durch das Partnerschaftsgesetz von 1994 wurden vor allem Haftungserleichterungen in derartigen Partnerschaften eingeführt.

A und B betreiben eine kleine Kfz-Reparaturwerkstatt und fragen an, ob sie verpflichtet seien, diese in das Handelsregister einzutragen.

Hierbei handelt es sich nicht um ein sogenanntes Grundhandelsgewerbe (Anschaffung und Weiterveräußerung von Waren oder Wertpapieren nach § 1 Abs. 2 Nr. 1 HGB), sondern um ein handwerkliches Unternehmen, so daß nach § 1 Abs. 2 Nr. 2 HGB keine Kaufmannseigenschaft besteht. Da das Unternehmen klein ist, besteht auch nicht nach § 2 HGB (Sollkaufmann) die Verpflichtung, eine Eintragung im Handelsregister herbeizuführen. Der Vertrag zwischen A und B zu dem gemeinsamen Zweck, die Kfz-Reparaturwerkstatt zu betreiben, ist daher eine BGB-Gesellschaft.

---

[5] Vgl. unten BGHZ 46, 313

A und B betreiben einen kleinen Teeladen. Sie haben im Gesellschaftsvertrag vereinbart, daß sie einander vertreten können und voll haften.

Auch hier handelt es sich um eine BGB-Gesellschaft, da der Gewerbebetrieb nach Art oder Umfang einen in kaufmännischer Weise eingerichteten Geschäftsbetrieb nicht erfordert (Minderkaufmann). Da für ein minderkaufmännisches Geschäft keine OHG gegründet werden kann (§ 4 Abs. 2 HGB), kommt nur eine BGB-Gesellschaft in Frage.

Drei große Bauunternehmungen, die in der Rechtsform der Aktiengesellschaft betrieben werden, schließen sich zum Bau der U-Bahn in der Stadt S zusammen. Sie gründen die "ARGE-U-Bahn-S". Sie wollen ihre technischen Möglichkeiten und ihre organisatorischen bzw. personellen Kapazitäten zu diesem Zweck zeitlich befristet für einen Teil ihres jeweiligen Geschäftsumfangs zusammenschließen.

Es handelt sich auch hier um eine BGB-Gesellschaft. Diese Organisationsform hat im Baugewerbe eine große Bedeutung erlangt. Die einzelnen beteiligten Gesellschaften bleiben nach Aktienrecht Handelsgesellschaften (§ 3 Aktiengesetz, vgl. auch § 13 Abs. 3 GmbH-Gesetz).

Die A-Bank und die B-Bank gründen ein Konsortium zur Ausgabe von Aktien und Anleihen.

Auch hier handelt es sich um eine BGB-Gesellschaft, d.h. um einen wirtschaftlichen Zusammenschluß zum Zwecke der Emission und Finanzierung. Dies gilt nicht nur für Aktien und private Anleihen, sondern auch für Anleihen der öffentlichen Hand oder für die Finanzierung kompletter Anlagen unter Führung einer Bank. Hinzu kommen Konsortien zur Kursregulierung und zur Ausübung von Stimmrechten in Kapital- und Personengesellschaften.

A fragt an, ob er zur Reduzierung seiner Steuerlast am Wohnungsbau im Rahmen eines sogenannten Bauherrenmodells teilnehmen solle.

Es geht hier um eine besondere Form der Kapitalanlage im Immobilienbereich, mit der die Steuervergünstigungen im Rahmen des Wohnungsbaus ausgeschöpft werden sollen. Es sollen gemeinsam Eigentumswohnungen erstellt werden. Die mit der Errichtung, Finanzierung und Vermietung verbundenen Aufgaben werden auf einen Treuhänder übertragen. Dieser wiederum beauftragt einen Unternehmer mit der Baubetreuung. Die wirtschaftliche Situation des einzelnen Bauherrn entspricht im wesentlichen der eines Käufers. Steuerlich wird er aber wie ein Bauherr behandelt. Die Vertragsgestaltungen differieren im einzelnen.

Hier handelt es sich in aller Regel um BGB-Gesellschaften, manchmal auch um Gemeinschaften nach § 741 ff. BGB, wenn kein gemeinsamer Zweck gegeben ist. In jedem Fall ist A darauf hinzuweisen, daß er, wenn er nicht besondere Vorkehrungen trifft, für die Schulden der Gesellschaft voll persönlich haftet. Dies kann teuer werden.

A und B gründen in einem Hinterzimmer ein sogenanntes Submissionskartell. Sie wollen sich bei der Abgabe von Angeboten für öffentliche Bauvorhaben in der Weise abspre-

chen, daß sie sich gegenseitig nicht unterbieten, um abwechselnd in den Genuß des Auftrages zu kommen.

Hier handelt es sich um ein Kartell, das nach § 1 des Gesetzes gegen Wettbewerbsbeschränkungen (GWB) unzulässig ist. Es gibt auch zulässige Kartelle, für welche die Freistellungsvoraussetzungen der §§ 2 ff. GWB gegeben sind. Diese sind dann meist BGB-Gesellschaften, selten offene Handelsgesellschaften.

Die Großunternehmen A und B fragen an, ob sie zur Vermeidung der Unternehmensmitbestimmung eine gemeinsame Obergesellschaft in der Rechtsform der BGB-Gesellschaft gründen können, die als Holding den Konzern steuert.

Wenn die Holding nicht selbst ein Handelsgewerbe betreibt, handelt es sich auch hier um eine BGB-Gesellschaft. Da die Unternehmensmitbestimmung nach dem Mitbestimmungsgesetz von 1976 nur für Kapitalgesellschaften und bestimmte Verbindungen der GmbH & Co. KG gilt, haben sie gute Aussichten, der Unternehmensmitbestimmung zu "entrinnen" (vgl. unten).

Frau A hat ihrem Mann, mit dem sie in Güterstand der Gütertrennung lebt, erhebliche Finanzmittel zum Betreiben einer Gastwirtschaft zur Verfügung gestellt. Frau A hilft auch in der Wirtschaft mit. Nach außen tritt jedoch nur Herr A in Erscheinung. Sie fragt an, ob sie im Falle einer eventuellen Scheidung Zugriff auf einen Teil des Vermögenszuwachses in der Gastwirtschaft habe.

Es fragt sich hier, ob die beteiligten Ehegatten vertraglich vereinbart haben, durch beiderseitige Leistungen einen über den typischen Rahmen der ehelichen Lebens- und Familiengemeinschaft hinausgehenden Zweck zu verfolgen und damit eine schuldrechtliche Sonderverbindung einzugehen, die über die familienrechtliche Verbindung hinausgeht. Der BGH hat dies für den Fall bejaht, daß eine Ehefrau den Betrieb einer Gastwirtschaft mitfinanziert und durch ihre Mitarbeit fördert.[6] Dies gilt auch, wenn die Ehegatten im Güterstand der Gütertrennung leben, d.h. vermögensrechtlich als nicht verheiratet gelten. Bei einer eventuellen Scheidung muß der Zugewinn aus der Gastwirtschaft angemessen geteilt werden.

Nicht verbunden mit dieser Gesellschaft ist irgendeine gemeinsame Vermögensmasse oder eine Vertretungsmacht der Gattin im Außenverhältnis. Man spricht hier von einer reinen Innengesellschaft, d.h. die BGB-Gesellschaft beschränkt sich auf die internen Beziehungen zwischen den beteiligten Ehegatten, entfaltet jedoch keine Außenwirkung. Frau A kann also auch nicht verlangen, daß Herr A über den Anteil an der Gastwirtschaft nicht selbständig verfügen könne (vgl. § 719 BGB). Im Außenverhältnis ist er allein verpflichtungs- und verfügungsberechtigt.

Nicht als familiäre Innengesellschaft gewertet wurden die bloße Zusammenarbeit von Mutter und Sohn im gemeinsam errichteten Haus,[7] die bloße Mitfinanzierung einer Arztpraxis und Mitarbeit beim Aufbau der Praxis durch die Ehefrau[8] und die bloße ge-

[6] BGHZ 47, 157
[7] BGH DB 1972, 2459
[8] BGH NJW 1974, 2045

meinsame Errichtung eines Familienwohnheims.[9] Hier ist der typische Rahmen der ehelichen Lebens- und Familiengemeinschaft nicht verlassen.

b) OHG

Die OHG wird vom Gesetzgeber wie eine juristische Person behandelt, d.h. sie kann vor Gericht klagen und verklagt werden, sie kann Rechte erwerben und Verbindlichkeiten eingehen (§ 124 HGB). Die OHG betreibt ein Handelsgewerbe, kein Gesellschafter kann seine Haftung im Außenverhältnis wirksam begrenzen (§ 105 HGB). Die OHG ist selbst nicht Steuerobjekt bei der Einkommen- bzw. Körperschaftsteuer; Steuern zahlen hier nur die Gesellschafter. Wenn sie natürliche Personen sind, fällt bei ihnen nur Einkommen-, keine Körperschaftsteuer an.

Eine OHG liegt immer dann vor, wenn die Gesellschafter ein Grundhandelsgewerbe (§ 1 Abs. 2 HGB) betreiben und das Geschäft nach Art oder Umfang nicht nur minderkaufmännisch ist. Hinzu kommt, daß auch sogenannte Sollkaufleute (§ 2 HGB) eine OHG errichten müssen, wenn ihr Nicht-Handelsgewerbe nach Art und Umfang einen in kaufmännischer Weise eingerichteten Geschäftsbetrieb erfordert. Die Gesellschaft wird dann mit Eintragung ins Handelsregister OHG.

Die Rechtsform der OHG hat auch eine gewisse Bedeutung als Konzernobergesellschaft erlangt. Mehrere Kapitalgesellschaften können als Obergesellschaft eine Managementholding in der Rechtsform der OHG bilden. Diese Obergesellschaft unterfällt nicht dem Mitbestimmungsgesetz von 1976. Die Unternehmensmitbestimmung setzt dann lediglich an den Konzernuntergesellschaften an, wenn sie die zahlenmäßigen Voraussetzungen (mehr als 2000 Arbeitnehmer) erfüllen.

c) Kommanditgesellschaft

Die Kommanditgesellschaft kann unter denselben Voraussetzungen wie eine OHG gegründet werden. Eine OHG kann auch in eine KG umgewandelt werden, wenn ein Gesellschafter seine Haftung beschränken will. Es muß aber zumindest ein vollhaftender Gesellschafter übrigbleiben. In der klassischen KG ist der Komplementär geschäftsführungsbefugt und zur Vertretung berechtigt. Er haftet voll für die Schulden der Gesellschaft. Diese typische KG findet sich insbesondere im mittelständischen Bereich und bei Familienunternehmen. Bei atypischen Formen der KG werden die Machtverhältnisse im Innenverhältnis verschoben oder sogar umgedreht. Der Kommanditist erhält Geschäftsführungsbefugnis, die des Komplementärs kann ausgeschlossen werden.

Daneben gibt es verstärkt Kommanditgesellschaften, bei denen die Funktion, vom Publikum Kapital zu sammeln, im Vordergrund steht. Dies kann aus steuerlichen oder aus sonstigen Gründen für die Kommanditisten interessant sein. Entwickelt hat sich die KG-Publikumsgesellschaft insbesondere im Bereich der Abschreibungsgesellschaften. Derartige Publikumsgesellschaften weisen meist eine Vielzahl von Kommanditisten auf, die sich an der Führung der Geschäfte nicht beteiligen wollen, aber erheblich mehr Kapital zur Verfügung stellen als der Komplementär.[10] Hinzu kommt, daß die Komplementärin

---

[9] BGH NJW 1974, 1554

[10] BGH NJW 1986, 140

häufig in der Rechtsform einer GmbH betrieben wird, so daß die persönliche Haftung von natürlichen Personen ausgeschlossen ist. Dann muß die Firma die Haftungsbeschränkung allerdings erkennen lassen.

d) Stille Gesellschaft

Die stille Gesellschaft ist ebenso eine Innengesellschaft wie die oben geschilderte Ehegattengesellschaft. Auch hier entsteht kein gemeinschaftliches Gesellschaftsvermögen. Die Einlage des stillen Gesellschafters geht in das Vermögen des tätigen Gesellschafters, d.h. des Inhabers eines Handelsgeschäfts, über (§ 130 Abs. 1). Da sie reine Innengesellschaft ist, wird die stille Gesellschaft nicht ins Handelsregister eingetragen. Sie betreibt kein Handelsgewerbe. Sie ist nicht rechtsfähig. Sie ist aber auch Personengesellschaft.

Stiller Gesellschafter kann jede natürliche oder juristische Person sein, es gibt also neben der GmbH & Co. KG auch eine GmbH & Still. Der stille Gesellschafter braucht nicht Kaufmann zu sein, während der tätige Gesellschafter zumindest Minderkaufmann sein muß. Die Zahl der Gesellschafter ist stets auf zwei begrenzt. Ein Inhaber eines Handelsgeschäfts kann aber mehrere stille Gesellschaften, jeweils zweigliedrige Gesellschaften, gründen und betreiben.

Bei der typischen stillen Gesellschaft ist der stille Gesellschafter am Gewinn, nicht immer jedoch am Verlust beteiligt. Bei der atypischen stillen Gesellschaft ist neben der Verlustbeteiligung auch eine Beteiligung an den stillen Reserven vorgesehen. Hinzu kommt eine wie immer vereinbarte Kontrolle der Geschäftsführung, die für den Regelfall der stillen Gesellschaft nicht vorgesehen, aber nach dem Grundsatz der Vertragsfreiheit zulässig ist.

e) Reederei

Unter einer Reederei versteht man nach § 489 HGB die Vereinigung mehrerer Personen (Mitreeder) zur Verwendung eines ihnen gemeinschaftlich gehörenden Schiffes auf gemeinsame Rechnung zum Erwerb durch die Seefahrt. Mehrere Personen sind Miteigentümer eines Schiffes, das sie laut Gesellschaftsvertrag zur gemeinschaftlichen Seeschiffahrt verwenden. Es besteht Miteigentum am Schiff, im übrigen besteht eine Mitbeteiligung in Form von sogenannten Schiffsparten. Durch einstimmigen Gesellschafterbeschluß ist die Übertragung von Geschäftsführung und Vertretung auf einen Dritten, den sogenannten Korrespondenzreeder, möglich.

f) Europäische Wirtschaftliche Interessenvereinigung (EWIV)

Durch die EG-Verordnung Nr. 2137/85 vom 25.7.1985[11] wurde die Möglichkeit geschaffen, in allen Staaten der EG auf supranationaler Rechtsgrundlage eine Personenhandelsgesellschaft zu schaffen, bei der die Haftung der Gesellschafter unbeschränkt ist. Die Gesellschaft ist juristische Person. Der Vorteil dieser Gesellschaftsform ist, daß sie einen einheitlichen Organisationsrahmen für alle EG-Staaten schafft.[12] Im wesentlichen ent-

---

[11] ABlEG L 139 vom 31.7.1985

[12] Vgl. Müller-Guggenberger, NJW 1989, 1449

spricht das Recht der EWIV dem der OHG. Einzelheiten regelt das Ausführungsgesetz vom 14.4.1988.

g) Typenmischung

Nach dem Grundsatz der Vertragsfreiheit ist eine Mischung der verschiedenen Rechtsformen von Personalgesellschaften und Kapitalgesellschaften fast beliebig möglich. Insbesondere wird heute auch eine Konzernobergesellschaft in der Rechtsform einer Personengesellschaft akzeptiert (vgl. unten). So ist also die Kombination von Aktiengesellschaft und GmbH mit der Rechtsform der KG möglich, ebenso gibt es die Verbindung AG und Still sowie GmbH und Still. Hinzu kommen Möglichkeiten, mehrere GmbH & Co.-Gesellschaften miteinander zu verschachteln.

Im Gegensatz hierzu ist die Typendehnung einer Gesellschaft nicht unbegrenzt möglich. So kann die volle persönliche Haftung der Gesellschafter einer OHG nicht ausgeschlossen werden. Hier gilt die Faustformel: Abweichungen im Innenverhältnis von der gesetzestypischen Regelung sind weitgehend möglich, Abweichungen im Außenverhältnis müssen dem Rechtsverkehr zumindest erkennbar sein, sind aber in bestimmten Fällen auch gänzlich ausgeschlossen.

3. Gründung der Gesellschaft

a) Vorbemerkungen

Die BGB-Gesellschaft entsteht durch den Gesellschaftsvertrag, indem sich die Gesellschafter verpflichten, die Erreichung des gemeinsamen Zwecks insbesondere durch die Zahlung der vereinbarten Beiträge zu fördern. Da die BGB-Gesellschaft selbst kein Rechtssubjekt ist, braucht zwischen Gründung und Wirksamwerden im Außenverhältnis gegenüber Dritten nicht unterschieden zu werden. Anders ist es im Falle der OHG. Nach § 124 Abs. 1 HGB wird sie wie eine juristische Person behandelt, sie kann nicht nur Rechte erwerben und Verbindlichkeiten eingehen, sondern kann auch zur Haftung bis hin zur Zwangsvollstreckung in das Gesellschaftsvermögen herangezogen werden (vgl. § 124 Abs. 2 HGB). Deshalb fragt es sich, ob die OHG gleich mit Abschluß des Gesellschaftsvertrages einer solchen Haftung unterliegen soll.

Häufig kommt es während der Gründung oder kurz danach zu Streitigkeiten zwischen den Gesellschaftern, insbesondere im Zusammenhang mit der Bezahlung der Beiträge. Hier fragt es sich, ob nach Abschluß des Gesellschaftsvertrages noch ein Rücktritt oder eine Anfechtung mit der Wirkung möglich ist, daß dieser Vertrag ebenso wie ein Kauf- oder Werkvertrag beseitigt wird.

Fragt man nach der Anwendbarkeit der Normen des BGB auf die Personengesellschaften des Zivilrechts und des Handelsrechts, so ergibt sich folgende Rangordnung:

Auf die BGB-Gesellschaft sind die §§ 705 ff. BGB anwendbar. Für die OHG gelten die Spezialnormen der §§ 105-160 HGB. Nach § 105 Abs. 2 finden aber hilfsweise die §§ 705 ff. BGB auch für die OHG Anwendung. Dies gilt insbesondere auch für die Grundnorm des § 705, wonach der Vertrag zu einem gemeinsamen Zweck abgeschlossen sein muß. Für die KG gelten wiederum die Spezialnormen der §§ 161-177 a HGB. Nach § 161 Abs. 2 HGB gelten hilfsweise die Vorschriften des Rechts der OHG und nach diesen wiederum hilfsweise die §§ 705 ff. BGB (§ 105 Abs. 2 HGB).

Schaubild 2

Die Anwendbarkeit der BGB- und HGB-Vorschriften auf die Personengesellschaften

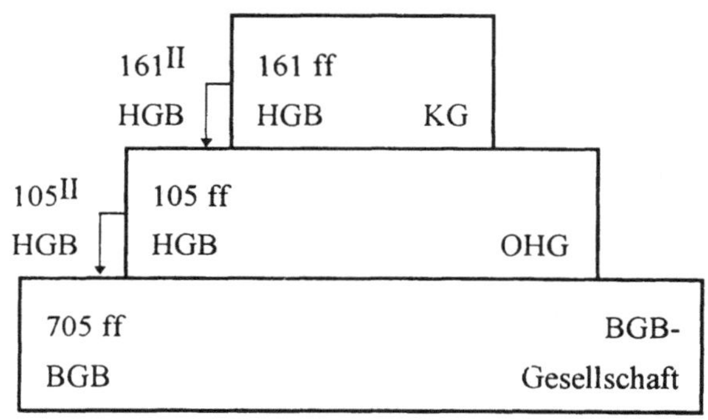

Auf die OHG und die KG sind auch andere handelsrechtliche Vorschriften anwendbar, das Firmenrecht, das Recht des Handelsregisters, die Vorschriften über die Handelsbücher und die Handelsgeschäfte. Die Firma ist nach § 17 Abs. 1 HGB der Name des Kaufmanns, unter dem er im Handel seine Geschäfte betreibt und seine Unterschrift abgibt. Im Gegensatz zum täglichen Sprachgebrauch, der die Firma mit dem Unternehmen gleichsetzt, bezieht das Gesetz den Ausdruck lediglich auf den Geschäftsnamen. Eine BGB-Gesellschaft hat keine Firma, da sie kein Handelsgewerbe betreibt. Eine OHG hat eine Personalfirma (August Müller OHG) im Gegensatz zur Sachfirma der Kapitalgesellschaft (z.B. Commerzbank AG). Zum Firmenkern können sogenannte Firmenzusätze treten (z.B. Farbenhaus Emil Schulze OHG). Es gelten die Grundsätze der Firmenwahrheit (keine irreführenden Zusätze, § 18 Abs. 2 HGB), der Firmenbeständigkeit (Nachfolger darf bisherige Firma weiterführen, § 22 Abs. 1 HGB), der Firmeneinheit (nur eine Firma für ein Unternehmen), der Firmenöffentlichkeit (Pflicht zur Eintragung in das Handelsregister, §§ 29, 106 HGB) und der Firmenausschließlichkeit (Zusätze zur Unterscheidung gleicher Namen, § 30 HGB). Das Handelsregister dient nicht nur der Firmenöffentlichkeit, es ist auch Ansatzpunkt für eine Rechtsscheinhaftung in Fällen, in denen die im Register eingetragenen Tatsachen nicht der Wirklichkeit entsprechen (vgl. unten 5d).

Die Grundsätze über die Handelsbücher sind am Ende des Lehrbuchs unter XI. (Rechnungslegung) ausgeführt.

Die vertragsrechtlichen Besonderheiten des Rechts der Handelsgeschäfte sind in Wirtschaftsrecht II im Zusammenhang mit dem allgemeinen Vertragsrecht dargestellt.

b) Die Entstehung der OHG nach außen

A und B haben am 1.6. einen Gesellschaftsvertrag mit dem Inhalt abgeschlossen, daß sie am 1.12. einen Handel mit elektronischen Geräten eröffnen wollen. Bis dahin wollen sie jedoch im Außenverhältnis nicht gemeinsam auftreten. Jeder betreibt die Vorarbeiten im eigenen Namen und auf eigene Rechnung. Am 1.10. kauft A im Namen der "Elektronikhandel A und B" von V einen Lieferwagen zum Preis von DM 20.000,--. V fragt an, ob er von B die Bezahlung des Kaufpreises verlangen könne.

Da B den Lieferwagen nicht selbst gekauft hat und A auch keine Vollmacht zum Kauf erteilt hat, könnte seine Haftung nur aus § 128 HGB folgen. Danach haftet ein OHG-Gesellschafter für die Schulden der Gesellschaft persönlich. Die Haftung ist im Außenverhältnis nicht beschränkbar.

Es fragt sich, ob eine OHG entstanden ist. Ein Gesellschaftsvertrag ist zwischen A und B abgeschlossen worden. Er muß nach § 105 HGB auf den Betrieb eines vollkaufmännischen Handelsgewerbes unter gemeinsamer Firma gerichtet sein, wobei sich jeder Vertragspartner zur Mitwirkung verpflichtet. Die Elektronikhandlung befaßt sich mit der Anschaffung und Weiterveräußerung von Waren, also liegt ein Handelsgewerbe nach § 1 Abs. 2 Nr. 1 HGB (Grundhandelsgewerbe) vor. Auch die übrigen Voraussetzungen für das Zustandekommen eines Gesellschaftsvertrages (gemeinsamer Zweck und gemeinschaftliche Beiträge zur Zweckerreichung) sind gegeben. Danach ist eine Gesellschaft zustande gekommen.

Bei Gesellschaften ist jedoch zwischen dem Innenverhältnis und dem Außenverhältnis zu unterscheiden. Das Innenverhältnis meint das Rechtsverhältnis der Gesellschafter untereinander (zweiter Titel im Recht der OHG, §§ 109-122 HGB). Das Außenverhältnis befaßt sich mit dem Rechtsverhältnis der Gesellschafter zu Dritten (dritter Titel des Rechts der OHG, §§ 123-130 b HGB). Das Innenverhältnis ist nach dem Willen der Parteien grundsätzlich frei gestaltbar (§ 109 HGB). Das Außenverhältnis, insbesondere die Haftung gegenüber Dritten, ist jedoch im Gesetz zwingend geregelt. Die Spielräume, die den Gesellschaftern hierbei offenstehen, ergeben sich unmittelbar aus dem Gesetz.

Ebenso wie jede BGB-Gesellschaft kommt auch die OHG im Innenverhältnis mit Abschluß des Gesellschaftsvertrages zustande. Die Gesellschafter können lediglich vereinbaren, daß die OHG erst später zustande kommen solle (vgl. § 123 Abs. 3 HGB) in diesem Fall gelten aber mit dem Abschluß des Gesellschaftsvertrages bereits die §§ 705 ff. BGB.

Das Wirksamwerden der OHG im Außenverhältnis ist vom Zustandekommen im Innenverhältnis strikt zu trennen. Nach § 123 Abs. 1 wird die Gesellschaft wirksam, wenn sie in das Handelsregister eingetragen wird. Nach § 123 Abs. 2 tritt die Wirksamkeit schon mit dem Zeitpunkt des Geschäftsbeginns ein, wenn die Gesellschaft ihre Geschäfte schon vor der Eintragung beginnt, soweit nicht aus dem § 2 sich ein anderes ergibt. Dieser soweit-Satz bedeutet, daß die OHG, die kein sogenanntes Grundhandelsgewerbe betreibt, erst mit Eintragung in das Handelsregister wirksam werden kann. Betreibt sie ein Grundhandelsgewerbe, so wird sie bereits mit Geschäftsbeginn wirksam. Da der Elektronikhandel ein Grundhandelsgewerbe ist, fragt es sich, auf welchen Zeitpunkt der Geschäftsbeginn der OHG zu datieren ist. Wenn beide Gesellschafter vereinbaren, erst zum 1.12.

nach außen gemeinsam auftreten zu wollen, so erscheint es widersinnig, wenn ein Gesellschafter von sich aus durch ein vorzeitiges Auftreten im Namen der Gesellschaft den Geschäftsbeginn vorverlegen kann. Deshalb ist es richtig, den Geschäftsbeginn der Gesellschaft erst dann zuzulassen, wenn sämtliche Gesellschafter mit ihm einverstanden sind.[13] Da B mit der Vorverlegung des Geschäftsbeginns nicht einverstanden ist, ist die Gesellschaft noch nicht nach § 123 Abs. 2 im Außenverhältnis wirksam geworden. Eine noch nicht wirksam gewordene Gesellschaft konnte A auch nicht vertreten. Da die noch nicht wirksam gewordene Gesellschaft auch nicht wirksam vertreten werden konnte, kann keine Schuld der OHG entstanden sein, für die B nach § 128 HGB haften könnte.

Da A als Vertreter ohne Vertretungsmacht für die OHG gehandelt hat, haftet er nach §§ 177, 179 BGB für die vertragliche Verpflichtung, wenn die OHG sie nicht noch nachträglich genehmigt. Sollte die OHG die Verpflichtung allerdings genehmigen, so würde B nach § 128 HGB für die entstandene Schuld der OHG haften.

c) Gegenseitige Verpflichtung zur Beitragsleistung

A, B und C vereinbaren, die Sommerferien gemeinsam in Königsberg und Umgebung zu verbringen. A soll zu diesem Zweck einen alten Campingbus kaufen. Alle drei Gesellschafter sollen zu dem Kauf je DM 5.000,-- beisteuern. Die Kasse soll A halten. Als A den Bus kaufen will, weigert sich B, seinen Beitrag zu leisten, weil C noch nicht gezahlt habe. Er, B, sei nur verpflichtet, Zug um Zug gegen die Zahlung durch C zu leisten.

Die Frage ist, ob B gegenüber A die Einrede des nicht erfüllten Vertrages nach § 320 BGB geltend machen kann. Bei dem zwischen A, B und C geschlossenen Vertrag handelt es sich um einen Gesellschaftsvertrag. Der gemeinsame Zweck nach § 705 BGB besteht in der Reise nach Königsberg. Hierfür sollen auch die gemeinschaftlichen Beiträge, insbesondere die Zahlungen zum Erwerb des Campingbusses, geleistet werden. Der Gesellschaftsvertrag ist nach § 705 ein gegenseitiger Vertrag, die gegenseitigen Verpflichtungen sollen ein gemeinsames Ziel fördern. Es sollen also nicht Leistungen ausgetauscht werden, vielmehr wollen sich die Parteien für den gemeinsamen Zweck einsetzen. Daher ist der Gesellschaftsvertrag trotz der gegenseitigen Verpflichtungen zur Leistung der Beiträge kein Austauschvertrag. Insofern erscheint es zweifelhaft, ob § 320 BGB anwendbar ist.

Ohne Schwierigkeiten läßt sich der Gedanke der Leistung Zug um Zug auf den zweiseitigen Gesellschaftsvertrag übertragen, bei dem die beiden Gesellschafter es in der Hand haben, die Verpflichtungen gleichzeitig zu erfüllen. Bei einer sogenannten mehrgliedrigen Gesellschaft mit drei oder noch mehr Gesellschaftern ist eine solche Handlungsweise nicht möglich. Man stelle sich nur vor, daß 20 Gesellschafter sich bemühen, die Beitragsleistung gleichzeitig zu erbringen. Dies scheitert schon an den praktischen Schwierigkeiten. Also steht B die Einrede des nicht erfüllten Vertrages nach § 320 BGB nicht zu. Er ist verpflichtet, seinen Beitrag unabhängig von dem des C zu leisten.

---

[13] Vgl. schon Alfred Hueck, Das Recht der OHG, 4. Aufl. 1971, § 5 II 2

d) Anfechtung oder Rücktritt?

Wenn C seine DM 5.000,-- nicht bezahlt, könnte B auf die Idee kommen, die ganze Gesellschaft platzen zu lassen. Er könnte vom Gesellschaftsvertrag nach § 326 BGB zurücktreten, weil C mit seiner Zahlung in Verzug gekommen ist.

In einem solchen Fall muß man auch bei der BGB-Gesellschaft bedenken, daß sie bereits nach außen in Vollzug gesetzt wurde. A hat den Campingbus bei V bestellt und hierbei im Namen der Gesellschaft gehandelt. V ist schutzwürdig, er hat darauf vertraut, daß die Gesellschaft den Campingbus nur deshalb bestellt, weil sie Geld in ihrer Kasse hat. Zumindest die Ansprüche der Gesellschaft auf Leistung der Beiträge können V eine gewisse Sicherheit beim Abschluß des Kaufvertrages bieten. Wenn es B möglich ist, seinen Beitrag nach einem Rücktritt zurückzufordern (§ 246 BGB), so verliert V diese Sicherheit. Da dem Rechtsverkehr dieser Schutz nicht entzogen werden soll, lassen Lehre und Rechtsprechung eine Beendigung der Gesellschaft, die bereits nach außen in Vollzug gesetzt wurde, nur noch durch Kündigung zu. Die allgemeinen Normen des Schuldrechts werden durch die Sondervorschriften der §§ 723 BGB und 133 HGB ersetzt, die der Eigenart der Gesellschaft angepaßt sind. § 326 ist nicht anwendbar.

Dasselbe gilt, wenn ein Gesellschaftsvertrag fehlerhaft ist. Hierzu zählen die Verletzung gesetzlich vorgeschriebener Formvorschriften wie z.B. § 313 BGB bei Grundstücksveräußerungen (Nichtigkeit nach § 125 BGB), Sittenwidrigkeit nach § 138 BGB, versteckter Dissens nach § 155 BGB (vgl. BGHZ 3, 285), fehlende Geschäftsfähigkeit eines oder mehrerer Gesellschafter (BGH WM 1983, 305) sowie die Anfechtungstatbestände des Irrtums und der arglistigen Täuschung (§§ 119 und 123 BGB).

Es handelt sich hier um eine richterliche Rechtsfortbildung. Die fehlerhafte Gesellschaft, die nach außen vollzogen wurde, wird solange für wirksam gehalten, bis ein Gesellschafter sich auf die Fehlerhaftigkeit des Gesellschaftsvertrages beruft und ihre Wirksamkeit für die Zukunft beseitigt.[14] In Vollzug gesetzt ist eine Gesellschaft dann, wenn sie ihre Geschäfte nach § 123 Abs. 2 HGB aufgenommen hat. Es reicht nicht aus, wenn lediglich im Innenverhältnis mit der Ausführung des Gesellschaftsvertrages begonnen wurde, ohne daß die Gesellschaft mit Dritten Rechtsgeschäfte abgeschlossen hätte. In dieser Phase ist noch eine rückwirkende Beseitigung der Gesellschaft möglich, danach nicht mehr.

4. Geschäftsführung und Vertretung

a) Die Geschäftsführungsbefugnis und ihre Grenzen

A betreibt mit B und C zusammen eine OHG, die sich mit dem Verkauf von technischen Textilfasern befaßt. A hat einen großen Posten Ware eingekauft. B fragt an, ob er hierzu berechtigt war. Spielt es hierbei eine Rolle, ob das Unternehmen nach Art oder Umfang einen in kaufmännischer Weise eingerichteten Geschäftsbetrieb erfordert? Im Handelsregister ist die Gesellschaft (noch) nicht eingetragen.

---

[14] Vgl. BGHZ 63, 338, 344; BGH NJW 1988, 1321, 1323

Die Geschäftsführungsbefugnis betrifft das Innenverhältnis der Gesellschafter. Im Recht der OHG ist dies im zweiten Titel (Rechtsverhältnis der Gesellschafter untereinander) geregelt. Wenn im Gesellschaftsvertrag nichts bestimmt ist, so ist nach § 115 Abs. 1 HGB jeder Gesellschafter allein geschäftsführungsbefugt. Also durfte A im Verhältnis zu seinen Mitgesellschaftern die Ware einkaufen. Allerdings kann im Gesellschaftsvertrag bestimmt werden, daß die Gesellschafter nur zusammen handeln können (Gesamtgeschäftsführung), es bedarf dann der Zustimmung aller Gesellschafter, wenn nicht Gefahr im Verzug ist (§ 115 Abs. 2 HGB). Bedarf die Gesellschaft nach Art oder Umfang keines in kaufmännischer Weise eingerichteten Geschäftsbetriebs, so ist sie nur Minderkaufmann und kann nach § 4 Abs. 2 HGB nicht in der Rechtsform der OHG betrieben werden. Sie ist BGB-Gesellschaft. Nach § 709 BGB gilt dann Gesamtgeschäftsführung, wenn im Gesellschaftsvertrag nichts anderes geregelt ist.

Die ABC-OHG in Kassel handelt mit Textilien. Nach dem Gesellschaftsvertrag ist C von der Geschäftsführung ausgeschlossen, A will in Erfurt die erste Zweigniederlassung des Unternehmens errichten. Dem widerspricht C mit der Begründung, daß die OHG in Erfurt und Umgebung noch kaum Kunden habe. Darf A die geplante Maßnahme durchführen?

Die Errichtung einer Zweigniederlassung ist eine Maßnahme, durch welche der Gesellschaftszweck unmittelbar oder mittelbar gefördert wird. Sie betrifft die Geschäftsführung. Man unterscheidet analytisch zwischen Geschäftsführung (Innenverhältnis) und Vertretung (Außenverhältnis). Um bestimmte Waren zur Errichtung der Zweigniederlassung zu kaufen oder ein Grundstück zu erwerben, muß der Gesellschafter auch eine Vertretungshandlung vornehmen. Wenn er gegenüber Dritten handelt, vertritt er die Gesellschaft nach außen. Gleichzeitig handelt es sich um eine Maßnahme der Geschäftsführung.

Die Frage des rechtlichen Dürfens im Innenverhältnis, also die Reichweite der Geschäftsführungsbefugnis, ist für die OHG in §§ 114-116 HGB geregelt. Nach § 114 ist jeder Gesellschafter zur Geschäftsführung berechtigt und verpflichtet. Hiervon gibt es nach § 114 Abs. 2 Ausnahmen; die Geschäftsführungsbefugnis kann bestimmten Gesellschaftern entzogen werden. Dies ist gegenüber C geschehen.

Nach § 115 HGB ist jeder Gesellschafter alleine zur Geschäftsführung befugt. Im Gesellschaftsvertrag ist nichts anderes geregelt. Ein anderer geschäftsführender Gesellschafter hat jedoch ein Widerspruchsrecht. Dieser Widerspruch bewirkt, daß die Geschäftsführungsbefugnis des handlungswilligen Gesellschafters ausgeschlossen wird. C ist jedoch nicht zur Geschäftsführung befugt, so daß sein Widerspruch unbeachtlich ist.

Nach § 116 Abs. 1 erstreckt sich die Geschäftsführungsbefugnis jedoch nur auf alle Handlungen, die der gewöhnliche Betrieb des Handelsgewerbes der Gesellschaft mit sich bringt. Zur Vornahme von Handlungen, die darüber hinaus gehen, ist ein Beschluß sämtlicher Gesellschafter erforderlich (§ 116 Abs. 2 HGB). Hierzu zählen auch die Gesellschafter, die von der Geschäftsführung ausgeschlossen sind. Die Errichtung der ersten Zweigniederlassung ist ein solches ungewöhnliches Geschäft. Hierzu ist auch die Zustimmung des nicht zur Geschäftsführung befugten Gesellschafters C erforderlich (§ 116 Abs. 2). Handelt A, ohne einen solchen Beschluß herbeigeführt zu haben, so ist er hierzu im Innenverhältnis nicht berechtigt. Er kann sich gegenüber anderen Gesellschaftern und gegenüber der Gesellschaft schadensersatzpflichtig machen.

A will von V einen Posten Stoffe einkaufen. B widerspricht jedoch der Vergabe des Auftrages an V, da er die Stoffe von U beziehen will. U ist ein alter Freund des B. Sein Preis ist jedoch höher als der des V. A fragt an, ob er den Widerspruch des B gegen sich gelten lassen müsse.

Auch hier handelt es sich um eine Frage der Geschäftsführungsbefugnis. Es handelt sich um ein gewöhnliches Geschäft im Sinne von § 116 HGB. Jedoch hat der andere geschäftsführungsbefugte Gesellschafter B der Vertragsgestaltung mit X widersprochen. Nach § 115 HGB muß daraufhin die Handlung unterbleiben. A könnte jedoch argumentieren, daß B den Widerspruch pflichtwidrig erhoben hat. Er könnte anführen, daß B die Interessen der OHG verletzt und seine persönlichen Präferenzen den sachlichen Argumenten (niedrigerer Preis, gleiche Qualität) vorgezogen hat. Die Rechtsprechung hat anerkannt, daß der Widerspruch eines geschäftsführungsbefugten Gesellschafters dann unbeachtlich ist, wenn er sich hierbei aus Eigennutz über das Gesellschaftsinteresse hinweggesetzt hat.[15] Allgemein betrachtet sie einen pflichtwidrigen Widerspruch als unbeachtlich.[16] Auch in diesem Fall ist der Widerspruch unbeachtlich, da er eindeutig die Interessen der Gesellschaft verletzt.

In einer OHG mit 15 Gesellschaftern kommt es häufig zu Widersprüchen. A fragt an, ob er als Gesellschafter eine Möglichkeit habe, die vielen Entscheidungsblockaden abzustellen.

A könnte darauf hinwirken, daß der Gesellschaftsvertrag geändert wird und statt des Prinzips der Einstimmigkeit das Mehrheitsprinzip eingeführt wird. Nach § 119 Abs. 1 HGB ist zwar für den Regelfall Einstimmigkeit bei der Beschlußfassung vorgesehen. Der Gesellschaftsvertrag kann jedoch Abweichendes regeln. Nach § 119 Abs. 2 kann die Mehrheit der Stimmen entscheiden, wobei in der Regel die Zahl der Gesellschafter maßgeblich ist. Man kann die Mehrheit aber auch nach Kapitalanteilen feststellen, wenn dies im Gesellschaftsvertrag so vorgesehen ist.

Die Gesellschafter haben mehrheitlich entschieden, daß der Beitrag des A verdoppelt wird. A meint, er brauche sich dies nicht gefallen zu lassen, da bei Abschluß des Gesellschaftsvertrages von einer Kapitalerhöhung nicht die Rede gewesen sei.

Eine allgemein gehaltene Bestimmung im Gesellschaftsvertrag, wonach die Beschlüsse mit Mehrheit gefaßt werden, bezieht sich nur auf die Angelegenheiten der laufenden Geschäftsführung. Bei einer Erhöhung der Beiträge handelt es sich aber um eine Änderung des Gesellschaftsvertrages. Also ist die Beschlußfassung unzulässig. Der Gesellschaftsvertrag muß einstimmig geändert werden.

Darüber hinaus enthalten Gesellschaftsverträge häufig eine Klausel, wonach auch Abänderungen des Gesellschaftsvertrages mit Mehrheit vorgenommen werden können. Eine solche Klausel des Gesellschaftsvertrages würde bedeuten, daß sich A dem Mehrheitsbe-

---

[15] Vgl. BGH BB 1971, 759

[16] BGH LM § 105 HGB Nr. 11 und § 115 HGB Nr. 35

schluß fügen muß, durch welchen sein Beitrag erhöht wird. Allerdings nimmt die Rechtsprechung an, daß die allgemeine Zulassung von Änderungen des Gesellschaftsvertrages durch die Mehrheit der Gesellschafter sich nicht auf Gesellschafterbeschlüsse mit ungewöhnlichem Inhalt bezieht. Zumindest im Wege der Auslegung muß sich aus dem Gesellschaftsvertrag unzweideutig ergeben, daß auch die Erhöhung der Beiträge mit der Mehrheit der Gesellschafter beschlossen werden kann.[17]

A, B und C betreiben eine Schreinerei, die nicht im Handelsregister eingetragen ist. Sie fragen an, ob einer der Gesellschafter einer Handlung des anderen widersprechen kann und ob dies im Innenverhältnis die Wirkung hat, daß die Handlung unterbleiben muß. Sie fragen ferner an, ob sie den C, der schon sehr alt ist, von der Geschäftsführung ausschließen können.

Die Schreinerei betreibt kein Grundhandelsgewerbe (§ 1 Abs. 2 HGB). Sie ist in der Regel BGB-Gesellschaft. Sie könnte nur mit Eintragung ins Handelsregister OHG werden.

In der BGB-Gesellschaft gilt grundsätzlich Gesamtgeschäftsführungsbefugnis (§ 709 Abs. 1 BGB). Es kann allerdings im Gesellschaftsvertrag Einzelgeschäftsführungsbefugnis vereinbart werden. Dann kann jeder Gesellschafter der Vornahme eines Geschäfts durch den anderen widersprechen. Im Falle des Widerspruchs muß das Geschäft unterbleiben (§ 711 BGB - abdingbares Recht). Auch der Ausschluß eines Gesellschafters von der Geschäftsführung ist möglich (§ 710 BGB).

Der von der Geschäftsführung ausgeschlossene Gesellschafter C fragt an, ob ihm nicht zumindest ein Kontrollrecht gegenüber den übrigen Gesellschaftern verbleibt. Er will von Zeit zu Zeit die Bücher der Gesellschaft einsehen und sich Aufschluß über die Vermögensverhältnisse verschaffen. Spielt es hierbei eine Rolle, ob die Gesellschaft (Schreinerei) im Handelsregister eingetragen ist oder nicht?

Nach § 716 BGB hat auch der von der Geschäftsführung ausgeschlossene Gesellschafter ein Kontrollrecht. Er kann sich von den Angelegenheiten der Gesellschaft persönlich unterrichten, die Geschäftsbücher und die Papiere der Gesellschaft einsehen und sich aus ihnen eine Übersicht über den Stand des Gesellschaftsvermögens anfertigen. Es ist möglich, auch dieses Kontrollrecht noch einzuschränken, aber auf jeden Fall muß dem Gesellschafter das Recht verbleiben, nach § 716 Abs. 1 BGB die Bücher zu kontrollieren, wenn Grund zu der Annahme unredlicher Geschäftsführung besteht (§ 716 Abs. 2 BGB).

Erfordert die Schreinerei, die kein Grundhandelsgewerbe betreibt, nach Art und Umfang einen in kaufmännischer Weise eingerichteten Geschäftsbetrieb, so muß sie nach § 2 HGB ins Handelsregister eingetragen werden (Sollkaufmann). Mit der Eintragung verwandelt sich die BGB-Gesellschaft in eine OHG (§ 123 Abs. 1 HGB). Die Identität der Gesellschaft bleibt hierbei erhalten, sie wechselt nur die Rechtsform. Nach § 118 HGB bleiben auch in der OHG dem von der Geschäftsführung ausgeschlossenen Gesellschafter Kontrollrechte, die im wesentlichen mit denen des § 716 übereinstimmen.

---

[17] Vgl. BGHZ 85, 350, 356

A will seine Einlage in der OHG in eine Kommanditeinlage umwandeln. Er legt Wert darauf, als Kommanditist nur mit seiner Einlage zu haften (§ 161 Abs. 1 HGB). Er fragt an, ob ihm auch als Kommanditist bestimmte Kontrollrechte verbleiben.

Nach § 166 Abs. 1 kann der Kommanditist die abschriftliche Mitteilung des Jahresabschlusses verlangen und dessen Richtigkeit unter Einsicht der Bücher und Papiere prüfen. Bei Vorliegen von wichtigen Gründen kann er die Bücher und Papiere jederzeit anfordern, allerdings nur durch gerichtliche Entscheidung (§ 166 Abs. 3 HGB). Diese Stellung ist nicht so stark wie die des von der Geschäftsführung ausgeschlossenen OHG-Gesellschafters nach § 118 HGB). Die Rechtsstellung des Kommanditisten kann allerdings im Gesellschaftsvertrag verstärkt werden. Im Innenverhältnis ist das Gesellschaftsrecht weitgehend abdingbares Recht.

b) Die Vertretungsmacht

A hat für die ABC-OHG in Erfurt ein Grundstück gekauft, das ordnungsgemäß übereignet wurde. Er will darauf die geplante Zweigstelle errichten. B und C widersprechen erneut. Ist das Grundstücksgeschäft im Außenverhältnis gegenüber dem Verkäufer V wirksam geworden?

Nach § 125 HGB ist, wenn im Gesellschaftsvertrag nichts anderes geregelt ist, jeder Gesellschafter einer OHG zur Vertretung ermächtigt. Nach § 126 Abs. 1 HGB erstreckt sich die Vertretungsmacht auf alle gerichtlichen und außergerichtlichen Geschäfte und Rechtshandlungen; hierzu gehören auch die Veräußerung und Belastung von Grundstükken sowie die Erteilung und der Widerruf einer Prokura (§ 126 Abs. 1). Eine Beschränkung des Umfanges der Vertretungsmacht ist im Außenverhältnis gegenüber Dritten unwirksam. A kann diese unbeschränkte und unbeschränkbare Vertretungsmacht dazu nutzen, das Grundstück in Erfurt zu erwerben. Er verpflichtet damit die Gesellschaft zur Bezahlung des Kaufpreises. Die übrigen Gesellschafter haften für diese Verpflichtung nach § 128 HGB.

A und B sind Gesellschafter der A-OHG. Nach dem Gesellschaftsvertrag ist B von der Vertretung ausgeschlossen. A darf die Gesellschaft nur mit dem Prokuristen P zusammen vertreten. Dies ist ordnungsgemäß im Handelsregister eingetragen und bekanntgemacht worden. P weigert sich, zusammen mit A einen Lieferwagen für die Gesellschaft zu kaufen. B ist jedoch bereit, das Geschäft gemeinsam mit A abzuschließen. A und B kaufen gemeinsam den Lieferwagen bei V. Ist der Vertrag für und gegen die OHG wirksam geworden?

Die Wirksamkeit des Kaufvertrages zwischen V und der A-OHG ist davon abhängig, ob A und B gemeinsam die OHG im Außenverhältnis wirksam vertreten konnten. Dies hängt davon ab, ob sie Vertretungsmacht hatten. Nach § 125 Abs. 2 kann im Gesellschaftsvertrag bestimmt werden, daß alle oder mehrere Gesellschafter nur in Gemeinschaft Vertretungsmacht haben (Gesamtvertretung). Nach § 125 Abs. 3 HGB kann auch bestimmt werden, daß die Gesellschafter, wenn nicht mehrere zusammen handeln, nur in Gemeinschaft mit einem Prokuristen zur Vertretung der Gesellschaft ermächtigt sein sollen (unechte Gesamtvertretung). Bereits aus der Wortfolge "wenn nicht mehrere zusammen handeln" ergibt sich, daß sämtliche Gesellschafter die OHG immer vertreten können. Eine solche Vertretung kann nicht dadurch blockiert werden, daß ein Prokurist bei der jeweiligen Vertretung der Gesellschaft mitwirken muß. Würde man zulassen, daß der Prokurist die Vertretung der Gesellschaft blockieren kann, so würde man im Ergebnis die Selbstorganschaft der Personengesellschaft OHG durch eine Drittorganschaft ersetzen. Dies kann nicht richtig sein. Andernfalls könnte z.B. der Prokurist auch niemals entlassen werden, weil er an seiner Entlassung durch A stets mitwirken müßte. Es bleibt festzuhalten, daß eine Vertretung der OHG durch alle Gesellschafter gemeinsam stets möglich bleiben muß.[18] Damit ist die Vertretung der Gesellschaft durch A und B wirksam. Gesellschaft und Gesellschafter haften für die Verpflichtung gegenüber V.

A, B und C haben in ihrer Schreinerei, die nicht im Handelsregister eingetragen ist, keine Regelung über die Vertretungsmacht getroffen. Sie fragen an, ob in diesem Fall Einzel- oder Gesamtvertretung gelte.

Nach § 714 BGB richtet sich die Vertretungsmacht in der BGB-Gesellschaft im Zweifel nach der Geschäftsführungsbefugnis. Nach § 709 BGB herrscht, wenn im Gesellschaftsvertrag nichts anderes bestimmt ist, Gesamtgeschäftsführung. Dies bedeutet, daß auch Gesamtvertretung gilt.

B und C sind bereit, dem A im Gesellschaftsvertrag Einzelvertretungsmacht zu geben. Sie wollen diese Vertretungsmacht allerdings auf Geschäfte mit einem Volumen von maximal DM 20.000,-- beschränken. Ist dies zulässig?

Da im Recht der BGB-Gesellschaft nichts über die Unbeschränkbarkeit der Vertretungsmacht geregelt ist (es fehlt eine Vorschrift, die § 126 Abs. 2 HGB entsprechen würde), ist die summenmäßige Beschränkung durch B und C zulässig. Zulässig wäre auch eine allgemeine Klausel, wonach der zur Vertretung berechtigte Gesellschafter die übrigen Gesellschafter nicht mit ihrem Privatvermögen verpflichten kann. Fraglich ist, ob die Beschränkung der Vertretungsmacht dem gutgläubigen Geschäftsverkehr gegenüber bekanntgegeben werden muß. Lehre und Rechtsprechung lehnen dies ab. Sie verlangen vielmehr, daß die Vertragspartner der BGB-Gesellschaft sich nach der Vertretungsmacht erkundigen. Grenzen dieser Erkundigungspflicht werden dann gezogen, wenn in einer laufenden Geschäftsverbindung die Vertretungsmacht eingeschränkt wird, ohne daß dies den Geschäftspartnern bekanntgegeben würde. Auch gelten die Grundsätze der Anscheins- und Duldungsvollmacht. Die übrigen Gesellschafter können sich also auf eine Beschränkung der Vertretungsmacht nicht berufen, wenn sie die unbeschränkte Vertretung in der Vergangenheit zugelassen oder geduldet haben.[19] Im Ergebnis führt die Beschränkung der Vertretungsmacht auch zu einer Beschränkung der Haftung der Gesellschafter, welche nicht persönlich gehandelt haben (vgl. unten). Was die Grenzen der Vertretungsmacht anbelangt, so wird für die BGB-Gesellschaft auf das allgemeine Zivilrecht zurückgegriffen.[20]

Kommanditist D fragt an, ob er Vertretungsmacht habe oder durch Vereinbarung mit den Gesellschaftern erlangen könne.

Nach § 170 HGB ist der Kommanditist zur Vertretung der Gesellschaft nicht ermächtigt. Er kann sich allerdings von den übrigen Gesellschaftern Prokura, Handlungsvollmacht

---

[18] Vgl. BGHZ 26, 330, 332

[19] Vgl. WR I, S. 130-136

[20] Vgl. Welkamp, Risikobegrenzung in der Unternehmer-BGB-Gesellschaft, NJW 1993, S. 2715-2718

oder Einzelvollmacht erteilen lassen. Läßt er sich zusätzlich im Innenverhältnis Geschäftsführungsbefugnis erteilen, kann er im Außenverhältnis genauso stark wie ein Komplementär sein (vgl. BGHZ 17, 392).

In der ABC-OHG hat A arglistig mit X zusammengewirkt und dadurch die OHG geschädigt. Ist ein solches Geschäft wirksam?

Bei Kollusion, d.h. arglistigem Zusammenwirken des Gesellschafters mit einem Dritten zum Nachteil der Gesellschaft, ist Sittenwidrigkeit und Nichtigkeit des Vertrages nach § 138 BGB anzunehmen. Hier wird der Grundsatz der unbeschränkten Vertretungsmacht (§ 126 Abs. 2 HGB) durchbrochen.

A hat seine Vertretungsmacht bewußt zum Nachteil der OHG ausgenutzt. Kann er sich jetzt auf die Unbeschränkbarkeit der Vertretungsmacht berufen?

Auch bei einem Mißbrauch der Vertretungsmacht kann der Vertrag unwirksam sein. Nach § 242 BGB gilt der Grundsatz von Treu und Glauben. A hat die Vertretungsmacht bewußt mißbraucht. Der Mißbrauch muß nach außen erkennbar gewesen sein. Es wäre treuwidrig, wenn er sich dann auf ihre Unbeschränkbarkeit berufen könnte.[21] Entsteht der Gesellschaft ein Schaden, so kann der Dritte, der mit A den Vertrag abgeschlossen hat, unter Umständen nach § 254 BGB aus dem Gesichtspunkt des Mitverschuldens teilweise zum Schadensersatz herangezogen werden.

Gesellschafter A hat der ABC-OHG aus seinen Beständen einen Lastwagen verkauft. Im Innenverhältnis hatte jedoch der geschäftsführungsbefugte Gesellschafter C widersprochen. Kann sich A gegenüber der Gesellschaft auf die Unbeschränkbarkeit der Vertretungsmacht nach § 126 Abs. 2 HGB berufen?

Bei Rechtsgeschäften zwischen Gesellschafter und Gesellschaft ist die unbeschränkte Vertretungsmacht zum Schutze des Rechtsverkehrs nicht erforderlich. Dem Gesellschafter sind die Beziehungen im Innenverhältnis der Gesellschaft bekannt. Er ist verpflichtet, die inneren Verhältnisse der Gesellschaft auch zu beachten. Das Innenverhältnis bestimmt den Umfang seiner Vertretungsmacht.[22] Bei Rechtsgeschäften zwischen Gesellschaft und Gesellschaftern gilt also nicht § 126 Abs. 2, sondern im Ergebnis § 714 BGB.[23] Der Umfang der Geschäftsführungsbefugnis begrenzt auch den der Vertretungsmacht.

c) Entziehung der Geschäftsführungsbefugnis und der Vertretungsmacht

A ist seinen Aufgaben als geschäftsführender Gesellschafter der A, B und C OHG, die Computersoftware vertreibt, schon seit längerer Zeit nicht mehr gewachsen. Er hat mehrfach zu überhöhten Preisen Software beschafft, die sich am Markt nur schwer absetzen läßt. Auch häufen sich Reklamationen von Kunden, die mit der Beratung durch A nicht zufrieden sind. B und C wollen A von der Vertretung der Gesellschaft ausschließen. Sie fragen ferner an, ob es auch möglich ist, ihn gleichzeitig von der Geschäftsführungsbefugnis zu entbinden.

---

[21] Vgl. BGHZ 50, 112

[22] BGHZ 38, 26

[23] Vgl. auch BGH WM 1979, 72

Die Gesellschaft, die A, B und C betreiben, ist eine OHG, da sie sich mit der Anschaffung und Weiterveräußerung von Waren (§ 1 Abs. 2 Nr. 1 HGB) befaßt und damit ein Grundhandelsgewerbe betreibt. Nach § 127 HGB können B und C beantragen, daß dem A durch gerichtliche Entscheidung die Vertretungsmacht entzogen wird. Voraussetzung ist, daß ein wichtiger Grund vorliegt; ein solcher Grund ist nach dem Gesetzestext insbesondere grobe Pflichtverletzung oder Unfähigkeit zur ordnungsgemäßen Vertretung der Gesellschaft. Durch die mehrfachen Fehlleistungen des A hat sich gezeigt, daß er zur ordnungsgemäßen Vertretung der Gesellschaft nicht fähig ist. Der wichtige Grund kann bejaht werden.

Gleichzeitig kann nach § 117 HGB die Geschäftsführungsbefugnis, die das Innenverhältnis zwischen den Gesellschaftern regelt, entzogen werden. Auch hier entscheidet das Gericht auf Antrag der übrigen Gesellschafter über das Vorliegen eines wichtigen Grundes, insbesondere grobe Pflichtverletzung oder Unfähigkeit zur ordnungsmäßigen Geschäftsführung. Die Gesellschafter B und C können beide Klagen verbinden, so daß die Handlungsmacht des A sowohl im Innenverhältnis wie im Außenverhältnis durch einheitliche gerichtliche Entscheidung wegfällt.

Wie ist der Fall zu beurteilen, wenn A als einziger Gesellschafter Vertretungsmacht besitzt, B und C also von der Vertretung der Gesellschaft ausgeschlossen sind?

Man könnte gegen die Entziehung der Vertretungsmacht einwenden, daß die Gesellschaft danach führungslos wird. Hiergegen läßt sich aber einwenden, daß ein Gesellschafter, der allein zur Vertretung berechtigt ist, sanktionslos die Gesellschaft schädigen kann. Von daher läßt die Rechtsprechung den Entzug der Vertretungsmacht zu; gleichzeitig tritt eine Gesamtvertretungsbefugnis aller übrigen Gesellschafter ein.[24]

A und B betreiben eine kleine Buchhandlung, die nicht im Handelsregister eingetragen ist. Sie erfordert keinen in kaufmännischer Weise eingerichteten Geschäftsbetrieb. B fragt an, ob A die Vertretungsmacht entzogen werden kann, weil er seine Vertretungsmacht mehrfach dazu benutzt hat, bewußt zum Nachteil der Gesellschaft zu handeln. Diese Handlungen, insbesondere zu teure Einkäufe, konnten nur unter großen finanziellen Verlusten rückgängig gemacht werden und haben zu einem großen Vertrauensverlust der Gesellschaft geführt.

Die kleine Buchhandlung ist eine BGB-Gesellschaft (vgl. § 4 HGB). Nach § 715 BGB kann die Vertretungsmacht nur nach Maßgabe des § 712 Abs. 1 und, wenn sie in Verbindung mit der Befugnis zur Geschäftsführung erteilt worden ist, nur mit dieser entzogen werden. Es bedarf hierzu eines einstimmigen Beschlusses der übrigen Gesellschafter. Es muß ferner ein wichtiger Grund vorliegen, hierzu zählt insbesondere grobe Pflichtverletzung oder Unfähigkeit zur ordnungsmäßigen Geschäftsführung (§ 712 Abs. 1). In der Zwei-Personen-Gesellschaft tritt an die Stelle der Beschlußfassung die einseitige Erklärung des Mitgesellschafters.[25] Der Entziehungsbeschluß unterliegt wie jede Streitigkeit zwischen Gesellschaftern der gerichtlichen Entscheidung. Anders als bei den Handelsgesellschaften (§§ 117, 127 HGB) handelt es sich dabei aber nicht um ein Gestaltungs-,

---

[24] BGHZ 33, 108

[25] RGZ 162, 78, 83

sondern um ein Feststellungsurteil. Der Gesellschafter, der sich auf den wichtigen Grund berufen hat, muß diesen im Prozeß beweisen.

Da der Beschluß nach § 712 Abs. 1 auch die Geschäftsführungsbefugnis betrifft, fragt es sich, ob im Umkehrschluß auch verlangt werden kann, daß die Geschäftsführungsbefugnis nur zusammen mit der Vertretungsmacht entzogen werden kann. Für eine solche Annahme bestehen praktische Gründe, weil die Beteiligten nur selten am Fortbestand einer isolierten Vertretungsmacht des betroffenen Gesellschafters interessiert sind. Auch soweit der Beschluß nur auf Entziehung der Geschäftsführungsbefugnis lautet, ist er daher im Zweifel so zu verstehen, daß auch die Vertretungsmacht mit gemeint sein soll.[26]

A ist der ständigen Streitigkeiten mit seinen Mitgesellschaftern B und C müde. Er fragt an, ob er auch von sich aus seine Geschäftsführungsbefugnis und Vertretungsmacht kündigen kann, damit er sich von den aktiven Geschäften zurückziehen kann.

Eine Kündigung der Geschäftsführung läßt § 712 Abs. 2 BGB zu. Voraussetzung ist wiederum, daß ein wichtiger Grund vorliegt. Der Gesetzgeber erklärt die §§ 671 Abs. 2 und 3 BGB aus dem Recht des Auftrags für entsprechend anwendbar. Danach darf der Beauftragte nur in der Weise kündigen, daß der Auftraggeber für die Besorgung des Geschäfts anderweitig Vorsorge treffen kann, es sei denn, daß auch für die Unzeitigkeit der Kündigung ein wichtiger Grund vorliegt. Die Vertretungsmacht kann nicht einseitig gekündigt werden, da sie dem Gesellschafter nur Rechte verschafft, so daß ein wichtiger Grund, auf sie zu verzichten, praktisch ausscheidet.

5. Haftung

a) Vertragliche Haftung von Gesellschaft und Gesellschaftern

A hat in Vertretung der A, B und C OHG Waren im Wert von DM 20.000,-- eingekauft. Der Gläubiger V erhält keine Zahlung. Da die Kasse der OHG prallvoll ist, will der Gläubiger V direkt die OHG verklagen. Hat er hierbei Erfolg?

Nach § 124 HGB kann die OHG selbständig Rechte erwerben und Verpflichtungen eingehen. Voraussetzung ist, daß sie ordnungsgemäß vertreten wurde. Hier liegt eine organschaftliche Vertretung durch den Gesellschafter vor. Die Gesellschaft ist verpflichtet, die gekauften Waren zu bezahlen. V kann den Kaufpreis in Höhe von DM 20.000,-- bei ihr einfordern.

V hat den Gesellschafter A persönlich auf Zahlung der DM 20.000,-- verklagt. A fragt an, ob V sich nicht zuerst an die OHG halten müsse. Weiter wendet er ein, die gelieferte Warensendung sei mangelhaft gewesen. Die OHG habe Ansprüche auf Sachmängelhaftung gegenüber dem V, die auch er, A, gegenüber der Forderung des V geltend machen könne.

A haftet für die Schulden der OHG nach § 128 HGB. Fraglich ist, ob V sich zuerst an die Gesellschaft halten muß. Zweck von § 128 HGB ist, daß die volle persönliche Haftung

[26] Vgl. Münchener Kommentar - Ulmer, § 712 Rz. 13

des Gesellschafters der Entlastung des rechtsgeschäftlichen Verkehrs vor zeitraubenden Nachforschungen dienen soll. Damit erhöht sich auch die Bonität der OHG im Außenverhältnis. Deshalb wird § 128 HGB so ausgelegt, daß der Gläubiger sich primär an jeden Gesellschafter unmittelbar halten kann. Er kann auch jeweils den gesamten Anspruch bei jedem Gesellschafter einklagen. Die Verpflichtungen aus § 128 HGB sind unbeschränkt und unbeschränkbar. Deshalb ist es üblich, daß jeder Gläubiger zugleich gegen die OHG und alle Gesellschafter klagt. Gewinnt er diesen Prozeß, so kann er sowohl in das Gesellschaftsvermögen wie in das Privatvermögen der einzelnen Gesellschafter die Zwangsvollstreckung betreiben (vgl. § 124 Abs. 2 HGB zum Gesellschaftsvermögen).

Der in Anspruch genommene Gesellschafter kann jedoch nach § 129 Abs. 1 gegen den Gläubiger alle Einwendungen und Einreden geltend machen, die von der Gesellschaft gegen den Anspruch erhoben werden können. Gemeint sind Einwendungen jeder Art, z.B. Erfüllung, Erlaß, Vergleich, Annahmeverzug, auch Ansprüche aus Sachmängelhaftung. Sind solche Einwendungen im Verhältnis Gläubiger und Gesellschaft entkräftigt, so gilt dies auch gegenüber dem haftenden Gesellschafter.

V erläßt der OHG eine Forderung mit dem Vorbehalt, sie solle gegenüber dem Gesellschafter A weiterbestehen. Ist ein solcher Vorbehalt im Verhältnis zu A wirksam?

Ein solcher Erlaßvertrag ist unwirksam, denn dadurch würde die Haftung des Gesellschafters gegenüber dem Gläubiger durch einen Vertrag verschärft, den der Gläubiger mit der Gesellschaft schließt; dies wäre ein unzulässiger Vertrag zu Lasten Dritter.[27]

Der in Anspruch genommene Gesellschafter A wendet gegenüber V ein, die Gesellschaft könne den Vertrag noch wegen arglistiger Täuschung anfechten. Muß V diesen Einwand gelten lassen?

A als Gesellschafter hat eine aufschiebende Einrede, solange die Gesellschaft das anspruchsbegründende Rechtsgeschäft anfechten kann (§ 129 Abs. 2 HGB). A kann aber das Anfechtungsrecht nicht aus eigener Machtvollkommenheit ausüben; nicht er, sondern die Gesellschaft hat die Anfechtungserklärung abzugeben. Hat die Gesellschaft angefochten, so kann sich A auf die Nichtigkeit des Rechtsgeschäfts (§ 142 Abs. 1 BGB) berufen.

A wendet gegen die Zahlungsforderung des V ein, daß der Gesellschaft noch eine Gegenforderung in gleicher Höhe gegenüber V zustehe, mit der aufgerechnet werden könne. V weist jedoch darauf hin, daß er in diesem Vertrag, dessen Existenz er nicht bestreitet, der Gesellschaft die Aufrechnung verboten habe.

Nach § 129 Abs. 3 HGB könnte der Gesellschafter sich darauf berufen, daß eine fällige Forderung der Gesellschaft gegen den Gläubiger existiert und dieser die Aufrechnung gegenüber der Forderung erklären könnte, die er jetzt gegenüber dem Gesellschafter geltend macht. Entgegen seinem Wortlaut ist § 129 Abs. 3 HGB jedoch so auszulegen, daß er nur die Fälle umfaßt, in denen beide, Gläubiger und Gesellschaft, aufrechnen können. Aus der Entstehungsgeschichte des Handelsgesetzbuchs ergibt sich, daß hier ein Verse-

---

[27] Vgl. BGHZ 47, 376, 380

hen des Gesetzgebers vorliegt. Der Gläubiger soll nicht für den Fall benachteiligt werden, daß er seinerseits zusätzliche Rechte gegenüber der Gesellschaft hat.[28]

V hat einen rechtskräftigen Titel nur gegen die Gesellschaft erlangt. Er fragt an, ob er aus diesem Titel auch gegen den Gesellschafter A vollstrecken könne.

Eine solche Vollstreckung ist nach § 129 Abs. 4 HGB nicht zulässig. V muß sich vielmehr auch um einen vollstreckbaren Titel gegen den Gesellschafter A bemühen. Dies ist, wie oben ausgeführt, möglich, da A unmittelbar und unbeschränkt haftet, ohne das V verpflichtet wäre, sich zuerst an die Gesellschaft zu halten.

A, B und C betreiben eine Maßschneiderei. Sie kaufen die Stoffe, welche sie verarbeiten, im Kundenauftrag an und schneidern dann auf Bestellung. A hat mehrfach zu große Mengen Stoff eingekauft. Die Gesellschafter beschließen, daß A nicht mehr über ein Limit von DM 20.000,-- hinaus Einkäufe tätigen könne; die Beschränkung soll insbesondere in bezug auf seine Tätigkeit gegenüber dem Hauptlieferanten L gelten. A kauft wieder Stoffe im Wert von DM 50.000,-- bei L ein. L verlangt von B und C die Bezahlung des Kaufpreises.

Die Schneiderei betreibt kein Handelsgewerbe (vgl. § 1 Abs. 2 Nr. 2 HGB). Da sie nicht im Handelsregister eingetragen ist, ist die Gesellschaft, die A, B und C betreiben, eine BGB-Gesellschaft (vgl. §§ 123 Abs. 1 und 2 HGB). Im Gegensatz zur OHG kann die BGB-Gesellschaft weder selbständig Rechte erwerben, noch Verbindlichkeiten eingehen, weder klagen noch verklagt werden. Sie ist nur insoweit rechtlich verselbständigt, als sie nach § 719 BGB eine abgesonderte Vermögensmasse ist. Ein Gesellschafter kann nicht ohne Zustimmung der anderen über seinen Anteil verfügen. Da die BGB-Gesellschaft nicht verpflichtet werden kann, gibt es auch keine Haftung der BGB-Gesellschafter für Verpflichtungen der Gesellschaft. Vielmehr haftet jeder Gesellschafter nur insoweit, als er selbst sich verpflichtet hat oder durch die Vertretungshandlung eines anderen Gesellschafters wirksam verpflichtet werden konnte.

Der Umfang der Vertretungsmacht eines Gesellschafters kann im Gesellschaftsvertrag beschränkt werden. Eine solche Beschränkung kann auch nachträglich durch Beschluß der Gesellschafter herbeigeführt werden. Im Regelfall besteht eine Erkundigungspflicht des Geschäftsverkehrs, was Art und Umfang der Beschränkung der Gesellschafter hinsichtlich ihrer Vertretungsmacht anbelangt. In unserem Fall stand die BGB-Gesellschaft jedoch mit L in laufender Geschäftsverbindung. L konnte sich darauf verlassen, daß die unbeschränkte Vertretungsmacht der Gesellschafter auch in Zukunft weiterbesteht. Wenn die Gesellschafter hieran etwas ändern, so sind sie verpflichtet, dies gegenüber ihrem langjährigen Geschäftspartner zu offenbaren. Fehlt es an einer solchen Offenlegung, so kann dieser auf das Weiterbestehen der unbeschränkten Vertretungsmacht des A vertrauen. B und C haften in entsprechender Anwendung des Grundsatzes der Anscheinsvollmacht auf die Bezahlung der DM 50.000,--, weil sie im Rechtsverkehr zurechenbar den Rechtsschein veranlaßt haben, für die Vertretungshandlungen des A als Gesellschafter voll einstehen zu wollen. Wollen die Mitgesellschafter der daraus resultierenden Gefahr einer persönlichen Haftung entgehen, so müssen sie gegenüber ihren Geschäftspartnern oder der Öffentlichkeit entsprechende Hinweise geben, etwa durch den Aufdruck

[28] Vgl. insgesamt BGHZ 42, 397

"Gesellschaft bürgerlichen Rechts mit beschränkter Haftung" auf den Gesellschaftsbriefen; sie müssen dafür Sorge tragen, daß ein Vertrauenstatbestand in bezug auf die unbeschränkte Vertretungsmacht nicht entsteht oder wieder beseitigt wird.[29]

b) Deliktische Haftung

A zerschlägt, während er als Gesellschafter der A, B und C OHG mit der X-AG um einen größeren Auftrag verhandelt, aus Versehen eine wertvolle Vase. Die X-AG verlangt von der ABC-OHG DM 20.000,-- Schadensersatz. Haftet die OHG für die unerlaubte Handlung ihres Gesellschafters A?

A hat nach § 823 Abs. 1 BGB eine tatbestandsmäßige, rechtswidrige und schuldhafte unerlaubte Handlung begangen, da er die Vase, die der X-AG gehört, zerstört hat. A selbst ist nach § 823 Abs. 1 schadensersatzpflichtig. Fraglich ist, ob die ABC-OHG für die unerlaubte Handlung des A haftet. Eine solche Haftung ist im HGB nicht vorgesehen. Es existiert aber eine Vorschrift im Vereinsrecht des BGB, wonach der Verein für den Schaden verantwortlich ist, den der Vorstand, ein Mitglied des Vorstandes oder ein anderer verfassungsmäßig berufener Vertreter durch eine in Ausführung der ihm zustehenden Verrichtungen begangene, zum Schadensersatz verpflichtende Handlung einem Dritten zufügt (§ 31 BGB - Organhaftung). Diese Vorschrift wird für das Recht der OHG analog angewendet. Dies wird damit begründet, daß die Handelsgesellschaften OHG und KG rechtlich soweit verselbständigt sind, daß sie einer Körperschaft, insbesondere einem Verein ähnlich sind. Die Gesellschafter können als Organe der OHG angesehen werden. § 31 BGB erfordert lediglich, daß die Handlung "in Ausführung der dem Gesellschafter zustehenden Verrichtung" begangen wird. Soweit es sich um tatsächliche Handlungen wie z.B. die Zerstörung der Vase handelt, wird hierbei auf die Geschäftsführungsbefugnis abgestellt, soweit es sich um Schädigungen beim Abschluß von Verträgen (etwa betrügerische Bonitätszusicherungen) handelt, wird auf die Vertretungsmacht abgestellt.[30]

Daneben gelten auch für die Gesellschaft die allgemeinen Vorschriften. Sie haftet nach § 278 BGB vertraglich für das Verschulden ihrer Erfüllungsgehilfen, deren sie sich bei Verträgen bedient. Nach § 831 BGB haftet sie deliktisch für vermutetes eigenes Verschulden bei der Auswahl und Überwachung von Verrichtungsgehilfen, wobei sie den Exkulpationsbeweis auch dadurch führen kann, daß sie eine sogenannte dezentralisierte Entlastung durch entsprechende organisatorische Vorkehrungen nachweist.

A konnte es sich nicht verkneifen, bei den Vertragsverhandlungen, die er im Namen der ABC-OHG mit der X-AG geführt hat, einen wertvollen Kleincomputer (Note book) zu stehlen. Haftet die OHG auch für diese unerlaubte Handlung des A?

Hier handelt es sich nicht um eine Tätigkeit in Ausführung der dem A zustehenden Verrichtungen, sondern um eine Handlung bei Gelegenheit. Für die Schäden, die A hierbei anrichtet, haftet er und nur er allein.

---

[29] Vgl. BGH NJW 1979, 2306

[30] Vgl. Hueck, Das Recht der OHG, § 19 IV

Die X-AG fragt an, ob die aus A, B und C bestehende Gesellschaft auch dann haftet, wenn sie ihre Tätigkeit lediglich im Umfang eines minderkaufmännischen Gewerbes betreibt und nicht im Handelsregister eingetragen ist.

Nach § 4 HGB handelt es sich dann um eine BGB-Gesellschaft. Die BGB-Gesellschaft ist gegenüber ihren Gesellschaftern juristisch nicht verselbständigt, sie kann weder klagen noch verklagt werden. Sie ist deshalb nicht genügend körperschaftlich organisiert. Man kann sie nicht unter dem Gesichtspunkt der Organhaftung für die unerlaubten Handlungen ihrer für sie handelnden Gesellschafter haftbar machen. Deshalb kommt eine Haftung der BGB-Gesellschaft nach § 31 analog eigentlich nicht in Betracht. Da die Gesellschafter jedoch meistens zugunsten der Gesellschaft handeln wollen, wenn sie bei Vertragsverhandlungen unerlaubte Handlungen begehen, hat diese Rechtsauffassung die fragwürdige Konsequenz, daß dem Geschädigten der Zugriff auf das Gesellschaftsvermögen verwehrt wird, zu dessen Gunsten die unerlaubte Handlung begangen wurde. Deshalb nimmt die mittlerweile herrschende Auffassung an, daß § 31 auch auf die BGB-Gesellschaft analog angewendet werden kann. Allerdings gilt dies nur für Gesellschaften, die auf Dauer gewerblich, beruflich oder als Verband tätig sind. Die unerlaubte Handlung des Gesellschafters begründet hier eine Gesamthandsschuld, die aus dem Gesamthandsvermögen befriedigt werden muß.[31]

Die ABC-OHG wird auf Haftung für eine unerlaubte Handlung des A in Anspruch genommen. In der Gesellschaftskasse ist jedoch nicht genügend Geld vorhanden, so daß der Gläubiger anfragt, ob er sich auch an die Gesellschafter B und C persönlich wenden könne.

Nach § 128 HGB haften die Gesellschafter voll persönlich für die Schulden der Gesellschaft. Dies gilt auch für Schulden aus deliktischer Haftung, die über § 31 analog begründet werden.

c) Beschränkte Haftung des Kommanditisten

A, B und C wollen in die von ihnen betriebene OHG den D als Kommanditisten aufnehmen. D fragt an, inwieweit er seine Haftung für die bestehenden und künftigen Schulden der Gesellschaft beschränken kann.

Durch die Aufnahme des D wandelt sich die OHG in eine KG. Während die bisherigen Gesellschafter als Komplementäre der Kommanditgesellschaft nach § 128 HGB weiterhin voll persönlich haften, kann der Kommanditist seine Haftung nach § 171 HGB beschränken. Es heißt dort, daß er den Gläubigern der Gesellschaft bis zur Höhe seiner Einlage unmittelbar haftet. Die Haftung ist ausgeschlossen, soweit die Einlage geleistet ist (§ 171 Abs. 1 HGB). Nach § 172 Abs. 1 HGB ist die Höhe der Haftung durch die Einlage bestimmt, die in das Handelsregister eingetragen wird (Hafteinlage). Der Kommanditist haftet auf jeden Fall nur in Höhe dieser eingetragenen Hafteinlage, allerdings nach § 171 Abs. 1 HGB vor der Bezahlung der Einlageverpflichtung mit seinem gesamten persönlichen Vermögen. Ist die Einlage geleistet, so entfällt jede persönliche Haftung des Kommanditisten. Er haftet nur mit seiner Einlage.

---

31 Vgl. Kübler, Gesellschaftsrecht, S.54, § 6 III 4 b, bb

D tritt in die ABC-OHG als Kommanditist ein. Er bezahlt auch seine Einlage in Höhe von DM 50.000,--, läßt sich diese jedoch umgehend wieder als Darlehen zurück überweisen, das er im Laufe von zwei Jahren tilgen will.

Nach § 172 Abs. 4 gilt die Einlage eines Kommanditisten als nicht geleistet, wenn sie ihm zurückbezahlt wird. Auch die Rückzahlung im Zusammenhang mit einem Darlehen wird durch § 172 Abs. 4 Satz 1 erfaßt. D haftet also wieder mit seinem vollen persönlichen Vermögen für die Schulden der Gesellschaft, allerdings nur in Höhe der Hafteinlage.

D steht mit einer Hafteinlage von DM 50.000,-- im Handelsregister. Er hat jedoch mit den übrigen Gesellschaftern vereinbart, daß er seine Einlage nicht in bar, sondern in Gestalt eines gebrauchten Lastwagens erbringt, den die übrigen Gesellschafter mit DM 50.000,-- bewerten. Der Gläubiger G hat einen Anspruch in Höhe von DM 10.000,-- gegen die Gesellschaft. Er hält die Einlage des D für überbewertet. In Wirklichkeit sei der Lastwagen zum Zeitpunkt seiner Einbringung nur noch DM 40.000,-- wert gewesen. Kann G seine Forderung in Höhe von DM 10.000,-- bei D persönlich eintreiben?

Wird die Hafteinlage in Form von Sachen, Rechten oder Dienstleistungen erbracht, so kommt es den Gläubigern gegenüber auf den objektiven Wert der vom Kommanditisten erbrachten Leistung an.[32] Die Bewertung durch die Gesellschafter ist nicht maßgeblich. Der objektive Wert der Einlage muß im Streitfall von einem Sachverständigen im Prozeß festgestellt werden. War der Lastwagen in der Tat nur DM 40.000,-- wert, so haftet der Kommanditist dem Gläubiger G gegenüber noch in Höhe von DM 10.000,-- persönlich. G kann also seine Forderung bei D eintreiben.

X ist Gläubiger der ABC-OHG. Er sieht sich außerstande, seine Forderungen einzutreiben, da die OHG sich in Zahlungsschwierigkeiten befindet. Er ist damit einverstanden, als Kommanditist in die Gesellschaft einzutreten, wobei er seine Hafteinlage in Höhe von DM 50.000,-- durch Aufrechnung mit einer Forderung, die ihm noch gegen die Gesellschaft zusteht, erbringen will. Führt die Aufrechnung dazu, daß die Einlage nach § 171 Abs. 1 HGB geleistet wird?

Die Rechtsprechung hat sich bisher auf den Standpunkt gestellt, daß die Einlage auch durch Aufrechnung mit einer Forderung, die dem Kommanditisten gegenüber der Gesellschaft zusteht, gegen die Einlageforderung erbracht werden kann.[33] Ist jedoch die Forderung des Eintretenden gegen die Gesellschaft wegen deren wirtschaftlicher Lage nicht mehr vollwertig, so wird der Kommanditist durch seine Aufrechnung nur in Höhe des objektiven Werts seiner Forderung von der Einlageschuld befreit.[34]

Kommanditist D läßt sich von der ABC-KG seinen Gewinnanteil auszahlen, obwohl infolge vorangegangener Verluste der KG sein Kapitalanteil unter die Hafteinlage abgesunken ist. Haftet er nun den Gläubigern der Gesellschaft wieder mit seinem persönlichen Vermögen?

---

[32] Vgl. BGHZ 39, 319, 329; 61, 59, 72
[33] BGHZ 51, 391, 394; 61, 59, 70
[34] BGHZ 95, 188, 194

Die persönliche Haftung folgt aus § 172 Abs. 4 Satz 4 HGB. Die Gesellschaftsgläubiger sollen dagegen geschützt werden, daß der Wert der Kommanditeinlage ihrem Zugriff auf das Vermögen der KG entzogen wird. Solange der Kapitalanteil des Kommanditisten unter der Hafteinlage liegt, darf er eben keine Gewinne entnehmen, wenn er die persönliche Haftung vermeiden will.

D ist inzwischen wieder aus der ABC-KG ausgeschieden. Er hat sich eine Abfindung aus dem Vermögen der Gesellschaft auszahlen lassen. D ist bereits im Handelsregister als Kommanditist gelöscht. Haftet er dennoch mit seinem persönlichen Vermögen für die Altschulden, welche die KG während seiner Zeit als Kommanditist begründet hat?

Auch die Auszahlung einer Abfindung beim Ausscheiden des Kommanditisten wird als Rückgewähr der Einlage nach § 172 Abs. 4 Satz 1 HGB gewertet. Die persönliche Haftung des Kommanditisten nach § 171 Abs. 1 HGB lebt wieder auf. Allerdings ist diese Haftung wie schon im vorangegangenen Fall summenmäßig auf die Höhe der Einlage (Hafteinlage) beschränkt.

D als Kommanditist der ABC-KG überträgt seine Einlage im Einverständnis mit den übrigen Gesellschaftern auf E. Hierauf fragt der Gläubiger G an, ob der Betrag, den E für die Übernahme der Kommanditeinlage an D bezahlt hat, als Rückgewähr der Einlage nach § 172 Abs. 4 Satz 1 HGB anzusehen sei. G möchte den ehemaligen Kommanditisten D mit seinem Privatvermögen in Höhe der Einlage für eine Forderung gegenüber der KG in Anspruch nehmen.

Wenn D seine Hafteinlage voll in das Vermögen der KG eingebracht hat, kann das doppelte Ereignis des Ausscheidens von D und des Neueintritts von E als Kommanditist nicht als Rückzahlung der Einlage nach § 172 Abs. 4 Satz 1 HGB aufgefaßt werden. Der gleichzeitige Austritt eines alten Kommanditisten und Eintritt eines neuen Kommanditisten ist als einheitlicher wirtschaftlicher Vorgang aufzufassen. Die Einlage wird nicht zurückgewährt, vielmehr wechselt nur die Person, auf welche sich die Einlage bezieht. Die persönliche Haftung des D lebt nicht wieder auf.

d) Der Rechtsschein des Handelsregisters (Exkurs)

In der ABC-OHG hat C seine Einlage in eine Kommanditeinlage umgewandelt. Der Wechsel der Rechtsform und die Stellung des C als Kommanditist sind noch nicht im Handelsregister eingetragen. Gläubiger G nimmt C für eine Forderung in Anspruch, die ihm gegenüber der Gesellschaft zusteht. Dringt er gegen C durch? Spielt es hierbei eine Rolle, ob es sich um eine sogenannte Altforderung (vor Umwandlung der Einlage in eine Kommanditeinlage) oder eine Neuforderung handelt?

Nach § 162 Abs. 2 ist der Eintritt eines Kommanditisten in eine bestehende Handelsgesellschaft im Handelsregister anzumelden. Anmeldepflichtig ist auch die Umwandlung der Gesellschafterstellung, der persönlich haftende Gesellschafter einer OHG muß als Kommanditist angemeldet werden, wenn er unter gleichzeitiger Umwandlung der Gesellschaftsform seine Haftung beschränken will. Nach § 172 Abs. 1 HGB bestimmt sich die Höhe der Haftung des Kommanditisten im Verhältnis zu Dritten nach der eingetragenen Haftsumme. Nach § 176 Abs. 1 HGB haftet jeder Kommanditist, wenn die Gesellschaft bereits tätig ist, für die bis zur Eintragung begründeten Verbindlichkeiten der Gesellschaft als persönlich haftender Gesellschafter. Dies gilt auch für den Fall, daß ein persönlich haftender Gesellschafter seine Stellung in die eines Kommanditisten umwandelt (§ 176 Abs. 1 und 2 HGB). Für die Altschulden vor der Umwandlung seiner Gesellschafterstellung kann der Gesellschafter C seine Haftung nicht reduzieren. Die Haftungsbeschränkung gilt nur für die nach Eintragung in das Handelsregister begründeten Verbindlichkeiten der Gesellschaft. Seine Haftung ist summenmäßig beschränkt auf die Hafteinlage; sie ist ausgeschlossen, soweit die Einlage geleistet ist (§ 171 Abs. 1 HGB).

In § 176 HGB wird ein allgemeiner Rechtsgrundsatz des Handelsrechts deutlich, wonach sich ein Gesellschafter auf Tatsachen, die ins Handelsregister eingetragen werden müssen, erst dann berufen kann, wenn die Eintragung erfolgt ist. Das Handelsregister ist also ein allgemeines Publikationsmittel für Tatsachen, die im kaufmännischen Verkehr wichtig sind. Die Offenlegung ist für den Rechtsverkehr, also für den Dritten, wichtig. Sie ist aber auch für den von der Eintragung Betroffenen bedeutsam. Damit diese Publikationsfunktion des Handelsregisters erfüllt werden kann, muß die Einsicht in das Register jedem gestattet werden. Dies ist in § 9 HGB geregelt.

Auf Eintragungen im Handelsregister muß man sich verlassen können. Das Vertrauen in die Richtigkeit der Eintragung ist also geschützt. Deshalb ist in § 15 HGB geregelt, daß eine Tatsache, die im Handelsregister einzutragen ist, einem Dritten erst entgegengesetzt werden kann, wenn die Eintragung und Bekanntmachung erfolgt ist, es sei denn, daß sie dem Dritten bekannt war. Umgekehrt muß ein Dritter eine eingetragene und bekanntgemachte Tatsache gegen sich gelten lassen, wobei zu seinem Schutz noch eine Abstandsfrist von 15 Tagen eingeführt wurde (§ 15 Abs. 2 HGB). Eine unrichtig bekanntgemachte Tatsache kann dem gegenüber, in dessen Angelegenheiten sie einzutragen war, entgegengehalten werden, es sei denn, daß der Dritte die Unrichtigkeit kannte (§ 15 Abs. 3 HGB).

Schließlich ist noch zwischen konstitutiven und deklaratorischen Eintragungen zu unterscheiden. Konstitutiv ist eine Eintragung dann, wenn eine bestimmte Rechtsfolge die Eintragung in das Handelsregister voraussetzt (z.B. die Kaufmannseigenschaft des sogenannten Soll-Kaufmanns nach § 2 HGB). Deklaratorisch ist die Eintragung dann, wenn sie nur noch eine bereits bestehende Rechtsfolge nach außen deutlich macht. Ein solcher Fall ist gegeben, wenn eine Gesellschaft, die bereits mit Aufnahme der Geschäfte nach § 123 Abs. 2 HGB Handelsgesellschaft geworden ist weil sie ein Grundhandelsgewerbe betreibt, im Handelsregister eingetragen wird. Die Eintragung ist dann zum Wirksamwerden der OHG nicht mehr erforderlich, sondern "deklariert" nur noch einen bereits bestehenden Rechtszustand, nämlich die Existenz der OHG. Davon zu trennen ist die Verpflichtung der Gesellschafter, die Gesellschaft zur Eintragung in das Handelsregister anzumelden (§§ 106, 108 HGB).

6. Ansprüche zwischen Gesellschaft und Gesellschaftern

a) Pflichten des Gesellschafters, Ansprüche der Gesellschaft

Rechtsbeziehungen zwischen Gesellschaftern sowie zwischen Gesellschaft und Gesellschaftern wurden bereits im Zusammenhang mit der Geschäftsführungsbefugnis abgehandelt. Die Verpflichtungen der Gesellschafter gegenüber ihren Mitgesellschaftern und der Gesellschaft ergeben sich zum Teil bereits aus § 705 BGB. Hier ist die Pflicht zur Beitragszahlung genannt. Hinzu kommen die Pflichten zur Geschäftsführung, die der geschäftsführungsbefugte Gesellschafter übernimmt. In den meisten Fällen entsprechen den Verpflichtungen der Gesellschafter Rechte der Mitgesellschafter oder der Gesellschaft. Die Inhalte dieser Verpflichtungen sollen im folgenden zusammengestellt werden.

aa) Beitragspflicht

In der ABC-OHG soll A seinen Anteil dadurch einzahlen, daß er ein Patent einbringt. Der Wert des Patents wird von den Gesellschaftern auf DM 50.000,-- angesetzt. Nachdem die Gesellschaft bereits die Geschäfte aufgenommen hat, muß sie feststellen, daß A für sein Patent weiterhin Lizenzen an Außenstehende vergibt. Die Mitgesellschafter meinen, die Gesellschaft sei Inhaber des Patents geworden. A könne daher keine Lizenzen mehr vergeben. Zu Recht?

Es geht hier um die Rechtsbeziehungen zwischen den Gesellschaftern sowie zwischen Gesellschaft und Gesellschaftern. Hieraus ergeben sich Rechte und Pflichten. Die wichtigste Pflicht des Gesellschafters ergibt sich bereits aus § 705 BGB, nämlich die Pflicht zur Beitragszahlung. Über § 105 Abs. 2 HGB gilt diese Pflicht auch für die OHG, über § 161 Abs. 2 HGB auch für die KG. Gegenstand der Beitragspflicht kann nicht nur die Zahlung von Geld, sondern auch die Einbringung oder Überlassung von Sachen, Wertpapieren und sonstigen Rechten sein. Hierzu gehören neben Warenzeichen, Herstellungsverfahren und Geschmacksmustern auch Patente. Fraglich ist, ob A nach dem Gesellschaftsvertrag das Patent der Gesellschaft nur zum Gebrauch überlassen oder ihr übertragen sollte. Bei bloßer Gebrauchsüberlassung kann er selbst weiter Lizenzen vergeben. Bei Übertragung wird die Gesellschaft Inhaberin des Patents. Da der Gesellschaftsvertrag in diesem Punkt nicht eindeutig ist, gilt die Auslegungsregel des § 706 Abs. 2. Im Zweifel ist anzunehmen, daß eingebrachte vertretbare oder verbrauchbare Sachen in das gemeinschaftliche Eigentum der Gesellschafter übergehen sollen. Bei nicht verbrauchbaren Sachen (z.B. Grundstücken) gilt diese Vermutung nur, wenn sie nach einer Schätzung beizutragen sind, die nicht bloß für die Gewinnverteilung bestimmt ist. Hier wird keine Sache, sondern ein Recht eingebracht. Die Auslegungsregel des § 706 Abs. 2 gilt nicht. Nach allgemeinen Auslegungsgrundsätzen ist aber auch hier anzunehmen, daß die Ausbeutung des Patents der Gesellschaft zustehen solle. Ein Indiz hierfür ist die Höhe, mit der der Wert des Patents angesetzt wurde. Also kann A keine weiteren Lizenzen mehr an Dritte vergeben. Seine Handlung ist vielmehr als Vertretung der Gesellschaft bei der Lizenzvergabe aufzufassen. Er muß ihr die Lizenzgebühren herausgeben.

C ist nicht zur Geschäftsführung befugt und zur Vertretung der Gesellschaft ermächtigt. Er muß feststellen, daß B sich nicht um die Einbringung der Lizenzgebühren in das Gesellschaftsvermögen bemüht. A selbst ist ohnehin an dieser Einbringung nicht interessiert. C fragt an, ob er A auf Einzahlung der Lizenzgebühren an die Gesellschaft verklagen kann.

Es ist zu unterscheiden, ob eine Verpflichtung des Gesellschafters gegenüber der Gesellschaft oder gegenüber den übrigen Gesellschaftern besteht. Hier besteht die Verpflichtung gegenüber der Gesellschaft. Man könnte daher annehmen, daß nur die geschäftsführungsbefugten oder zur Vertretung ermächtigten Gesellschafter in der Lage sind, die Erfüllung dieser Verpflichtung einzufordern. Aus § 705 BGB entnimmt man jedoch, daß die gesellschaftsrechtlichen Verpflichtungen auch gegenseitige Verpflichtungen der Gesellschafter sind. Die Gesellschafter verpflichten sich nicht nur gegenüber der Gesellschaft bzw. der Gesamthandsgemeinschaft, sondern zugleich auch gegenüber jedem anderen Gesellschafter zur Bezahlung oder Erbringung der Beiträge. Deshalb ist auch jeder Gesellschafter berechtigt, von dem anderen die Leistung des geschuldeten Beitrages an die Gesellschaft zu verlangen.[35] Man spricht hier von der actio pro socio, d.h. von der Klage des Gesellschafters auf Leistung an die Gesellschaft. Sie hat nichts mit der Geschäftsführungsbefugnis oder der Vertretungsmacht gegenüber Dritten gemeinsam. Sie kann nur in der Weise geltend gemacht werden, daß Leistung an die Gesellschaft verlangt wird. Bei der BGB-Gesellschaft bedeutet die actio pro socio entsprechend, daß nur auf Leistung an die Mitgesellschafter in gesamthänderischer Bindung (an das Gesamthandsvermögen) geklagt werden kann. Der Mitgesellschafter kann diesen Anspruch ohne Rücksicht auf seine eigene Geschäftsführungsbefugnis oder Vertretungsmacht im eigenen Namen geltend machen.

bb) Pflicht zur Geschäftsführung

A hat durch Fehler bei der Geschäftsführung Schäden in Höhe von DM 10.000,-- verursacht, die der Gläubiger G bei der ABC-OHG eingetrieben hat. Die Mitgesellschafter B und C fragen, ob sie die Rückzahlung dieses Betrages von A an die Gesellschaftskasse verlangen können.

Durch die Schlechterfüllung der Geschäftsführungspflicht ist der Gesellschaft ein Schaden entstanden. A hat diese Pflicht zumindest leicht fahrlässig verletzt. Also könnte er der Gesellschaft aus positiver Vertragsverletzung in entsprechender Anwendung der §§ 325 und 326 BGB auf Schadensersatz wegen Nichterfüllung haften. Diese Haftung könnte aber durch § 708 BGB entschärft werden. Dort steht, daß der Gesellschafter nur für die Sorgfalt einzustehen hat, welche er in eigenen Angelegenheiten anzuwenden pflegt (diligentia quam in suis). Grobe Fahrlässigkeit hat der Gesellschafter nach § 277 zwar immer zu verantworten. Es fragt sich aber dennoch, ob die Herabsetzung der Sorgfaltspflicht noch mit heutigen Vorstellungen von einer modernen Geschäftsführung in Gesellschaften vereinbar ist. Die Regelung des § 708 beruht auf der Vorstellung, daß die Gesellschafter eng miteinander verbunden sind und jeder die persönlichen Eigenschaften des anderen kennt. Diese Vorstellung hat nichts mehr mit der Praxis in arbeitsteiligen großen Personalgesellschaften zu tun, insbesondere nichts mit Handelsgesellschaften. Deshalb kann § 708 auch im Gesellschaftsvertrag abbedungen werden. Unterbleibt dies jedoch, so fragt es sich, ob die Vorschrift heute noch angewendet werden kann. Der BGH hat dies im Fall einer Gelegenheitsgesellschaft abgelehnt, in der der Fahrer einen Unfall fahrlässig verursacht hatte und sich gegenüber den Ersatzansprüchen seiner Mitfahrer auf die Haftungserleichterung des § 708 berief.[36] Der BGH lehnte die Haftungsbeschränkung ab, weil er dies für rechtspolitisch geboten hielt. Andernfalls würde die Lösung dem ständigen gesetzgeberischen Bestreben, den Gefahren des Straßenverkehrs nicht zuletzt durch strenge Haftungsvorschriften entgegenzuwirken, völlig zuwiderlaufen. Dasselbe muß gelten, wenn ein Gesellschafter seine Geschäftsführungspflicht schlecht erfüllt. Wenn nicht besondere Umstände vorliegen, greift die Beschränkung des

[35] BGHZ 10, 91, 101; 25, 47, 49
[36] BGHZ 46, 313

§ 708 nicht ein. Handelt der Gesellschafter außerhalb der ihm zustehenden Geschäftsführungsbefugnis, so haftet er als Geschäftsführer ohne Auftrag nach §§ 677 f. BGB; auch hier greift die Haftungsbeschränkung nach § 708 BGB nicht.

cc) Wettbewerbsverbot

A ist Gesellschafter der ABC-OHG, die eine Konditorei mit Café betreibt. A tritt als Kommanditist in eine KG ein, die wenige Kilometer entfernt ebenfalls eine Konditorei mit Café gründet. Können die Mitgesellschafter von ihm verlangen, daß er sich aus der "Konkurrenzgesellschaft" wieder zurückzieht?

Nach § 112 HGB unterliegt der Gesellschafter A einem Wettbewerbsverbot. Er darf nicht als persönlich haftender Gesellschafter einer anderen gleichartigen Handelsgesellschaft im Handelszweig seiner Gesellschaft Geschäfte betreiben, wenn die Mitgesellschafter nicht einverstanden sind (§ 112 Abs. 1 HGB). Hier ist A jedoch nur Kommanditist einer anderen Gesellschaft geworden, dies läßt § 112 Abs. 1 zu. Die Mitgesellschafter können von ihm nicht verlangen, daß er sich zurückzieht. Diese Lösung ist insofern problematisch, als die Stellung des Kommanditisten nach dem Grundsatz der Vertragsfreiheit im Innenverhältnis der eines Komplementärs angeglichen werden kann; im Außenverhältnis kann durch die Erteilung einer Prokura ebenfalls eine de-facto-Gleichstellung mit dem Komplementär erreicht werden. Deshalb wird durch den Gesellschaftsvertrag das Wettbewerbsverbot vielfach noch ausgeweitet. Es wäre jedoch sittenwidrig, das Verbot auf alle anderen wirtschaftlichen Tätigkeiten zu erstrecken.[37] Im übrigen ließ es der BGH[38] zu, daß ein OHG-Gesellschafter eines Filmtheaters, der von der Geschäftsführung und Vertretung ausgeschlossen war, ein anderes Filmtheater in derselben Großstadt übernahm; seine ursprüngliche Gesellschafterstellung entspreche dem gesetzlichen Leitbild eines Kommanditisten.

A ist seit über 30 Jahren einziger Komplementär der A-KG. Die Kommanditisten B, C und D weigern sich, seine monatliche Vergütung für die Geschäftsführungstätigkeit heraufzusetzen, obwohl die Geldentwertung inzwischen vorangeschritten ist und der Umfang der Geschäfte erheblich zugenommen hat. A hält diese Weigerung für unzulässig. Er fragt an, ob er vor Gericht auf eine angemessene Erhöhung seiner Vergütung klagen kann.

Wenn im Gesellschaftsvertrag die Vergütung für die Geschäftsführung geregelt ist, müssen alle Gesellschafter einer Erhöhung zustimmen. Im Regelfall besteht keine Pflicht zu einer solchen Zustimmung. Unter ganz besonderen Ausnahmebedingungen kann jedoch die allgemeine Treuepflicht der Mitgesellschafter verlangen, daß sie sich einer Anpassung des Gesellschaftsvertrages an veränderte Verhältnisse nicht widersetzen, damit der Gesellschaftszweck verständig weiterverfolgt werden kann. Hierzu zählt auch die Erhöhung der Vergütung des geschäftsführenden Gesellschafters. Die Erhöhung ist dann geboten, wenn seine Beteiligung an dem Ertrag des Unternehmens in keinem Verhältnis mehr zu seiner Tätigkeit und zu seinen Verdiensten steht. Der BGH hat deshalb eine solche Pflicht zur Erhöhung der Vergütung angenommen, wenn ein Mitgesellschafter oder wenige sich der Erhöhung widersetzen.[39] Bei der Anwendung des Gedankens der gesell-

---

[37] BGHZ 37, 384

[38] BGHZ 38, 314 - Bonbonière

[39] BGHZ 44, 41

schaftlichen Treuepflicht ist allerdings darauf zu achten, daß die Rücksichtnahme der Mitgesellschafter nicht immer gleich stark ausgeprägt sein muß. Wenn es nach dem Gesellschaftsvertrag nur um ein Recht geht, das dem Gesellschafter in seinem eigenen Interesse zustehen soll, ist an die Treuepflicht der Mitgesellschafter eine erheblich geringere Anforderung zu stellen. In diesem Fall allerdings dürfte die Treuepflicht der Mitgesellschafter soweit gehen, daß A von ihnen auch die Erhöhung verlangen kann, wenn sie alle dagegen sind. Allgemein mißt man der Treuepflicht nur eine ergänzende, lückenausfüllende und korrigierende Funktion zu. Es mehren sich die Stimmen im Schrifttum, die von dem Begriff "Treuepflicht" Abschied nehmen und statt dessen nach dem Gesellschaftszweck fragen wollen. Der Begriff Treuepflicht erinnert in der Tat stark an feudale Sozial- und Moralbeziehungen. Es reicht aus, auf die allgemeinen Grundsätze des § 242 BGB (Treu und Glauben) zurückzugreifen.[40]

dd) Weitere Pflichten

Neben den genannten Pflichten der Gesellschafter gibt es noch Pflichten zur Bezahlung von Zinsen im Falle des § 111 HGB. Daneben wird ein Grundsatz der gleichmäßigen Behandlung der Gesellschafter anerkannt, der allerdings nur subsidiär eingreift, wenn im Gesellschaftsvertrag nichts anderes geregelt ist.

Pflichten können auch miteinander kollidieren. So kann z.B. die Durchsetzung eines Wettbewerbsverbots mit dem Kartellrecht in Widerspruch geraten. Die Rechtsprechung erkennt allerdings eine Einschränkung des Kartellverbots durch § 112 HGB im Interesse der "volkswirtschaftlich besonders erwünschten Unternehmensform OHG" an, mit der die gesellschaftstreue Mitarbeit einzelner Gesellschafter gesichert werden soll.[41]

b) Pflichten der Gesellschaft, Ansprüche des Gesellschafters

A ist einziger geschäftsführungsbefugter und vertretungsberechtigter Gesellschafter der ABC-OHG. Er weigert sich, den Gewinnanteil des C auszubezahlen. Kann C die OHG auf Zahlung des Anteils verklagen?

Der Anspruch des C ergibt sich aus dem Gesellschaftsvertrag. Für die Verteilung des Gewinns sind die §§ 120 ff. HGB maßgeblich. C kann diesen Anspruch auch einklagen, wobei die OHG durch den zur Vertretung ermächtigten Gesellschafter A vertreten wird. Es spielt hierbei keine Rolle, daß C eine Personengemeinschaft verklagt, deren Teil er selbst ist. Die OHG kann nach § 124 Abs. 1 selbständig klagen und verklagt werden.

C kann den Gewinnanspruch allerdings nicht von seinen Mitgesellschaftern A und B persönlich eintreiben. Nach § 128 HGB besteht die volle persönliche Haftung des OHG-Gesellschafters nur im Außenverhältnis gegenüber Dritten. Hiervon sind die Beziehungen zwischen den Gesellschaftern und der Gesellschaft (Innenverhältnis) strikt zu unterscheiden. Für diese Verpflichtungen im Innenverhältnis sollen die Gesellschafter nicht mit ihrem persönlichen Vermögen einstehen.

---

[40] Vgl..Kübler, S. 44, § 6 II 2c

[41] BGHZ 38, 306

A entdeckt eines Morgens, daß der Sturm das Dach des Gebäudes abgedeckt hat, in dem die ABC-OHG ihre Geschäfte betreibt. Er besorgt umgehend einen Dachdecker, kauft Dachziegel ein und sorgt dafür, daß das Dach repariert wird. A verlangt von der Gesellschaft Ersatz seiner Aufwendungen.

Nach § 110 Abs. 1 HGB kann A Aufwendungsersatz verlangen, soweit er dies den Umständen nach für erforderlich halten durfte. In diesem Fall war rasches Handeln geboten. A kann von der Gesellschaft die Erstattung der Kosten, die ihm entstanden sind, in voller Höhe verlangen.

A wurde von dem Gläubiger G der OHG persönlich in Höhe von DM 12.000,-- auf Rückzahlung eines Darlehens in Anspruch genommen, das G der OHG gewährt hatte. A verlangt nun von seinen Mitgesellschaftern B und C Ausgleichung. Diese verweisen ihn darauf, daß er sich an die Gesellschaft halten müsse. Kann A sich an seine Mitgesellschafter wenden?

A hat gegen die OHG einen Ersatzanspruch in Höhe von DM 12.000,-- aus § 110 HGB (Aufwendungsersatz). Insofern ist der Einwand seiner Mitgesellschafter in der Tat gerechtfertigt, daß A sich an die Gesellschaft halten müsse. Wenn in der Gesellschaftskasse allerdings kein Geld ist, könnte A von seinen Mitgesellschaftern B und C Ausgleich verlangen, weil A, B und C als Gesamtschuldner gegenüber G haften. Nach § 426 Abs. 1 könnte A sich auf den Ausgleich unter Gesamtschuldnern im Innenverhältnis berufen. Wenn B und C hiergegen einwenden, daß es sich um eine Aufwendung des A für die Gesellschaft handele, also um eine Verpflichtung der Gesellschaft im Innenverhältnis, so können sie die Ausgleichspflicht als Mitgesellschafter nicht abwenden. Diese beruht auf der Haftung im Außenverhältnis nach § 128 HGB, welche auch sie trifft (BGH NJW 1980, 340). Daß A, wenn er eine solche Haftung übernimmt, gleichzeitig im Innenverhältnis Aufwendungen für die Gesellschaft macht, ist ohne Belang. Der Ausgleich unter den Gesellschaftern nach den Grundsätzen der Gesamtschuld ist vorrangig. Es besteht allerdings nur eine anteilige Haftung der Mitgesellschafter. A muß sich seine eigene Verlustbeteiligung anrechnen lassen, d.h. jeder Gesellschafter zahlt im Innenverhältnis nur ein Drittel. A kann also von B und C jeweils DM 4.000,-- verlangen, wenn die Gesellschaftskasse leer ist.

c) Gesellschafter als Dritte

A ist Gesellschafter der ABC-OHG. Er hat der Gesellschaft ein Darlehen in Höhe von DM 12.000,-- zur Verfügung gestellt. Die Gesellschaft kann das Darlehen nicht zurückzahlen, da sie nicht genügend Geld hat. Kann A von seinen Mitgesellschaftern B und C die Rückzahlung verlangen?

Die Forderung des A beruht auf einem außergesellschaftlichen Verpflichtungsgrund, Anspruchsgrundlage ist § 607 (Darlehen). Der Gesellschafter wird grundsätzlich wie alle anderen Gläubiger behandelt.[42] Die Mitgesellschafter haften ihm für die Darlehensschuld der Gesellschaft nach § 128 HGB. Allerdings verlangt die Treuepflicht, daß er seine Forderung nur anteilig stellt und um seinen eigenen Verlustanteil kürzt. A kann von B oder C jeweils DM 8.000,-- verlangen, die Gesamtsumme aber nur einmal. Die Ersatzforde-

[42] BGHZ 51, 391, 395

rung besteht nicht, wenn er sich ohne weitere Schwierigkeiten aus dem Gesellschaftvermögen befriedigen kann. Wenn der Mitgesellschafter B oder C die Summe von DM 8.000,-- an A geleistet hat, kann er von dem noch verbleibenden Gesellschafter (C oder B) nach § 426 Abs. 2 Ausgleichung im Innenverhältnis, d.h. Zahlung von DM 4.000,--, verlangen.

7. Gesellschafterwechsel

a) Vorbemerkung

Nach § 717 Abs. 1 BGB können die Gesellschafter die Ansprüche, die ihnen aus dem Gesellschaftsverhältnis gegeneinander zustehen, nicht übertragen. Die Mitgliedschaft soll also eine Einheit bilden, es soll dem Gesellschafter nicht möglich sein, einzelne Befugnisse der Mitgliedschaft abzuspalten (Abspaltungsverbot). Damit soll dem Gesellschafter auch verwehrt werden, außenstehende Dritte ohne Zustimmung der Mitgesellschafter in eine Position zu versetzen, daß sie sich in die Gesellschaftsangelegenheiten einmischen können.

Nach § 717 Satz 2 sind die dem Gesellschafter aus der Geschäftsführung zustehenden Ansprüche oder seine Ansprüche auf den Gewinnanteil bzw. das Auseinandersetzungsguthaben übertragbar. Hier geht es um vermögensrechtlich festliegende Ansprüche, nicht um Mitgliedschafts- und Beteiligungsrechte. Die Übertragbarkeit gefährdet daher nicht die Interessen der Mitgesellschafter.

Nach § 719 BGB kann ein Gesellschafter nicht wirksam über seinen Anteil am Gesellschaftsvermögen und an den einzelnen dazu gehörenden Gegenständen verfügen. Die Fortsetzung des Abspaltungsverbotes geht also in der BGB-Gesellschaft so weit, daß das gemeinschaftliche Vermögen als gesonderte Vermögensmasse gegenüber Dritten geschützt wird. Eine Übertragung nach § 719 ist nur möglich, wenn alle Gesellschafter zustimmen. Das gleiche gilt für die Gesellschaftsanteile. Das Mittel, um eine solche Übertragung zu bewirken, ist eine (einvernehmliche) Abänderung des Gesellschaftsvertrages. Aber auch eine solche Abänderung ist nur in der Weise möglich, daß Mitgliedschaft und Vermögensanteil an der Gesellschaft zusammen übertragen werden.

Auch für die OHG und die KG gilt keine andere Lösung. Die Gesellschafter brauchen sich demnach keinen Dritten als neuen Gesellschafter aufdrängen zu lassen, wenn sie nicht einverstanden sind. Allerdings sind diese Regeln abdingbar. Im Gesellschaftsvertrag kann bestimmt werden, daß die Übertragung der Gesellschafterstellung durch Mehrheitsbeschluß möglich ist. Genauso können die Gesellschafter im voraus einwilligen, daß ein Gesellschafter seine Stellung im ganzen an einen Dritten überträgt.

In § 726 ist geregelt, daß die Gesellschaft endigt, wenn der vereinbarte Zweck erreicht oder dessen Erreichung unmöglich geworden ist. Nach § 727 Abs. 1 wird die Gesellschaft durch den Tod eines der Gesellschafter aufgelöst. Damit werden objektive Gründe maßgeblich für die Beendigung der Gesellschaft. Dies ist nicht immer im Interesse der Gesellschafter. Sie können, z.B. um die Aufdeckung stiller Reserven zu vermeiden und damit Steuern zu sparen, die Fortsetzung der Gesellschaft beschließen. Zweckmäßigerweise entscheiden sie sich für eine solche Fortsetzungsklausel bereits bei Abschluß des

Gesellschaftsvertrages. Dies geschieht in der Praxis sehr häufig, auch für die Fälle des Austritts und des Ausschlusses eines Gesellschafters.

Im folgenden werden Eintritt, Austritt, Ausschluß und Erbfall abgehandelt, wobei stets von der Fortsetzung der Gesellschaft unter den verbleibenden Gesellschaftern ausgegangen wird. Erst danach wird auf die Auflösung und Liquidation der Gesellschaft eingegangen, die nach dem dispositiven Gesetzesrecht eigentlich geboten wäre, wenn derartige Tatbestände eingreifen.

b) Eintritt

A ist Gesellschafter der ABC-OHG. Er hat Geschäftsführungsbefugnis und Vertretungsmacht. Als A den übrigen Gesellschaftern mitteilt, er habe D neu in die Gesellschaft aufgenommen, widersprechen diese. A beruft sich jedoch auf seine Vertretungsmacht. Eine Zustimmung der übrigen Gesellschafter sei nicht erforderlich.

Nach § 125 HGB gilt zwar im Grundsatz Alleinvertretungsmacht, soweit im Gesellschaftsvertrag nichts anderes geregelt ist. Insofern könnte A wirksam Geschäfte im Außenverhältnis mit D abschließen. Bei der Aufnahme eines neuen Gesellschafters handelt es sich jedoch nicht um eine Maßnahme der Geschäftsführung und Vertretung (gesellschaftliches Betriebsverhältnis), sondern um eine Änderung des Gesellschaftsvertrages (Grundverhältnis). Hier müssen alle Gesellschafter zustimmen. Es ist allenfalls möglich, bereits bei Abschluß des Gesellschaftsvertrages vorzusehen, daß durch Mehrheitsbeschluß ein neuer Gesellschafter aufgenommen werden kann. In diesem Fall hat A jedoch allein gehandelt. Der Gesellschaftsvertrag wurde nicht wirksam geändert. D ist nicht neuer Gesellschafter der ABC-OHG geworden.

D ist durch einstimmigen Beschluß der Gesellschafter A, B und C in die OHG aufgenommen worden. Er verlangt jetzt, als Miteigentümer des Grundstücks in das Grundbuch eingetragen zu werden, das der OHG gehört. Seine Mitgesellschafter widersprechen. Eine solche Eintragung sei nicht notwendig.

Zur Aufnahme als neuer Gesellschafter ist ein Vertrag zwischen dem aufzunehmenden und den bisherigen Gesellschaftern erforderlich.[43] Hierbei müssen alle Gesellschafter zustimmen, soweit nicht im Gesellschaftsvertrag eine Mehrheitsentscheidung zugelassen ist. Durch die Zustimmung und damit die Aufnahme des D wird die Identität der Gesellschaft nicht berührt. Deshalb ist auch keine Übertragung des Gesellschaftsvermögens erforderlich. D wird automatisch Mitglied der Gesamthandsgemeinschaft "ABC-OHG". Ihm wächst der ideelle Anteil am Gesellschaftsvermögen an, die entsprechenden Anteile wachsen den übrigen Gesellschaftern ab. Eine Eintragung in das Grundbuch ist weder erforderlich noch zulässig. Dort ist die OHG als Eigentümerin eingetragen. Sie kann nach § 124 Abs. 1 HGB selbständig Trägerin von Rechten und Pflichten sein. Das Grundstück steht in ihrem Eigentum, nicht im Eigentum der Gesellschafter. Allerdings ist jeder Gesellschafter als Mitglied der Gesamthandsgemeinschaft (§ 719 BGB) an diesem Eigentum beteiligt.

[43] BGHZ 26, 330, 333

Für die BGB-Gesellschaft gilt § 718 Abs. 1: Die Beiträge der Gesellschafter und die durch die Geschäftsführung für die Gesellschaft erworbenen Gegenstände werden gemeinschaftliches Vermögen der Gesellschafter (Gesellschaftsvermögen). Da die BGB-Gesellschaft nicht selbständig Träger von Rechten und Pflichten sein kann, müssen hier aber die Gesellschafter in Gesamthandsgemeinschaft in das Grundbuch eingetragen werden.

Der Gläubiger G der Gesellschaft konfrontiert D mit einer Forderung in Höhe von DM 30.000,--, die ihm gegen die Gesellschaft zusteht. In der Gesellschaftskasse ist nicht genügend Geld. D will jedoch nicht zahlen, da er meint, für Altschulden vor seinem Eintritt nicht haften zu müssen.

Nach § 130 HGB haftet D wie alle anderen Gesellschafter für die sogenannten Altschulden, die vor seinem Eintritt begründet wurden. Eine entgegenstehende Vereinbarung ist Dritten gegenüber unwirksam (§ 130 Abs. 2). Nach § 128 HGB unterliegt D der vollen persönlichen Haftung. Er muß also die Forderung des G bezahlen. Nach der Zahlung kann er Ausgleichung im Innenverhältnis nach § 426 Abs. 2 BGB von seinen Mitgesellschaftern verlangen.

D fragt an, ob er die Haftung für Altschulden dadurch verringern könne, daß er seine Einlage in die eines Kommanditisten umwandelt.

Nach § 173 Abs. 1 HGB haftet auch der Kommanditist für die Verbindlichkeiten der Gesellschaft, die vor seinem Eintritt begründet wurden. Eine entgegenstehende Vereinbarung ist Dritten gegenüber unwirksam (§ 173 Abs. 2). Soweit er die Einlage noch nicht geleistet hat, haftet er mit seinem persönlichen Vermögen, allerdings summenmäßig durch die Höhe der Hafteinlage begrenzt (§ 171 Abs. 1 HGB). Soweit die Einlage geleistet ist, ist die persönliche Haftung ausgeschlossen. Er haftet dann mit seiner Einlage in das Gesellschaftsvermögen.

Für die Verbindlichkeiten, die nach dem Eintritt des Kommanditisten, aber vor seiner Eintragung in das Handelsregister begründet werden, gilt nach § 176 Abs. 2 HGB die Regel des § 176 Abs. 1 Satz 1 entsprechend. Der Kommanditist haftet für diese Verbindlichkeiten unbeschränkt, wenn er der Fortführung der Gesellschaftsgeschäfte auch unter seinem Namen zugestimmt hat. Der vorbehaltlose Abschluß des Aufnahmevertrages ist regelmäßig als eine Zustimmung in diesem Sinne auszulegen. Voraussetzung für die Haftung ist aber, daß die Gläubiger die Kommanditistenstellung kennen (§ 176 Abs. 1 Satz 1).

A und B haben den D bei seinem Eintritt in die ABC-OHG getäuscht, indem sie ihm frisierte Bilanzen vorlegten und dadurch eine zu hohe Leistungsfähigkeit der OHG vorspiegelten. D möchte seine Beitrittserklärung wegen arglistiger Täuschung anfechten. Kann er rückwirkend aus der OHG ausscheiden?

Nach § 142 kann eine Willenserklärung durch Anfechtung rückwirkend vernichtet werden, wenn ein Anfechtungsgrund wegen Irrtums (§ 119) oder arglistiger Täuschung (§ 123) vorliegt. Auch wenn die Täuschung durch A und B als arglistige Täuschung gewertet wird, ist eine rückwirkende Beseitigung der Beitrittserklärung des D nicht mehr möglich. Hier gelten die Grundsätze der fehlerhaften Gesellschaft. Die Gesellschaft ist bereits nach außen in Vollzug gesetzt. Dies gilt auch für den Beitritt des D. Weder unter dem Gesichtspunkt des Bestandsschutzes noch unter dem des Verkehrsschutzes ist es bedeutsam, ob der Gesellschaftsvertrag von Anfang an fehlerhaft ist, oder ob die Änderung durch Beitritt eines neuen Gesellschafters unter einem Wirksamkeitsmangel leidet. In beiden Fällen sind die Grundsätze über die fehlerhafte Gesellschaft anwendbar (BGHZ 44, 235; 63, 338). D kann nicht wegen arglistiger Täuschung mit der Wirkung des § 142 Abs. 1 BGB anfechten. Er kann nur seine Gesellschafterstellung für die Zukunft beseitigen, hier stehen ihm die Mittel der Kündigung, der Auflösungsklage, des Austritts oder des Ausschlusses (vgl. unten) zur Verfügung.

c) Austritt

D fühlt sich bei seiner Aufnahme in die ABC-OHG zwar nicht arglistig getäuscht, er will jedoch ausscheiden, weil ihm die Entwicklung der OHG nicht gefällt. Wie kann er dies bewerkstelligen?

Wenn im Gesellschaftsvertrag nichts anderes vorgesehen ist, kann er nach § 132 HGB kündigen. Dann müßte die Gesellschaft allerdings beendet werden. Wenn die Gesellschafter dies vermeiden wollen, müssen sie zuerst eine Fortsetzungsklausel beschließen. Danach wird die Gesellschaft mit dem Ausscheiden des D unter den übrigen Gesellschaftern fortgesetzt (§ 138 HGB). Im Gesellschaftsvertrag kann auch bestimmt sein, daß ein Gesellschafter mit dem Eintritt eines bestimmten Ereignisses (z.B. Ehescheidung oder Wegzug ins Ausland) automatisch ausscheidet. Schließlich können die Auflösungsgründe des § 131 HGB (Zeitablauf, Gesellschafterbeschluß, Eröffnung des Konkurses über das Vermögen der Gesellschaft, Tod des Gesellschafters, Eröffnung des Konkurses über das Vermögen eines Gesellschafters, Kündigung und gerichtliche Entscheidung) im Zusammenhang mit einer Fortsetzungsklausel (§ 138 HGB) zum Ausscheiden des Gesellschafters und Weiterbestand der Gesellschaft führen.

Wenn der Gesellschafter ausscheidet, steht ihm ein Auseinandersetzungsanspruch zu, für den nach § 105 Abs. 2 HGB die §§ 738-740 BGB gelten. Sein Anteil am Gesellschaftsvermögen wächst den verbleibenden Gesellschaftern zu. Er verliert also seine dingliche Beteiligung, ohne die von ihm in das Vermögen der OHG eingebrachten Gegenstände zurückfordern zu können. Anders ist es nur bei den Gegenständen, die er der Gesellschaft lediglich zur Benutzung überlassen hat (§ 738 Abs. 1 Satz 2). Für den Vermögensverlust erhält der Gesellschafter einen Ausgleich in Gestalt des sogenannten Abschichtungsanspruchs (§ 738 Abs. 1 Satz 2). Er erhält, was er bei der Auseinandersetzung erhalten würde, wenn die Gesellschaft zur Zeit seines Ausscheidens aufgelöst worden wäre. Soweit erforderlich, ist der Wert des Gesellschaftsvermögens zu schätzen (§ 738 Abs. 2). Beim Unternehmen ist der Veräußerungswert maßgeblich. Übersteigen die Schulden das Gesellschaftsvermögen, so muß der Ausscheidende nach § 739 im Rahmen seiner Verlustbeteiligung das Defizit mittragen.

In der Praxis ergeben sich bei der Auseinandersetzung und beim sogenannten Abschichtungs- bzw. Abfindungsanspruch häufig Streitigkeiten. Es geht um die Bewertung der Vermögensgegenstände. Daher wird in den Gesellschaftsverträgen vielfach vorgesehen, die Auseinandersetzungs- bzw. Abschichtungsansprüche anhand der erstellten Bilanzen zu ermitteln, z.B. durch einen pauschalen Zuschlag zu den Bilanzwerten. Häufig wird der Abfindungsanspruch auf den sogenannten Buchwert reduziert. Dadurch erhält der ausscheidende Gesellschafter erheblich weniger als den Verkehrswert. Zum Teil gehen die Klauseln so weit, daß der BGH sich genötigt sieht, sie für unzulässig anzusehen. Besteht ein erhebliches Mißverhältnis zwischen dem Buchwert und dem wirklichen Wert, so wird die Freiheit des Gesellschafters, sich zu einer Kündigung zu entschließen, unvertretbar eingegrenzt; die Abfindungsklausel ist dann unzulässig.[44] Der BGH begründet dies mit dem zwingenden Charakter des § 723. Danach muß es dem Gesellschafter jederzeit möglich sein, zu kündigen. Entsprechendes gilt auch für die OHG. Hier kommt zu der ordentlichen Kündigung nach § 132 HGB, die für den Schluß des Geschäftsjahres erfolgen muß, die Auflösung durch gerichtliche Entscheidung nach § 133 HGB in Verbindung mit § 131 Nr. 6 HGB, die im Falle einer Fortsetzungsklausel zum Ausscheiden des Gesellschafters nach § 138 HGB führt.

Die gesellschaftsvertragliche Herabsetzung eines Abfindungsguthabens kann auch zu einer Benachteiligung der Gesellschaftsgläubiger führen. Sie müssen sicher sein, daß im Falle der Zwangsvollstreckung ihr Zugriff auf das Vermögen des Ausscheidenden nicht vereitelt wird. Ein Gesellschaftsvertrag kann nicht bestimmen, daß ein Gesellschafter im Falle seines Konkurses oder der Zwangsvollstreckung durch einen Privatgläubiger aus der Gesellschaft ausscheiden muß, ohne daß ihm ein Abfindungsanspruch zusteht.

D möchte im Einvernehmen mit seinen Mitgesellschaftern seine Beteiligung an der ABC-OHG gegen Zahlung von DM 100.000,-- an E veräußern. E soll sämtliche Rechte und Pflichten des D erwerben. Ist ein solcher Vertrag zulässig?

Die Übertragung der Gesellschafterstellung durch ein einheitliches Verkehrsgeschäft hat der BGH für zulässig erklärt. Rechtlich handelt es sich um das Ausscheiden des D verbunden mit dem Neueintritt des E. Der Gesellschaftsanteil wird durch zweiseitiges Rechtsgeschäft vom bisherigen auf den an seine Stelle tretenden Gesellschafter übertragen. Die Identität der Gesellschaft und des Gesamthandsvermögens bleibt erhalten. Dies gilt selbst dann, wenn alle Gesellschafter gleichzeitig ausgewechselt werden.[45] Eine besondere Form ist nicht erforderlich, selbst wenn das Gesellschaftsvermögen im wesentlichen aus Grundeigentum besteht.[46]

D ist von seinen Mitgesellschaftern A, B und C mehrfach arglistig getäuscht worden. Er will aus wichtigem Grund sofort die Gesellschaft verlassen, ohne die Kündigungsfrist von 6 Monaten zum Ende des Geschäftsjahres nach § 132 HGB beachten zu müssen.

D kann aus wichtigem Grund eine Auflösungsklage nach § 133 HGB vor Gericht einreichen. Ein wichtiger Grund ist anzunehmen, wenn ein anderer Gesellschafter eine ihm nach dem Gesellschaftsvertrag obliegende wesentliche Verpflichtung vorsätzlich oder aus grober Fahrlässigkeit verletzt oder wenn die Erfüllung einer solchen Verpflichtung unmöglich wird (§ 133 Abs. 1 HGB). Zum Ausscheiden des Gesellschafters ist eine gerichtliche Entscheidung notwendig. Die Einschaltung der Justiz soll nicht nur die OHG-Gesellschafter, sondern auch den Rechtsverkehr vor der Unsicherheit schützen, die eine Kündigung mit sich bringen würde. Vielfach wird um den wichtigen Grund der Kündigung gestritten. Durch die gerichtliche Entscheidung wird sichergestellt, daß die Kündigung der Gesellschaft oder der Gesellschafterstellung auch tatsächlich wirksam ist.

---

[44] BGH NJW 1985, 92
[45] BGHZ 44, 229, 231
[46] BGHZ 86, 367, 371

Im Gesellschaftsvertrag kann die Auflösung der OHG aus wichtigem Grund oder die Austrittsmöglichkeit des Gesellschafters erleichtert werden, indem ein schiedsgerichtliches Verfahren eingeführt wird. Dann muß ein eigener Schiedsvertrag nach § 1025 f. ZPO abgeschlossen werden. Ein solcher Schiedsvertrag führt zu einem wesentlich billigeren und kürzeren Verfahren als ein gerichtlicher Prozeß, der unter Umständen durch alle Instanzen getrieben wird. Auch muß das Schiedsgericht sich nicht sklavisch an das geltende Recht halten. Es hat z.B. die Möglichkeit, den Parteien eine Änderung des Gesellschaftsvertrages vorzuschlagen.

D ist aus der ABC-OHG ausgeschieden. Der Gesellschaftsgläubiger G macht einen Anspruch gegen ihn geltend, der vor dem Ausscheiden des D gegenüber der Gesellschaft entstanden ist. Muß D bezahlen, wenn in der Gesellschaftskasse kein Geld ist?

Die Haftung des ausgeschiedenen Gesellschafters für sogenannte Altschulden der Gesellschaft besteht weiter. Also könnte G von D die Bezahlung seiner Forderung verlangen. Durch das Nachhaftungsbegrenzungsgesetz von 1994 wird in § 160 HGB (neu) eine Enthaftung nach 5 Jahren eingeführt. Wird eine Verbindlichkeit erst nach der 5-Jahres-Frist fällig, ist die Haftung des ausgeschiedenen Gesellschafters von vorneherein ausgeschlossen.[47]

D hat vor seinem Ausscheiden seine Gesellschafterstellung in die eines Kommanditisten umgewandelt. Er ist ordnungsgemäß im Handelsregister mit einer Hafteinlage von DM 50.000,-- eingetragen worden. G nimmt ihn für eine Altschuld der Gesellschaft in Anspruch. Er macht geltend, D habe bei Veräußerung seines Gesellschaftsanteils an E DM 50.000,-- erhalten. Dadurch sei seine Einlage zurückgewährt worden und die Haftung nach § 172 Abs. 4 HGB lebe wieder auf.

Nach § 171 Abs. 1 HGB ist die persönliche Haftung des Kommanditisten ausgeschlossen, soweit er seine Einlage bezahlt hat. Nach § 172 Abs. 4 HGB lebt die persönliche Haftung wieder auf, wenn ihm die Einlage zurückgewährt wird. Bei rein formalistischer Betrachtung könnte man in der Übertragung des Gesellschaftsanteils an E eine Rückgewähr der Einlage nach § 172 Abs. 4 Satz 1 erblicken. Mit der Bezahlung des Kaufpreises erhält der Veräußerer den Gegenwert seiner Einlage. Bei einer übergreifenden Betrachtungsweise erkennt man jedoch, daß aus der Sicht der Gläubiger nichts geändert wurde. Die Einlage ist nach wie vor geleistet. Sie steht jetzt nur nicht mehr D, sondern E zu. Deshalb wird beim bloßen Gesellschafterwechsel und "Stehenlassen" der bereits geleisteten Einlage eine Haftung des ausscheidenden Kommanditisten nach § 172 Abs. 4 HGB verneint. Den Gläubigern haftet der neue Kommanditist anstelle des alten mit seiner geleisteten Einlage. Ist die Altschuld bereits in der Zeit entstanden, in der D noch vollhaftender Gesellschafter war, greift auch hier die Begrenzung der Nachhaftung von fünf Jahren nach § 160 Abs. 3 HGB; die Haftung als Kommanditist bleibt unberührt.

B läßt sich als Kommanditist der A-KG vom Komplementär A bei seinem Ausscheiden abfinden. A übernimmt das Geschäft mit allen Aktiva und Passiva und führt es in der Rechtsform des Einzelkaufmanns fort. Gläubiger G betrachtet die Abfindung des B aus dem Privatvermögen des A als Rückgewähr der Einlage nach § 172 Abs. 4 HGB. Er

---

[47] Vgl. im einzelnen Seibert, DB 1994, 461-465; nach § 736 Abs. 2 BGB (neu) gilt die Nachhaftungsbegrenzung auch für die BGB-Gesellschaft.

nimmt B für eine Altschuld der Gesellschaft persönlich in Anspruch, die vor seinem Ausscheiden entstanden ist. Zu Recht?

Der BGH hat dem Gläubiger eines noch der KG gewährten Darlehens Recht gegeben, der seine Klage gegen den früheren Kommanditisten gerichtet hatte.[48] Durch die Geschäftsübernahme sei das Vermögen der KG mit dem Privatvermögen des Komplementärs A vereinigt worden. Deshalb böten sich den Gesellschaftsgläubigern keine Sicherheiten, daß das Geschäftsvermögen nur für geschäftliche und nicht auch für private Zwecke verwendet werde. Die Entscheidung ist problematisch, da sie den Gläubigern im Ergebnis einen Anspruch auf die Erhaltung des Gesellschaftsvermögens einräumt.[49] Der Gläubiger bleibt nach § 159 Abs. 1 HGB 5 Jahre lang geschützt, da die Haftung des Kommanditisten mit der Zahlung der Abfindung aus dem Vermögen der Gesellschaft nach § 172 Abs. 4 Satz 1 HGB wieder auflebt. Das eigentliche Problem besteht darin, ob man die Übernahme des Kommanditanteils durch den Komplementär als Gesellschafterwechsel betrachten und damit den Kommanditisten von der Haftung freistellen kann. Dies dürfte im Ergebnis zu verneinen sein. B haftet also doch nach § 172 Abs. 4 Satz 1 HGB, auch wenn ihm die Abfindung aus dem Privatvermögen des Komplementärs und nicht aus dem Gesellschaftsvermögen bezahlt wurde.

D hat sich bei Eintritt in die ABC-OHG arglistig getäuscht gefühlt. Er hat deshalb gekündigt und ist aus der OHG ausgeschieden. Nachträglich erkennt er, daß er selbst sich getäuscht hat und die Angaben seiner Mitgesellschafter bei seinem Eintritt in die Gesellschaft richtig waren. Kann D seine Kündigung rückwirkend anfechten?

Es handelt sich hier nicht um eine fehlerhafte Gesellschaft, sondern lediglich um einen fehlerhaften Vorgang des Ausscheidens aus der Gesellschaft. Das Wesentliche an den Regeln der fehlerhaften Gesellschaft, nämlich den Ausschluß der Rückwirkung des Fehlertatbestandes, kann man jedoch auch auf diesen Fall übertragen. Der Gesellschafter hat seit seinem Ausscheiden nicht mehr in der OHG mitgearbeitet; er hat sein Kapital aus der Gesellschaft abgezogen. Diesen nach außen in Erscheinung getretenen Tatbestand kann D nicht mehr rückgängig machen. Die Anfechtung kann dann nur die Wirkung haben, daß er für die Zukunft wieder in die OHG aufgenommen wird.[50]

A betreibt gemeinsam mit B und C eine Bauschreinerei, die nicht im Handelsregister eingetragen ist. Er hat seine Gesellschafterstellung gekündigt, weil er seinen Mitgesellschaftern Unfähigkeit zur ordnungsgemäßen Geschäftsführung vorwirft. Sie weigern sich beharrlich, moderne Maschinen anzuschaffen, die für den Betrieb einer Bauschreinerei notwendig sind. A entdeckt im Gesellschaftsvertrag, daß er im Falle eines Ausscheidens nur eine Abfindung in Höhe des Buchwerts beanspruchen kann. Außerdem ist dieses Guthaben nur ratenweise auszuzahlen. Muß sich A sich an diese vertraglichen Bestimmungen halten?

Die Kündigung in einer BGB-Gesellschaft führt im Regelfall zur Auflösung der Gesellschaft (§ 723 Abs. 1 Satz 1 BGB). Haben die Gesellschafter eine Fortsetzungsklausel vereinbart, so wird die Gesellschaft fortgesetzt und der kündigende Gesellschafter scheidet aus. Die Auseinandersetzung erfolgt nach den §§ 732-735 BGB. Diese Vorschriften

---

[48] BGHZ 61, 149
[49] Vgl. Kübler, S.98, § 8 III 4b
[50] Vgl. BGHZ 44, 235; 63, 338

sind allerdings abdingbar. Insbesondere ist es zulässig, den Abfindungsanspruch auf den Buchwert der Einlage zu beschränken und eine ratenweise Auszahlung des Guthabens vorzusehen. Da im Falle der BGB-Gesellschaft die Kündigung sofort wirksam ist und nicht durch gerichtliche Entscheidung festgestellt wird (es gilt nicht § 138 HGB), muß notfalls jahrelang um die Höhe des Abfindungsguthabens gestritten werden. Aus wichtigem Grund ist eine außerordentliche Kündigung zulässig (§ 723 Abs. 1 Satz 2). Die Vorschrift ist nicht abdingbar (§ 723 Abs. 3). Nach § 738 wächst der Anteil des ausscheidenden Gesellschafters den verbleibenden zu. Er kann sich also in seiner Vermögensstellung sehr verschlechtern. Es fragt sich, ob eine Abfindungsklausel nicht im Extremfall zu einer so starken Benachteiligung der kündigungswilligen Gesellschafter führen kann, daß sie nach § 138 Abs. 1 BGB wegen Sittenwidrigkeit nichtig ist.[51]

d) Ausschluß

A als Gesellschafter der ABC-OHG hat mehrfach Geschäftspartner betrogen. B will ihn ausschließen. C ist jedoch damit nicht einverstanden. Kann B sich gegenüber C und A durchsetzen?

Tritt in der Person eines Gesellschafters ein wichtiger Grund nach § 133 Abs. 2 HGB ein, so können die übrigen Gesellschafter anstelle der Auflösung der OHG die Ausschließung dieses Gesellschafters beantragen (§ 140 Abs. 1). Sie müssen Klage vor Gericht erheben; das Gericht entscheidet durch Gestaltungsurteil; bis zum Urteil bleibt der Auszuschließende Gesellschafter. Fraglich ist, ob B von dem widerstrebenden Mitgesellschafter C verlangen kann, der Ausschließungsklage zuzustimmen. Der BGH hat dies anerkannt, wenn der wichtige Grund gegeben ist.[52] Er läßt es auch zu, daß die Klage auf Zustimmung zur Ausschließungsklage mit der Ausschließungsklage selbst verbunden wird und über beide Klagen gleichzeitig entschieden wird.[53] Die Ausschließungsklage ist allerdings das äußerste Mittel zur Beilegung von Konflikten innerhalb einer OHG. Zuvor müssen zumutbare mildere Mittel angewendet werden, wie etwa die Entziehung der Geschäftsführungsbefugnis und der Vertretungsmacht.

Das Ausschließungsrecht kann im Gesellschaftsvertrag abbedungen werden. Es bleibt dann nur die Auflösungsklage nach § 133 HGB. Die Vorschriften des HGB über den Ausschluß von Gesellschaftern sind auch insoweit abdingbar, als der Gesellschaftsvertrag bestimmen kann, daß die Mehrheit der Gesellschafter den Ausschluß eines Mitgesellschafters beschließen kann. Allerdings ist ein Ausschlußrecht nur dann zulässig, wenn ein wichtiger Grund gegeben ist; ein ungebundenes Ausschlußrecht betrachtet der BGH als rechtlich bedenklich.[54] Ausnahmen können nur bei Vorliegen außergewöhnlicher Umstände anerkannt werden.[55]

Wenn ein Gesellschafter in Konkurs fällt, müßte die Gesellschaft an sich aufgelöst werden (§ 131 Nr. 5 HGB). Die Mitgesellschafter können aber gegenüber dem Konkursverwalter erklären, daß sie die Gesellschaft untereinander fortsetzen. Sie können dann den Gemeinschuldner-Gesellschafter aus der Gesellschaft ausschließen (§ 141 Abs. 2 HGB).

---

[51] Vgl. Kübler, S.88, § 7 VIII 4c; differenzierend Karsten Schmidt, Gesellschaftsrecht, S. 1225-1227
[52] BGHZ 64, 253, 257
[53] BGHZ 68, 81, 84
[54] BGHZ 81, 263, 266
[55] BGH WM 1989, 133

A betreibt einen Lebensmittelhandel gemeinsam mit B in der Rechtsform der OHG. A hat sich mehrfach altersbedingt unfähig gezeigt, die Geschäfte ordnungsgemäß zu führen. B will ihn ausschließen und das Geschäft weiterführen. Kann er die Identität des Unternehmens erhalten und damit die Aufdeckung der stillen Reserven vermeiden?

Nach § 142 HGB kann in einer zweigliedrigen Gesellschaft der verbleibende Gesellschafter das Geschäft in der Rechtsform des Einzelkaufmanns weiterführen, also ohne Liquidation alle Aktiva und Passiva übernehmen. Voraussetzung ist, daß in der Person des anderen Gesellschafters ein Ausschlußgrund vorliegt. Auch hier ist eine gerichtliche Entscheidung notwendig.

Nach § 135 HGB kann auch ein Privatgläubiger die Gesellschaft kündigen. Wenn die übrigen Gesellschafter die Auflösung der Gesellschaft vermeiden wollen, so können sie sich ebenso wie im Falle des Konkurses ihres Mitgesellschafters zur Fortsetzung nach § 141 HGB entschließen. Sie müssen diesen Beschluß dem Gläubiger mitteilen. Es bedarf anders als im Fall des Ausschlusses keines gerichtlichen Verfahrens (§ 141 HGB).

Die Vorschrift des § 142 HGB wird analog auch auf die BGB-Gesellschaft angewendet. Hier muß nach § 737 ein wichtiger Grund zur Kündigung bestehen. Gleichzeitig müssen die Gesellschafter eine Fortsetzungsklausel vereinbart haben. Dann kann der verbleibende Gesellschafter den Betrieb alleine weiterführen.

e) Erbfall

Durch den Tod eines Gesellschafters wird die OHG nach § 131 Nr. 4 HGB aufgelöst. Wollen die Gesellschafter die Auflösung vermeiden, so können sie eine Fortsetzungsklausel vereinbaren. Anstatt den Erben des Verstorbenen einen Abfindungsanspruch nach §§ 738-740 BGB zuzubilligen, können die Gesellschafter auch ihre Beteiligung im Unternehmen ermöglichen. Damit können sie das im Unternehmen arbeitende Kapital erhalten und eine teuere Abfindung der Erben vermeiden.

§ 139 HGB ermöglicht den Gesellschaftern, die Gesellschaft mit den Erben fortzusetzen. Die Erben werden mit dem Erbfall, d.h. dem Tod des Erblassers, automatisch Gesellschafter. Ihre Zustimmung ist nicht erforderlich. Sie können aber nach § 139 Abs. 1 beantragen, daß ihnen die Stellung von Kommanditisten eingeräumt wird; damit können sie ihre Haftung beschränken. Die übrigen Gesellschafter brauchen diesen Antrag nicht anzunehmen. In diesem Fall können die Erben ihr Ausscheiden aus der Gesellschaft erklären und verlangen, daß ihr Abfindungsguthaben ausbezahlt wird (§ 139 Abs. 2 und 3 HGB).

Um die Erben, die nur die Rechtsstellung eines Kommanditisten wahrnehmen oder aus der Gesellschaft ausscheiden wollen, zu schützen, räumt ihnen § 139 Abs. 4 HGB die Vorteile der beschränkten Erbenhaftung ein, die sich im übrigen aus den §§ 1975-1992 BGB ergeben.[56]

Die Miterben befinden sich nach § 2032 Abs. 1 BGB in einer Gesamthandsgemeinschaft, der sogenannten Erbengemeinschaft. Es entsteht nun ein Konflikt, da zwei Gesamt-

---

[56] Vgl. BGHZ 55, 267, 271

handsgemeinschaften miteinander verbunden sind. Die Gesellschaft als Gesamthandsgemeinschaft überlappt sich mit der Gesamthandsgemeinschaft der Erben. Diesen Konflikt löst das HGB durch einen Vorrang des Gesellschaftsrechts. Wenn die Gesellschafter die Fortsetzung mit den Erben vereinbart haben, rücken diese einzeln in die Gesellschafterstellung ein. Sie haben auch einzeln das Recht, die Umwandlung in eine Kommanditbeteiligung zu verlangen. Sie rücken entsprechend ihrer Erbquote in die Gesellschaft ein. Die Verwaltungsrechte des Erblassers nimmt jeder Gesellschafter voll wahr. Unter Umständen verändern sich dadurch die Mehrheitsverhältnisse in der Gesellschaft erheblich; dies haben die Gesellschafter jedoch bei Abschluß des Gesellschaftsvertrages in Kauf genommen.

Im Gesellschaftsvertrag der ABC-OHG ist vereinbart, daß der Gesellschaftsvertrag nur mit einem von mehreren Erben des verstorbenen Gesellschafters fortgesetzt werden soll. Erwirbt dieser den vollen Anteil des verstorbenen Gesellschafters?

Der BGH hat entschieden, daß der Erbe in vollem Umfang in die Gesellschafterstellung des Erblassers einrückt.[57] Die übrigen Erben haben keine gesellschaftsrechtlichen Abfindungsansprüche gegen die verbleibenden Gesellschafter nach § 738 Abs. 1 Satz 2 BGB, da ihnen durch den Erbfall nichts zugewachsen ist. Sie können sich lediglich mit dem in die Gesellschaft nachrückenden Erben auseinandersetzen. Dieser muß sich den Wert des Gesellschaftsanteils bei der Erbauseinandersetzung anrechnen lassen.

Der Gesellschaftsvertrag kann auch eine Eintrittsklausel vorsehen. Sie wird an die Fortsetzungsklausel gekoppelt. Die OHG wird beim Tod des Gesellschafters unter den Überlebenden fortgesetzt. Ein Erbe oder eine sonstige Person erhält das Recht auf Eintritt in die Gesellschaft. Es handelt sich hier um einen Vertrag zugunsten Dritter (§ 328 Abs. 1 BGB). Der Begünstigte erhält einen durchsetzbaren schuldrechtlichen Anspruch auf Übertragung des Gesellschaftsanteils, der mit dem Tod des ausscheidenden Gesellschafters entsteht. Scheitert eine Nachfolgeklausel, weil die im Gesellschaftsvertrag vorgesehene Person nicht Erbin geworden ist, so kann sie in eine Eintrittsklausel umgedeutet werden (§ 140 BGB), der Begünstigte erhält dann den obligatorischen Anspruch auf Aufnahme in die Gesellschaft.[58]

Auch für die BGB-Gesellschaft kann abweichend zu § 727 Abs. 1 eine Fortsetzung mit den Erben gesellschaftsvertraglich vereinbart werden. Der Grundsatz der Vertragsfreiheit läßt alle Regelungen zu, die für die OHG vorgesehen oder möglich sind. Auch die Auflösung kann nach § 728 im Gesellschaftsvertrag abbedungen und durch das Ausscheiden des in Konkurs geratenen Gesellschafters und ihre Fortsetzung unter den übrigen Gesellschaftern ergänzt werden.

---

[57] BGHZ 50, 316, 317; 68, 225, 237

[58] BGH NJW 1978, 264

8. Auflösung und Liquidation

a) Auflösungstatbestände

A ist Gesellschafter der ABC-OHG. Er hat sich bei einer Finanztransaktion finanziell übernommen und mußte Konkurs anmelden. Die Eröffnung des Konkurses wurde mangels Masse abgelehnt (§ 107 KO). B will die Gesellschaft jetzt fristlos kündigen. Zu Recht?

B könnte Auflösungsklage nach § 133 in Verbindung mit 131 HGB erheben. In Frage kommen für B § 131 Nr. 5 und Nr. 6 HGB. Er kann die Tatsache, daß der Konkurs über das Vermögen eines Gesellschafters eröffnet wurde, als Auflösungsgrund anführen. Der in der Beteiligung des Gesellschafters enthaltene Vermögenswert muß seinen Gläubigern zur Verfügung gestellt werden, er entgeht der Gesellschaft, diese ist daher aufzulösen. Die Kündigung des Gesellschafters nach § 131 Nr. HGB ist als ordentliche, fristgebundene Kündigung zu verstehen (§§ 132, 134 HGB). Die außerordentliche Kündigung aus wichtigem Grund, die für die BGB-Gesellschaft in § 723 Abs. 1 Satz 2 normiert ist, wird für die OHG durch die Auflösungsklage nach § 133 ersetzt. Voraussetzung für den Erfolg der Klage ist auch hier ein wichtiger Grund.

B kann die Gesellschaft nicht nach § 131 Nr. 5 HGB kündigen, da der Konkurs über das Vermögen seines Mitgesellschafters A nicht eröffnet wurde. Die Vorschrift läßt sich auch nicht analog auf die Ablehnung der Konkurseröffnung mangels Masse anwenden. Der Sinn der Vorschrift besteht nämlich darin, dem Konkursverwalter die Verwendung des in der Gesellschafterstellung steckenden Wertes zur Befriedigung der Gläubiger zu ermöglichen. Dies ist bei Ablehnung des Konkursverfahrens nicht möglich. B kann die Gesellschaft jedoch aus wichtigem Grund nach § 131 Nr. 6 HGB auflösen lassen, und zwar durch Gerichtsurteil nach § 133 HGB. Er muß hierzu Auflösungsklage erheben; der Streit über das Vorliegen eines wichtigen Grundes soll vor Gericht ausgetragen werden. Die Gesellschaft soll erst aufgelöst werden, wenn er entschieden ist. Der völlige Vermögensverfall des Mitgesellschafters stellt einen solchen wichtigen Grund dar. B ist ein Zuwarten bis zum nächsten Kündigungstermin nach § 132 HGB nicht zuzumuten.

Der Gläubiger G will die Gesellschaft kündigen, um an die Vermögenswerte heranzukommen, die in dem Anteil des A an der ABC-OHG liegen.

Übertragbar (§ 717 Satz 2) und damit pfändbar (§ 851 Abs. 1 ZPO) ist der Anspruch des Gesellschafters auf das Auseinandersetzungsguthaben (§ 734 BGB). Voraussetzung für die Durchsetzung dieses Anspruchs ist, daß die OHG auseinandergesetzt wird. Der Gesetzgeber hat daher dem Gläubiger nach § 131 Nr. 6 in Verbindung mit § 135 HGB das Recht gewährt, die Gesellschaft zu kündigen. Voraussetzung ist, daß der Anspruch auf das Auseinandersetzungsguthaben gepfändet und überwiesen ist (§ 835 in Verbindung mit § 857 Abs. 1 ZPO). Weiter darf der Titel nicht bloß vorläufig vollstreckbar sein. Voraussetzung ist also ein rechtskräftiges Endurteil oder ein Vollstreckungsbescheid (§ 794 Nr. 4 ZPO). Außerdem muß der Gläubiger innerhalb der letzten sechs Monate die Zwangsvollstreckung in das bewegliche Vermögen des Gesellschafters ohne Erfolg versucht haben; er muß also den Pfändungsbeschluß nachweisen.

Unter diesen Voraussetzungen kann G den Gesellschaftsvertrag nach § 135 HGB mit einer Frist von 6 Monaten zum Ende des Geschäftsjahres kündigen. Er erhält nach Abschluß der Liquidation der Gesellschaft das Auseinandersetzungsguthaben (§ 734) des A, soweit er es zur Befriedigung seiner Forderung braucht.

Die Gesellschafter können hiergegen lediglich vereinbaren, daß sie die Gesellschaft nach der Kündigung durch den Gläubiger fortsetzen. Bei der zweigliedrigen Gesellschaft kann die Fortsetzung auch durch den verbleibenden Gesellschafter als Einzelkaufmann erfolgen (§§ 141, 142 HGB, vgl. oben).

Im Gegensatz zur OHG wird die BGB-Gesellschaft auch dann aufgelöst, wenn der Gesellschaftszweck erreicht ist oder sein Erreichen unmöglich geworden ist (§ 726 BGB). Im Fall einer OHG berechtigen diese Umstände nur zu einer Auflösungsklage nach § 133 HGB aus wichtigem Grund; das Gesetz will verhindern, daß Unsicherheit über den Weiterbestand der Gesellschaft aufkommt.[59]

b) Liquidation

Wird die Gesellschaft aufgelöst, so findet die Auseinandersetzung (Liquidation) statt. Die Einzelheiten sind in den §§ 732 f. und 741 f. BGB geregelt (vgl. § 731 BGB). Der Gesellschaftsvertrag kann abweichende Regelungen vorsehen. Für die OHG gelten zusätzlich die gesetzlichen Vorschriften der §§ 145-158 HGB. Auch hier sind abweichende gesellschaftsvertragliche Regelungen möglich. Dies verletzt nicht den Gläubigerschutz, da die Gesellschafter auch nach Durchführung der Liquidation für die Gesellschaftsschulden nach allgemeinen Grundsätzen (§ 128 HGB) haften. Es gilt lediglich die Verjährungsgrenze von 5 Jahren nach § 159 HGB.

Wenn nichts anderes geregelt ist, liquidieren die Gesellschafter in ihrer Gesamtheit die Gesellschaft nach § 150 HGB. Sie sind gesamtgeschäftsführungsbefugt und haben Gesamtvertretungsmacht. Die Person der Liquidatoren und jede Veränderung ihrer Vertretungsmacht müssen ins Handelsregister eingetragen werden.

Die Liquidatoren beendigen nach §§ 149 f. HGB die laufenden Geschäfte; sie können hierzu auch neue Geschäfte eingehen, allerdings nur, soweit die Beendigung der schwebenden Geschäfte dies erforderlich erscheinen läßt. Ferner ziehen sie die restlichen Forderungen ein, setzen das übrige Vermögen in Geld um, befriedigen die Gläubiger und stellen bei Beginn und Beendigung der Liquidation eine Bilanz auf (§ 154 HGB). Schließlich verteilen sie das Restvermögen unter die Gesellschafter. Nach § 155 Abs. 1 HGB ist hierbei das Verhältnis der Kapitalanteile maßgeblich, wie sie sich nach der Schlußbilanz ergeben. Stille Reserven werden nach dem Schlüssel der Gewinnverteilung verteilt.[60]

Wenn die Liquidation abgeschlossen ist, muß das Erlöschen der Firma (Name des Kaufmanns) von den Liquidatoren zur Eintragung in das Handelsregister angemeldet werden. Bücher und Papiere der Gesellschaft werden in Verwahrung gegeben. Mit Abschluß der Liquidation ist die Gesellschaft beendet (Vollbeendigung).

---

[59] BGHZ 69, 160, 163

[60] Vgl. BGHZ 19, 48

Ähnliches gilt für die BGB-Gesellschaft: Hier ergibt sich Gesamtgeschäftsführungsbefugnis nach § 730 Abs. 2 Satz 2. Der Gesellschaft zum Gebrauch überlassene Gegenstände werden zurückgegeben (§ 732). Die gemeinschaftlichen Schulden werden aus dem Gesellschaftsvermögen beglichen (§ 733 Abs. 1). Die Einlagen werden den Gesellschaftern zurückgewährt (§ 733 Abs. 2). Reicht das vorhandene Geld hierzu nicht aus, so muß das Gesellschaftsvermögen soweit erforderlich versilbert werden (§ 733 Abs. 3). Der verbleibende Rest wird an die Gesellschafter im Verhältnis ihrer Gewinnanteile verteilt (§ 734). Wenn die Gesellschaft mit Verlusten abschließt, weil das Gesellschaftsvermögen zur Zahlung der Schulden und zur Rückerstattung der Einlagen nicht ausreicht, müssen die Gesellschafter für den Fehlbetrag im Verhältnis ihrer Verlustanteile aufkommen (§ 735). Diese Regeln gelten hilfsweise auch für die OHG (§ 105 Abs. 2 HGB).

9. Die stille Gesellschaft

a) Begriff und Erscheinungsformen

A betreibt ein Elektrogeschäft als Einzelkaufmann. Er braucht Geld. B ist bereit, sich mit einer Einlage von DM 20.000,-- im Geschäft von A zu beteiligen, will jedoch für Verluste des A nicht geradestehen. Auch C ist bereit, A Geld zuzuschießen, jedoch nur in Höhe von DM 5.000,--. Am liebsten würde er sich bei B beteiligen und ihm die DM 5.000,-- zu dem Zweck zur Verfügung stellen, sie dem A zugute kommen zu lassen. Was ist den Beteiligten zu raten?

B könnte sich als stiller Gesellschafter an dem Handelsgewerbe des A beteiligen. Seine Einlage würde dann nach § 230 Abs. 1 HGB in das Vermögen des A übergehen. Es würde also kein gemeinschaftliches Gesellschaftsvermögen entstehen. Nach außen würde allein A als Kaufmann tätig bleiben. Auch C hat die Möglichkeit, sich als stiller Gesellschafter bei A zu beteiligen. Die Höhe des Betrages ist unerheblich. Wenn C es jedoch vorzieht, sich bei B zu beteiligen, so kann er keine stille Gesellschaft begründen, da B kein Kaufmann ist. Es würde dann eine BGB-Innengesellschaft zwischen B und C entstehen, deren gemeinsamer Zweck die Unterbeteiligung des C an der Einlage des B in die stille Gesellschaft zwischen A und B wäre.

Der stille Gesellschafter kann seine Verlustbeteiligung nach § 231 Abs. 2 HGB ausschließen. Seine Gewinnbeteiligung kann nicht ausgeschlossen werden.

Die stille Gesellschaft ist eine reine Innengesellschaft. Sie wird nicht in das Handelsregister eingetragen und führt keine Firma. Nach außen verbleibt es bei der Firma des tätigen Gesellschafters. Die stille Gesellschaft ist nicht rechtsfähig. Sie kann unter ihrem Namen weder Rechte erwerben noch Verbindlichkeiten eingehen. Der stille Gesellschafter braucht nicht Kaufmann zu sein. Der tätige Gesellschafter muß zumindest Minderkaufmann sein.

Eine stille Gesellschaft kann immer nur zwischen zwei Personen abgeschlossen werden. Die stille Gesellschaft ist also eine zweigliedrige Gesellschaft. Will sich C neben B als stiller Gesellschafter am Handelsgewerbe des A beteiligen, so sind zwei stille Gesellschaften zu gründen, eine zwischen A und B, eine zwischen A und C.

Die Unterbeteiligung unterscheidet sich von der stillen Gesellschaft dadurch, daß der Unterbeteiligte sich nicht direkt am Handelsgeschäft beteiligt, sondern nur an der Beteiligung eines anderen. Hier handelt es sich um eine BGB-Innengesellschaft zwischen dem Haupt- und dem Unterbeteiligten. Hierbei können Interessenkonflikte auftreten, weil der Hauptbeteiligte zugleich seine Pflichten aus der Hauptgesellschaft und der Unterbeteiligungsgesellschaft erfüllen muß.

Das Recht der stillen Gesellschaft ist in §§ 230-237 HGB geregelt, es handelt sich um eine Sonderform der BGB-Gesellschaft. Hilfsweise gelten also die Vorschriften des § 705 f. BGB. Es entsteht allerdings kein Gesamthandsvermögen, auch die Vorschriften über das Rechtsverhältnis der Gesellschafter gegenüber Dritten sind nicht anwendbar. Teilweise sind auch Vorschriften über die OHG anwendbar (vgl. § 234 Abs. 1 Satz 1 HGB). Da es sich um eine zweigliedrige Gesellschaft handelt, sind auch die Vorschriften über den gegenseitigen Vertrag (§§ 320 f. BGB) anwendbar, etwa, wenn es um die Erfüllung der gegenseitig geschuldeten Beitragspflichten und die Einrede des nicht erfüllten Vertrages geht.

Stille Gesellschaften werden vor allem gegründet, damit die Kapitalbasis eines Kaufmanns verbreitert werden kann. Da der stille Gesellschafter nicht mitarbeiten muß und sogar seine Verlustbeteiligung ausschließen kann, da er ferner gegenüber Dritten nicht in Erscheinung treten muß, ist die stille Beteiligung sehr beliebt. Es kann hinzukommen, daß der stille Gesellschafter bestimmte gewerberechtliche oder berufsrechtliche Konzessionen nicht erhalten kann. Hinzu kommen familiäre oder steuerrechtliche Motive. Beteiligt z.B. ein Kaufmann seine Familienangehörigen an seinen Einkünften, wofür sich die stille Gesellschaft geradezu anbietet, so tritt ein progressionsmindernder Effekt bei seiner Einkommensteuer ein.

Bei der typischen stillen Gesellschaft ist der stille Gesellschafter zwar am Gewinn, jedoch nicht am Geschäftsvermögen, also an den stillen Reserven beteiligt. Er ist steuerrechtlich gesehen nicht Mitunternehmer, seine Einkünfte sind Einkünfte aus Kapitalvermögen (§ 20 Abs. 1 Nr. 4 EStG). Bei der atypischen stillen Gesellschaft ist der Stille auch an den stillen Reserven beteiligt; darüber hinaus kann er im Innenverhältnis Geschäftsführungsbefugnis haben. Er kann dann Mitunternehmer nach § 15 Abs. 1 Nr. 2 EStG sein.

b) Gründung

Der Abschluß des Gesellschaftsvertrages ist formlos wirksam. Werden jedoch Grundstücke eingebracht, so ist nach § 313 BGB die notarielle Beurkundung erforderlich. Werden familiäre stille Gesellschaften gegründet, so ist auf die Genehmigungserfordernisse nach dem Vormundschafts- und Pflegschaftsrecht zu achten (§§ 1821, 1822, 1643 BGB).

Werden die Formvorschriften nicht beachtet, so ist der Gesellschaftsvertrag schwebend unwirksam. Bis zu seinem Wirksamwerden bleibt die Gesellschaftsgründung z.B. für die steuerrechtliche Seite unbeachtlich. Auch Genehmigungen haben für das Steuerrecht keine Rückwirkung.

c) Rechte und Pflichten bei der stillen Gesellschaft

Nach § 230 Abs. 2 HGB ist die stille Gesellschaft eine reine Innengesellschaft. Aus den Geschäften, die in dem Betrieb des aktiven Gesellschafters abgeschlossen werden, wird allein der Inhaber berechtigt und verpflichtet. Der stille Gesellschafter haftet nicht. Dies gilt auch dann, wenn er mit der Zahlung seiner Einlage in Verzug ist, § 171 HGB ist auch nicht analog auf die stille Gesellschaft anwendbar.

Soweit der stille Gesellschafter seine Verlustbeteiligung nicht ausgeschlossen hat, können die Gläubiger des tätigen Gesellschafters dessen Anspruch auf Zahlung des Nachschusses pfänden und an sich überweisen lassen (§§ 829, 835 ZPO).

Der stille Gesellschafter hat zwar keine organschaftliche Vertretungsmacht für die Gesellschaft, er kann jedoch rechtsgeschäftliche Vertretungsmacht, also Prokura, Handlungsvollmacht oder Einzelvollmacht erhalten. Er vertritt dann den Geschäftsinhaber gegenüber Dritten.

Die gesetzestypische Regelung, wonach der Geschäftsinhaber Geschäftsführungsbefugnis besitzt, ist abdingbar. Die Stellung des stillen Gesellschafters kann im Innenverhältnis stärker als die des tätigen Gesellschafters sein. Soweit der Gesellschaftsvertrag keine abweichende Regelung trifft, stehen dem stillen Gesellschafter die Kontrollrechte des § 233 HGB zu: er kann die abschriftliche Mitteilung des Jahresabschlusses verlangen und dessen Richtigkeit unter Einsicht der Bücher und Papiere prüfen. Aus wichtigem Grund kann er weitere Aufklärung verlangen (§ 233 Abs. 3 HGB). Die gesetzlichen Überwachungsrechte des stillen Gesellschafters entsprechen denen des Kommanditisten (§ 166 HGB), sind jedoch schwächer als die des BGB-Gesellschafters (§ 716 BGB ist nach § 233 Abs. 2 HGB ausgeschlossen).

Wird im Gesellschaftsvertrag nichts über die Gewinn- oder Verlustbeteiligung ausgesagt, so gilt nach § 231 Abs. 1 HGB ein den Umständen nach angemessener Anteil als vereinbart. Gewinn und Verlust werden am Ende des Geschäftsjahres nach § 232 Abs. 1 HGB ausgezahlt. Solange die Einlage eines stillen Gesellschafters durch Verlust vermindert ist, wird der jährliche Gewinn zur Deckung des Verlustes verwendet, bis die Einlage wieder die geschuldete Höhe erreicht. Deshalb empfiehlt es sich, im Gesellschaftsvertrag die Verlustbeteiligung auszuschließen.

Die Gesellschafterstellung kann nur mit Zustimmung des anderen Gesellschafters übertragen werden. Diese Zustimmung kann jedoch bereits im Gesellschaftsvertrag vorweggenommen werden. Die Vorschriften über die BGB-Gesellschaft gelten entsprechend.

Für die Kündigung der Gesellschaft verweist § 243 HGB auf das Recht der OHG (§§ 132, 134 und 135 HGB). Aus wichtigem Grund kann die Gesellschaft immer gekündigt werden; es gilt § 723 BGB in Verbindung mit § 234 Abs. 1 Satz 2 HGB. Dieses Recht kann durch den Gesellschaftsvertrag nicht ausgeschlossen werden.

Stirbt der aktive Gesellschafter, so wird die stille Gesellschaft aufgelöst. Dies gilt jedoch nicht beim Tod des stillen Gesellschafters (§ 234 Abs. 2 HGB). Der Konkurs des Geschäftsinhabers löst die Gesellschaft auf; § 728 BGB gilt entsprechend. Im übrigen löst § 236 HGB das Problem, welche Rechte der stille Gesellschafter im Konkurs des aktiven

Gesellschafters hat. Er steht besser als ein Kommanditist, da er nach § 236 HGB seine Einlage zurückfordern kann. Dies gilt jedoch nur für den Betrag, der den auf ihn fallenden Verlustanteil übersteigt. Der Rückforderungsanspruch besteht jedoch nur in Höhe der Konkursquote.

Für die Konkursanfechtung gilt § 237 HGB. Der Konkursverwalter kann die Rückgewährung oder den Erlaß einer Einlage anfechten, wenn dies auf einer Vereinbarung zwischen dem Inhaber des Handelsgeschäfts und dem stillen Gesellschafter im letzten Jahr vor Konkurseröffnung beruht. Die Anfechtung ist ausgeschlossen, wenn die Ursache des Konkurses in Umständen besteht, die erst nach der Vereinbarung der Rückgewähr oder des Erlasses eingetreten sind.

10. Die Europäische Wirtschaftliche Interessenvereinigung

a) Begriff und Erscheinungsformen

Durch Verordnung der EG vom 25.7.1985[61] wurde erstmals eine supranationale Unternehmensform für das Gebiet der europäischen Gemeinschaft geschaffen. Die EG-Verordnung ist als unmittelbar geltendes Recht am 1.7.1989 in allen Mitgliedsstaaten in Kraft getreten. Sie wird durch nationale Ausführungsgesetze ergänzt, z.B. das deutsche EWIV-Ausführungsgesetz vom 14.4.1988.[62] Die EWIV soll die grenzüberschreitende wirtschaftliche Kooperation nationaler Kaufleute und Gesellschaften fördern. Die EWIV soll nur unterstützende Funktion haben, d.h. nicht dem Zweck dienen, Gewinn für sich selbst zu erzielen. Ihre Tätigkeit muß im Zusammenhang mit der wirtschaftlichen Tätigkeit ihrer Mitglieder stehen und darf hierzu nur eine Hilfstätigkeit bilden (Art. 3 Abs. 1 VO). Die Zahl der Arbeitnehmer, die in der EWIV beschäftigt werden, wird auf 500 begrenzt (Art. 32 Abs. 1 VO). Damit soll ein Unterlaufen der Mitbestimmung im Unternehmen vermieden werden, eine Forderung, die insbesondere von deutscher Seite erhoben worden war.

Zulässige Zwecke einer EWIV sind z.B. die Einrichtung einer gemeinsamen Vertriebsorganisation oder eines Forschungsvorhabens, ferner die Ausgliederung von gemeinsamen Teilfunktionen für mehrere Unternehmen. Die EWIV bietet sich insbesondere auch als Kooperationsinstrument für kleine und mittlere Unternehmen an.

b) Organisation

Die EWIV muß mindestens aus zwei Gesellschaften oder anderen juristischen Einheiten bestehen, die ihre Hauptverwaltung in verschiedenen EG-Mitgliedsstaaten haben, oder von zwei natürlichen Personen oder einer Gesellschaft und einer natürlichen Person gebildet werden, die wiederum in verschiedenen Mitgliedsstaaten tätig sind (Art. 4 VO).

Eine EWIV wird durch Abschluß eines Gesellschaftsvertrages gegründet, der nach Art. 5 VO bestimmte Mindestangaben zum Namen, zum Sitz, zum Gegenstand und zur Dauer der Vereinigung enthalten muß. Hinzu kommt die Eintragung in das entsprechende Re-

---

[61] ABlEG 1985 Nr. L 199 vom 31.7.1985
[62] BGBl I 1988, S. 514-516

gister, das nach Art. 6 und 39 VO durch den Mitgliedstaat bestimmt wird. In der Bundesrepublik ist dies nach § 2 des Ausführungsgesetzes das Handelsregister am Ort des Sitzes. Neben der Bekanntmachung in einem nationalen Mitgliedsblatt ist die Bekanntmachung der Gründung im Amtsblatt der EG notwendig (Art. 11 VO). Der Sitz der EWIV, der in einem Land der Gemeinschaft sein muß (Art. 12 VO), kann innerhalb der EG verlegt werden (Art. 13 VO).

Organe der EWIV sind die gemeinschaftlich handelnden Mitglieder und der oder die Geschäftsführer (Art. 16 Abs. 1 VO). Im Gesellschaftsvertrag können weitere Organe bestimmt werden. Dies kann z.B. ein Aufsichtsrat oder Verwaltungsrat sein, wie er im Recht der Kapitalgesellschaften in den Ländern der EG üblich ist.

Wie im Recht der deutschen Personengesellschaften herrscht bei der EWIV im Innenverhältnis weitgehende Vertragsfreiheit. Bei Beschlüsse der Mitglieder hat jeder Gesellschafter das Stimmrecht nach Köpfen, nicht nach Kapitalanteilen (Art. 17 Abs. 1 VO). Im Gesellschaftsvertrag kann ein Mehrstimmrecht für einzelne Mitglieder gewährt werden, es darf aber nicht dazu führen, daß ein einziges Mitglied die Stimmenmehrheit besitzt (Art. 17 Abs. 1 Satz 2 VO). Einstimmige Beschlüsse der Gesellschafter sind erforderlich, wenn wesentliche Änderungen des Gesellschaftsvertrages angestrebt werden, hierzu gehören Änderungen des Unternehmensgegenstandes der Vereinigung, Änderungen der Stimmenzahl eines jeden Mitglieds, Änderungen der Bedingungen für die Beschlußfassung, eine Verlängerung der Dauer der Vereinigung über den im Gründungsvertrag festgelegten Zeitpunkt hinaus, Änderung des Beitrags jedes Mitglieds oder bestimmter Mitglieder zur Finanzierung der Vereinigung, Änderungen jeder anderen Verpflichtung eines Mitglieds, es sei denn, daß der Gründungsvertrag etwas anderes bestimmt und jede Änderung des Gründungsvertrages, die nicht schon im Gründungsvertrag vom Einstimmigkeitserfordernis ausgenommen ist (Art. 17 Abs. 2 VO).

Durch den Gesellschaftsvertrag (Gründungsvertrag) werden die Geschäftsführer der EWIV bestellt, denen nach Art. 20 VO das ausschließliche Recht zukommt, die EWIV gegenüber Dritten zu vertreten. Es gilt also im Gegensatz zum Recht der OHG der Grundsatz der Fremdorganschaft. Beschränkungen der Geschäftsführungsbefugnis im Innenverhältnis führen nicht dazu, daß die Vertretungsmacht im Außenverhältnis beeinträchtigt werden kann, selbst wenn dies gegenüber Dritten bekannt gemacht sein sollte (Art. 20 Abs. 2 Satz 2 VO).

Wenn im Gesellschaftsvertrag nichts anderes bestimmt ist, kann die Bestellung zum Geschäftsführer jederzeit widerrufen werden (§ 7 des Ausführungsgesetzes). Die Geschäftsführer machen sich schadensersatzpflichtig, wenn sie die Sorgfaltspflichten eines ordentlichen Kaufmanns verletzen (§ 5 Ausführungsgesetz).

Die EWIV kann in eigenem Namen Verträge abschließen oder andere Rechtshandlungen vornehmen und vor Gericht stehen, sie kann also im eigenen Namen Träger von Rechten und Pflichten aller Art sein (Art. 1 Abs. 2 VO). Nach § 1 des Ausführungsgesetzes ist sie in Deutschland deshalb aber keine juristische Person, sie wird vielmehr wie eine OHG behandelt. Das OHG-Recht gilt subsidiär für die EWIV mit Sitz in Deutschland.

Für die Schulden der EWIV haften die Gesellschafter unbeschränkt und gesamtschuldnerisch (Art. 24 Abs. 1 VO). Die Gläubiger der EWIV können bis zum Schluß der Abwicklung der EWIV ihre Forderungen gegenüber dem Mitglied aber erst dann geltend machen, wenn sie die Vereinigung zur Zahlung aufgefordert haben und die Zahlung nicht innerhalb einer angemessen Frist erfolgt ist (Art. 24 Abs. 2 VO).

Die Gesellschaftsanteile sind übertragbar, erforderlich ist aber die Zustimmung aller übrigen Gesellschafter (Art. 22 Abs. 1 VO). Auch die Ausnahme neuer Mitglieder muß einstimmig erfolgen (Art. 26 Abs. 1 VO). Die neuen Mitglieder haften für die Altschulden, sie können diese Haftung jedoch ausschließen, wenn dies ordnungsgemäß bekanntgemacht wird (Art. 26 Abs. 2 VO).

Für das Ausscheiden der Mitglieder gelten im wesentlichen die Vorschriften einer OHG mit Fortsetzungsklausel. Möglich ist Kündigung nach Art. 27 VO, gerichtlicher Ausschluß auf Antrag der Mehrheit der übrigen Mitglieder, Kündigung eines Privatgläubigers nach § 135 HGB. Hinzu kommt der Ausschluß durch Tod, wobei der Gesellschaftsanteil nur nach Maßgabe des Gesellschaftsvertrages oder mit Zustimmung aller übrigen Gesellschafter auf den Erben übergehen kann. Zum Ausscheiden führt auch die Konkurseröffnung über das Vermögen des Gesellschafters (§ 135 HGB ist anwendbar). Hat eine natürliche Person nicht mehr ihre Haupttätigkeit oder eine juristische Person nicht mehr ihre Hauptverwaltung in einem Mitgliedstaat der EG, so scheiden sie nach Art. 4 VO aus der EWIV aus. Scheidet ein Mitglied aus, so besteht die EWIV unter den verbleibenden Gesellschaftern fort (Art. 30 VO). Bei der Auseinandersetzung mit dem ausgeschiedenen Gesellschafter darf der Wert seiner Ansprüche und Verbindlichkeiten nicht im voraus pauschal bestimmt werden (Art. 33 VO). Abfindungsklauseln sind also nur eingeschränkt zulässig.

Die Auflösung der EWIV ist durch einstimmigen Beschluß der Mitglieder oder durch gerichtliche Entscheidung möglich. Auch wenn die EWIV ihren grenzüberschreitenden Charakter verloren hat, muß sie aufgelöst werden (Art. 31 VO). Die Liquidation der EWIV richtet sich nach §§ 145 f. HGB. Bei Ausscheiden eines Mitglieds kann der Gesellschaftsvertrag auch Auflösung der EWIV vorsehen (Art. 30 VO). Auch kann im Gesellschaftsvertrag vom Einstimmigkeitserfordernis beim Auflösungsbeschluß abgesehen werden (Art. 31 Abs. 1 Satz 2 VO).

c) Koppelung mit anderen Gesellschaftsformen

Die EWIV darf weder unmittelbar noch mittelbar Aktien oder Anteile an ihren Mitgliedern halten, jedoch dürfen Anteile an anderen Unternehmen gehalten werden, wenn dies für Rechnung der Mitglieder geschieht und zur Erreichung des Ziels der EWIV notwendig ist (Art. 3 Abs. 2 VO). Es ist nicht zulässig, mehrere Vereinigungen miteinander zu verkoppeln (Art. 3 Abs. 2e VO). Schließlich darf die EWIV weder unmittelbar noch mittelbar die Leitungs- oder Kontrollmacht über die eigenen Tätigkeiten ihrer Mitglieder oder die Tätigkeiten eines anderen Unternehmens ausüben; dies gilt insbesondere auf den Gebieten des Personal-, Finanz- und Investitionswesens (Art. 3 Abs. 2a VO).

Mit diesen Vorschriften soll sichergestellt werden, daß die EWIV ein reines Kooperationsinstrument bleibt und nicht zum Zwecke der Konzernleitung verwendet wird. Da eine maximale Arbeitnehmerzahl von 500 gestattet ist (Art. 3 Abs. 2c VO), scheidet die EWIV als Organisationsform für Großunternehmen und Konzerne aus, soweit sie sich nicht auf die grenzüberschreitende Kooperation nationaler Großunternehmen beschränkt.

Es ist also auch möglich, die EWIV als Gemeinschaftsunternehmen mit kooperativem Charakter zu verwenden.

11. Zusammenfassung

a) Die BGB-Gesellschaft

Die BGB-Gesellschaft wird nach § 705 BGB durch einen Vertrag zu einem gemeinsamen Zweck gegründet; jeder Gesellschafter muß sich verpflichten, den gemeinsamen Zweck zu fördern. Keine Gesellschaften sind die auf Gesetz beruhenden (schlichten) Rechtsgemeinschaften (z.B. Miteigentum), die durch Vertrag entstehende Bruchteilsgemeinschaft und die partiarischen Rechtsverhältnisse (z.B. partiarische Darlehen).

Der Gesellschaftsvertrag ist Schuldvertrag und Organisationsvertrag. Die Vorschriften über gegenseitige Verträge (§§ 320 f. BGB) sind nur eingeschränkt anwendbar. Die Einrede des nicht erfüllten Vertrages kann nur bei der zweigliedrigen Gesellschaft erhoben werden. Ein Rücktritt nach §§ 325, 326 BGB ist nicht mehr möglich, wenn die Gesellschaft nach außen in Vollzug gesetzt worden ist. Dann ist nur noch die Kündigung nach § 723 BGB möglich. Der Gesellschaftsvertrag ist nicht formbedürftig. Auch Minderjährige können mit Zustimmung ihres gesetzlichen Vertreters (§§ 107, 108 BGB) Gesellschafter werden. In Sonderfällen ist die Genehmigung des Vormundschaftsgerichts erforderlich (§§ 1822 Nr. 3, 1643 Abs. 1 BGB).

Bei der Führung der Geschäfte ist zwischen der Geschäftsführungsbefugnis im Innenverhältnis und der Vertretungsmacht im Außenverhältnis zu unterscheiden. Nach § 709 Abs. 1 BGB müssen die Gesellschafter bei der Geschäftsführung (Innenverhältnis) gemeinsam handeln; es gilt das Prinzip der Gesamtgeschäftsführung; die Vorschrift ist jedoch abdingbar. Der Umfang der Geschäftsführungsbefugnis ist nach der dispositiven Vorschrift des § 709 BGB nicht eingeschränkt. Für die aus der Geschäftsführung erwachsenden Nebenrechte und Nebenpflichten gelten nach § 713 die §§ 664-670 BGB entsprechend. Ein Gesellschafter, der keine Geschäftsführungsbefugnis besitzt, kann die Kontrollrechte des § 716 (Einsicht in die Geschäftspapiere) nutzen.

Die Vertretungsmacht (Außenverhältnis) richtet sich im Zweifel nach der Geschäftsführungsbefugnis (§ 714 BGB). Es gilt, wenn im Gesellschaftsvertrag nichts anderes geregelt ist, Gesamtvertretungsmacht. Der Umfang der Vertretungsmacht ist beschränkbar. Auch hier gilt im Zweifel das, was hinsichtlich der Geschäftsführungsbefugnis geregelt ist.

Was den Inhalt der Beitragspflicht anbelangt, sind die Gesellschafter in der Vertragsgestaltung frei. Der Anteil eines Gesellschafters kann aber nicht nachträglich gegen seinen Willen erhöht werden, wenn er nicht bereits bei Abschluß des Gesellschaftsvertrages mit einem solchen Vorgehen einverstanden war. Neben der Beitragspflicht besteht die Geschäftsführungspflicht, soweit der Gesellschafter nicht von der Geschäftsführung ausgeschlossen ist. Hilfsweise besteht eine allgemeine Treuepflicht, die dem Gesellschafter gebietet, alles zu tun, was zur Förderung des Gesellschaftszwecks notwendig und zumutbar ist, und alles zu unterlassen, was ihm abträglich ist.

Der Gesellschafter hat den Anspruch auf den Gewinnanteil (§§ 721, 722) und auf das Auseinandersetzungsguthaben (§ 734). Der Gewinn ist nach Köpfen zu verteilen (§ 722 Abs. 1). Dies gilt auch für den Überschuß, der nach der Erfüllung der gemeinsamen Verbindlichkeiten und der Rückerstattung der Einlagen verbleibt (§ 734). Die Vorschriften sind abdingbar.

Die Verwaltungsrechte eines Gesellschafters sind nicht übertragbar (§ 717 Satz 1); übertragbar sind aber die Vermögensrechte, die in § 717 Satz 2 genannt sind.

Die Ansprüche, welche die Gesamtheit der Gesellschafter aus dem Gesellschaftsvertrag gegen einzelne Gesellschafter hat, kann jeder einzelne Gesellschafter geltend machen (actio pro socio). Die Verpflichtungen, welche die Gesamtheit der Gesellschafter aus dem Gesellschaftsvertrag gegenüber einem Gesellschafter hat, brauchen nur aus dem Gesellschaftsvermögen erfüllt zu werden; auf das Privatvermögen seiner Mitgesellschafter kann ein Gesellschafter nicht zugreifen.

Die Gesellschaft ist nicht rechtsfähig. Allein die Gesellschafter sind Träger des Gesellschaftsvermögens. Es steht ihnen gemeinschaftlich zu (§ 718 Abs. 1), sie sind in ihrer Verfügung nach § 719 Abs. 1 beschränkt. Das Gesellschaftsvermögen ist Gesamthandsvermögen, die Gesellschafter bilden eine Gesamthandsgemeinschaft.

Zum Gesellschaftsvermögen gehören die Ansprüche auf Beitragsleistung, die geleisteten Beiträge und dasjenige, was die Gesellschafter durch die Geschäftsführung erwerben (§§ 705, 718).

Erwirbt eine Gesellschaft kein gemeinsames Vermögen, so ist sie eine reine Innengesellschaft ohne Gesamthandsvermögen. Eine solche Gestaltung kommt insbesondere bei sogenannten Ehegatten-Innengesellschaften vor.

Da die Gesellschaft nicht Träger von Rechten und Pflichten sein kann, schulden die Gesellschafter in ihrer Person die Erfüllung der eingegangenen Verpflichtungen. Problematisch ist, inwieweit ein Gesellschafter die Vertretungsmacht eines anderen Gesellschafters beschränken kann. Die Rechtsprechung läßt die Beschränkung zu und verlangt vom Rechtsverkehr, sich zu erkundigen. Sie wendet aber die Grundsätze über die Duldungs- und Anscheinsvollmacht an, die insbesondere bei langdauerndem Geschäftsverkehr gelten. Eine deliktische Haftung der Gesellschaft gibt es grundsätzlich nicht, es haften nur die einzelnen Gesellschafter, die unerlaubt gehandelt haben.

Wer gegen das Gesellschaftsvermögen vollstrecken will, muß einen Vollstreckungstitel gegen sämtliche Gesellschafter erwerben (§ 736 ZPO). Obwohl der Anteil eines Gesellschafters am Gesellschaftsvermögen nach § 719 Abs. 1 nicht übertragbar ist, ist er nach § 859 Abs. 1 ZPO pfändbar. Gläubiger, die einen nur vorläufig vollstreckbaren Titel erworben haben, können die Gesellschaft nach § 725 kündigen. Sie können dann auf das Auseinandersetzungsguthaben ihres Schuldners zugreifen (§ 734).

Wird die Gesellschaft aufgelöst, so tritt sie in das Stadium der Auseinandersetzung (Liquidation) ein (§ 730). Die Gesellschaft ist beendet, wenn die Auseinandersetzung abgeschlossen ist (Vollbeendigung). Wenn auseinandergesetzt wird, ändert sich der Gesellschaftszweck. Aus der werbenden Gesellschaft wird eine Abwicklungsgesellschaft.

Auflösungsgründe sind nach §§ 723-728 die Kündigung durch einen Gesellschafter oder Pfändungspfandgläubiger, die Erreichung des Zwecks oder die Unmöglichkeit der Zweckerreichung, der Tod oder der Konkurs eines Gesellschafters. Hinzu kommt die Auflösung durch Beschluß der Gesellschafter oder das Absinken der Gesellschafterzahl auf einen. Die Auseinandersetzung ist durch dispositives Gesetzesrecht in den §§ 730 f. geregelt. Das gemeinsame Vermögen wird versilbert (§ 733 Abs. 3). Mit der Verteilung des Überschusses wird die Auseinandersetzung abgeschlossen (§ 734). Alle diese Vorschriften sind abdingbar. Insbesondere können die Gesellschafter eine Fortsetzungsklausel vereinbaren. Wenn dies geschieht, dann scheidet der Gesellschafter, in dessen Person der gesetzliche Auflösungstatbestand eingetreten ist, aus der (weiterbestehenden) Gesellschaft aus. Der Anteil des ausscheidenden Gesellschafters am gemeinsamen Vermögen wächst den verbleibenden Gesellschaftern an (§ 738 Abs. 1 Satz 1). Der Ausscheidende hat einen obligatorischen Abschichtungsanspruch zum Ausgleich des erlittenen Vermögensverlustes (§ 738 Abs. 1 Satz 2). Ein Gesellschafter kann nach § 737 ausgeschlossen werden, wenn ein wichtiger Grund vorliegt. Seine Ansprüche sind dann nach § 738 beschränkt.

b) Offene Handelsgesellschaft

Die OHG betreibt ein Handelsgewerbe unter gemeinschaftlicher Firma (§ 105 Abs. 1 HGB). Ob ein Handelsgewerbe vorliegt, wird nach §§ 1-4 HGB beurteilt. Die OHG muß zur Eintragung in das Handelsregister anmeldet werden. Betreibt sie ein Grundhandelsgewerbe (§ 1 Abs. 2 HGB), so wird sie mit der Aufnahme der Geschäfte (§ 123 Abs. 2 HGB), sonst mit der Eintragung in das Handelsregister (§ 123 Abs. 1 HGB) nach außen wirksam. Die OHG ist weder juristische Person noch sonst rechtsfähig. Sie kann aber nach § 124 HGB unter ihrem Namen Rechte erwerben und Verbindlichkeiten eingehen, klagen und verklagt werden.

Die Geschäftsführungsbefugnis (Innenverhältnis) in der OHG ist in den §§ 114 f. HGB geregelt. Die Vertretungsmacht (Außenverhältnis) ist in den §§ 125 f. HGB geregelt.

Nach § 114 Abs. 1 HGB sind alle Gesellschafter geschäftsführungsbefugt. Bei Widerspruch eines anderen geschäftsführenden Gesellschafters muß eine Maßnahme unterbleiben (§ 115 Abs. 1 HGB). Abweichend von § 115 Abs. 1 kann im Gesellschaftsvertrag Gesamtgeschäftsführung vereinbart werden (§ 115 Abs. 2 HGB). Die Geschäftsführungsbefugnis erstreckt sich nur auf die gewöhnlichen Geschäfte nach § 116 Abs. 1 HGB. Geht eine Maßnahme darüber hinaus, dann ist nach § 116 Abs. 2 HGB ein Beschluß sämtlicher Gesellschafter, auch solcher, die keine Geschäftsführungsbefugnis besitzen, erforderlich. Nach § 117 HGB kann die Geschäftsführungsbefugnis aus wichtigem Grund entzogen werden, allerdings nur durch gerichtliches Gestaltungsurteil.

Nach § 125 Abs. 1 HGB gilt grundsätzlich Einzelvertretungsmacht. Der Gesellschaftsvertrag kann jedoch Gesamtvertretung vorsehen (§ 125 Abs. 2 HGB). Änderungen in der Vertretungsmacht müssen nach § 125 Abs. 4 HGB zum Handelsregister angemeldet werden (vgl. auch § 15 Abs. 1 HGB). Die Vertretungsmacht ist nach außen völlig unbeschränkt und unbeschränkbar (§ 126 Abs. 1 HGB). Deswegen ist es möglich, daß ein Geschäft im Außenverhältnis wirksam ist, während der Gesellschafter im Innenverhältnis seine Geschäftsführungsbefugnis überschritten hat. Nur in Ausnahmefällen kann sich ein Dritter auf die Unbeschränkbarkeit der Vertretungsmacht nicht berufen. Dies gilt im Fall der Kollusion und des Mißbrauchs. Wie die Geschäftsführungsbefugnis (§ 117 HGB) kann auch die Vertretungsmacht aus wichtigem Grund durch Gestaltungsurteil entzogen werden (§ 127 HGB).

Wer keine organschaftliche Geschäftsführungsbefugnis und Vertretungsmacht hat, kann rechtsgeschäftliche Vertretungsmacht durch Prokura, Handlungsvollmacht oder Einzelvollmacht und Geschäftsführungsbefugnis durch einen schuldrechtlichen Vertrag (Geschäftsbesorgungsvertrag, Auftrag) erhalten.

Beschlüsse der Gesellschafter werden nach § 119 Abs. 1 HGB einstimmig gefaßt. Im Gesellschaftsvertrag kann jedoch das Mehrheitsprinzip eingeführt werden. Nach § 119 Abs. 2 wird die Mehrheit im Zweifel nach Köpfen, nicht nach Kapitalanteilen berechnet. Durch Beschluß kann auch der Gesellschaftsvertrag geändert werden. Wenn der Gesellschaftsvertrag dies vorsieht, sind auch hier Mehrheitsentscheidungen möglich. Allerdings erfordert der Bestimmtheitsgrundsatz, daß bereits beim Abschluß des Gesellschaftsvertrages für die Gesellschafter erkennbar ist, welche Punkte durch Mehrheitsentscheidung geändert werden können.

Nach § 110 HGB kann der Gesellschafter von der OHG Aufwendungsersatz verlangen, z.B. wenn er für sie Schulden getilgt hat. Der geschäftsführende Gesellschafter erhält auch Ersatz für die aus der Geschäftsführung erwachsenden Vermögensverluste. Nach § 112 HGB unterliegt der Gesellschafter einem Wettbewerbsverbot. Verstößt er hiergegen, ist er nach § 113 HGB der OHG ersatzpflichtig.

Gewinne und Verluste der OHG werden nach § 120 Abs. 1 HGB durch Vergleich der Schlußbilanz für das laufende Geschäftsjahr mit der Eröffnungsbilanz ermittelt. Der Gewinnanteil des Gesellschafters wird nach § 120 Abs. 2 seinem Kapitalanteil zugeschrieben. Die Vorschrift ist dispositiv. Vom Jahresgewinn steht jedem Gesellschafter nach § 121 Abs. 1 HGB ein Anteil von 4 Prozent seines Kapitalanteils zu. Der übersteigende Gewinn wird nach Köpfen verteilt (§ 121 Abs. 3 HGB). Die Vorschrift ist dispositiv. Nach § 122 HGB kann der Gesellschafter Beträge bis zur Höhe seines Gewinnanteils entnehmen. Soweit die Dividende von 4 Prozent überschritten wird, kann sich die OHG hiergegen zur Wehr setzen.

Aus § 124 Abs. 1 HGB ergibt sich nicht nur, daß die OHG rechtsgeschäftliche Verbindlichkeiten eingehen, klagen und verklagt werden kann. Sie haftet in entsprechender Anwendung von § 31 BGB, der für den Verein konzipiert ist, auch für die unerlaubten Handlungen ihrer Gesellschafter. Deliktisches Verhalten bei Vertragsabschlüssen wird nach der Vertretungsmacht beurteilt, für Delikte anderer Art gilt die Geschäftsführungsbefugnis des Gesellschafters. Für Handlungen "bei Gelegenheit" haftet allein der Gesellschafter.

Die Gesellschafter der OHG haften nach § 128 HGB unbeschränkt und unbeschränkbar mit ihrem persönlichen Vermögen für die Schulden der Gesellschaft. Der Inhalt ihrer Leistungspflicht ist aus dem Verhältnis zur OHG zu bestimmen. Untereinander haften die Gesellschafter als Gesamtschuldner. Die Ausgleichsforderung eines in Anspruch genommenen Gesellschafters richtet sich aber in erster Linie gegen die OHG. Nur wenn er sich aus der Gesellschaftskasse nicht oder nicht vollständig befriedigen kann, kann er von den anderen Gesellschaftern persönlich Ausgleichung nach § 426 BGB verlangen.

Nach § 129 Abs. 1 HGB kann der Gesellschafter gegen die Forderung eines Gläubigers Einwendungen persönlicher Art aus seinem Verhältnis zu diesem Gläubiger erheben. Er kann ferner die Einwendungen vorbringen, welche der OHG zustehen. Weitere Einwendungen ergeben sich aus § 129 Abs. 2 und 3 HGB. Der Gesellschafter darf die Leistung verweigern, wenn die Aufrechnungslage zugunsten des Gläubigers und der OHG besteht, auch dann, wenn nur die OHG aufrechnen könnte, aber nicht, wenn der Gläubiger zwar aufrechnen kann, aber eine Aufrechnung durch die Gesellschaft nicht hinzunehmen braucht (§ 129 Abs. 3, modifiziert durch die Rechtsprechung).

Im Innenverhältnis zwischen Gesellschaft und Gesellschaftern besteht keine Gesamtschuld. Der Ausgleichsanspruch des Gesellschafters gegen die OHG folgt aus § 110 HGB: er hat Aufwendungen für die Gesellschaft geleistet. Dies gilt nicht, wenn der Gesellschafter als Dritter mit der Gesellschaft einen Vertrag geschlossen hat, z.B. einen Darlehensvertrag. Hier muß der Gesellschafter zwar ebenfalls zuerst versuchen, sich aus der Gesellschaftskasse zu befriedigen. Subsidiär haften ihm aber die anderen Gesellschafter nach § 128 HGB. Die Treuepflicht gebietet ihm allerdings, daß er bei der Geltendmachung seiner Forderung die eigene Verlustquote berücksichtigt.

Aus § 131 HGB ergeben sich die Auflösungsgründe für die OHG. In § 131 Nr. 6 HGB sind allein drei Tatbestände zusammengefaßt: Die fristgerechte Kündigung des Gesellschafters (§§ 132, 134 HGB), die Auflösungsklage (§ 133 HGB) und die Kündigung durch einen Gesellschaftsgläubiger (§ 135 HGB).

Mit der Auflösung wird auch die OHG nicht beendet. Sie tritt vielmehr in den Zustand der Liquidation ein (§ 145 f. HGB). Liquidatoren sind grundsätzlich die Gesellschafter (§ 146 HGB). Ihre Aufgaben regelt § 149 HGB. Das Vermögen der OHG wird in Geld umgesetzt (§ 149 HGB). Die Verteilung erfolgt aufgrund einer Schlußbilanz (§ 154 HGB) nach den Kapitalanteilen der Gesellschafter (§ 155 HGB). Wenn die Gesellschaft liquidiert ist, ist sie beendet (Vollbeendigung).

Wenn ein neuer Gesellschafter aufgenommen werden soll, muß ein Aufnahmevertrag zwischen allen bisherigen Gesellschaftern und dem neuen Gesellschafter abgeschlossen werden. Der aufgenommene Gesellschafter wird Teil der Gesamthandsgemeinschaft. Die Anteile wachsen ihm zu und den anderen Gesellschaftern ab. Einzelübertragungen müssen nicht stattfinden. Umgekehrtes gilt für das Ausscheiden eines Gesellschafters. Dies kann Folge eines im Gesellschaftsvertrag bestimmten Ereignisses sein. Dies kann auch Folge einer erhobenen Auflösungsklage sein. Erforderlich ist, daß eine Fortsetzungsklausel besteht. Der neu aufgenommene Gesellschafter haftet nach § 130 HGB für die Verbindlichkeiten der OHG vor seinem Eintritt. Der ausscheidende Gesellschafter haftet nach § 159 HGB für die vor seinem Ausscheiden begründeten Verbindlichkeiten der OHG; § 128 gilt. Ein Gesellschaftsanteil kann auch durch einheitliches Verkehrsgeschäft vom alten auf den neuen Gesellschafter übertragen werden, wenn der Gesellschaftsvertrag eine solche Übertragung zuläßt oder die Gesellschafter ihr zustimmen. Der neue Gesellschafter tritt in die Rechte des alten ein.

Wenn in einer OHG eine Fortsetzungsklausel besteht, wird die Gesellschaft auch nach dem Tod eines Gesellschafters unter den Überlebenden fortgesetzt. Der Erbe erhält dann einen sogenannten Abschichtungsanspruch nach §§ 738, 1922 BGB, 138 HGB. Dieses

Anspruch kann im Gesellschaftsvertrag ausgeschlossen werden; der Anteilswert wird dann den überlebenden Gesellschaftern zugewandt (Vermächtnis).

Der Gesellschaftsvertrag kann eine Nachfolgeklausel enthalten. Dann ist der Gesellschaftsanteil vererblich. Der in der Nachfolgeklausel Benannte rückt nach § 1922 BGB in die Gesellschafterstellung des Erblassers ein. Nach § 139 HGB kann er seinen Verbleib in der Gesellschaft davon abhängig machen, daß er Kommanditist wird. Sind mehrere Erben in der Nachfolgeklausel benannt, so rücken sie einzeln entsprechend ihrer Quote in die Gesellschafterstellung ein, nicht in ihrer Eigenschaft als Erbengemeinschaft (§ 2032 BGB - Gesamthandsgemeinschaft).
Wird ein vom Gesellschafter benannter Nachfolger nicht Erbe, ist die Nachfolgeklausel gegenstandslos. Sie kann aber, wenn andere Erben bestehen, in eine sogenannte Eintrittsklausel umgedeutet werden. Die Erben können sich dann entscheiden, in die Gesellschaft zu den Konditionen einzutreten, die im Gesellschaftsvertrag benannt sind. Es gibt auch eine qualifizierte Nachfolgeklausel, wonach nur einer von mehreren Miterben in die Gesellschafterstellung einrücken soll. Er wird dann voller Gesellschafter. Seine Miterben haben aber einen Abschichtungsanspruch gegen ihn. Besteht eine Eintrittsklausel, so muß ein Aufnahmevertrag zwischen den Altgesellschaftern und demjenigen abgeschlossen werden, der in der Eintrittsklausel benannt ist. Es handelt sich hier um einen Vertrag zugunsten Dritter (§§ 328 Abs. 1, 331 Abs. 1 BGB).

Ein Gesellschaftsvertrag kann fehlerhaft sein. Es gelten dann die allgemeinen Vorschriften des BGB über die Willensmängel. Ist die Gesellschaft allerdings nach außen in Vollzug gesetzt, so kann sie nicht mehr rückwirkend beseitigt werden. Die Gesellschaft wird sowohl im Verhältnis der Gesellschafter zueinander als auch in ihren Beziehungen zu Dritten trotz der Unwirksamkeit des Gesellschaftsvertrages als wirksam behandelt. Es muß dann eine Auflösungsklage nach § 133 HGB erhoben werden. Die Gesellschaft wird dann liquidiert oder unter den verbleibenden Gesellschaftern fortgesetzt, wenn eine Fortsetzungsklausel besteht.

Die Grundsätze über die fehlerhafte Gesellschaft werden gegenüber Minderjährigen sowie bei gesetzes- oder sittenwidrigem Gesellschaftszweck (§§ 134, 138) nicht angewandt.

Die Grundsätze über die fehlerhafte Gesellschaft gelten auch bei fehlerhaftem Eintritt oder Austritt eines Gesellschafters. Der fehlerhaft eingetretene Gesellschafter kann also nur mit Wirkung für die Zukunft ausscheiden, der fehlerhaft ausgeschiedene Gesellschafter nicht rückwirkend wieder aufgenommen werden.

c) Die Kommanditgesellschaft

Die Rechtsstellung des Kommanditisten ist schwächer als die des Gesellschafters einer OHG oder eines Komplementärs, für den voll das Recht der OHG gilt. Der Komplementär ist geschäftsführungsbefugt (§§ 114 f., 161 Abs. 2 HGB) und hat Vertretungsmacht (§§ 125 f., 161 Abs. 2 HGB). Der Kommanditist ist von der Geschäftsführung ausgeschlossen (§ 164 Satz 1 HGB), er hat keine Vertretungsmacht (§ 170 HGB). Dem Kommanditisten steht nur ein Widerspruchsrecht bei außergewöhnlichen Geschäften zu (§ 164 Satz 1 HGB), allerdings muß er vorher die Informationen erhalten können, um dieses Recht auszuüben. Allerdings kann der Gesellschaftsvertrag im Innenverhältnis eine Geschäftsführungsbefugnis des Kommanditisten vorsehen. Ein oder mehrere Kommanditisten können zu den maßgeblichen Personen der KG werden (kapitalistische KG). Der Kommanditist kann trotz fehlender organschaftlicher Vertretungsmacht (§ 170 HGB) durch Prokura, Handlungsvollmacht oder Einzelvollmacht rechtsgeschäftliche Vertretungsmacht erhalten. Auch der Anteil eines Kommanditisten ist nur übertragbar, wenn der Gesellschaftsvertrag dies vorsieht oder alle Gesellschafter zustimmen (§ 719 Abs. 1 BGB).

Ein Kommanditist, der seine Einlagen noch nicht geleistet hat, haftet den Gläubigern der KG in Höhe seiner Hafteinlage unmittelbar und persönlich. Ihm stehen gegen die Forderung des Gläubigers dieselben Einwendungen wie einem Komplementär zu (§§ 129, 161 Abs. 2 HGB). Die Haftung des Kommanditisten ist also nur summenmäßig begrenzt. Ist die Verbindlichkeit entstanden, bevor die KG in das Handelsregister eingetragen wurde, so haftet der Kommanditist nach § 176 HGB unbeschränkt. Es müssen aber drei Voraussetzungen erfüllt sein: Die Gesellschaft muß ein Grundhandelsgewerbe nach § 1 Abs. 2 HGB betreiben, sie muß den Geschäftsbetrieb bereits aufgenommen haben, der Kommanditist muß der Aufnahme zugestimmt haben.

Wenn der Kommanditist seine Einlage geleistet hat, ist seine persönliche Haftung gegenüber den Gläubigern ausgeschlossen (§ 171 Abs. 1 HGB). Ist die Einlage teilweise geleistet, besteht die persönliche Haftung weiter, allerdings summenmäßig auf die noch fehlende Einlage begrenzt. Wird dem Kommanditisten die Einlage zurückerstattet, so lebt seine persönliche, summenmäßig begrenzte Haftung wieder auf (§ 172 Abs. 4 Satz 1 HGB).

Wer als Kommanditist in eine bestehende Handelsgesellschaft eintritt, haftet nach § 173 HGB auch für die Verbindlichkeiten, welche vor seinem Eintritt begründet wurden. Für die Verbindlichkeiten, die nach seinem Eintritt, aber vor seiner Eintragung in das Handelsregister begründet wurden, gilt § 176 Abs. 1 Satz 1 HGB entsprechend (§ 176 Abs. 2 HGB). Scheidet ein Kommanditist aus der Gesellschaft aus, so endet seine Haftung nicht (§§ 159 f., 161 Abs. 2 HGB). Wenn er sich sein Abfindungsguthaben auszahlen läßt (§ 738 BGB), so bedeutet dies, daß seine Einlage nach § 172 Abs. 4 Satz 1 HGB zurückerstattet wird und die persönliche Haftung wieder auflebt, aber summenmäßig begrenzt durch seine Einlage. Überträgt er seine Einlage auf einen Dritten, so wird nach allerdings umstrittener Auffassung hierin keine Rückgewähr der Einlage gesehen.

d) Die stille Gesellschaft

Der stille Gesellschafter beteiligt sich an dem Handelsgeschäft eines anderen, es handelt sich um eine reine Innengesellschaft. Der Stille muß die Einlage in das Vermögen des Geschäftsinhabers überführen (§ 230 Abs. 1 HGB). Die Verlustbeteiligung des stillen Gesellschafters kann im Gesellschaftsvertrag ausgeschlossen werden (§ 231 Abs. 1), die Gewinnbeteiligung nicht. Aus den Geschäften, die der Inhaber in seinem Geschäftsbetrieb abschließt, wird allein er berechtigt und verpflichtet (Außenverhältnis, § 230 Abs. 2 HGB).

Wenn im Gesellschaftsvertrag nichts über den Gewinn- und Verlustanteil geregelt ist, gilt § 232 HGB. Abgerechnet wird zum Ende des Geschäftsjahres (§ 232 Abs. 1 HGB). Der stille Gesellschafter hat ein Kontrollrecht nach § 233 HGB. Die Auflösungsgründe der §§ 723-728 BGB gelten grundsätzlich auch für die stille Gesellschaft, teilweise gelten jedoch die OHG-Vorschriften der §§ 132, 134 und 135 HGB (§ 234 Abs. 1 HGB). Unberührt bleibt das Recht eines stillen Gesellschafters, die Gesellschaft aus wichtigem Grund fristlos zu kündigen (§ 723 BGB in Verbindung mit § 134 HGB). Durch den Tod des Geschäftsinhabers wird die stille Gesellschaft aufgelöst, nicht jedoch durch den Tod des stillen Gesellschafters (§ 234 Abs. 2 HGB).

In der atypischen stillen Gesellschaft wird gesellschaftsvertraglich vorgesehen, daß auch der Stille Geschäftsführungsbefugnis erhält. Es kann auch vereinbart werden, daß er obligatorisch am Unternehmenswert beteiligt ist, so daß seine Einlage nur im Außenverhältnis in das Vermögen des Geschäftsinhabers übergeht.

e) Die europäische wirtschaftliche Interessenvereinigung

Die europäische wirtschaftliche Interessenvereinigung (EWIV) ist eine supranationale Handelsgesellschaft, die durch EG-Verordnung mit unmittelbarer Wirkung für alle Mitgliedsstaaten eingeführt wurde. Sie regelt die grenzüberschreitende Kooperation von mindestens zwei Gesellschaftern, die in unterschiedlichen EG-Mitgliedsstaaten ihren Sitz haben. Bei einem kursorischen Vergleich mit deutschen Gesellschaftsformen ist die EWIV im Innenverhältnis OHG mit der Ausnahme, daß sie wie eine GmbH durch Geschäftsführer vertreten wird. Im Außenverhältnis haften neben der Gesellschaft subsidiär auch die Gesellschafter. Die EWIV darf nicht als Konzernobergesellschaft verwendet werden. Die EWIV muß u.a. aufgelöst werden, wenn sie ihren grenzüberschreitenden Charakter verloren hat.

12. Übungsfälle

a) A, B und C sind Gesellschafter einer OHG im Dienstleistungsbereich. C ist von der Geschäftsführung und der Vertretung ausgeschlossen. A und B beschließen, daß sich die OHG an eine gemeinsame Buchhaltung und Abrechnungsstelle mehrerer gleichartiger Gesellschaften anschließen solle. Die monatlichen Beträge, die die OHG für die Ausgliederung dieser Tätigkeiten bezahlen muß, belaufen sich auf DM 2.000,--. C ist der Auffassung, daß dieser Betrag für die OHG zu hoch sei. Was kann er gegen diese Maßnahme unternehmen? Welche rechtlichen Möglichkeiten hat er, wenn A und B trotz seiner wiederholten Vorhaltungen den Anschluß vollziehen?

C kann sich gegenüber A und B nach § 116 Abs. 2 HGB darauf berufen, daß der Anschluß der OHG an eine gemeinsame Buchhaltung und Abrechnungsstelle mit einem Monatsbeitrag von DM 2.000,-- eine ungewöhnliche Maßnahme sei, die über den gewöhnlichen Betrieb des Handelsgewerbes der Gesellschaft hinausgehe und einen Beschluß sämtlicher Gesellschafter erfordere. An diesem Beschluß wirkt auch ein Gesellschafter mit, der von der Geschäftsführung ausgeschlossen ist. Also kann C verlangen, daß über die Maßnahme ein Beschluß herbeigeführt wird, an dem er mitwirken kann. Wenn im Gesellschaftsvertrag nichts anderes vereinbart ist, muß der Beschluß einstimmig erfolgen (§ 119 Abs. 1 HGB). Ist allerdings das Mehrheitsprinzip gesellschaftsvertraglich abgesichert, so dürfte C bei der Beschlußfassung in der Minderheit sein. In jedem Fall kann C verlangen, daß ein solcher Beschluß herbeigeführt wird

Vollziehen A und B den Anschluß an die gemeinsame Buchhaltung und Abrechnungsstelle, ohne einen solchen Beschluß herbeizuführen, so verletzen sie das Erfordernis des § 116 Abs. 2 HGB. Sie erfüllen damit ihre Geschäftsführungspflicht aus dem Gesellschaftsvertrag schlecht. C kann actio pro socio erheben, d.h. auf Zahlung von Schadensersatz durch die Gesellschafter A und B an die Gesellschaftskasse klagen, wobei er nachweisen muß, daß sie tatbestandsmäßig, rechtswidrig und schuldhaft gehandelt haben. Die Pflichtverletzung ist rechtswidrig, über ihre Verpflichtung zur Beschlußfassung haben sie sich zumindest fahrlässig hinweggesetzt. Möglicherweise entstehen der OHG keine Schäden. Auch wenn die Maßnahme ökonomisch vorteilhaft sein sollte, kann C jedoch verlangen, daß sie rückgängig gemacht wird. Die Schäden entstehen dann aus den Kosten, die für die Rückgängigmachung anfallen. Sollte C bei seiner Blockade jedoch pflichtwidrig gehandelt haben, könnten A und B sich über seine Weigerung, der Beschlußfassung zuzustimmen, hinwegsetzen.[63]

C könnte ferner nach §§ 117, 127 HGB die Entziehung der Geschäftsführungsbefugnis und Vertretungsmacht von A und B durch gerichtliche Entscheidung verlangen. Voraussetzung ist, daß ein wichtiger Grund vorliegt, insbesondere grobe Pflichtverletzung oder Unfähigkeit zur ordnungsmäßigen Geschäftsführung. Hier ist im Einzelfall zu entscheiden. Ob eine grobe Pflichtverletzung bejaht werden kann, hängt von der Bedeutung der Maßnahme im Vergleich zum Geschäftsumfang der OHG und davon ab, ob solche Pflichtverletzungen wiederholt vorgekommen sind.

C kann die Gesellschaft ferner zum Ende des Geschäftsjahres kündigen (§ 132 HGB). Hinzu kommt die Möglichkeit, aus wichtigem Grund nach § 133 HGB die Auflösung der Gesellschaft zu verlangen. Hier ist zu prüfen, ob eine wesentliche Verpflichtung vorsätzlich oder aus grober Fahrlässigkeit verletzt wurde oder die Erfüllung einer solchen Verpflichtung unmöglich wurde. Wenn eine Fortsetzungsklausel besteht, so würde die Gesellschaft bei Kündigung von A und B weitergeführt (§ 138 HGB). Läßt C jedoch durch gerichtliche Entscheidung A und B ausschließen (§ 140 HGB) weil ein wichtiger Grund für die Auflösung der Gesellschaft gegeben ist, so führt er allein das Geschäft als Einzelkaufmann weiter, wenn dies das Gericht auf seinen Antrag bestimmt (§ 142 Abs. 1 HGB).

b) A, B, C und D haben ein Baugeschäft in der Rechtsform einer KG gegründet und schließen mit Bauträgern Verträge über den Bau von Wohnsiedlungen ab. C und D sind mit einer jeweils bezahlten Hafteinlage von je DM 100.000,-- als Kommanditisten eingetragen. A schließt mit der X-AG, einem Hotelkonzern, einen Vertrag über den Bau eines Hotels in Höhe von DM 17 Mio. ab. Die anderen Gesellschafter halten ihn für verrückt. Sie wollen die KG nicht für ein so großes und ungewohntes Projekt verheizen. B stellt außerdem fest, daß A bei Geschäftsabschluß gegenüber der X-AG betrügerische Angaben über die Zahlungsfähigkeit der KG gemacht hat, wovon B nichts wußte. C und D behaupten, ihre Haftung sei ausgeschlossen. B will den Vertrag anfechten. Welche Ansprüche bestehen zwischen den Beteiligten (Innen- und Außenverhältnis)?

Die X-AG könnte von der KG die Erfüllung des Vertrages verlangen. Voraussetzung ist, daß A für die KG einen wirksamen Vertrag abgeschlossen hat. Die Vertretungsmacht des Komplementärs A ist nach § 126 Abs. 2 unbeschränkt und unbeschränkbar. Da im Ge-

[63] BGH BB 1971, 759

sellschaftsvertrag nichts anderes bestimmt ist, hat A Einzelvertretungsmacht (§ 125 Abs. 1 HGB). Also ist der zwischen A und der X-AG geschlossene Vertrag mit einem Volumen von DM 17 Mio. Für und gegen die KG wirksam. Es dürfte sich um einen Werkvertrag nach § 631 BGB handeln.

B könnte jedoch den Vertrag nach § 123 Abs. 1 BGB wegen arglistiger Täuschung anfechten. Die Willenserklärung, für die die arglistige Täuschung kausal geworden ist, ist jedoch die Erklärung des Vertreters der X-AG. B kann diese Erklärung nicht anfechten.

Die Haftung von C und D ist nach § 171 Abs. 1 HGB auf die Einlage beschränkt. Soweit sie geleistet ist, ist ihre persönliche Haftung ausgeschlossen. Sie haften mit ihrer Einlage.

A und B haften als Komplementäre für die Schulden der KG nach § 128 HGB unbeschränkt und unbeschränkbar.

Im Innenverhältnis können die Mitgesellschafter B, C und D von A wegen der Verletzung seiner Geschäftsführungspflicht Schadensersatz aus positiver Vertragsverletzung verlangen. Dies geschieht durch die actio pro socio, d.h. sie klagen auf Leistung des A an die Gesellschaftskasse. A hätte für diese ungewöhnliche Maßnahme einen Beschluß sämtlicher Gesellschafter herbeiführen müssen. Falls durch die betrügerischen Angaben gegenüber der X-AG, die den Vertrag nicht angefochten hat, zusätzliche Schäden entstanden sein sollten, könnten B, C und D diese darüber hinaus auch aus § 823 Abs. 2 BGB von A ersetzt verlangen. Betrogen wurde zwar die X-AG, der Betrug wurde aber auch kausal für den Schaden von B, C und D.

c) A ist Inhaber einer großen Bauschlosserei mit 20 Beschäftigten. Zusammen mit seinem Bruder B, der den kaufmännischen Bereich der Bauschlosserei leitet, betreibt er nebenbei einen kleinen Handel mit Eisenwaren. Beide sind nicht im Handelsregister eingetragen. G hat beiden ein Darlehen über DM 200.000,-- gewährt, dessen Rückzahlung ansteht. Den Darlehensantrag haben die Brüder A und B mit Kopfbogen unter der Bezeichnung "A und B, Eisenhandlung und Bauschlosserei" gestellt. Angesichts der schlechten Geschäftslage entzieht sich A der Zahlung durch die Flucht ins Ausland. Kann G sich an B halten, wenn dieser einwendet, das Darlehen sei nur für die Bauschlosserei gewährt worden, wie aus dem Text des Darlehensantrags eindeutig hervorgehe?

G hat den Darlehensvertrag nach § 607 BGB mit beiden Brüdern A und B abgeschlossen. Die internen Verhältnisse spielen keine Rolle. Insbesondere ist es unbeachtlich, ob D Mitinhaber der Bauschlosserei war oder nicht. Mit dem Antrag unter dem Kopfbogen "A und B, Eisenhandel und Bauschlosserei" haben die Brüder A und B zum Ausdruck gebracht, daß sie den Betrieb der beiden Geschäfte als gemeinsame Tätigkeit ansehen. Der Zweck ist dann gemeinsam, wenn jeder ihn sowohl als den eigenen wie auch als den des anderen zu fördern verspricht. Die Gemeinsamkeit ist selbst dann gegeben, wenn eine gegenseitige Einmischung in den jeweiligen Teilbereich ausgeschlossen ist.[64] Da beide gemeinsam gehandelt haben, kommt es auf eine eventuelle Beschränkung der Vertretungsmacht in der Gesellschaft nicht an. Insofern ist die Tatsache, daß es sich hier nur um eine BGB-Gesellschaft und nicht um eine OHG (§ 123 Abs. 1, 2 HGB) handelt, nicht

---

[64] RGZ 73, 286

von Belang. A und B haften als Gesamtschuldner auf die Rückzahlung des Darlehens in Höhe von DM 200.000,--. Nach § 421 BGB kann G von jedem der beiden Darlehensschuldner die Bezahlung der vollen Summe verlangen, also auch von B. B kann von seinem Bruder A nach § 426 Abs. 2 Ausgleichung im Innenverhältnis verlangen, im Zweifel kann er die Hälfte des bezahlten Betrages, also DM 100.000,-- von A fordern.

d) A, B und C sind Gesellschafter der ABC-OHG, die mit Elektrogeräten handelt. G hat der Gesellschaft Kabel zum Preis von DM 400.000,-- verkauft und geliefert. Er verlangt Zahlung des Kaufpreises. Da die flüssigen Mittel des Unternehmens hierzu nicht ausreichen, beschließen A und B, daß jeder Gesellschafter einen Nachschuß von DM 70.000,-- zahlen müsse. C widersetzt sich dem Beschluß. Er erinnert sich, daß er bei Abschluß des Gesellschaftsvertrages im Jahre 1980, bei dem er bei der Geschäftsführung ausgeschlossen wurde, darauf bestanden habe, daß ihm nach 10 Jahren die Möglichkeit zur Umwandlung seiner Gesellschafterstellung in die eines Kommanditisten gewährt werden müsse. Obwohl diese Forderung A und B bekannt war, hatte man sie versehentlich nicht in den Gesellschaftsvertrag aufgenommen.

C weigert sich, die DM 70.000,-- zu bezahlen, da er nicht Gesellschafter geworden sei. Im übrigen habe er dem Beschluß über die Nachschußpflicht von je DM 70.000,-- nicht zugestimmt. C erhebt darüber hinaus Auflösungsklage. A und B widersetzen sich mit der Begründung, sie seien bereit, ihm die Stellung eines Kommanditisten einzuräumen, wenn er die rückständigen DM 70.000,-- (Nachschuß) bezahle. Wie ist die Rechtslage?

C beruft sich auf einen versteckten Dissens bei Abschluß des Gesellschaftsvertrages (§ 155 BGB). Der Vertrag ist wirksam, wenn anzunehmen ist, daß er auch ohne eine Bestimmung über diesen Punkt geschlossen worden wäre. Der Sachverhalt sagt hierzu nichts aus. Auch wenn man jedoch einen versteckten Dissens und damit die Unwirksamkeit des Vertrages annimmt, so kann sich C von dem Gesellschaftsvertrag nicht rückwirkend lösen. Die Gesellschaft ist nach außen in Vollzug gesetzt. Deshalb gelten sowohl gegenüber Dritten wie auch zwischen den Gesellschaftern die Grundsätze der fehlerhaften Gesellschaft. Die Gesellschaft kann nur durch Auflösungsklage für die Zukunft beseitigt werden. C kann sich in bezug auf den Beschluß über die Nachschußpflicht nicht auf die Fehlerhaftigkeit des Gesellschaftsvertrages berufen.

Der Beschluß ist jedoch unwirksam, da es sich hier um eine Änderung des Gesellschaftsvertrages gehandelt hat, der alle Gesellschafter hätten zustimmen müssen. Dies gilt auch für C, der von der Geschäftsführung ausgeschlossen ist. Da C mit dieser Abänderung des Gesellschaftsvertrages nicht einverstanden war, ist sie unwirksam.

Fraglich ist, ob C nach so langer Zeit noch verlangen kann, daß die Gesellschaft aufgelöst werde, weil im Gesellschaftsvertrag nicht steht, daß er nach 10 Jahren die Möglichkeit haben müsse, Kommanditist zu werden. Es ist schon zweifelhaft, ob er nach so langer Zeit dieses Recht nicht verwirkt hat. Auf jeden Fall ist es ein Verstoß gegen die gesellschaftsrechtliche Treuepflicht, die Auflösung der Gesellschaft zu verlangen, wenn ihm die Mitgesellschafter genau das anbieten, was er als Auflösungsgrund geltend macht, wenn also genau der Fehler beseitigt wird, den er im Zusammenhang mit dem Abschluß des Gesellschaftsvertrages rügt. Die Mitgesellschafter können die Einräumung der Kommanditistenstellung an C aber nicht davon abhängig machen, daß er den Nachschuß in Höhe von DM 70.000,-- bezahlt. Wenn sie darauf beharren, ist die Auflösungsklage des C nicht rechtswidrig.

G kann von der fehlerhaft wirksamen Gesellschaft nach § 433 Abs. 2 die Bezahlung des Kaufpreises in Höhe von DM 400.000,-- verlangen. Die Gesellschaft ist genauso verpflichtet, wie wenn sie aufgrund eines wirksamen Gesellschaftsvertrages ihre Geschäfte betreiben würde. A, B und C haften für die Schulden der Gesellschaft nach § 128 HGB als Gesamtschuldner. Jeder haftet auf den vollen Betrag. Wer bezahlt hat, kann Ausgleichung im Innenverhältnissen nach den Grundsätzen des § 426 Abs. 2 BGB verlangen.

e) Im Gesellschaftsvertrag der A, B, C-AG ist vorgesehen, daß D Kommanditist werden soll. Seine Haftsumme im Handelsregister soll DM 40.000,- betragen; sie soll zu Einviertel durch „Kommanditeinlagen" und zu Dreiviertel durch „Darlehen" eingelegt werden. D zahlt diesen Betrag in die Gesellschaftskasse ein. Der Gläubiger G hat eine Forderung in Höhe von DM 40.000,- gegen die A, B, C-KG offenstehen. Er fragt an, ob er auch D persönlich in Anspruch nehmen könne.

Nach § 171 Abs. 1 HGB haftet D als Kommanditist dem Gläubiger G bis zur Höhe seiner Einlage unmittelbar; die Haftung ist ausgeschlossen, soweit die Einlage geleistet ist. Maßgeblich für die Haftung ist die sogenannte Hafteinlage oder Haftsumme, die im Handelsregister eingetragen ist. Es ist fraglich, ob D die Hafteinlage durch Zahlung der DM 40.000,- voll oder nur zu einem Viertel in Höhe von DM 10.000,- erbracht hat; nur in dieser Höhe wird seine Einlage im Gesellschaftsvertrag als „Kommanditeinlage" bezeichnet, der Rest soll als Darlehen gezahlt werden. Da der Gesellschaftsvertrag aber auch das Darlehen als Teil einer einheitlichen Einlageleistung ansieht, ist die Hafteinlage in voller Höhe erbracht. Die persönliche Haftung des D ist ausgeschlossen, da er die Summe der Hafteinlage in voller Höhe erbracht hat. Der Gläubiger G ist genügend gesichert, da die persönliche Haftung des D nach § 172 Abs. 4 Satz 1 HGB wieder auflebt, soweit die Einlage zurückbezahlt wird. Das „Darlehen" ist in Wirklichkeit eine falsch bezeichnete bewegliche Einlage, die nur auf Zeit zum Ausschluß der (summenmäßig beschränkten) persönlichen Haftung des Kommanditisten D führen soll (vgl. BGH NJW 1982, 2253 und K. Schmidt, Gesellschaftsrecht, S. 1304).

Zur Vertiefung: *K. Schmidt*, GR, S. 1059-1522, *Kübler*, S. 18-104, *P. Ulmer*, Die Gesellschaft bürgerlichen Rechts (Sonderdruck aus: Münchener Kommentar zum BGB, Bd. 32. Halbband, 2. Aufl. 1986)

IV. Der Verein

1. Grundbegriffe und Erscheinungsformen

A, B, C, D, E, F und G, die bisher an den Wochenenden als Solisten mit dem Fahrrad durch die Gegend gefahren sind, schließen sich zusammen. Sie gründen den "FC Dynamo", bestimmen den A zum Vorstand und den B zum Kassierer. A soll sich darum bemühen, daß sie am Samstagabend nach ihren gemeinsamen Fahrradtouren eine Gastwirtschaft mit Nebenzimmer finden. A hat von W ein solches Nebenzimmer für DM 30,-- an einem Abend gemietet. Muß B diesen Betrag an W bezahlen?

Als Kassenwart hat B die Aufgabe, u.a. auch die Schulden des Clubs zu begleichen. Die Frage ist, ob der Club selbst Träger von Rechten und Pflichten sein kann. Er ist weder im Handelsregister noch im Vereinsregister des zuständigen Amtsgerichts eingetragen. Es fragt sich ferner, ob A den Club vertreten hat, oder ob er ausschließlich für sich selbst gehandelt hat. Es kommt darauf an, wie A gegenüber W aufgetreten ist. Hat er im Namen des Clubs gehandelt, so ist nach seiner Vertretungsmacht zu fragen. Hierbei ist nach rechtlichen Qualität des Clubs zu fragen.

Da der Club nicht im Vereinsregister eingetragen ist, kann es sich nicht um einen rechtsfähigen Verein handeln. In Frage kommt ein nicht rechtsfähiger Verein. Auf diesen sind nach § 54 Satz 1 BGB die Vorschriften über die Gesellschaft (§§ 705 f.) anwendbar. Demnach würde sich die Vertretungsmacht des A im Zweifel nach der Geschäftsführungsbefugnis richten (§§ 714, 709 BGB). Diese Vorschriften gelten jedoch auch, wenn es sich bei der Gründung um eine bloße BGB-Gesellschaft handelt, d.h., wenn A bis G einen Vertrag zu einem gemeinsamen Zweck abgeschlossen haben und dafür die gemeinsamen Beiträge leisten wollen. In der Bestimmung des A als Vorstand liegt auf jedem Fall die Erteilung von Geschäftsführungsbefugnis für den Club. Da im Vertrag nichts anderes geregelt ist, folgt daraus auch Vertretungsmacht (§§ 709, 714 BGB). Damit ist „der Club" wirksam vertreten worden. B kann aus dem gemeinsamen Vermögen, sei es nun Gesamthandsvermögen der BGB-Gesellschafter (§ 719 BGB) oder Vereinsvermögen, den Betrag von DM 30,-- an W bezahlen.

A fragt an, ob er den Club in das Vereinsregister des Amtsgerichts eintragen lassen kann.

Auch ein Verein wird zur Erreichung eines bestimmten Zwecks gegründet. Dieser Zweck muß aber von den Mitgliedern unabhängig sein. Er ist nicht personenbezogen, sondern zweckbezogen, d.h. es kommt nicht auf die Zusammenarbeit von A bis G sondern auf das Radfahren an. Andere Radfahrfreudige können sich dem Verein anschließen. Der Verein ist also geradezu auf den Wechsel der Mitglieder angelegt. In der Personengesellschaft hingegen ist zur Aufnahme eines neuen Gesellschafters ein Beschluß sämtlicher Gesellschafter erforderlich (vgl. oben).

Der Verein muß darüber hinaus auch eine körperschaftliche Verfassung haben. Hierzu benötigt er eine Satzung. In dieser muß der Name des Vereins enthalten sein. Hinzu kommen die Organe, insbesondere der Vorstand und die Mitgliederversammlung.

Da sich A bis G nicht darüber geeinigt haben, ob und unter welchen Voraussetzungen sie neue Mitglieder aufnehmen wollen, handelt es sich nur um eine BGB-Gesellschaft, obwohl bestimmte körperschaftliche Elemente wie ein Vorstand und ein Kassierer vorliegen. Es gelten die Vorschriften der BGB-Gesellschaft (§§ 705 f.). Die Gesellschaft kann nicht in das Vereinsregister eingetragen werden.

A läßt nicht locker. Er sorgt dafür, daß die Mitglieder eine Satzung verabschieden, in der schriftlich festgelegt wird, daß alle zwei Jahre ein Vorstand gewählt wird, der aus zwei Personen, dem Vorsitzenden und dem Kassierer, besteht. Außerdem wird der Name "FC Dynamo Kassel" schriftlich festgelegt. Schließlich wird der Zutritt jedem Interessenten ermöglicht, der die Vereinsziele, die Förderung des Fahrradfahrens, billigt. Der Austritt soll jeweils zum Jahresende mit einer Kündigungsfrist von 3 Monaten möglich sein. Kann der Club jetzt in das Vereinsregister eingetragen werden?

Nun handelt es sich um einen Verein. Er ist unabhängig vom Wechsel der Mitglieder. Er besitzt eine körperschaftliche Struktur, deren Grundzüge in der Satzung festgelegt sind. Nach § 57 BGB ist neben dem Zweck und dem Namen des Vereins auch der Sitz in der Satzung anzugeben. Nach § 58 soll die Satzung Bestimmungen über den Eintritt und Austritt der Mitglieder, über das Ob und Wie der Beitragszahlung, über die Bildung des Vorstandes und über die Voraussetzungen, unter denen die Mitgliederversammlung zu berufen ist, enthalten (§ 58 BGB). Die Mindestmitgliederzahl beträgt 7; es handelt sich um eine Soll-Vorschrift (§ 56 BGB). Das Amtsgericht wird den Verein in der Regel nur eintragen, wenn auch diese Soll-Vorschriften erfüllt sind. A hat also noch einiges nachzuholen.

Wegen des regen Interesses seiner Mitglieder hat der Club inzwischen den Handel von Fahrrädern aufgenommen. Dieser Handel nimmt die weit überwiegende Zeit des Vorstandes in Anspruch. Eine Eintragung in das Vereinsregister ist (noch) nicht erfolgt. Gläubiger G fragt an, ob die Mitglieder des Clubs für dessen Schulden haften.

Der nicht rechtsfähige Verein kann nebenher eine Erwerbstätigkeit betreiben. So kann z.B. ein Fußballverein nebenbei in seinem Clubhaus Getränke und Speisen gegen Entgelt verabreichen. Ein Verein ist im Regelfall nicht auf einen wirtschaftlichen Geschäftsbetrieb gerichtet (§ 21 BGB). Nur dann bedarf es zur Erlangung der Rechtsfähigkeit lediglich der Eintragung in das Vereinsregister des zuständigen Amtsgerichts. Wird der Verein jedoch überwiegend ein sogenannter wirtschaftlicher Verein, ist also sein Zweck auf einen wirtschaftlichen Geschäftsbetrieb gerichtet, so bedarf er einer staatlichen Verleihung, um rechtsfähig zu werden (§ 22 Satz 1 BGB). Er bedarf also einer Konzession. Der Gesetzgeber will wirtschaftlich tätige Personenverbände den Sondervorschriften des HGB, des Aktiengesetzes und des GmbH-Gesetzes unterwerfen. Wirtschaftliche Vereine will er nur in Sonderfällen zulassen.[65] Ein nicht rechtsfähiger Verein, der nicht ins Handelsregister eingetragen ist, kann sich in eine OHG verwandeln, wenn er nach seiner realen wirtschaftlichen Tätigkeit im Einverständnis mit den Vereinsmitgliedern überwiegend ein Handelsgewerbe betreibt. Die Anschaffung und Weiterveräußerung von Fahrrädern ist ein Grundhandelsgewerbe nach § 1 Abs. 2 Nr. 1 HGB. Im Außenverhältnis wird die OHG bereits mit Aufnahme der Geschäfte (im Einverständnis der Vereinsmitglieder), nicht erst mit der Eintragung im Handelsregister, wirksam (§ 123 Abs. 2 HGB). Wenn eine solche Geschäftsaufnahme zu bejahen ist und die OHG im Außenverhältnis wirksam geworden ist, haften die "Clubmitglieder" im Außenverhältnis nach § 128 HGB gegenüber Dritten für die Schulden des Clubs.

---

[65] BGHZ 22, 240, 244

Wandelt sich ein eingetragener Idealverein zu einem wirtschaftlichen Verein, kann ihm die Rechtsfähigkeit nach § 43 Abs. 2 BGB entzogen werden. Das Registergericht leitet ein sogenanntes Amtslöschungsverfahren ein (§§ 159, 142 FGG). Es führt dazu, daß er die Rechtsfähigkeit verliert.

Idealvereine sind hauptsächlich politisch, wohltätig, sportlich, religiös, wissenschaftlich, sonst kulturell oder gesellschaftlich tätig.

Die Vereine haben es in der Hand, wirtschaftliche Nebentätigkeiten, die in der Absicht der Gewinnerzielung betrieben werden, organisatorisch auszugliedern und in Gestalt einer selbständigen Kapitalgesellschaft zu organisieren. Die organisatorische Verselbständigung des Nebenzwecks in einer eigenen juristischen Person schließt es aus, die wirtschaftliche Tätigkeit dem Verein zuzurechnen.[66]

Wird die wirtschaftliche Tätigkeit zum Hauptzweck des Vereins, ist die Gründung einer GmbH oder einer Personenhandelsgesellschaft zu empfehlen. Bei besonders großen Vereinen wie z.B. Profifußballclubs kommt auch die Gründung in der Rechtsform einer AG in Frage.

2. Gründung

Zuerst verpflichten sich die Gründer im sogenannten Vorgründungsvertrag gegenseitig, zur Gründung eines Vereins zusammenzuarbeiten. Dann arbeiten sie die Satzung aus, in der Zweck, Name und Sitz des Vereins bestimmt werden (§ 57 Abs. 2). Ferner sollen nach § 58 der Ein- und Austritt, die Beiträge, die Vorstandswahlen und die Mitgliederversammlung geregelt werden. Ist dieser Vorgang abgeschlossen, so entsteht der Vorverein. Dieser Vorverein wird dadurch zum rechtsfähigen Verein (e.V.), daß ihm das zuständige Amtsgericht die Rechtsfähigkeit einräumt. Für Idealvereine gilt das System der Normativbedingungen der §§ 21 f. BGB. Nur für Wirtschaftsvereine gilt das erwähnte Konzessionssystem, d.h. sie werden nur dann juristische Person, wenn ihnen das örtlich zuständige Bundesland die Rechtsfähigkeit verleiht. Dies geschieht nur in Ausnahmefällen. Ziel dieser Regelung ist, daß wirtschaftliche Vereine andere Rechtsformen (AG, GmbH, Genossenschaft oder Personengesellschaften) wählen.

Auch ein Idealverein kann seine Ziele mit Hilfe eines wirtschaftlichen Geschäftsbetriebs verfolgen. So kann er die kommerziellen Interessen seiner Mitglieder durch Bildung einer Informationszentrale oder durch Einwirkung auf Behörden fördern. Ein solcher Verein bedarf einer Konzession. Beantragt also eine Taxi-Zentrale, die als Verein organisiert ist und Aufträge für Taxifahren vermittelt, ihre Eintragung ins Vereinsregister, so ist diese abzulehnen.[67] Der Verein muß vielmehr eine Konzession des zuständigen Landesministers beantragen.

Der nach der Gründung des Vorvereins zu wählende Vorstand (§ 26) meldet den Verein in öffentlich beglaubigter Form zum Vereinsregister an (§§ 59 Abs. 1 und 77 BGB). Hierfür gibt es bestimmte Formvorschriften (§§ 57, 59 Abs. 2). Der Registerrichter prüft

---

[66] BGHZ 85, 84, 88

[67] BGHZ 45, 395, 396

auch, ob die erwähnten Soll-Vorschriften eingehalten sind. Nach § 64 hat die Eintragung im Vereinsregister anzugeben: Den Namen und den Sitz des Vereins, den Tag der Errichtung der Satzung, die Mitglieder des Vorstandes, eventuelle Beschränkungen seiner Vertretungsmacht und Regelungen der Beschlußfassung, soweit sie von § 28 Abs. 1 abweichen.

Die Eintragung im Vereinsregister ist konstitutiv. Der Verein erlangt dadurch nach § 21 seine Rechtsfähigkeit. Er führt den Zusatz "eingetragener Verein (e.V.)" (§ 65 BGB).

3. Verfassung des Vereins

a) Mitgliederversammlung

Die Verfassung des Vereins ergibt sich aus der Satzung (§ 25). Die Mitgliederversammlung ist für die Willensbildung des Vereins maßgeblich und im Regelfall dem Vorstand übergeordnet (§ 32 Abs. 1). Bereiche, in denen der Vorstand übergeordnet sein soll, müssen in der Satzung besonders angegeben werden. Kompetenzkonflikte werden von der Mitgliederversammlung entschieden.[68]

Die Mitgliederversammlung entscheidet grundsätzlich durch Beschluß. Hierbei hat das Mitglied eine Stimme. Die einfache Mehrheit reicht aus (§ 33 Abs. 1), wenn es nicht um Änderungen der Satzung oder des Zweckes geht. Die Satzungsänderung bedarf einer Dreiviertelmehrheit der erschienenen Mitglieder (§ 33 Abs. 1 Satz 1). Bei einer Zweckänderung müssen alle Mitglieder zustimmen (§ 33 Abs. 1 Satz 2). Abstimmungsvereinbarungen sind zulässig, unterliegen aber einer richterlichen Kontrolle; das Vereinsmitglied hat insbesondere auch die Treuepflicht gegenüber dem Verein zu beachten.

b) Vorstand

Der Verein handelt durch den Vorstand. Dieser ist notwendiges Organ (§ 26 Abs. 1). Er kann aus einer oder mehreren Personen bestehen (§ 28 Abs. 1). Sie müssen nicht Mitglieder des Vereins sein. Es herrscht also das Prinzip der Fremdorganschaft. Die Vorstandsmitglieder werden von der Mitgliederversammlung bestellt und abberufen (§ 27 Abs. 1 und 2), wenn die Satzung nichts anderes bestimmt. Der Vorstand vertritt den Verein nach außen. Besteht er aus mehreren Vorstandsmitgliedern, so ist zu einer wirksamen Vertretung die Mehrheit der Vorstandsmitglieder nach § 28 Abs. 1 erforderlich. Die Vertretungsmacht des Vorstandes ist grundsätzlich unbegrenzt. Die Rechtsprechung hat allerdings bei evidenten Verstößen Unwirksamkeit der Vertretung angenommen, wenn diese Verstöße für die Gegenseite erkennbar sein mußten.[69]

A ist einziges Vorstandsmitglied des Clubs "Dynamo Kassel e.V.", der im Vereinsregister eingetragen ist. Er verpflichtet die Vereinsmitglieder zu einer Verdoppelung ihrer monatlichen Beiträge. In der Satzung ist über die Beitragshöhe nichts ausgesagt. Die Mitgliederversammlung hat aber vor längerer Zeit eine Beitragsordnung festgelegt, die A jetzt abändern will. Zu Recht?

---

[68] BGHZ 49, 396, 398

[69] Vgl. BGH JZ 1953, 474

In die Zuständigkeit der Mitgliederversammlung fallen nach § 32 alle Angelegenheiten, die nach der Satzung oder der gesetzlichen Regelung nicht dem Vorstand oder sonstigen Organen (vgl. § 30) zugewiesen sind. Daraus folgt nicht, daß die Mitgliederversammlung nur eine subsidiäre Zuständigkeit hat. Vielmehr genießt sie eine unentziehbare Mindestkompetenz und ist für die Grundentscheidungen des Vereinslebens zuständig, insbesondere für Änderungen des Vereinszwecks und für sonstige Satzungsänderungen (§ 33), weiter für die Bestellung und Abberufung des Vorstandes (§ 27). Nach § 58 Nr. 2 soll die Satzung zwar bestimmen, ob und welche Beiträge von den Mitgliedern zu leisten sind. Diese Geldbeträge müssen aber nicht beziffert sein. Die Satzung kann die Beitragsfestsetzung vielmehr dem Vorstand oder der Mitgliederversammlung überlassen. Fehlt eine Beitragsfestsetzung und eine Regelung über die Kompetenz zur Beitragsfestsetzung in der Satzung, so greift nach § 32 die Zuständigkeit der Mitgliederversammlung ein. Die Mitgliederversammlung hat auch eine Beitragsordnung verabschiedet. Will der Vorstand eine Erhöhung der Beiträge erreichen, so muß er sich an die Mitgliederversammlung wenden, welche durch Beschluß mit der Mehrheit der erschienenen Mitglieder entscheidet. Bei der Einberufung der Mitgliederversammlung muß der Beschlußgegenstand bezeichnet werden (§ 32).

c) Haftung

Der Kleintierzüchterverein "Hoppelhase X-Stadt e.V." veranstaltet jährlich seine Silvesterparty. Während einer solchen Party kommt es zu mehreren Unfällen, weil Vereinsmitglieder auf dem Glatteis ausrutschen, das sich in der Nacht gebildet hat. Der Vereinsvorstand hatte zwar zwei Vereinsmitglieder mit der Reinigung der Vereinswege und Stufen beauftragt. Niemand hatte jedoch damit gerechnet, daß sich in der Nacht Glatteis bilden würde. Die Vereinsmitglieder X und Y verklagen den Verein, seinen Vorstand und die beauftragten Mitglieder B und C auf Schadensersatz wegen der Krankenhauskosten, die ihnen durch die Behandlung ihrer Verletzungen entstanden sind. Zu Recht?

X und Y können zunächst Schadensersatz von den Vereinsmitgliedern B und C verlangen, die mit der Sicherung der Wege und Stufen betraut waren. Ihre Gesundheitsverletzung geht nach § 823 Abs. 1 BGB darauf zurück, daß B und C ihrer Verkehrssicherungspflicht nicht genügt haben. Bei Anwendung der im Verkehr erforderlichen Sorgfalt (§ 276 Abs. 1 Satz 2) hätten B und C erkennen müssen, daß wegen des Kälteeinbruchs gestreut werden mußte. X und Y können weiter Ersatzansprüche nach § 823 Abs. 1 gegen die Mitglieder des Vereinsvorstandes haben. Der Vorstand hat zwar die Verkehrssicherungspflicht delegiert. Er war selbst jedoch bei der Veranstaltung anwesend, bei der sich das Glatteis gebildet hat. Auch er hätte bei der Anwendung der im Verkehr erforderlichen Sorgfalt die erforderlichen Maßnahmen erkennen und treffen müssen (§ 276 Abs. 1 Satz 2). Er hat also fahrlässig gehandelt. X und Y können auch von ihm Schadensersatz nach § 823 Abs. 1 für ihre Krankenhauskosten verlangen.

Fraglich ist, ob X und Y diesen Schadensersatz auch vom Verein selbst fordern können. Der Verein ist eingetragen und damit rechtsfähig (§ 21). Er kann selbst Träger von Pflichten sein. Nach § 31 BGB haftet er für das Verschulden seiner Organe (vgl. oben das Recht der OHG). Er ist für den Schaden verantwortlich, den sein Vorstand den Vereinsmitgliedern zugefügt hat. Ihm ist also die pflichtwidrig unterlassene Verkehrssicherung des Vorstandes zuzurechnen. Der Verein haftet demnach nach § 823 Abs. 1 in Verbindung mit § 31 BGB.

Der Verein haftet im übrigen auch dann, wenn nicht der Vorstand, sondern ein anderer verfassungsmäßig dazu berufener Vertreter (§ 31) die Verkehrssicherungspflicht verletzt hat. Je nachdem, welche Stellung die beauftragten Vereinsmitglieder B und C innehatten, kommt es auf die Verletzung der Verkehrssicherungspflicht durch den Vorstand gar nicht an. Ein bloßer Auftrag des Vorstandes reicht allerdings nicht aus. Sie müssen vielmehr als verfassungsmäßig berufene Vertreter gehandelt haben, d.h. der Auftrag muß durch die Satzung erteilt worden sein.

Diese Haftung greift nicht ein, wenn der Vorstand "bei Gelegenheit" gehandelt hat. Insofern gilt dasselbe, was bereits zum Recht der OHG ausgeführt wurde (vgl. oben).

Im Innenverhältnis können Schadensersatzpflichten der Vorstandsmitglieder gegenüber dem Verein entstehen, wenn sie ihre Geschäftsführungspflichten schuldhaft verletzt haben. Derartige Schadensersatzforderungen können aber weder einzelne Mitglieder noch die Mitgliederversammlung geltend machen. Vielmehr ist es notwendig, den Vorstand nach § 27 Abs. 2 abzuberufen, an seiner Stelle einen neuen Vorstand zu wählen und diesen mit der Verfolgung der Ansprüche zu beauftragen. Der Haftungsmaßstab der Vorstandsmitglieder kann nach § 708 BGB eingeschränkt werden, so daß sie nur für die Sorgfalt haften, welche sie in eigenen Angelegenheiten aufzuwenden pflegen.

Wird der Vorstand am Ende seiner Amtszeit oder des jeweiligen Geschäftsjahres durch Beschluß der Mitgliederversammlung entlastet, so ist damit verbindlich festgestellt, daß gegen ihn keine Ersatzansprüche bestehen oder eventuell bestehende Ersatzansprüche nicht mehr geltend gemacht werden können. Die Entlastung durch die Mitgliederversammlung wirkt wie ein Verzicht oder ein negatives Schuldanerkenntnis.[70]

4. Die Rechte und Pflichten der Mitglieder

a) Mitwirkungs- und Vermögensrechte

Zu den Mitwirkungsrechten gehört das Stimmrecht, aber auch das Recht, sich an den Diskussionen in der Mitgliederversammlung zu beteiligen. Soweit in der Satzung nichts anderes geregelt ist, muß die Stimme höchstpersönlich abgegeben werden. Nach § 34 ist das Stimmrecht ausgeschlossen, wenn die Beschlußfassung die Vornahme eines Rechtsgeschäfts zwischen dem Mitglied bzw. die Einleitung oder Erledigung eines Rechtsstreits zwischen ihm und dem Verein betrifft. Diese Vorschrift wird von der Rechtsprechung eng ausgelegt. So kann sich ein Vereinsmitglied z.B. an der Abstimmung über ein Rechtsgeschäft beteiligen, das mit einem anderen Verein oder einer rechtsfähigen Körperschaft abgeschlossen wird, deren Mitglied er ist; sein Stimmrecht ist nur ausgeschlossen, wenn eine faktische Identität zwischen der Körperschaft und dem Mitglied besteht.[71]

Zu den Mitgliedschaftsrechten gehören auch Ansprüche auf Vermögensleistungen, z.B. die Benutzung von Einrichtungen des Vereins, der Empfang von Leistungen aus dem Vereinsvermögen und bei Auflösung des Vereins die Auszahlung eines Anteils bei der Liquidation (§ 45 Abs. 3).

---

[70] BGHZ 24, 47, 53
[71] BGHZ 56, 47, 53

b) Pflichten

Die wichtigste Pflicht der Vereinsmitglieder ist die Beitragspflicht, deren Umfang sich aus der Satzung ergibt (§ 58 Nr. 2). Wie oben ausgeführt, kann der Umfang der zu leistenden Beiträge nur durch Satzungsänderung, also mit Dreiviertelmehrheit (§ 33 Abs. 1), erhöht werden. Nur wenn die Satzung dem Vorstand ausdrücklich das Recht zur Beitragsfestsetzung zuweist, kann dieser die Beiträge erhöhen. Wer die Beitragserhöhung nicht hinnehmen will, kann aus dem Verein austreten.

Für den Verein gilt ebenso wie für die übrigen Gesellschaften der Grundsatz der Gleichbehandlung seiner Mitglieder. In der Satzung können aber Sonderrechte für einzelne Mitglieder bestimmt werden (§ 35). Ansonsten sind die Rechte und Pflichten durch Mehrheitsbeschluß abänderbar. Soweit sie in der Satzung festgesetzt sind, ist die satzungsändernde Mehrheit nach § 33 Abs. 1 erforderlich. Räumt die Satzung Sonderrechte ein, so können diese nur mit Zustimmung des Berechtigten entzogen werden (§ 35).

Soweit nachträglich Differenzierungen zwischen den Mitgliedern eingeführt werden, kann gerichtlich überprüft werden, ob die Differenzierung sachlich gerechtfertigt ist.[72]

c) Pflichtverletzungen und Ausschluß

Das Vereinsmitglied kann sich im Innenverhältnis schadensersatzpflichtig machen, wenn es die Treuepflicht gegenüber dem Verein verletzt. Etwaige Ansprüche sind vom Vorstand geltend zu machen. Derartige Prozesse werden in der Praxis sehr selten geführt. Etwas häufiger sind Schadensersatzprozesse, wenn Vereinsmitgliedern in der Satzung bestimmte Funktionen zugewiesen sind und sie die Geschäftsführungspflichten schlecht erfüllen. Der Verein hat dann gegen sie einen Ersatzanspruch aus positiver Vertragsverletzung, für den die allgemeinen schuldrechtlichen Grundsätze gelten.

Zunehmend häufiger werden Streitigkeiten, bei denen es um die Zulässigkeit eines Ausschlusses aus dem Verein geht. Zum einen fragt es sich, ob ein solcher Ausschluß auch dann zulässig ist, wenn die Satzung hierüber nichts aussagt. Dies ist zu bejahen, da auch der Verein ein Instrument haben muß, das der Kündigung im Bereich der Personalgesellschaften entspricht. Für die Ausschlußgründe gilt allerdings, daß eine geringfügige Pflichtverletzung nicht ausreicht. Auch hier gilt: Für den Verein entspricht die Ausschließung der Kündigung.[73]

Ein milderes Mittel als der Ausschluß ist die "Vereinsstrafe". Hier handelt es sich um Rügen, Verweise und Geldstrafen. Hinzu kommen andere disziplinarische Maßnahmen wie "Sperren" im Sport und das Verbot, bestimmte Funktionen im Verein zu übernehmen. Die Rechtsprechung ist zunehmend dazu übergegangen, solche Disziplinarmaßnahmen zu kontrollieren. Sie beschränkt die Kontrolle bisher allerdings auf gesetzwidrige, sittenwidrige oder offenbar unbillige Entscheidungen.[74] Gegenüber Bestrebungen in der Literatur,[75] die Kontrolle solcher Disziplinarmaßnahmen zu verschärfen, weil es sich um Vertragsstrafen handele, die nach § 315 BGB am Maßstab der Billigkeit zu überprü-

---

[72] BGHZ 55, 381, 390

[73] BGHZ 9, 157; 47, 172, 178

[74] BGHZ 13, 5, 11; 21, 370, 373; 47, 381, 385; 75, 158, 159

[75] Vgl. die Nachweise bei Karsten Schmidt, GesR, S. 599 ff.

fen seien, hat sich der BGH mit Recht zur Wehr gesetzt. Er leitet die Disziplinargewalt aus den vertraglichen Kündigungs- und Rücktrittsrechten ab, also aus dem Ausschlußrecht als schärfster Sanktion. Hieraus ergibt sich die Befugnis, sich aus langfristigen Rechtsbeziehungen lösen zu dürfen; eine solche Befugnis entspricht dem Grundsatz der Privatautonomie im Vereinsrecht; über die Grenzen hat die jeweilige Vereinsmehrheit, nicht aber die Justiz zu bestimmen.[76] Andererseits kann die gerichtliche Überprüfung von Disziplinarmaßnahmen des Vereins nicht in der Satzung ausgeschlossen werden, entsprechende Satzungsbestimmungen sind unwirksam.[77] Vor den ordentlichen Gerichten kann geklagt werden, wenn der innerverbandliche Instanzenzug erschöpft ist.[78] Das beschuldigte Mitglied hat auch im Rahmen der Disziplinargerichtsbarkeit des Vereins einen Anspruch auf rechtliches Gehör.[79]

d) Austritt

Nach § 39 Abs. 1 BGB sind die Mitglieder zum Austritt aus dem Verein berechtigt. Dieses Recht kann ihnen nicht genommen werden. Die Satzung kann nach § 39 Abs. 2 lediglich bestimmen, daß der Austritt nur zum Ende des Geschäftsjahres oder mit einer Kündigungsfrist von höchstens zwei Jahren zulässig sein soll. Hier handelt es sich um den ordentlichen Austritt. Nach den allgemeinen Grundsätzen des Privatrechts ist aber auch der fristlose Austritt aus wichtigem Grund möglich.[80]

Der Austritt beendet die Rechte und Pflichten, die aus der Mitgliedschaft entspringen. Der Austretende muß nur die Beiträge entrichten, die vor seinem Austritt fällig geworden sind. Auf den Zeitpunkt der Festsetzung des Beitrags durch die Mitgliederversammlung kommt es nicht an.[81]

5. Die Beendigung des Vereins

Der eingetragene Verein kann aufgelöst werden oder seine Rechtsfähigkeit verlieren. Für die Auflösung ist ein Beschluß der Mitgliederversammlung notwendig, der im Zweifel einer Dreiviertelmehrheit der erschienenen Mitglieder bedarf (§ 41). Der Verein kann auch für eine bestimmte Zeit gebildet werden. Wenn dies in der Satzung festgelegt ist, wird er mit Ablauf dieser Zeit aufgelöst (§ 74 Abs. 2 Satz 1). Der Verein wird nicht aufgelöst, wenn der Vereinszweck erreicht ist oder seine Erreichung unmöglich wird.[82]

Aus einer Reihe von Gründen kann der Verein seine Rechtsfähigkeit verlieren. Zum einen kann es sein, daß die Voraussetzungen für seine Eintragung nicht bestanden haben. Während die Nichteinhaltung von Soll-Vorschriften durch die Eintragung ins Vereinsregister geheilt wird, führt die Nichteinhaltung von zwingenden Voraussetzungen zur Löschung von Amts wegen (§§ 159 Abs. 1 in Verbindung mit 142 FGG). Dies ist z.B. dann der Fall, wenn der Verein auf einen wirtschaftlichen Geschäftsbetrieb gerichtet ist.

---

[76] BGHZ 75, 158, 159; Kübler, S. 411, § 33 IV 2c
[77] BGHZ 21, 370, 375; 29, 352, 354; 36, 105, 109
[78] BGHZ 47, 172, 174
[79] BGHZ 29, 352, 355
[80] BGHZ 9, 157, 162
[81] BGHZ 48, 207, 210
[82] BGHZ 49, 175, 178

Der Verein verliert die Rechtsfähigkeit auch durch Eröffnung des Konkurses (§ 42), wegen Zahlungsunfähigkeit oder Überschuldung (§ 213 KO). Schließlich kann das satzungswidrige Verfolgen gewerblicher Zwecke (§ 43 Abs. 2) und gesetzwidriges Verhalten (§ 43 Abs. 1) dazu führen, daß die Behörde die Rechtsfähigkeit entzieht. Nach § 3 des Vereinsgesetzes kann ein behördliches Verbot zum Verlust der Rechtsfähigkeit führen. Dies gilt allerdings nur in Ausnahmefällen. Grundsätzlich gilt zugunsten des Vereins das Grundrecht des Artikels 9 Abs. 3 GG, die Vereinsfreiheit.

Bei der Auflösung oder Entziehung der Rechtsfähigkeit fällt nach § 45 Abs. 1 das Vereinsvermögen an die in der Satzung bestimmten Personen. Fehlt eine Satzungsnorm, fällt das Vermögen an die Vereinsmitglieder oder ersatzweise an den Staat (§ 45 Abs. 3). Fällt das Vermögen nicht an den Staat, muß eine Liquidation nach §§ 48-53 stattfinden (§ 47). Ziel der Liquidation ist in erster Linie die Befriedigung der Gläubiger. Allerdings kann die Liquidation dadurch vermieden werden, daß der Verein nach Entzug seiner Rechtsfähigkeit als nicht rechtsfähiger Verein fortgesetzt wird. Hinzu kommt, daß die Mitglieder zusammen mit dem Auflösungsbeschluß oder nach Zeitablauf beschließen können, den Verein fortzusetzen, wobei alle Mitglieder zustimmen müssen (§ 33 Abs. 1 Satz 2).

6. Der nicht rechtsfähige Verein

a) Begriff und Bedeutung

Der FC Dynamo Kassel mit 10 Mitgliedern hat sich eine Satzung gegeben, in der Name, Ort, Amtszeit des zweiköpfigen Vorstandes und Modalitäten der Mitgliederversammlung geregelt sind. Als Vereinszweck wird angegeben: Förderung des Fahrradfahrens. Der Verein ist nicht eingetragen. Vorstandsmitglieder sind A und B. A ist Vorsitzender, B ist Kassierer. Beide fragen, ob für sie Einzel- oder Gesamtgeschäftsführung, Einzel- oder Gesamtvertretungsmacht gelte.

Nach §§ 54, 709, 714 müßte für den nicht rechtsfähigen Verein das Recht der BGB-Gesellschaft gelten. Da in der Satzung nichts anderes geregelt ist, würde dies bedeuten: Gesamtgeschäftsführung und Gesamtvertretung (§§ 709, 714). Die Verweisung des § 54 BGB auf das Recht der Personengesellschaften gilt aber heute nur noch für die Fälle der wirtschaftlichen Tätigkeit des nicht rechtsfähigen Vereins. Betreibt er ein Grundhandelsgewerbe, ist er OHG (§ 123 Abs. 2 HGB), ansonsten ist er BGB-Gesellschaft. Die sogenannten nicht rechtsfähigen Idealvereine, deren Zweck nicht auf einen wirtschaftlichen Geschäftsbetrieb gerichtet ist, werden heute weitestgehend wie rechtsfähige Vereine behandelt. Der Vorstand wird von der Mitgliederversammlung bestellt und abberufen (§ 26 Abs. 1 und 2). Für ihn gelten nicht die Grundsätze der Gesamtgeschäftsführung (§ 709). Im Außenverhältnis gilt aber nach § 54 Satz 2, daß diejenigen, welche im Namen eines Vereins Dritten gegenüber gehandelt haben, persönlich haften; handeln mehrere, so haften sie als Gesamtschuldner. Das eigentliche Problem des nicht rechtsfähigen Vereins ist also das Außenverhältnis.

Die Bedeutung des nicht rechtsfähigen Vereins in der Praxis ist groß. Nicht nur die Gewerkschaften und die meisten Parteien, sondern auch Studentenverbindungen, Ordensniederlassungen, der Verband deutscher Studentenschaften und andere mitgliederstarke Vereinigungen sind nicht in den Vereinsregistern eingetragen. Bei den Gewerkschaften und den politischen Parteien hat dies historische Gründe. Der Gesetzgeber stand den nicht rechtsfähigen Vereinen reserviert gegenüber. Insbesondere wollte er die Gewerkschaftsbewegung kontrollieren. Nach § 43 Abs. 3 des BGB in der Fassung von 1900 wurden Vereine mit sozialpolitischen Zielen der Kontrolle der Verwaltungsbehörden unterstellt. Diese Vereine konnten also auch verboten werden. Deshalb vermieden es die Gewerkschaften, die Rechtsfähigkeit zu erlangen. Sie haben diese Haltung bis heute beibehalten. Als nach 1918 der Widerwille der staatlichen Behörden gegen die Gewerkschaften abnahm, kam ihnen auch die Rechtsprechung langsam entgegen. Ihre Rechtsstellung wurde mehr und mehr der des rechtsfähigen Vereins angenähert. Heute geht dies so weit, daß Gewerkschaften im Zivilprozeß aktiv und passiv parteifähig sind. Nach § 50 Abs. 2 ZPO sind alle nicht rechtsfähigen Vereine passiv parteifähig. Während der BGH die aktive Parteifähigkeit der Gewerkschaften schon vor geraumer Zeit anerkannt hat,[83] versagt er sie den übrigen nicht rechtsfähigen Vereinen nach wie vor mit der Begründung, bloße Zweckmäßigkeitserwägungen reichten zu einer Gewährung der aktiven Parteifähigkeit contra legem nicht aus.[84] Möglicherweise sind die historischen Gründe, die Diskriminierung durch den Gesetzgeber, bei den Gewerkschaften so einzigartig, daß der BGH sie auf die anderen nicht rechtsfähigen Vereine nicht ausweiten will.

b) Innere Organisation

Was die innere Organisation anbetrifft, entspricht der nicht rechtsfähige Verein dem eingetragenen Verein. Er wird gegründet, indem die Satzung beschlossen wird und der Vorstand gewählt wird. Entscheidender Unterschied zur BGB-Gesellschaft ist, daß die Absicht der Gründer auf eine Körperschaft gerichtet ist, die vom Bestand ihrer Mitglieder unabhängig sein soll (vgl. oben). Die Satzung ist ebenso wie beim rechtsfähigen Verein objektiv auszulegen. Das Ergebnis der Auslegung kann vom Revisionsgericht überprüft werden.[85] Die Satzung kann mit Dreiviertelmehrheit geändert werden. Die Zustimmung aller Mitglieder ist erforderlich, wenn der Vereinszweck geändert werden soll.

Die Mitgliederversammlung ist oberstes Organ auch des nicht rechtsfähigen Vereins. Sie bestellt den Vorstand und beruft ihn ab (§ 26 Abs. 1 und 2). Mitgliederversammlung und Vorstand fassen ihre Beschlüsse mit der Mehrheit der Stimmen (§ 28 Abs. 1). Die Beschränkung der Haftung auf die Sorgfalt, die die Vorstandsmitglieder in eigenen Angelegenheiten anzuwenden pflegen (§ 708), gilt in Zweifel als abbedungen, da sie nicht zu der körperschaftlichen Struktur des Vereins paßt.[86]

Vereinsmitglieder können austreten, aber nicht nach § 723 Abs. 1 BGB kündigen. Neue Mitglieder können aufgenommen werden, ohne daß hierzu die Zustimmung aller anderen Mitglieder erforderlich wäre. Auch der Inhalt der Mitgliedschaft richtet sich nach Vereinsrecht. Wer aus dem nicht rechtsfähigen Verein ausscheidet, hat nicht den Anspruch auf Auszahlung eines Abfindungsguthabens nach § 738 Abs. 1 Satz 2.[87]

---

[83] BGHZ 50, 325
[84] BGHZ 109, 15
[85] BGHZ 21, 370, 374; 25, 311, 314
[86] RGZ 143, 214
[87] RGZ 113, 135

Auch bei der Auflösung und Liquidation des nicht rechtsfähigen Vereines gelten die Grundsätze, die für den rechtsfähigen Verein entwickelt wurden. So endigt der nicht rechtsfähige Verein z.B. nicht mit dem Tod eines Vereinsmitglieds.

c) Außenbeziehungen

Der Vorstand des FC Dynamo, der nicht im Vereinsregister eingetragen ist, hat hohe Schulden aufgetürmt. Alle Vorstandsmitglieder haben sich ins Ausland abgesetzt. Gläubiger G fragt an, ob er seine Forderungen bei den Vereinsmitgliedern eintreiben könne, da das Vereinsvermögen erschöpft sei.

Die Haftung der Vereinsmitglieder würde sich an sich nach §§ 54, 714 BGB nach dem Umfang der Vertretungsmacht richten, welche den Vorstandsmitgliedern zustand. Wenn diese unbeschränkt war, müßten die Vereinsmitglieder auch unbeschränkt haften. Für den nicht rechtsfähigen Verein wird aber heute angenommen, daß die Mitglieder ihre Haftung stillschweigend auf die Beiträge beschränkt haben, welche sie in das Vereinsvermögen eingebracht haben; bereits die Vertretungsmacht des Vorstandes wird als stillschweigend beschränkt angenommen.[88] Die stillschweigende Beschränkung der Vertretungsmacht ist in Wirklichkeit ein Kunstgriff der Rechtsprechung, welche die volle persönliche Haftung der Vereinsmitglieder vermeiden will, auch wenn der Verein nicht im Register eingetragen ist.[89]

Die deliktische Haftung des nicht rechtsfähigen Vereins bestimmt sich nach § 31 BGB analog. Ebenso wie bei der OHG und der KG (vgl. oben) haftet der nicht rechtsfähige Verein für die unerlaubten Handlungen seines Vorstandes. Seine Haftung ist allerdings auf das Vereinsvermögen beschränkt, wobei auch hier auf die körperschaftliche Struktur des nicht rechtsfähigen Vereins abgestellt wird.

Große Probleme haben nicht rechtsfähige Vereine nach wie vor bei der Eintragung eines Grundstücks in Grundbuch. § 47 GBO schreibt vor, daß die Namen aller Gesamthänder einzutragen sind. Für die IG Metall müßten also 3 Mio. Mitglieder eingetragen werden. In der Praxis behilft man sich damit, daß das Grundeigentum des Vereins entweder zu treuen Händen auf den Vorstand oder auf rechtlich verselbständigte Vermögensverwaltungsgesellschaften übertragen wird.

Während die Rechtssprechung zuläßt, daß sich der Vorstand im Namen des Vereins verbürgen kann,[90] läßt sie immer noch nicht zu, daß er eine Wechselverbindlichkeit eingeht.[91] Dies ist schon deshalb inkonsequent, weil die Vorstandsmitglieder des nicht rechtsfähigen Vereins ohnehin nach § 54 Satz 2 persönlich haften.[92]

In einigen Jahren werden vermutlich diese Reste verschwunden sein, die im Außenverhältnis etwa beim Wechsel und bei der aktiven Parteifähigkeit zur Benachteiligung des nicht rechtsfähigen Vereins führen. Diese Entwicklung vollzieht sich contra legem. Der Gesetzgeber wollte gerade nicht die Vorteile, die dem rechtsfähigen Verein aus seiner

---

[88] Vgl. RGZ 63, 62, 65; 74, 371, 374; 90, 173, 176; 143, 212, 215
[89] Vgl. Kübler, S. 126, § 11 III 3
[90] RGZ 85, 256, 261
[91] RGZ 112, 124
[92] Vgl. im einzelnen Kübler, S. 125, § 11 III 2a

körperschaftlichen Struktur und seiner Rechtsfähigkeit erwachsen, dem nicht rechtsfähigen Verein zuwenden. Die Zeit ist über diese Beschränkungen jedoch hinweggegangen.

7. Der Versicherungsverein auf Gegenseitigkeit

Der Versicherungsverein auf Gegenseitigkeit (VVaG) ist ein rechtsfähiger wirtschaftlicher Verein, dessen Einzelheiten im Versicherungsaufrichtsgesetz (VAG) geregelt sind. Sein Inhalt ist eine Versicherung auf mitgliedschaftlicher Grundlage. Er wird durch notariell zu beurkundende Feststellung der Satzung errichtet (§§ 17, 18 VAG). Rechtsfähig wird er nach dem Konzessionssystem durch behördliche Erlaubnis (§ 15 VAG). Er unterliegt dem Handelsrecht (§ 16 VAG). Für kleine Vereine gilt eine Ausnahme nach § 53 VAG. Der VVaG haftet als juristische Person für die Verbindlichkeiten, die sein Vorstand für ihn eingegangen ist; die Mitglieder haften den Vereinsgläubigern nicht (§ 19 VAG). Die Mitglieder müssen ein Versicherungsverhältnis mit dem VVaG begründen (§ 20 Abs. 2 VAG). Der Verein kann das Versicherungsgeschäft auch mit Nichtmitgliedern betreiben. Der VVaG strebt im Gegensatz zu den Kapitalgesellschaften nicht nach Gewinnerzielung, Überschüsse werden grundsätzlich verteilt (§ 38 VAG). Organe sind Vorstand, Aufsichtsrat und Mitgliederversammlung bzw. Vertreterversammlung.

Zur Vertiefung: *K. Schmidt*, GR, S. 145-156, 331--367, 543-636, 1053-1056; *Kübler*, S. 105-128; *Sauter/Schweyer*, Der eingetragene Verein, 14. Aufl. 1990; *Großfeld*, Der Versicherungsverein auf Gegenseitigkeit im System der Unternehmensformen, 1987

V. Die Stiftung

1. Begriff und Erscheinungsformen

An seinem 80. Geburtstag überlegt sich der erfolgreiche Unternehmer A, wie er den Streit der Erben um den Nachlaß nach seinem Tod verhindern kann. Er will sicherstellen, daß die Gewinne des Unternehmens ganz oder zum großen Teil für den Umweltschutz eingesetzt werden. Kann er schon heute sein Vermögen für den Todesfall auf eine Stiftung übertragen, die dann Eigentümerin des Unternehmens wird?

Die rechtsfähige Stiftung ist eine rechtlich verselbständigte Vermögensmasse, die zur Verfolgung eines vom Stifter gesetzten Zweckes geschaffen und mit Vermögen ausgestattet worden ist. Eine solche Stiftung kann durch Verfügung unter Lebenden oder von Todes wegen (Testament) eingerichtet werden. Die Stiftung ist also eine besondere Organisationsform, die es ermöglicht, ein Ziel auch über den Tod des Stifters hinaus durch Institutionalisierung zu verfolgen. Die Stiftung ist nach § 80 BGB rechtsfähig. Zur Entstehung der Stiftung bedarf es neben dem Stiftungsgeschäft einer staatlichen Genehmigung (§ 80). Die Genehmigung erteilt die zuständige Behörde des Bundeslandes, in dessen Gebiet die Stiftung ihren Sitz haben soll. Die Verfassung der Stiftung richtet sich nach § 86 im wesentlichen nach Vereinsrecht. Die Stiftung hat einen Vorstand; §§ 26-31 sind entsprechend anwendbar. Die Stiftung hat keine Mitglieder, sondern nur Destinatäre (Begünstigte). Der Stifter bestimmt, wer zu diesem Kreis gehört.

Stiftungen sind wichtig als Träger von Unternehmensbeteiligungen oder ganzen Unternehmen. Die erwirtschafteten Gewinne sollen ganz oder zum Teil wissenschaftlichen, sozialen oder kulturellen Zwecken zugewiesen werden. Das eigentliche Unternehmen ist in der Regel eine Kapitalgesellschaft; die Stiftung hält die Anteile.

Daneben schaffen sich auch Parteien, Verbände und sonstige Interessengruppen Stiftungen zur Verfolgung von wissenschaftlichen, publizistischen und kulturellen Zielen. Sogenannte Stiftungen werden häufig in der Rechtsform des eingetragenen Vereins betrieben. Es gilt dann ausschließlich Vereinsrecht.

2. Die Regelungen im BGB

Zur Entstehung der rechtsfähigen Stiftung ist ein Stiftungsgeschäft und die staatliche Genehmigung erforderlich (§ 80). Das Stiftungsgeschäft erfolgt als einseitiges und nicht empfangsbedürftiges Rechtsgeschäft unter Lebenden oder als Verfügung von Todes wegen (§ 83). Das Stiftungsgeschäft unter Lebenden kann nach § 81 Abs. 2 solange widerrufen werden, wie die Stiftung noch nicht genehmigt ist. Die Stiftung von Todes wegen kann durch Testamentsänderung nach § 2253 jederzeit widerrufen werden. Wird eine Stiftung durch Erbvertrag gegründet, müssen nach § 2290 alle Vertragsbeteiligten bei einer Aufhebung des Erbvertrages zustimmen.

Wirksam ist die Stiftung, wenn sie durch die zuständige Landesbehörde genehmigt ist. Die Genehmigung steht nach nicht unbestrittener Auffassung im freien Ermessen der Behörde. Die Vorschrift ist noch dem Konzessionssystem des 19. Jahrhunderts verhaftet. Eine Studienkommission des deutschen Juristentages hat 1968 vorgeschlagen, das Konzessionssystem durch das System der Normativbedingungen zu ersetzen, das auch für das

Vereinsrecht des BGB gilt. Der Staat hat dann nur noch eine Rechtsaufsicht, keine Fachaufsicht mehr, so daß der Stifterwille auf Dauer viel Geld festlegen kann, ohne daß eine Korrektur dieser Festlegung aus der Sicht der Nachgeborenen möglich wäre.[93] Dies ist nicht unproblematisch.

Das Vermögen, welches der Stiftung gewidmet wird, muß nach § 82 nach Erlangung der Rechtsfähigkeit auf die Stiftung übertragen werden. Hierzu sind Einzelakte (Übereignungen, Übertragungen) notwendig.

Die Stiftung steht unter Staatsaufsicht. Die zuständige Behörde hat nach § 87 insbesondere dann einzugreifen, wenn der Stiftungszweck das Gemeinwohl gefährdet oder unmöglich geworden ist. Die Behörde kann dann der Stiftung einen anderen Zweck geben oder sie aufheben. Ändert sie den Zweck, hat sie zu prüfen, ob sie dazu die Verfassung der Stiftung ändern hat, dabei aber die Absicht des Stifters "tunlichst zu berücksichtigen" (§ 87 Abs. 2 Satz 1).

Wenn die Stiftung endigt (durch Eintritt eines in der Satzung festgelegten Erlöschensgrundes oder durch Eröffnung des Konkursverfahrens), fällt das Vermögen grundsätzlich an die Destinatäre (§§ 86, 88).

Zur Vertiefung: *K. Schmidt*, GR, S. 150-156, *Kübler*, S. 128-134; *Seifart*, Handbuch des Stiftungsrechts, 1987

[93] Vgl. Kübler, S. 133, § 12 III

VI. Die Aktiengesellschaft

1. Grundbegriffe und Erscheinungsformen

a) Juristische Person

A ist Alleinaktionär der "Hamburger Stahlbau AG". Er kauft privat ein Auto beim Händler H. Als H von ihm Zahlung des Kaufpreises verlangt, verrechnet A die Kaufpreisforderung mit einer Schadensersatzforderung, die der AG aus anderen Kraftfahrzeuglieferungen zusteht. H hält diese Verrechnung für unzulässig.

A erklärt hier die Aufrechnung, und will damit die Forderung des H aus Kaufvertrag (§ 433 Abs. 2) zum Erlöschen bringen (§§ 387, 389 BGB). Aufrechenbar sind nur gegenseitige Forderungen. A kann als Schuldner nur solche Forderungen zur Aufrechnung verwenden, die ihm selbst gegen den Gläubiger H zustehen. Auch wenn A Alleinaktionär der Hamburger Stahlbau AG ist, steht die Schadensersatzforderung der AG dennoch nicht ihm persönlich zu. Nach § 1 Abs. 1 Satz 1 Aktiengesetz (AktG) ist die Aktiengesellschaft eine Gesellschaft mit eigener Rechtspersönlichkeit. Sie ist selbst Trägerin von Rechten und Pflichten, sie kann selbst klagen und verklagt werden; sie ist juristische Person. Ihre Forderung aus Schadensersatz steht nicht dem Alleinaktionär A zu. Sie kann von A auch nicht zur Verrechnung verwendet werden. Die Verrechnung ist unwirksam. H kann nach wie vor von A die Bezahlung des Kaufpreises für das gelieferte Auto aus § 433 Abs. 2 verlangen.

Haftet die X-AG, wenn ein Passant auf dem Gehweg vor ihrem Verwaltungsgebäude ausgerutscht ist, weil sich in der Nacht Glatteis gebildet hat und bis zum späten Vormittag niemand in der Lage war zu streuen?

Wenn der Vorstand der X-AG nicht dafür sorgt, daß vor dem Verwaltungsgebäude regelmäßig gestreut wird, haftet er wegen Verletzung seiner Verkehrssicherungspflicht aus § 823 Abs. 1 BGB auf Schadsensersatz wegen der Verletzung des Körpers und der Gesundheit des Passanten. Die Aktiengesellschaft als juristische Person haftet nach § 31 BGB für das deliktische Verhalten ihrer Organe genauso wie ein Verein. Sie besitzt ebenso wie der Verein eine korporative Verfassung. Sie hat eine Satzung (§§ 2 und 23 AktG). Ihre Organe sind der Vorstand (§§ 76 f. AktG), der Aufsichtsrat (§§ 95 f. AktG) und die Hauptversammlung (§§ 118 f. AktG). Früher wurden Aktiengesellschaften zum Teil korrekt als "Aktien-vereine" bezeichnet. Diese Bezeichnung trägt ihrer korporativen Struktur besser Rechnung als die Bezeichnung "Gesellschaft". Bezeichnend ist auch § 3 AktG: Die Aktiengesellschaft gilt auch dann als Handelsgesellschaft, wenn der Gegenstand des Unternehmens nicht im Betrieb eines Handelsgewerbes besteht. Ihre rechtliche Einordnung ist unabhängig davon, welche Geschäfte sie tatsächlich betreibt.

Der verletzte Passant kann also von der Aktiengesellschaft nach § 31 BGB Schadensersatz verlangen, wenn der Vorstand deliktisch gehandelt, d.h. seine Verkehrssicherungspflichten aus § 823 Abs. 1 BGB verletzt hat.

b) Übertragbarkeit der Aktie

A ist Oberhaupt eines Familienclans, dessen wesentliches Vermögen in einer Aktiengesellschaft mit mehr als 500 Beschäftigten besteht. Derzeit sind 25 Familienmitglieder als Aktionäre an dem Unternehmen beteiligt. A überlegt sich, durch welche Mittel er si-

cherstellen kann, daß die Aktien nicht in fremde Hände gelangen, wenn die übrigen Familienmitglieder mit einem entsprechenden Verlangen nicht einverstanden sind.

A kann sogenannte vinkulierte Namensaktien schaffen. Im Gegensatz zu den in Deutschland üblichen Inhaberaktien, die als Wertpapiere durch Einigung und Übergabe nach § 929 BGB übertragen werden, können Namensaktien nach § 68 Abs. 1 AktG wie ein Wechsel durch Einigung und Indossament übertragen werden. Bei vinkulierten Namensaktien ist nach § 68 Abs. 2 Satz 1 AktG die Zustimmung der Gesellschaft zur Übertragung erforderlich. Die Zustimmung erteilt der Vorstand. Durch Satzung kann jedoch bestimmt werden, daß der Aufsichtsrat oder die Hauptversammlung über die Erteilung der Zustimmung beschließen muß. Die Satzung kann auch Gründe angeben, die zur Verweigerung der Zustimmung angeführt werden dürfen (§ 68 Abs. 2 Satz 2-4 AktG).

A könnte die vinkulierten Namensaktien, die in ein Aktienbuch einzutragen wären (§ 67 Abs. 1 AktG), aber nur nach einer Satzungsänderung einführen, wofür nach § 79 Abs. 2 AktG eine Dreiviertelmehrheit in der Hauptversammlung notwendig wäre. Vinkulierte Namensaktien werden selten geschaffen, weil die leichte Übertragbarkeit der Aktie ein Wesenselement der Aktiengesellschaft ist. Sie erhält hierdurch die Möglichkeit, Kapital zu sammeln, ohne daß Name oder Stand des Kapitalgebers bekannt werden müßten. Dies gilt jedenfalls, wenn die Aktie an der Börse gehandelt wird. Deswegen heißt sie in Frankreich zu Recht société anonyme, d.h. anonyme Gesellschaft.

c) Aktien als Eigenkapital

Die Y-AG braucht Geld. Fremdkapital will sie nicht aufnehmen, da die Zinsen derzeit hoch sind. Sie fragt an, ob sie durch Ausgabe von Aktien Eigenkapital bilden kann.

Die Kapitalbeschaffung durch Kapitalerhöhung ist möglich. Dies geschieht durch Kapitalerhöhung gegen Einlagen (§§ 182 f. AktG), bedingte Kapitalerhöhung (§§ 192 f. AktG) oder genehmigtes Kapital (§§ 202 f. AktG). Hinzu kommt die Möglichkeit der Kapitalerhöhung aus Gesellschaftsmitteln (§§ 207 f. AktG), für die allerdings bestimmte Sicherungsvorschriften gelten. All diesen Varianten der Kapitalerhöhung ist gemeinsam, daß die Gesellschaft Eigenkapital erhält, das sie nicht verzinsen muß. Sie kann das Stimmrecht für neue Aktien sogar ausschließen, indem sie sogenannte Vorzugsaktien schafft. Die AG muß sich nur überlegen, ob unter solchen Voraussetzungen ein Interesse besteht, derartige Aktien zu kaufen. Das Interesse reduziert sich dann faktisch auf die erwartete Dividende oder die Kurssteigerung an der Börse.

d) Gläubigerschutz

A hat an der neugegründeten Heidelberger Gentechnik-AG ein großes Aktienpaket erworben. Die Geschäfte der AG entwickeln sich nicht wie erwartet. A fordert von dem Vorstand der AG seine Einlage zurück, da er sich bei der Gründung der AG arglistig getäuscht sieht. Zu Recht?

Nach § 53 Abs. 1 AktG ist es verboten, Einlagen an die Aktionäre zurückzugewähren. Ebensowenig dürfen ihnen Zinsen zugesagt oder ausgezahlt werden (§ 57 Abs. 2 AktG). Mit der Vorschrift soll gesichert werden, daß das Grundkapital erhalten bleibt. Damit werden die Gläubiger der Gesellschaft geschützt. Das Grundkapital steht in der Bilanz auf der Seite der Passiva. Ein Bilanzgewinn kann erst ausbezahlt werden, wenn die Summe des Gesellschaftsvermögens die Summe der Verbindlichkeiten, die um das Grundkapital erhöht wird, übersteigt. Damit wird den Gläubigern der Gesellschaft eine minimale Kreditbasis garantiert. Dies ist für sie wichtig, da die Aktiengesellschaft juristische Person ist, den Gläubigern also nur mit dem Gesellschaftsvermögen haftet. Das Verbot der Rückgewähr der Einlage dient ebenso wie andere Grundsatzvorschriften der Kapitalaufbringung und der Kapitalerhaltung der Sicherung der Gläubiger und der Gesellschaft.

e) Machtverteilung im Unternehmen und Konzern

A verkauft ein Aktienpaket an der Bauhaus-AG, die ihm zu 100 Prozent gehört, an B. Er will aber erreichen, daß die Mehrheitsverhältnisse im Aufsichtsrat sich nicht zu seinen Lasten verändern.

Das Aktiengesetz enthält nichts über die Mehrheitserfordernisse bei der Wahl der Aufsichtsratsmitglieder. Dies gilt jedenfalls für die Aufsichtsratsmitglieder, die auf die Anteilseigner entfallen. Deshalb gilt Mehrheitswahl. Zur Bestellung als Mitglied des Aufsichtsrats ist die Mehrheit der bei der Hauptversammlung vertretenen Aktien erforderlich. Die Satzung könnte auch andere Grundsätze, wie z.B. den Grundsatz der Verhältniswahl, festlegen. Dies geschieht in der Praxis aber nicht. A kann daher unbesorgt ein Aktienpaket an andere abgeben, solange er die Mehrheit behält.

Der Amerikaner A will eine deutsche Aktiengesellschaft kaufen, die 500 Beschäftigte hat. Er ist sehr besorgt wegen der Mitbestimmung in Deutschland und fragt an, ob er die Macht in der Gesellschaft mit Arbeitnehmerrepräsentanten teilen müsse.

Fast alle Aktiengesellschaften in Deutschland unterliegen der Unternehmensmitbestimmung. Das Mitbestimmungsgesetz von 1976 gilt für Gesellschaften mit mehr als 2.000 Beschäftigten. Für kleinere Gesellschaften gilt § 76 Abs. 1 des Betriebsverfassungsgesetzes von 1952 weiter, das ansonsten inzwischen durch das Betriebsverfassungsgesetz von 1972 ersetzt ist. Die Arbeitnehmer stellen hier ein Drittel der Aufsichtsratsvertreter. Nach § 76 Abs. 6 des Gesetzes gab es bis 1994 in Familienaktiengesellschaften mit weniger als 500 Arbeitnehmern keine Arbeitnehmervertretung im Aufsichtsrat. Nach der kleinen Aktienrechtsnovelle von 1994 gibt es für alle Aktiengesellschaften mit weniger als 500 Arbeitnehmern keine Mitbestimmung im Aufsichtsrat. Die bereits mitbestimmten „kleinen" AGs genießen Bestandsschutz. Wenn A kauft, kann er die Unternehmensmitbestimmung im Aufsichtsrat nur bei einer Beschäftigtenzahl von weniger als 500 vermeiden. Er entgeht jedoch nicht der betrieblichen Mitbestimmung nach dem Betriebsverfassungsgesetz, die bereits bei einem Betrieb mit mehr als 5 ständigen Beschäftigten zur Wahl eines Betriebsobmanns und mit mehr als 20 Beschäftigten zur Wahl eines Betriebsrats führt (vgl. unten XII).

Die X-AG hat mehrere hundertprozentige Tochtergesellschaften, darunter die Y-AG und die Z-AG. Der Konzern braucht Geld. Der Vorstand der X-AG als Konzernobergesellschaft fragt an, ob sich an den Machtverhältnissen etwas Wesentliches ändert, wenn er Minderheitsbeteiligungen an der Konzernmutter und an den Töchtern an interessierte Anleger abgibt.

Im dritten Buch des Aktiengesetzes ist das Recht der verbundenen Unternehmen geregelt. Es wird pars pro toto als Konzernrecht bezeichnet. Verbundene Unternehmen sind nach den §§ 15 f. des AktG im Mehrheitsbesitz stehende Unternehmen und mit Mehrheit beteiligte Unternehmen, abhängige und herrschende Unternehmen, Konzernunternehmen, wechselseitig beteiligte Unternehmen und Vertragsteile eines Unternehmensvertrages nach §§ 291, 292 AktG. Konzerne werden nach § 18 Abs. 1 und 2 des Aktiengesetzes in Unterordnungskonzerne und Gleichordnungskonzerne gegliedert. Im Unterordnungskonzern stehen die abhängigen Unternehmen unter der einheitlichen Leitung des herrschenden Unternehmens (§ 18 Abs. 1 Satz 1). Im Gleichordnungskonzern sind mehrere Unternehmen unter einer einheitlichen Leitung zusammengefaßt, ohne daß das eine von dem anderen abhängig ist (§ 18 Abs. 2 AktG). Zu den Unternehmensverträgen in den §§ 291 und 292 AktG zählt auch der Beherrschungsvertrag. Nach § 291 Abs. 1 AktG unterstellt sich hier eine AG oder KG auf Aktien der Leitung eines anderen Unternehmens. Durch Beherrschungsverträge und andere Unternehmensverträge gebildete Konzerne nennt man auch Vertragskonzerne, während die nur durch Kapitalbeteiligungen vermittelten Konzerne als faktische Konzerne bezeichnet werden.

Die X-AG kann einen Beherrschungsvertrag mit den von ihr abhängigen Gesellschaften abschließen. Dann steht ihr vertraglich die Leitungsmacht im Konzern zu. Es dürfte aber schwierig werden, Minderheitsaktionäre für die abhängigen Gesellschaften zu finden, da die Konzernobergesellschaft ihnen Weisungen erteilen kann. Die X-AG kann auch auf das Fortbestehen einer Mehrheitsbeteiligung an den Untergesellschaften vertrauen. Sie bleibt dann in der Lage, die Anteilseignerseite in den Aufsichtsräten der Untergesellschaften zu bestimmen. Je nachdem, wieviele Beschäftigte die Untergesellschaften haben, erhalten die Arbeitnehmervertreter ein Drittel oder die Hälfte der Aufsichtsratssitze. Auch nach dem Mitbestimmungsgesetz von 1976, das den Arbeitnehmervertretern die Hälfte der Aufsichtsratssitze zugesteht, kommt den Anteilseignervertretern jedoch ein Übergewicht zu. Dies wird durch den Aufsichtsratsvorsitzenden sichergestellt, der nach § 27 des Mitbestimmungsgesetzes von 1976, wenn er nicht mit Zweidrittelmehrheit gewählt wird, von der Anteilseignerseite allein gewählt wird. Der Vorsitzende hat im Falle eines Abstimmungspatts bei einer erneuten Abstimmung über denselben Gegenstand, wenn sich auch hier ein Patt ergibt, ein Doppelstimmrecht; dieses Doppelstimmrecht steht seinem Stellvertreter nicht zu (§ 29 Abs. 2 Mitbestimmungsgesetz). Dadurch wird die Mehrheit der Anteilseignerseite im Aufsichtsrat abgesichert. Für Beteiligungsrechte, welche die Konzernobergesellschaft an ihren Untergesellschaften ausübt, ist nach § 32 Abs. 1 AktG nur die Mehrheit der Anteilseignerseite im Aufsichtsrat erforderlich.

Insgesamt bedeutet dies für die X-AG, daß sie ohne Veränderung der Machtverhältnisse in den Aufsichtsräten eine Minderheitsbeteiligung an den Untergesellschaften Y-AG und Z-AG abgeben kann. Dadurch kann sie für den Konzern zusätzliches Eigenkapital beschaffen.

f) Erscheinungsformen von Aktiengesellschaften

Im Zusammenhang mit den vorangegangenen Beispielen sind bereits einige Erscheinungsformen von Aktiengesellschaften geschildert und einige wichtige Grundsätze des Aktienrechts entwickelt worden. Sie sollen hier zusammenfassend skizziert werden:

Die Aktiengesellschaft ist juristische Person mit einem in Aktien zerlegten Grundkapital, wobei für die Verbindlichkeiten der Gesellschaft den Gläubigern nur das Gesellschaftsvermögen haftet. Die AG besitzt eine körperschaftliche Struktur mit Vorstand, Aufsichtsrat und Hauptversammlung. Sie unterliegt nach § 31 BGB der sogenannten Organhaftung für unerlaubte Handlungen ihres Vorstandes.

Die Aktien können sehr unterschiedlich gestreut sein. Ein Alleinaktionär kann sämtliche Aktien halten, die Aktien können von einer Familie oder von mehreren Großaktionären gehalten werden. Daneben gibt es die sogenannten Publikumsgesellschaften, bei denen sich sehr viele Aktionäre mit einem zum Teil relativ geringen Kapitaleinsatz beteiligen. Zwischen diesen Grundtypen sind Mischformen möglich.

Die Rechtsform der AG ist typisch für Großunternehmen und für konzernverbundene Unternehmen. Die Zahl der Aktiengesellschaften ist relativ gering. Am 31.12.1988 gab es 2.373 Aktiengesellschaften und Kommanditgesellschaften auf Aktien, allerdings mit dem hohen Gesamtgrundkapital von 124 Milliarden DM.[94] Die Zahl hatte sich bis zum Jahresende 1990 auf 2.682 erhöht, das Grundkapital war auf 149,1 Milliarden DM gestiegen.[95] Darin spiegelt sich die Aufspaltung der volkseigenen Betriebe in Kapitalgesellschaften wider. Zum Jahresende 1992 gab es schließlich 3.052 AGs mit 166,3 Milliarden DM Grundkapital.[96] 1937 hatte es noch 6.094 Aktiengesellschaften mit insgesamt 18,7 Milliarden Reichsmark Grundkapital auf dem Gebiet des Deutschen Reichs gegeben.[97] Demgegenüber ist die Zahl der Gesellschaften mit beschränkter Haftung, die im Jahre 1937 noch 30.454 mit 4,6 Milliarden Reichsmark Stammkapital betragen hatte, bis 1992 auf über 500.000 mit über 200 Milliarden DM Stammkapital angestiegen. Die Rechtsform der GmbH, die auch für Konzernunternehmen (vgl. unten) bedeutsam ist, ist heute nicht nur von der Zahl der Gesellschaften sondern auch von ihrer Kapitalausstattung her bedeutsamer als die der AG. Zu den Gründen vgl. unten VII, XI und XVI.

Gegenwärtig werden etwa 500 deutsche Aktiengesellschaften an der Börse gehandelt. Das Interesse des Publikums am Erwerb von Aktien ist immer noch relativ gering, obwohl die Körperschaftsteuer erst jüngst auf 45 Prozent für einbehaltene Gewinne und 30 Prozent für ausgeschüttete Gewinne gesenkt wurde. Umgekehrt scheint es der Beliebtheit der Rechtsform der GmbH keinen Abbruch getan zu haben, daß GmbH-Anteile, da ihre Übertragung der notariellen Beurkundung bedarf (§ 15 Abs. 3 GmbH-Gesetz), nicht börsenfähig sind. Es bleibt nur der Schluß, daß die potentiellen deutschen Aktionäre ihre Mitgliedschafts- und Vermögenspositionen so gering schätzen, daß sie auf andere Möglichkeiten der Kapitalanlage ausweichen.

g) Normalfall: Die konzernverbundene Aktiengesellschaft

Fast alle Aktiengesellschaften sind konzernverbunden, überwiegend in der Form des faktischen Unterordnungskonzerns. Ob ein Konzern vorliegt, hängt nicht von der Größe der beteiligten Unternehmen sondern allein davon ab, ob ein oder mehrere abhängige Unternehmen (z.B. Vertriebsgesellschaft) unter der einheitlichen Leitung eines herrschenden Unternehmens zusammengefaßt sind (§§ 17, 18 AktG).

[94] Vgl. Statistisches Jahrbuch 1989, 113
[95] Vgl. Statistisches Jahrbuch 1991, 141
[96] Hansen, AG 3/1993, S. R 64
[97] Statistisches Jahrbuch des Deutschen Reichs 1938, 437

h) Sicherungen der Gläubiger und der Gesellschaft

Das Aktiengesetz legt auf die Garantiefunktion des Grundkapitals zugunsten der Gläubiger und der Gesellschaft besonderen Wert; hinzu kommen andere Sicherungen:

Nach § 9 Abs. 1 AktG gilt das Verbot der sogenannten Unterpari-Emission. Aktien dürfen nicht für einen geringeren Betrag als den Nennbetrag ausgegeben werden. Überpari-Emissionen sind nach § 9 Abs. 2 AktG zulässig. Sinn der Regelung ist, daß bei der Gründung das Grundkapital voll aufgebracht sein muß, damit die Gläubiger geschützt sind.

Nach § 29 AktG ist die AG erst dann errichtet, wenn die Gründer alle Aktien übernommen haben. Sinn der Regelung ist, daß die Aktiengesellschaft eine Garantie (auch einen Rechtsanspruch) erhält, daß alle zum Grundkapital gehörigen Bar- oder Sachleistungen eingezahlt oder eingebracht werden.

Nach § 36 Abs. 2 AktG darf die Gesellschaft erst dann zur Eintragung im Handelsregister kommen, wenn auf jede Aktie der eingeforderte Betrag ordnungsgemäß einbezahlt ist und er endgültig zur freien Verfügung des Vorstandes steht, soweit er nicht bereits zur Bezahlung der bei Gründung angefallenen Steuern und Gebühren verwendet wurde. Bei Bareinlagen muß mindestens ein Viertel des Nennbetrags, bei einer Überpari-Emmission auch der Mehrbetrag gezahlt sein. Sacheinlagen sind vollständig zu leisten (§ 36a AktG). Bei Sacheinlagen und Sachübernahmen muß die Satzung darüber hinaus den Nennbetrag der bei der Sacheinlage zu gewährenden Aktien oder die Vergütung enthalten, die bei der Sachübernahme zu gewähren ist (§ 27 AktG). Bei Sacheinlagen und Sachübernahmen ist nach § 33 AktG eine Gründungsprüfung notwendig. Bleibt der Wert der Sacheinlagen oder Sachübernahmen hinter dem Nennbetrag der hierfür zu gewährenden Aktien oder dem Wert der hierfür zu gewährenden Leistungen wesentlich zurück, kann der Registerrichter die Eintragung ins Handelsregister ablehnen (§ 38 Abs. 2 AktG).

Selbst die Zahlungsweise wird durch § 54 Abs. 3 AktG genau vorgeschrieben. Die Aktionäre können den Betrag, den sie vor der Anmeldung der Gesellschaft einzahlen müssen, nur mit gesetzlichen Zahlungsmitteln, mit von der deutschen Bundesbank bestätigten Schecks, durch Gutschrift auf ein Konto im Inland bei der Deutschen Bundesbank oder einem Kreditinstitut, oder auf einem Postscheckkonto der Gesellschaft oder des Vorstandes zu seiner freien Verfügung einzahlen. Der Erlaß der Einzahlungspflicht ist nicht zulässig. Die Aktionäre können auch nicht mit eigenen Forderungen gegen die Gesellschaft aufrechnen, wenn es um ihre Einlagepflicht geht. Ein Aktionär, der den eingeforderten Betrag nicht rechtzeitig einzahlt, erhält eine Nachfrist mit der Androhung, daß er nach Fristablauf seiner Aktien und der geleisteten Einlagen für verlustig erklärt werde. Man nennt dies das Kaduzierungsverfahren, das dem Ausschluß säumiger Aktionäre dienen soll (§ 64 AktG).

Wie erwähnt, dürfen den Aktionären keine Einlagen zurückgewährt, Zinsen weder zugesagt noch ausgezahlt werden (§ 57 AktG). Der Erwerb eigener Aktien durch die Aktiengesellschaft, der wirtschaftlich auf eine Rückgewähr von Einlagen hinausläuft, wird ebenfalls eingeschränkt. Er ist nur zulässig, um einen schweren Schaden von der Gesellschaft abzuwenden oder den Aktienerwerb durch Arbeitnehmer der Gesellschaft zu ermöglichen (§ 71 AktG). Die Zahlung des Erwerbspreises beim zulässigen Erwerb eigener

Aktien gilt dann nach § 57 Abs. 1 Satz 2 AktG nicht als Einlagenrückgewähr. Für Banken und Finanzierungsinstitute schafft das zweite Finanzplatzförderungsgesetz von 1994 Erleichterungen.

Es kommt vor, daß die AG ihr Grundkapital herabsetzen muß, um mit der Verringerung der Passivaseite aus ihrer dauernden Schuldensituation herauszukommen. Die Herabsetzung des Grundkapitals vermindert aber den Mindestgarantiebetrag, der den Gläubigern zur Verfügung stehen soll. Das Gesetz läßt die Kapitalherabsetzung zwar zu, schützt hierbei aber die Gläubiger. Nach § 225 AktG geschieht dies dadurch, daß sie wegen ihrer Forderungen Sicherheit verlangen können und daß Zahlungen an die Aktionäre aufgrund der Kapitalherabsetzung erst nach Ablauf von sechs Monaten seit der Bekanntmachung der Kapitalherabsetzung und nach Sicherheitsleistung erfolgen dürfen.

Weil das Grundkapital auf der Passivaseite der Jahresbilanz eingestellt werden muß (§ 152 Abs. 1 Satz 1 AktG in Verbindung mit §§ 166 Abs. 3, 272 Abs. 1 HGB), kann Gewinn erst dann entstehen, wenn das Gesellschaftsvermögen höher als die Schulden und das Grundkapital ist. Aus dem Grundkapital können also keine Dividende ausgeschüttet werden. Vom Vorjahr übernommene Verluste müssen ausgeglichen werden, ehe Gewinn verteilt werden kann.

Wenn ein Verlust entsteht, der die Hälfte des Grundkapitals übersteigt, muß nach § 92 Abs. 1 AktG unverzüglich eine Hauptversammlung einberufen werden.

Nach § 50 AktG muß eine gesetzliche Rücklage gebildet werden, für die genaue Voraussetzungen gesetzlich geregelt sind.

2. Gründung

Es gibt mehrere Arten der Gründung einer Aktiengesellschaft, die einfache Gründung, die qualifizierte Gründung und die Umwandlung. Im letzten Fall wird ein bereits vorhandenes Unternehmen in eine AG umgewandelt.

a) Einfache Gründung

Zuerst wird nach § 23 AktG die Satzung festgestellt, hierzu ist nach der kleinen Aktienrechtsreform von 1994 nur noch ein Gründer erforderlich, der oder die Gründer übernehmen die Aktien gegen Einlagen (§ 2 AktG). Der Mindestnennbetrag einer Aktie wurde durch das zweite Finanzplatzförderungsgesetz von 1994 auf fünf DM abgesenkt, vorher waren es 50,- DM. Die Feststellung der Satzung bedarf der notariellen Beurkundung. In § 23 Abs. 3 AktG ist der Mindestgehalt der Satzung vorgeschrieben, hierzu gehören die Firma, der Sitz und der Gegenstand des Unternehmens, die Höhe des Grundkapitals, die Nennbeträge und die Zahl der Aktien; nach § 23 Abs. 4 müssen in der Satzung auch "Bestimmungen über die Form der Bekanntmachungen der Gesellschaft enthalten" sein. Wenn ein Formmangel nach § 23 Abs. 3 AktG vorliegt, ist die Satzung nichtig. Das Gericht lehnt nach § 38 Abs. 1 AktG die Eintragung ab. Wird die AG versehentlich trotzdem eingetragen, kann nach § 275 AktG eine Nichtigkeitsklage erhoben werden. Dringt sie durch, so wird die Gesellschaft nach § 277 AktG abgewickelt, d.h. die Nichtigkeitsklage wirkt nur für die Zukunft (ex nunc). Nach § 23 Abs. 5 AktG kann die Satzung von den gesetzlichen Vorschriften nur abweichen, wenn es ausdrücklich zugelassen ist; ausgenommen sind ergänzende Satzungsbestimmungen, wenn das Gesetz keine abschließende Regelung enthält.

In der nächsten Stufe der Gründung werden die Aktien durch die Gründer übernommen. Jeder übernimmt eine feste Verpflichtung zur Einzahlung auf das übernommene Aktienpaket. Mit der Übernahme aller Aktien durch die Gründer ist die Gesellschaft nach § 29 AktG "errichtet". Damit ist noch keine rechtsfähige Gesellschaft entstanden. Die Aktiengesellschaft befindet sich noch im Stadium der sogenannten Vorgesellschaft. Auf diese sind die Vorschriften des Aktiengesetzes bereits sinngemäß anwendbar.

Als nächstes müssen die Gründer dafür Sorge tragen, daß die Gesellschaft handlungsfähig wird. Sie bestellen deshalb die ersten Organe, d.h. die Mitglieder des ersten Aufsichtsrats und die Abschlußprüfer für das erste Geschäftsjahr (§ 30 Abs. 1 AktG). Auch dieser Akt bedarf der notariellen Beurkundung. Er wird in der Praxis mit der Feststellung der Satzung verbunden. Der so bestellte Aufsichtsrat beruft dann nach § 30 Abs. 4 den ersten Vorstand. Mit der ersten Hauptversammlung enden die Bestellungen dieser Gründungsorgane (§ 30 Abs. 3). Arbeitnehmervertreter sind in dieser Phase noch nicht Mitglieder des Aufsichtsrats.

Nach § 36 Abs. 2 muß sodann der eingeforderte Betrag auf jede Aktie an die Gesellschaft bezahlt werden (§ 36 Abs. 2). Er beträgt mindestens ein Viertel des Nennbetrags und bei Überpari-Emmissionen zusätzlich den Mehrbetrag (§ 36a Abs. 1). Die Zahlungsmodalitäten regelt § 54. Dann erstatten die Gründer den Gründungsbericht (§ 32 Abs. 1). Ihm folgt die Gründungsprüfung durch Vorstand und Aufsichtsrat (§ 33 Abs. 1). Wenn eine Sachgründung vorliegt oder ein Gründer zum Aufsichtsrats- oder Vorstandsmitglied bestellt wird, muß nach § 33 Abs. 2 ein Gründungsprüfer gerichtlich bestellt werden. Er prüft den gesamten Gründungsvorgang (§ 34 Abs. 1). Den Bericht kann jeder bei Gericht einsehen (§ 34 Abs. 3). Jeder der ein Interesse hat, kann sich also über die Modalitäten der Gründung und die Bonität der zu gründenden Aktiengesellschaft informieren.

Erst danach wird die AG durch alle Gründer, Vorstands- und Aufsichtsratsmitglieder zum Handelsregister angemeldet (§ 36 Abs. 1). Nach § 37 Abs. 1-3 müssen die erforderlichen Urkunden vorgelegt werden. Hinzu kommt, daß die erforderlichen Unterschriften zu leisten sind (§ 37 Abs. 5). Nach § 54 Abs. 3 muß die bei der Gründung mitwirkende Bank erklären, daß das eingezahlte Kapital zur freien Verfügung der AG stehe. Sie darf die AG nicht dazu verpflichten, den bei der Gründung einbezahlten Betrag zur Tilgung eines Kredits zu verwenden.[98]

Das Gericht prüft nach § 38, ob die Anmeldung ordnungsgemäß erfolgt ist. Andernfalls lehnt es die Eintragung ab (§ 38 Abs. 1 Satz 2). Es kann die Eintragung auch ablehnen, wenn sich aus dem Bericht der Gründungsprüfer Einwände ergeben (§ 38 Abs. 2). Trägt das Gericht die Gesellschaft ins Handelsregister ein, so muß es sich an die in § 39 vorgeschriebenen Inhalte der Eintragung und an die in § 40 vorgeschriebenen Inhalte der Bekanntmachung halten.

---

[98] BGHZ 96, 231, 242

Nach § 41 Abs. 1 Satz 1 entsteht die Gesellschaft mit der Eintragung als juristische Person. Die Eintragung hat konstitutive Wirkung. Erst jetzt können nach § 41 Abs. 4 die Aktien ausgegeben werden.

Der Gesetzgeber will den Bestand der Gesellschaft sichern. Deswegen reduziert er in § 275 Abs. 1 AktG die Zahl der Nichtigkeitsgründe drastisch. Nichtig ist die Gründung nur, wenn die Satzung die Höhe des Grundkapitals oder den Gegenstand des Unternehmens nicht festlegt oder wenn Satzungsbestimmungen über den Unternehmensgegenstand (z.B. wegen eines Verstoßes gegen Strafgesetze) nichtig sind. Die Klage kann nach § 275 Abs. 3 AktG nur drei Jahre nach der Eintragung erhoben werden. Wird der Klage stattgegeben, wird die Gesellschaft ex nunc aufgelöst (§§ 264, 277-Liquidation).

b) Qualifizierte Gründung

Von einer qualifizierten Gründung spricht man, wenn einzelnen Aktionären Sondervorteile eingeräumt werden (§ 26 Abs. 1). Hierzu gehört z.B. der Anspruch auf einen Vorzugsgewinn, auf Nutzungsvorteile, auf Vorzugsrabatte beim Erwerb von Produkten und allgemein auf Vergütungen für Waren oder Dienstleistungen.

Hinzu kommt der Fall, in dem einzelne Aktionäre ihre Einlagen nicht in Geld, sondern in Sachwerten erbringen, also in Form von Sacheinlagen (§ 27 Abs. 1). Entsprechendes gilt für Sachübernahmen nach § 27 Abs. 1, bei denen die Gesellschaft mit einzelnen Aktionären vereinbart, von ihnen Vermögenswerte gegen Entgelt zu übernehmen.

Der Gesetzgeber stellt an die qualifizierte Gründung besondere Erfordernisse zur Sicherung der Gläubiger. Sie müssen zumindest genau über die Art der Sondervorteile informiert werden und über die Angemessenheit der Gründungsvergütungen, der Bewertung der Sacheinlagen und der Sachübernahmen unterrichtet werden. Darüber hinaus schließt das Gesetz z.B. bei Sachübernahmen Verpflichtungen zu Dienstleistungen aus, weil ihr wirtschaftlicher Wert kaum feststellbar ist (§ 27 Abs. 2).

Der Gesetzgeber sichert die Gläubiger dadurch, daß die genannten Gründungsvorgänge zur notariellen Beurkundung in die Satzung aufgenommen werden (§§ 26 und 27 AktG). Ferner sind nach § 32 Abs. 2 AktG die wesentlichen Umstände darzulegen, von denen bei Sacheinlagen oder Sachübernahmen die Angemessenheit der Leistungen abhängt. Für Entschädigungen bei angeblichem Gründungsaufwand gilt entsprechendes. Im Falle der qualifizierten Gründung findet neben der üblichen Prüfung durch den Vorstand und den Aufsichtsrat nach § 33 Abs. 1 AktG eine zusätzliche Prüfung durch gerichtlich festgestellte Gründungsprüfer statt (§ 33).

Wenn der Vorstand versucht, nach Eintragung der AG zu deren Lasten Austauschverträge mit den Gründern abzuschließen, die im Ergebnis zu den wirtschaftlichen Wirkungen von Sacheinlagen oder Sachübernahmen führen sollen, muß er die strengen Vorschriften von §§ 52 und 53 AktG beachten. Verträge, durch die in den ersten beiden Jahren seit Eintragung der AG Sachanlagen oder andere Vermögenswerte für mehr als den zehnten Teil des Grundkapitals erworben werden sollen, bedürfen zu ihrer Wirksamkeit eines mit Dreiviertelmehrheit gefaßten Beschlusses der Hauptversammlung und der Eintragung in das Handelsregister (§ 52 Abs. 1 und 3). Man spricht hier auch von der "Nachgründung", die der Gesetzgeber als ähnlich riskant wie die qualifizierte Gründung betrachtet.

c) Gründerhaftung

Die Straf- und Haftungstatbestände der §§ 399, 46-51 AktG dienen der Durchsetzung der Gründungsvorschriften. Die besonderen Bestimmungen des Aktienrechts gelten dem Schutz der Gesellschaft. Dem Schutz der Aktionäre dienen die allgemeinen Vorschriften des BGB (§§ 823 Abs. 1, 823 Abs. 2, 826). Die Leistung von Schadensersatz an die AG können nach § 147 Abs. 1 AktG Aktionäre verlangen, die 10 Prozent des Grundkapitals halten.

Die Gründer haften für die Richtigkeit und Vollständigkeit der Angaben, die sie zum Zweck der Gründung gemacht haben (§ 46). Schäden der Gesellschaft können insbesondere durch eine Überbewertung von Sacheinlagen und von Gründungsaufwand (§ 46 Abs. 2) oder dadurch entstehen, daß ein Mitgründer ausfällt (§ 46 Abs. 4). Die "Gründungsgenossen" sind Empfänger von Vergütungen, welche vorschriftswidrig nicht in den Gründungsaufwand aufgenommen wurden. Sie haften, soweit sie durch Regelverstöße begünstigt werden oder an der Schädigung der AG mitwirken (§ 47 Nr. 1 und 2). Nach § 46 Abs. 5 haften die sogenannten Hintermänner der Gründer wie die Gründer selbst. Als Hintermänner werden Personen bezeichnet, für deren Rechnung die Gründer Aktien übernommen haben. Es wird verhindert, daß die Gründer ihre Haftung dadurch umgehen, daß sie Strohmänner vorschieben. Die Emittenten, vor allem die Emissionsbanken, haften für schädigende Einlagen und für unrichtige oder unvollständige Angaben beim Vertrieb der Aktien (§ 47 Nr. 3). Die Mitglieder des Vorstandes und des Aufsichtsrats haften für die Verletzung der ihnen bei der Gründung obliegenden Sorgfaltspflicht nach § 48. Schließlich haften die Gründungsprüfer nach den für die Abschlußprüfer maßgeblichen Bestimmungen (§ 49 AktG, § 323 Abs. 1-4 HGB).

d) Entstehung durch Umwandlung

Häufig entsteht eine AG dadurch, daß bereits vorhandene Unternehmen ihre Rechtsform ändern. Hier wird im Ergebnis sichergestellt, daß das alte Unternehmen nicht liquidiert werden muß, sondern sein Vermögen im Wege der Gesamtrechtsnachfolge auf die neue Gesellschaft übertragen werden kann. Stille Reserven des alten Unternehmens müssen nicht aufgedeckt werden; Einzelübertragungen sind überflüssig. Die Einzelheiten werden unter IX. (Umwandlung) abgehandelt.

3. Organisation und Kompetenzverteilung

a) Vorbemerkung

Die Aktiengesellschaft benötigt zu ihrer Handlungsfähigkeit Organe. Diese sind der Vorstand (§§ 76-94 AktG), der Aufsichtsrat (§§ 95-116 AktG und Mitbestimmungsgesetze) und die Hauptversammlung (§§ 118-147 AktG). Dies Organe sind sozusagen die Arme und Beine der Aktiengesellschaft, durch welche sie handeln kann. Es wurde bereits erwähnt, daß die AG für Delikte ihres Vorstandes nach § 31 BGB haftet (Organhaftung). Diese Haftung gilt auch, wenn ein Aufsichtsratsmitglied oder sonst ein berufenes Mitglied im Rahmen seiner verfassungsmäßigen Kompetenzzuweisung durch eine in Ausführung der ihm obliegenden Verrichtungen begangene, zum Schadensersatz verpflichtende Handlung einen Dritten schädigt.

Nach dem geltenden Aktiengesetz von 1965 hat der Vorstand eine sehr starke Position. Nach § 76 Abs. 1 AktG leitet er die Gesellschaft unter eigener Verantwortung. Die Hauptversammlung kann über Fragen der Geschäftsführung nur noch entscheiden, wenn der Vorstand es verlangt (§ 119 Abs. 2 AktG). Sie hat keine Weisungsrechte gegenüber dem Vorstand. Auch dem Aufsichtsrat können nach § 111 AktG Maßnahmen der Geschäftsführung nicht übertragen werden. Es kann lediglich in der Satzung oder durch einen Beschluß des Aufsichtsrates selbst angeordnet werden, daß bestimmte Arten von Geschäften oder bestimmte Geschäfte nur mit seiner Zustimmung vorgenommen werden dürfen (vgl. § 111 Abs. 4 Satz 2 AktG).

Die starke Stellung des Vorstandes wurde durch das Aktiengesetz von 1937 eingeführt, das am Führerprinzip orientiert war. Dementsprechend wurde 1937 die Position der Aktionäre sehr stark zurückgenommen. Das Aktiengesetz von 1965 hat dies zum Teil korrigiert, indem es zum Beispiel das Auskunftsrecht der Aktionäre nach § 131 AktG einführte. Die grundsätzliche Entscheidung von 1937 wurde jedoch nicht rückgängig gemacht. Dies rechtfertigt man damit, daß gerade bei Großunternehmen, für die das Aktiengesetz gedacht ist, eine strenge Kompetenzabgrenzung notwendig ist. Diese führt insbesondere bei der Publikumsgesellschaft zu einem starken Vorstand. Wenn die Mehrheit der Hauptversammlung mit dem Vorstand unzufrieden ist, kann sie ihm nach § 84 Abs. 3 Satz 2 AktG das Mißtrauen aussprechen und ihn abberufen.

Der Aufsichtsrat ist als Kontrollorgan für den Vorstand gedacht. Er kann ein Veto gegen Maßnahmen des Vorstandes einlegen und diese dadurch blockieren (§ 111 Abs. 4 Satz 2 AktG). Hiergegen kann der Vorstand jedoch die Hauptversammlung anrufen. Sie kann mit Dreiviertelmehrheit das Veto des Aufsichtsrats überwinden (§ 111 Abs. 4 Satz 3-5 AktG). In fast allen Aufsichtsräten von Aktiengesellschaften sitzen heute Arbeitnehmervertreter. Ausgenommen sind nur Gesellschaften mit weniger als 500 Beschäftigten. Gelingt es der Arbeitnehmerseite im Aufsichtsrat, mit Gruppen der Anteilseigner Koalitionen einzugehen, so kann sie Maßnahmen des Vorstandes blockieren. Das Letztentscheidungsrecht verbleibt aber auch hier bei der Hauptversammlung, ein Umstand, auf den sehr selten hingewiesen wird.

Die Normen über Vorstand, Aufsichtsrat und Hauptversammlung befinden sich im ersten Buch des Aktiengesetzes. Sie gehen davon aus, daß die Gesellschaft unverbunden (autonom) ist. Dies ist heute bei Aktiengesellschaften aber der seltene Ausnahmefall. Die Normal-AG ist konzernverbunden. Deshalb muß das dritte Buch des Aktiengesetzes (Verbundene Unternehmen) stets in die Betrachtungen zur Organisation und Kompetenzverteilung in der AG einbezogen werden.

b) Vorstand

aa) Rechte und Pflichten

Der Vorstand der X-AG besteht aus den Vorstandsmitgliedern V1, V2 und V3. V1 ist nach der Geschäftsverteilung des Vorstandes für Einkauf und Produktion zuständig. Er kauft Waren im Wert von 10 Mio. DM ein. V2 und V3 sind mit dem Einkauf nicht einverstanden, da sie den Kaufpreis für überhöht ansehen. Sie widersprechen dem Geschäft. V1 meint, er habe die AG im Rahmen seines Vorstandsbereichs wirksam vertreten. In der Satzung steht lapidar: "Für die Vertretung der AG gelten die gesetzlichen Vorschriften."

Der Geschäftspartner könnte von der AG die Bezahlung des Kaufpreises verlangen, wenn sie durch V1 wirksam vertreten wurde. Nach § 78 Abs. 2 Satz 1 sind, wenn der Vorstand aus mehreren Personen besteht, sämtliche Vorstandsmitglieder nur gemeinschaftlich zur Vertretung der Gesellschaft befugt. Die Satzung kann zwar etwas anderes bestimmen. Dies ist jedoch nicht geschehen. Es wäre auch zulässig gewesen, daß die zur Gesamtvertretung befugten Vorstandsmitglieder einzelne von ihnen zur Vornahme bestimmter Geschäfte oder bestimmter Arten von Geschäften ermächtigen (§ 78 Abs. 4 Satz 1 AktG). Eine derartige rechtsgeschäftliche Vertretungsmacht wurde V1 nicht erteilt. Als einzelnes Vorstandsmitglied konnte er daher die AG nicht wirksam gegenüber Dritten vertreten. Die Gesellschaft ist nicht zur Bezahlung des Kaufpreises verpflichtet. Der Verkäufer kann V1 nach den Grundsätzen der Vertretung ohne Vertretungsmacht in Anspruch nehmen.

V1, V2 und V3 stellen fest, daß sie dem Arbeitsanfall in der X-AG nicht mehr gewachsen sind. Sie beschließen, für den Bereich Forschung und Entwicklung ein zusätzliches Vorstandsmitglied zu berufen, und einigen sich auf V4. Der Aufsichtsratsvorsitzende hält diese Maßnahme für unwirksam.

Für die Bestellung der Vorstandsmitglieder ist nach § 84 Abs. 1 Satz 1 AktG der Aufsichtsrat zuständig. Er bestellt die Vorstandsmitglieder auf höchstens 5 Jahre. Nach § 84 Abs. 2 AktG kann der Aufsichtsrat sogar, wenn er mehrere Vorstandsmitglieder bestellt, ein Mitglied zum Vorstandsvorsitzenden ernennen. Diese Personalkompetenz des Aufsichtsrats kann der Vorstand nicht unterlaufen. Die Bestellung eines zusätzlichen Vorstandsmitglieds ist daher unwirksam.

Der Vorstand der X-AG kauft, obwohl mehrere Aktionäre bereits ihren Unwillen geäußert haben, die Y-GmbH zum Preis von 500 Mio. DM. In der Satzung ist nichts darüber ausgesagt, ob und in welchem Umfang Geschäfte der Zustimmung des Aufsichtsrats bedürfen. Der Aufsichtsrat, der vom Vorstand über die geplante Maßnahme unterrichtet wurde, hat sich nicht gerührt. Großaktionär A hält den Unternehmenskauf für unwirksam, da die Y-GmbH nicht im Geschäftsbereich der X-AG tätig sei und der Vorstand im übrigen ein so umfangreiches Geschäft nicht allein tätigen könne.

Die Vertretungsmacht des Vorstandes nach § 78 AktG ist der Bedeutung und dem Umfang des Geschäftes nach unbegrenzt und unbegrenzbar. In der Satzung der Gesellschaft kann allerdings vorgesehen werden, daß bestimmte Geschäfte der Zustimmung des Aufsichtsrats bedürfen. Darüber hinaus kann der Aufsichtsrat nach § 111 Abs. 4 Satz 2 AktG von sich aus bestimmte Geschäfte für zustimmungspflichtig erklären. Schweigen Satzung und Aufsichtsrat, so kann der Vorstand allein entscheiden. Weder aus dem Zweck der Gesellschaft noch aus dem Gegenstand des Unternehmens ergeben sich Grenzen der Vertretungsmacht des Vorstandes. Hierin unterscheidet sich das deutsche vom us-amerikanischen Aktienrecht (vgl. unten XV). Der Unternehmenskauf ist also wirksam.

Es gibt dennoch einige Ausnahmen von dem Grundsatz, daß der Vorstand die AG vertritt. Gegenüber den Vorstandsmitgliedern wird die AG durch den Aufsichtsrat vertreten (§ 112). Zur Geltendmachung von Ersatzansprüchen gegen Vorstand und Aufsichtsrat kann die Hauptversammlung besondere Vertreter bestellen (§ 147 Abs. 3). Bei Rechtsgeschäften, welche die innere Ordnung der AG betreffen, kann das Gesetz anordnen, daß der Vorstand die Gesellschaft nur zusammen mit dem Aufsichtsrat vertritt (vgl. §§ 246

Abs. 2 Satz 2, 249 Abs. 1, 250 Abs. 3, 251 Abs. 3, 253 Abs. 2, 254 Abs. 2, 255 Abs. 3, 256 Abs. 7, 257 Abs. 2 Satz 1). Die Vertretung kann auch von der Zustimmung der Hauptversammlung abhängig gemacht werden (§§ 50, 52 Abs. 1, 53 Satz 1, 93 Abs. 4 Satz 3, 116, 117, 221, 293 Abs. 1, 295 Abs. 1 und entsprechende Bestimmungen bei der Umwandlung, vgl. unten IX).

Auch bei der Aktiengesellschaft ist die strikte Trennung von Geschäftsführungsbefugnis und Vertretungsmacht des Vorstandes zu beachten. Die Geschäftsführungsbefugnis betrifft nach § 77 AktG das Innenverhältnis, die Vertretung das Außenverhältnis. Beschränkungen des Innenverhältnisses machen eine Handlung im Außenverhältnis nicht unwirksam (§ 82 Abs. 2 AktG). Nach § 77 Abs. 1 Satz 1 besteht, wenn in der Satzung oder der Geschäftsordnung des Vorstandes nichts anderes geregelt ist, Gesamtgeschäftsführungsbefugnis.

In der Satzung kann beschränkte Gesamtvertretung durch mehrere Vorstandsmitglieder, unechte Gesamtvertretung (durch ein Vorstandsmitglied und einen Prokuristen) sowie Einzelvertretungsmacht angeordnet werden (§ 78 Abs. 3). Im Innenverhältnis kann Einzelgeschäftsführungsbefugnis angeordnet werden. Die Satzung oder die Geschäftsordnung des Vorstandes können jedoch nicht bestimmen, daß ein oder mehrere Vorstandsmitglieder Meinungsverschiedenheiten im Vorstand gegen die Mehrheit seiner Mitglieder entscheiden (§ 77 Abs. 1 Satz 2). Bestimmt die Satzung oder die Geschäftsordnung nichts, gilt das Einstimmigkeitsprinzip.

Nach § 81 ist jede Änderung des Vorstandes oder der Vertretungsmacht im Vorstand ins Handelsregister einzutragen. Es gilt also auch hier der Grundsatz der Publizität. Sind Tatsachen falsch eingetragen, so gelten die allgemeinen Regeln der Rechtscheinshaftung nach § 15 HGB und den Grundsätzen der Anscheinsvollmacht (vgl. oben).

In der Praxis kommt es relativ häufig vor, daß nach § 111 Abs. 4 Satz 2 in der Satzung der AG ein Katalog von zustimmungsbedürftigen Geschäften verankert ist. Meist werden hier die Anschaffung und Veräußerung von Grundstücken, die Aufnahme von Darlehen oder die Anstellungsverträge von leitenden Angestellten erfaßt. Hinzu kommen häufig Unternehmenskäufe und Transaktionen, die über einen bestimmten Betrag hinausgehen. Der Aufsichtsrat kann auch selbst Maßnahmen für zustimmungsbedürftig erklären. Diese in 111 Abs. 4 Satz 2 festgelegte Kompetenz kann dem Aufsichtsrat nicht durch die Satzung entzogen werden. Verweigert der Aufsichtsrat seine Zustimmung und führt der Vorstand das Geschäft trotzdem durch, so ist es wirksam. Der Vorstand ist aber verpflichtet, es rückgängig zu machen.

bb) Bestellung und Abberufung der Vorstandsmitglieder

Nach § 84 Abs. 1 Satz 1 werden die Vorstandsmitglieder vom Aufsichtsrat auf höchstens 5 Jahre bestellt. Diese Bestellung kann beliebig oft wiederholt werden. Es muß aber jeweils ein Aufsichtsratsbeschluß gefaßt werden, und die Verlängerung der Amtszeit kann jeweils nur auf maximal 5 Jahre beschlossen werden (§ 84 Abs. 1 Satz 2-4).

Die Bestellung regelt die Funktion des Vorstandsmitglieds als korporationsrechtlichen Akt. Demgegenüber wird im Innenverhältnis zur Gesellschaft ein Anstellungsvertrag abgeschlossen, für den die Vorschriften des Dienstvertrages (§§ 611 BGB) gelten.

V1 verlangt bei der Bestellung als Vorstandsmitglied der X-AG, daß ihm der Aufsichtsrat die Bezahlung seiner Vorstandsbezüge für weitere 5 Jahre zusagt, falls er nach 5 Jahren nicht wieder bestellt werden sollte. Ist es zulässig, etwas Derartiges zu vereinbaren?

Die Regelung der Bezüge ist Teil des Anstellungsvertrages im Innenverhältnis. Zulässig ist nur die vorübergehende Fortzahlung der Bezüge nach Beendigung der Vorstandstätigkeit. Eine Abmachung, bei der die Fortzahlung im Ergebnis auf eine finanzielle Gleichstellung mit der Verlängerung der Amtszeit um 5 Jahre hinausläuft, ist unwirksam, weil sie die Vorschrift des § 84 Abs. 1 Satz 5 unterläuft, wonach die Fortwirkung des Vorstandvertrages von einer erneuten Bestellung zum Vorstandsmitglied abhängig ist.[99]

V1 hat mehrfach für hohe Summen Waren eingekauft, welche qualitativ minderwertig oder sonst für die Verarbeitung in der X-AG nicht brauchbar waren. Die übrigen Vorstandsmitglieder dringen darauf, daß er abberufen wird. Wie ist dies möglich?

Der Aufsichtsrat kann aus wichtigem Grund die Bestellung zum Vorstandsmitglied widerrufen; die Fünfjahresfrist des Vertrages braucht nicht abgelaufen zu sein (§ 84 Abs. 3). Eine derartige Abberufung ist nur möglich, wenn ein wichtiger Grund vorliegt. Ein solcher Grund ist namentlich grobe Pflichtverletzung, Unfähigkeit zur ordnungsmäßigen Geschäftsführung oder Vertrauensentzug durch die Hauptversammlung, es sei denn, daß das Vertrauen aus offenbar unsachlichen Gründen entzogen worden ist (§ 84 Abs. 3 Satz 2). Der Widerruf ist sofort wirksam (§ 84 Abs. 3 Satz 4). Wird in einem nachfolgenden Prozeß seine Unwirksamkeit rechtskräftig festgestellt, so tritt das betroffene Vorstandsmitglied erst danach wieder in seine Rechte und Pflichten ein.

Die rechtswirksame Abberufung beendet nicht automatisch den Anstellungsvertrag. Für die Kündigung dieses Vertrages gelten die Grundsätze des § 626 BGB. Die Kündigung aus wichtigem Grund wird nach anderen Kriterien beurteilt als die Abberufung nach § 84 Abs. 3. Bei der Abberufung geht es um den Schutz der Gesellschaft und der Aktionäre, bei der Kündigung aus wichtigem Grund im Innenverhältnis werden die Interessen beider Seiten zu berücksichtigen sein. Geringes Verschulden des Vorstandsmitglieds kann dazu führen, daß zwar die Abberufung wirksam ist, aber kein wichtiger Grund zur fristlosen Kündigung nach § 626 BGB vorliegt.[100]

cc) Organisation und Verfahren

Der Vorstand leitet die Gesellschaft nach § 76 Abs. 1 unter eigener Verantwortung. Er ist hierbei im Innenverhältnis an den Zweck der Gesellschaft gebunden, der nach § 23 Abs. 3 Nr. 2 wenigstens in Umrissen in der Satzung formuliert sein muß. Für den Vorstand ergeben sich jedoch große Spielräume für die Planungs- und Entscheidungstätigkeit. Diese Spielräume bestehen auch, wenn es um die Organisation der Vorstandstätigkeit und der Gesellschaft geht. So kann der Vorstand Ausschüsse einrichten, die Organisation des Unternehmens abändern, andere Unternehmen kaufen, Teile des Unternehmens verkaufen und Finanzgeschäfte für die Gesellschaft tätigen. Grenzen sind ihm nur insoweit gezogen, als die Zustimmung zu bestimmten Geschäften durch den Aufsichtsrat oder die Hauptversammlung erteilt werden muß.

---

[99] BGHZ 8, 348, 360
[100] BGHZ 15, 71, 75

Im Organisationsgefüge zwischen Vorstand und Aufsichtsrat bestehen auch Berichtspflichten des Vorstandes aus § 90 AktG. Komplementär hierzu hat der Aufsichtsrat Informationsrechte. Deshalb werden die Inhalte hierzu weiter unten dargestellt.

dd) Verantwortlichkeit

V1 hat als Vorstandsmitglied Geschäftsgeheimnisse der X-AG ausgeplaudert. Ihr ist ein Schaden von 100 Mio. DM entstanden. Haftet V1 der Gesellschaft in voller Höhe?

Nach § 93 Abs. 1 und 2 haftet das Vorstandsmitglied, das seine Pflichten verletzt, der Gesellschaft auf Schadensersatz. Nach § 93 Abs. 1 Satz 1 hat jedes Vorstandsmitglied bei seiner Geschäftsführung die Sorgfalt eines ordentlichen und gewissenhaften Geschäftsleiters anzuwenden. Über vertrauliche Angaben und Geschäftsgeheimnisse muß er nach § 93 Abs. 1 Satz 2 Stillschweigen bewahren. Ist zweifelhaft, ob er die Sorgfalt eines ordentlichen und gewissenhaften Geschäftsleiters angewandt hat, so trifft ihn die Beweislast. V1 haftet demnach in voller Höhe für den Schaden, der der Gesellschaft durch das Ausplaudern der Geschäftsgeheimnisse entstanden ist.

Trotz der sehr strengen gesetzlichen Vorschriften kommt es in der Praxis selten zu Schadensersatzprozessen gegen Vorstandsmitglieder. Diese Feststellung gilt, obwohl der Ersatzanspruch der Gesellschaft nach § 93 Abs. 5 auch von den Gesellschaftsgläubigern geltend gemacht werden kann, soweit sie von der Gesellschaft keine Befriedigung erlangen können. Für diese Praxis gibt es mehrere Gründe. Nach § 119 Abs. 2 kann der Vorstand verlangen, daß die Hauptversammlung über kritische Fragen der Geschäftsführung entscheidet. An diesem Beschluß ist der Vorstand gebunden (§ 83 Abs. 2). Bei seiner Durchführung macht er sich nicht ersatzpflichtig, soweit der Beschluß gesetzmäßig ist (§ 93 Abs. 4 Satz 1). Zum zweiten hat sich zwischen Vorstand und Aufsichtsrat eine Kooperation herausgebildet, bei der kritische Maßnahmen solange diskutiert werden, bis alle Seiten einverstanden sind. Dies gilt auch für Betriebsstillegungen und Unternehmensverkäufe, bei denen Arbeitsplätze gefährdet werden. Sind derartige Maßnahmen konsensual festgelegt, ergeben sich für Schadensersatzansprüche in der Praxis keine Spielräume. Drittens ist die Vorstandsarbeit in hohem Maße professionell. Heikle Maßnahmen sind formal meist abgesichert. Auch leichte Fahrlässigkeit, für die das Vorstandsmitglied nach § 93 Abs. 2 Satz 1 haftet, ist meist auszuschließen. Schließlich gibt es auch persönliche Gründe, die das Verhalten zwischen den Vorstands- und Aufsichtsratsmitgliedern beeinflussen.

Die X-AG steht in langjährigen Geschäftsbeziehungen mit der Y-GmbH. V1, Vorstandsmitglied der X-AG, spiegelt den Geschäftsführern der Y-GmbH vor, daß sich die finanzielle Situation der darniederliegenden X-AG wegen eines lukrativen Auslandsgeschäfts entscheidend verbessert habe. Daraufhin gewährt die Y-GmbH der X-AG ein Darlehen in Höhe von 2 Mio. DM. Am Tag darauf fällt die X-AG in Konkurs. Kann die Y-GmbH anstelle der finanziell ausgebluteten X-AG deren Vorstandsmitglied V1 auf Schadensersatz in Anspruch nehmen, das in guten finanziellen Verhältnissen lebt?

In Frage kommt ein Schadensersatzanspruch nach § 823 Abs. 2 BGB in Verbindung mit § 263 StGB. Voraussetzung ist, daß V1 die Y-GmbH betrogen hat. Hierzu ist erforderlich, daß V1 die Geschäftsführer der GmbH vorsätzlich über die Vermögensverhältnisse der AG getäuscht hat, bei ihnen einen entsprechenden Irrtum vorgerufen hat, daß dieser

Irrtum zu einer Vermögensverfügung und nachfolgend zum Schaden der Y-GmbH geführt hat. Wenn V1 dementsprechend betrogen hat, haftet er selbst aus § 823 Abs. 2 BGB.

Häufig scheitert der Betrugsvorwurf am Vorsatz des Beschuldigten. Auch in diesem Fall kommt jedoch eine zusätzliche Anspruchsgrundlage zum Tragen, die sich aus Verschulden bei Vertragsverhandlungen (culpa in contrahendo) ergibt. Voraussetzung ist, daß V1 zumindest fahrlässig seine vorvertraglichen Sorgfalts- und Rücksichtspflichten gegenüber den Vertragspartnern aus der Y-GmbH verletzt hat. Der BGH bejaht eine entsprechende Haftung, wenn der Vertreter der Gesellschaft in besonderem Maße persönliches Vertrauen seiner Vertragspartner in Anspruch genommen hat oder die Vertragsverhandlungen maßgeblich beeinflußt und aus dem Geschäftsabschluß einen wirtschaftlichen Nutzen erstrebt hat.[101] In dem entschiedenen Fall war der Vertreter jedoch ein GmbH-Geschäftsführer. In der AG ist eine derartige Haftung nur zu bejahen, wenn persönliches Vertrauen in Anspruch genommen wurde.[102] Nur dann bestehen die persönlichen, besonderen vorvertraglichen Sorgfalts- und Rücksichtspflichten.

Die X-AG ist überschuldet; ihr Vermögen deckt nicht mehr ihre Schulden. Der Vorstand beläßt die AG drei Monate lang in diesem Zustand. Erst danach stellt er Konkursantrag. Gläubiger G fragt an, ob er die Vorstandsmitglieder auf Schadensersatz verklagen kann, weil er der AG einen Monat vor Stellung des Konkursantrags die Rückzahlung eines Darlehens gestundet hat.

Nach § 92 Abs. 2 AktG muß der Vorstand bei Zahlungsunfähigkeit oder Überschuldung der AG unverzüglich, spätestens aber drei Wochen nach Eintritt dieses Zeitpunkts, die Eröffnung des Konkursverfahrens oder des gerichtlichen Vergleichsverfahrens beantragen. Handelt er verspätet, sind die Vorstandsmitglieder der AG nach § 93 Abs. 2 schadensersatzpflichtig, da sie die Sorgfalt eines ordentlichen und gewissenhaften Geschäftsleiters verletzt haben. Die Vorschrift des § 92 Abs. 2 schützt auch die Gläubiger der Gesellschaft. Sie ist Schutzgesetz nach § 823 Abs. 2 BGB.[103] Der Anspruch richtet sich aber nur auf Ersatz des sogenannten Quotenschadens, d.h. der Differenz zwischen tatsächlichem und hypothetischem, nämlich bei rechtzeitiger Antragstellung erzielbaren Masseerlös, und zwar auch dann, wenn es sich um sogenannte Neugläubiger handelt, die ihre Forderung erst nach Konkursreife der Gesellschaft begründet haben.[104]

c) Aufsichtsrat

aa) Rechte und Pflichten, Organklage

Auf seiner turnusgemäßen Sitzung wird der Aufsichtsrat vom Vorstand darüber informiert, daß der Anstellungsvertrag mit dem Arbeitsdirektor um weitere fünf Jahre verlängert werden solle. Der Aufsichtsrat nimmt diesen Bericht zustimmend zur Kenntnis. Die Arbeitnehmervertreter schweigen. Ihr Schweigen ist zuvor mit der Zusicherung eines hohen Sozialplanvolumens bei einer Betriebsstillegung "erkauft" worden. Wurde die Amtszeit des Arbeitsdirektors wirksam verlängert?

---

[101] BGH BB 1986, 1042
[102] ähnlich Ulmer, NJW 1983, 1577 f.
[103] BGHZ 75, 96 Herstatt-Bank
[104] Vgl. Hüffer, AktG, § 93 Rz. 16

Alle Vorstandsmitglieder, auch der Arbeitsdirektor, werden nach § 84 Abs. 1 Satz 1 AktG vom Aufsichtsrat auf höchstens fünf Jahre bestellt. Die erneute Bestellung um weitere höchstens fünf Jahre bedarf nach § 84 Abs. 1 Satz 3 eines erneuten Aufsichtsratsbeschlusses, der frühestens ein Jahr vor Ablauf der bisherigen Amtszeit gefaßt werden kann. Nur bei einer Bestellung auf weniger als fünf Jahre kann eine Verlängerung der Amtszeit ohne neuen Aufsichtsratsbeschluß vorgesehen werden, sofern dadurch die gesamte Amtszeit nicht mehr als fünf Jahre beträgt (§ 84 Abs. 1 Satz 4). Der Bestellungsvorgang ist ein Organisationsakt, der des Einverständnisses des Betroffenen bedarf. Der Beschluß des Aufsichtsrats ist ein förmlicher Akt. Eine Abstimmung ist notwendig. Eine konkludente Zustimmung ist nicht möglich.[105]

Demgegenüber ist der Abschluß des Anstellungsvertrages, der die dienstrechtliche Stellung im Innenverhältnis betrifft, nach allgemeinen Vertragsgrundsätzen zulässig. Der Anstellungsvertrag kann sogar durch einen Ausschuß des Aufsichtsrats mit dem Betroffenen vereinbart werden. Dies folgt aus § 107 Abs. 3 Satz 2 AktG, der bestimmte Beschlüsse dem Aufsichtsratsplenum zur Entscheidung vorbehält, hierbei den Anstellungsvertrag jedoch nicht erwähnt. Auch der Anstellungsvertrag kann jedoch nicht vom Vorstand vereinbart werden. Also ist weder die erneute Bestellung noch der Anstellungsvertrag mit dem Arbeitsdirektor wirksam zustandegekommen.

Der Aufsichtsrat hat im laufenden Geschäftsjahr alle Anträge des Vorstandes auf Zustimmung zu einer Betriebsstillegung abgelehnt. Die Satzung weist dem Aufsichtsrat diese Materie als zustimmungspflichtiges Geschäft zu. Der Vorstand hält die Verweigerung der Zustimmung für pflichtwidrig, da die finanzielle Lage der AG sich hierdurch immer weiter verschlechtere. Was kann er tun?

Nach § 111 Abs. 4 Satz 3 kann der Vorstand sich an die Hauptversammlung wenden, die der Betriebsstillegung mit einer Mehrheit von mindestens Dreiviertel der abgegebenen Stimmen entgegen dem Veto des Aufsichtsrats zustimmen kann (§ 111 Abs. 4 Satz 4).

Der Vorstand kann auch versuchen, die Abberufung von Aufsichtsratsmitgliedern zu erreichen. Soweit es sich um Anteilseignervertreter handelt, bedarf der Beschluß zur Abberufung einer Dreiviertelmehrheit der abgegebenen Stimmen in der Hauptversammlung. Die Satzung kann eine andere Mehrheit und weitere Erfordernisse bestimmen (§ 103 Abs. 1). Die Abberufung kann auch aus wichtigem Grund durch das zuständige Gericht erfolgen, das auf Antrag des Aufsichtsrats zu entscheiden hat. Der Aufsichtsrat bestimmt über die Antragstellung mit einfacher Mehrheit (§ 103 Abs. 3). Arbeitnehmervertreter im Aufsichtsrat können nach § 23 Mitbestimmungsgesetz auf Antrag ihrer Wähler abberufen werden. Im Grundsatz wählen Arbeiter und Angestellte getrennt. Sie können aber gemeinsame Wahl vereinbaren. Die Abberufung folgt nach den für die Wahl des Aufsichtsratsmitglieds geltenden Grundsätzen (§ 23 Abs. 2 Mitbestimmungsgesetz). Die Beschlüsse werden in geheimer Abstimmung gefaßt und bedürfen einer Mehrheit von Dreivierteln der abgegebenen Stimmen. Daneben ist auch die gerichtliche Abberufung der Arbeitnehmervertreter im Aufsichtsrat aus wichtigem Grund nach § 103 möglich.

Betriebsstillegungen und eventuelle Blockaden der Aufsichtsratsmehrheit führen in der Regel nicht zu Abberufungen. Die Konflikte werden politisch ausgetragen.

---

[105] BGHZ 41, 282, 286

Der Aufsichtsrat fordert vom Vorstand, über ein geplantes Auslandsvorhaben der AG informiert zu werden. Der Vorstand lehnt dies ab, da die Gesellschaft in scharfem Wettbewerb stehe und das Vorhaben bis zum letzten Zeitpunkt geheimhalten müsse. Dringt der Aufsichtsrat durch?

Die Berichtspflichten des Vorstandes sind in § 90 AktG geregelt. Sie verschaffen dem Aufsichtsrat Informationsrechte. Mindestens einmal jährlich muß der Vorstand den Aufsichtsrat über die beabsichtigte Geschäftspolitik und andere grundsätzliche Fragen der künftigen Geschäftsführung informieren. Hier geht es um die strategische Planung (§ 90 Abs. 1 Nr. 1).

Ebenfalls mindestens einmal jährlich muß der Vorstand den sogenannten Rentabilitätsbericht erstatten, und zwar auf der sogenannten Bilanzsitzung des Aufsichtsrats, bei der es um die Prüfung und Billigung des Jahresabschlusses und der Gewinnverwendungsvorschlags geht (§ 90 Abs. 1 Nr. 2 Abs. 2 Nr. 2).

Mindestens vierteljährlich muß der Vorstand über den Gang der Geschäfte berichten; man spricht hier vom sogenannten Quartalsbericht (§ 90 Abs. 1 Nr. 3). Der Bericht muß sich insbesondere auf den Umsatz und die Lage der Gesellschaft erstrecken.

Nach § 90 Abs. 1 Satz 1 Nr. 4 muß der Vorstand über Geschäfte, die für die Rentabilität oder Liquidität der Gesellschaft von erheblicher Bedeutung sein können, aus gegebenem Anlaß, und zwar möglichst so rechtzeitig berichten, daß der Aufsichtsrat vor Vornahme der Geschäfte Gelegenheit hat, zu ihnen Stellung zu nehmen (§ 90 Abs. 2 Nr. 4).

Nach § 90 Abs. 1 Satz 2 muß der Vorstand außerhalb der periodischen Berichterstattung unverzüglich dann informieren, wenn ein sonstiger wichtiger Anlaß gegeben ist. Hier geht es um Ereignisse, die von außen auf die AG einwirken, wie z.B. erhebliche Betriebsstörungen, empfindliche behördliche Auflagen, Kündigungen von Krediten und Aufträgen. Derartige wichtige Ereignisse sind auch dann zu berichten, wenn nach § 90 Abs. 1 Satz 2 zweiter Halbsatz die geschäftlichen Beziehungen zu verbundenen Unternehmen in Frage stehen.

Schließlich kann der Aufsichtsrat nach § 90 Abs. 3 vom Vorstand jederzeit einen Bericht über Angelegenheiten der Gesellschaft, über ihre rechtlichen und geschäftlichen Beziehungen zu verbundenen Unternehmen sowie über geschäftliche Vorgänge bei diesen Unternehmen, die auf die Lage der Gesellschaft von erheblichem Einfluß sein können, verlangen. Auch ein einzelnes Aufsichtsratsmitglied kann diesen Bericht verlangen, jedoch nur an den Aufsichtsrat. Wenn der Vorstand dies ablehnt, so kann der Bericht nur dann verlangt werden, wenn ein zweites Aufsichtsratsmitglied das Verlangen unterstützt (§ 90 Abs. 3 Satz 2).

Die Berichtspflichten des Vorstandes sind umfassend.[106] Sie haben den Grundsätzen einer gewissenhaften und getreuen Rechenschaft zu entsprechen und sind in der Regel schriftlich abzufassen. Der Vorstand muß also über sein Vorhaben berichten. Allerdings kann er den Aufsichtsrat darauf hinweisen, daß bestimmte Mitteilungen vertraulich sind und die Geschäftsgeheimnisse der Gesellschaft betreffen. Dann sind auch die Aufsichts-

[106] Lutter, Information und Vertraulichkeit im Aufsichtsrat, 2. Aufl. 1984, S. 76 f.

ratsmitglieder ebenso wie die Vorstandsmitglieder zur Verschwiegenheit verpflichtet (§§ 116, 93 Abs. 1 AktG).

Umstritten ist, ob der Aufsichtsrat bei Verletzung der Berichtspflichten gegen den Vorstand klagen kann. Das Aktiengesetz schweigt sich zu der Frage aus, ob Organe gegeneinander klagen können. Ebenso ist unklar, wie eine solche Klage vorgebracht werden kann. Man könnte im Wege der actio pro socio auf Erteilung der Information an den Aufsichtsrat als Organ klagen.[107] Da schon das einzelne Aufsichtsratsmitglied, dem ein angeforderter Bericht verweigert wird, mit Unterstützung eines zweiten Aufsichtsratsmitglieds auf Erstattung des Berichts an den Gesamtaufsichtsrat klagen kann muß auch eine Organklage des Aufsichtsrats zulässig sein. Gegner der Klage ist jeweils die Aktiengesellschaft als juristische Person, vertreten durch den Vorstand.[108] Es ist sinnwidrig, die Klage der einzelnen Aufsichtsratsmitglieder zuzulassen, die Organklage des Aufsichtsrats aber abzulehnen.[109] Diese Organklagen müssen auch dann möglich sein, wenn nicht die Berichtspflichten, sondern andere Pflichten des Vorstandes verletzt sind, wenn z.B. Beschlüsse der Hauptversammlung nicht ordnungsgemäß durchgeführt wurden.[110]

bb) Bestellung und Abberufung der Aufsichtsratsmitglieder

Der Mehrheitsaktionär A erfährt, daß die Arbeitnehmer einen Kommunisten in den Aufsichtsrat gewählt haben. Er verlangt sofortige Abberufung, da das Unternehmensinteresse gefährdet sei.

Nach § 23 Mitbestimmungsgesetz ist die Abberufung mit einer Dreiviertelmehrheit der abgegeben Stimmen in geheimer Abstimmung möglich, und zwar durch die Gruppe, welche das Aufsichtratsmitglied gewählt hat (vgl. oben). Hinzu kommt die gerichtliche Abberufung aus wichtigem Grund (§ 103 AktG); ein solcher Grund liegt bei einer bloßen Mitgliedschaft nicht vor.

A ist Mitglied des Aufsichtsrats der X-AG. Er unterrichtet das Bundeskartellamt über einen Geheimvertrag der AG mit anderen Gesellschaften, die in derselben Branche tätig sind. In dem Vertrag werden die Preise um 10 Prozent erhöht. Der Vorstand verlangt die Abberufung des Aufsichtsratsmitglieds aus wichtigem Grund. Er habe das Unternehmensinteresse schwer geschädigt, weil er nicht zuerst mit dem Vorstand über das Problem gesprochen habe.

Der Vorstand kann vom zuständigen Gericht die Abberufung der Aufsichtsratsmitglieder aus wichtigem Grund verlangen (§ 103 Abs. 3 Satz 1). Es muß aber ein wichtiger Grund vorliegen. Eine Abberufung aus wichtigem Grund ist auch möglich, wenn es sich um ein Aufsichtsratsmitglied handelt, das von den Arbeitnehmern gewählt ist (§ 103 Abs. 4). Das Gericht muß abwägen, ob der wichtige Grund gegeben ist. Der Vertrag über die Preiserhöhung verstößt gegen das Kartellverbot des § 1 GWB und des Artikels 85 EWG-

---

107 offengelassen in BGHZ 106, 54, 62 - Opel
108 Vgl. statt aller Mertens im Kölner Kommentar, § 90 Rz. 53
109 so aber Mertens ZHR 154, 1990, 24
110 Vgl. Thomas Raiser, ZGR 1989, 44, 56

Vertrag. A hat demnach nur rechtswidriges Handeln an die zuständige Behörde gemeldet. Dies stellt keinen wichtigen Grund nach § 103 Abs. 4 dar.[111]

A ist Vorstandsmitglied der X-AG. Er hält bereits zehn Aufsichtsratsmandate in Gesellschaften, die mit der X-AG nicht konzernverbunden sind. A fragt an, ob er auch das Angebot annehmen kann, sich in einen elften Aufsichtsrat bestellen zu lassen.

Nach § 100 Abs. 2 kann nicht Mitglied des Aufsichtsrats sein, wer bereits in zehn Handelsgesellschaften Aufsichtsratsmitglied ist. Nach § 100 Abs. 3 sind auf diese Höchstzahl bis zu fünf Aufsichtsratssitze nicht anzurechnen, die ein gesetzlicher Vertreter des herrschenden Unternehmens eines Konzerns in Konzernunternehmen innehat. A hält die zehn Aufsichtsratsmandate jedoch in nicht konzernabhängigen Unternehmen. Er darf daher kein elftes Mandat übernehmen.

Die X-AG unterliegt der Mitbestimmung nach dem Gesetz von 1976. Nach der Neuwahl des Aufsichtsrats stellt der Vorsitzende, welcher der Anteilseignerbank angehört, die Weitergeltung der Geschäftsordnung fest. Hiernach ist ein Vorstandsausschuß aus dem Aufsichtsratvorsitzenden und mindestens zwei weiteren Aufsichtsratsmitgliedern zu wählen. Für die Wahl schlägt er zwei Vertreter der Anteilseignerseite vor. Die Arbeitnehmervertreter schlagen die Wahl zweier zusätzlicher Ausschußmitglieder vor. Die vorgeschlagenen Anteilseignervertreter werden einstimmig gewählt. Die zusätzlich vorgeschlagenen Arbeitnehmervertreter werden bei 7 Ja-Stimmen, einer Stimmenthaltung und 8 Nein-Stimmen nicht gewählt. Unter den Nein-Stimmen sind drei schriftliche Stimmen (§ 108 Abs. 3) von Anteilseignervertretern, die an der Teilnahme verhindert waren. Sie hatten in ihrer schriftlichen Stimmabgabe gegen jeden Vorschlag gestimmt, nach dem der Vorstandsausschuß aus mehr als drei Mitgliedern bestehen solle; die Personalvorschläge der Arbeitnehmerbank waren ihnen nicht bekannt. Ist der Aufsichtsratsausschuß rechtmäßig besetzt?

Der BGH hält es für unzulässig, wenn bei Personalausschüssen des Aufsichtsrats mit Beschlußkompetenzen Arbeitnehmervertreter allein aufgrund ihrer Gruppenzugehörigkeit aus grundsätzlichen Erwägungen von jeder Mitarbeit im Aufsichtsratsausschuß ausgeschlossen werden, ohne daß dafür im Einzelfall erhebliche sachliche Gründe angeführt werden können.[112] Es handele sich hier um eine mißbräuchliche Diskriminierung. Die Auswahl des Vorstandes sei eine der wichtigsten Aufgaben, die das Gesetz dem Aufsichtsrat zuweise, und die Mitwirkung hieran stelle das Kernstück der vom Mitbestimmungsgesetz zwingend vorgeschriebenen fast paritätischen Beteiligung von Arbeitnehmervertretern an der Arbeit des Aufsichtsrats dar. Der Personal- oder Vorstandsausschuß sei vielfach bei der Kandidatenauswahl und der Festlegung der Anstellungsbedingungen abschließend tätig und unterbreite nur noch einen einzigen Abstimmungsvorschlag für das Aufsichtsratsplenum, das die Bestellung des Vorstandsmitglieds nur noch als formalen Schlußakt vornehme. Durch die Bestellung des Ausschusses ohne Arbeitnehmervertreter werde deren Mitwirkung bei der Vorstandsbestellung unzulässig ausgehöhlt. Der Bestellungsakt ist nichtig.

---

[111] anders Amtsgericht Frankfurt, 72 HRB 13068 vom 9.5.1985, bestätigt durch LG Frankfurt NJW 1987, 505 f.; ablehnend Säcker NJW 1986, 803, 805 und Nagel, Paritätische Mitbestimmung und Grundgesetz, 1988, S. 277

[112] BGH DB 1993, 1609 f.

Der BGH schützt die Arbeitnehmerbank im Aufsichtsrat nur unzureichend. Richtig ist demgegenüber, daß die Gewichte des Aufsichtsratsplenums sich in der Bestellung der Ausschüsse widerspiegeln müssen. Dem Ausschußvorsitzenden als Vertreter der Anteilseigner kann ein Stichentscheid zugebilligt werden; dieser Stichentscheid kann auch dem Aufsichtsratsvorsitzenden selbst vorbehalten bleiben; alles andere höhlt das Prinzip der (fast) paritätischen Besetzung des Aufsichtsrats aus, das auch in § 27 Abs. 3 Mitbestimmungsgesetz für den sogenannten Vermittlungsausschuß verwirklicht ist.[113]

Nach der Geschäftsordnung des Aufsichtsrats ist dieser auch beschlußfähig, wenn nur eine Minderheit der Mitglieder anwesend ist. Dies soll allerdings nur solange gelten, als die Mehrheit der anwesenden Mitglieder aus Anteilseignervertretern besteht. Ist die Geschäftsordnung zulässig?

Nach § 108 Abs. 2 Satz 1 kann die Satzung der Gesellschaft Regelungen über die Beschlußfähigkeit des Aufsichtsrats enthalten. Ohne eine Gesetzes- oder Satzungsregel ist der Aufsichtsrat nur beschlußfähig, wenn mindestens die Hälfte seiner Mitglieder an der Abstimmung teilnimmt. Hierzu gehört allerdings auch die schriftliche Stimmabgabe (§ 108 Abs. 3). In jedem Fall ist die Untergrenze von drei Aufsichtsratsmitgliedern zu beachten (§ 108 Abs. 2 Satz 3). Sind Aufsichtsratsmandate vakant, so bemißt sich die Beschlußfähigkeit nach der aktuellen Mitgliederzahl. Die Gruppenparität braucht nicht gewahrt zu sein (§ 108 Abs. 2 Satz 4). Bei mitbestimmten Aufsichtsräten ist zwingend vorgeschrieben, daß der Aufsichtsrat nur dann beschlußfähig ist, wenn mindestens die Hälfte seiner Mitglieder, aus denen er zu bestehen hat (Soll-Stärke), an der Beschlußfassung teilnimmt. Auf die Gruppenparität kommt es nicht an (§ 10 Montanmitbestimmungsgesetz, § 11 Montanmitbestimmungsergänzungsgesetz und § 28 Mitbestimmungsgesetz 1976). Strengere Regeln für die Beschlußfähigkeit können durch die Satzung vorgesehen werden.[114]

cc) Verantwortlichkeit

A ist Arbeitnehmervertreter im Aufsichtsrat der X-AG. Er berichtet auf einer Betriebsversammlung, daß der Vorstand in der letzten Aufsichtsratssitzung mitgeteilt habe, er werde einen Betrieb mit 13.000 Arbeitnehmern stillegen. A fordert die Betriebsversammlung auf, hiergegen Widerstand zu organisieren. Der Vorstandsvorsitzende fragt an, ob er den A auf Schadensersatz verklagen könne, da dieser ausdrücklich auf die Geheimhaltungsbedürftigkeit dieser Information hingewiesen worden sei. Die Konkurrenz schlafe nicht. Sie werde die Nachricht über die beabsichtigte Betriebsstillegung zu Lasten der X-AG ausschlachten.

Nach §§ 116, 93 Abs. 1 AktG könnte A seine Verschwiegenheitspflicht verletzt haben. Über vertrauliche Angaben und Geheimnisse der Gesellschaft, namentlich Betriebs- oder Geschäftsgeheimnisse, hat er Stillschweigen zu bewahren (§ 93 Abs. 1 Satz 2). Geheimnisse der Gesellschaft sind Tatsachen, die nicht offenkundig sind und nach dem geäußerten oder aus dem Unternehmensinteresse ableitbaren mutmaßlichen Willen der AG auch nicht offenkundig werden sollen, sofern ein objektives Geheimhaltungsbedürfnis anzuer-

[113] Vgl. für diese Auffassung statt aller Säcker, Aufsichtsratsausschüsse nach dem Mitbestimmungsgesetz 1976, 1979, S. 56 f.; zurückhaltender später ders. in ZHR 148, 1984, S. 153 f.

[114] strittig, vgl. zum Meinungsstand Hüffer, § 108 Rz. 13

kennen ist.[115] Gedacht ist an Herstellungsverfahren, Produktionsvorhaben, Finanzpläne und beabsichtigte wichtige Personalentscheidungen. In der Frage der Betriebsstillegung ist zu beachten, daß hier Arbeitnehmer des Unternehmens in ihren Interessen berührt sind. Die Aktiengesellschaft ist heute keine bloße Kapitalverwertungsmaschine mehr, sondern eine interessenpluralistisch organisierte Korporation. In das Unternehmensinteresse fließen auch die Arbeitnehmerinteressen ein. Es kann dem Aufsichtsratsmitglied der Arbeitnehmerseite nicht verwehrt werden, in bezug auf die Interessen der Arbeitnehmer Öffentlichkeit herzustellen. Er kann auch zum Widerstand aufrufen, sofern er keine Gesetzesverletzungen initiiert. Die Thematik ist im Schrifttum umstritten. In der Praxis kommt es kaum zu derartigen Streitfällen. Die Probleme werden in der Regel konsensual gelöst. Über etwaige Schadensersatzprozesse ist bisher nichts bekanntgeworden.

d) Hauptversammlung

aa) Kompetenzen

A ist Aktionär der X-AG. Er liest auf der Einladung zur Hauptversammlung, daß der Vorstand eine Dividende von 8 Prozent vorschlage. Er hält dies für zu niedrig. Was kann er unternehmen, um eine höhere Dividende durchzusetzen?

A kann versuchen, auf der Hauptversammlung eine Mehrheit für einen höheren Dividendenvorschlag zu bekommen. Der Vorschlag, den der Vorstand nach § 170 Abs. 2 AktG für die Gewinnverwendung gemacht hat, orientiert sich an dem festgestellten Bilanzgewinn (§ 58 Abs. 5 AktG). Darüber hinaus kann nichts verteilt werden. A kann auch nicht von sich aus einen anderen als den Bilanzgewinn feststellen, der im Jahresabschluß ausgewiesen ist. Er kann höchstens den festgestellten Jahresabschluß, den der Vorstand dem Aufsichtsrat vorgelegt und den der Aufsichtsrat gebilligt hat (§§ 170 Abs. 1, 172 AktG) angreifen. Hierzu muß eine Sonderprüfung durchgeführt werden (§§ 258 f. AktG). Es ist unwahrscheinlich, daß diese ein anderes Ergebnis als das bereits festgestellte ergibt. An den Jahresabschluß ist die Hauptversammlung gebunden. Sie kann nur innerhalb dessen, was als Bilanzgewinn festgestellt ist, darüber entscheiden, ob sie den Gewinn ausschütten, in offene Rücklagen einstellen oder auf neue Rechnung vortragen will (§ 174 Abs. 2 AktG).

B hält auf der Hauptversammlung eine ausführliche Rede zu den Aktivitäten der Gesellschaft. Der Aufsichtsratsvorsitzende als Sitzungsleiter hat ihn bereits mehrfach aufgefordert, sich kürzer zu fassen. Als dies nichts fruchtet, läßt er den B des Saales verweisen. Ist dies zulässig?

Der Vorsitzende, in der Regel der Aufsichtsratsvorsitzende, ist für den ordnungsmäßigen Ablauf der Hauptversammlung verantwortlich. Er kann auch die Redezeit eines Dauerredners begrenzen. Hierzu ist kein vorheriger Beschluß der Hauptversammlung notwendig. Entsteht durch eine lange Rede eine Störung der Hauptversammlung, so kann er den störenden Aktionär des Saales verweisen lassen, wenn die Störung nicht auf andere Weise behoben werden kann.[116] Allerdings muß er den Grundsatz der Verhältnismäßigkeit

---

[115] BGHZ 64, 325

[116] BGHZ 44, 245, 248 f. und LG Stuttgart DB 1994, 1076 f.

beachten. Er kann nicht auf eine geringfügige Überschreitung der Redezeit mit dem Ausschluß von der Verhandlung antworten.

In der Hauptversammlung nehmen die Aktionäre ihre Verwaltungsrechte wahr (§ 118 Abs. 1 AktG). Die Hauptversammlung bestellt die Mitglieder des Aufsichtsrats (§ 119 Abs. 1 Nr. 1 AktG), die auf die Anteilseignerseite entfallen. Sie beschließt über die Verwendung des Bilanzgewinns (§ 119 Abs. 1 Nr. 2 AktG). Sie entlastet die Mitglieder des Vorstandes und des Aufsichtsrats (§ 120 Abs. 2 AktG). Sie bestellt die Abschlußprüfer (§ 119 Abs. 1 Nr. 4 AktG) und die Sonderprüfer (§ 119 Abs. 1 Nr. 7, §§ 142 f. AktG). Die Hauptversammlung darf in der Regel nicht über Fragen der Geschäftsführung entscheiden. Anders ist dies nur, wenn der Vorstand es verlangt (§ 119 Abs. 2 AktG).

Der Vorstand hat der Hauptversammlung vorgeschlagen, die Zahl der Vorstandsmitglieder von 3 auf 5 zu erhöhen. In der Satzung steht, daß die Zahl der Vorstandsmitglieder 3 beträgt und daß Satzungsänderungen mit einfacher Kapitalmehrheit der anwesenden Aktionäre beschlossen werden. Eine solche Mehrheit kommt zustande. Aktionär C hält dies nicht für ausreichend, nach seiner Auffassung ist eine Dreiviertelmehrheit zur Satzungsänderung erforderlich.

Nach § 119 Abs. 1 Nr. 5 AktG beschließt die Hauptversammlung über Satzungsänderungen. Nach § 23 Abs. 3 Nr. 6 muß die Satzung die Zahl der Vorstandsmitglieder festlegen. Es wäre auch ausreichend, eine Mindest- oder Höchstzahl vorzugeben. Dies ist aber nicht erfolgt. Also ist eine Satzungsänderung erforderlich. Dies bedarf nach § 179 Abs. 1 und 2 AktG eines Beschlusses der Hauptversammlung, der mindestens dreiviertel des bei der Beschlußfassung vertretenen Grundkapitals umfaßt. Die Satzung kann eine andere Kapitalmehrheit, für eine Änderung des Gegenstandes des Unternehmens jedoch nur eine größere Kapitalmehrheit bestimmen. Sie kann auch weitere Erfordernisse aufstellen. Nach § 133 Abs. 1 bedürfen die Hauptversammlungsbeschlüsse der Mehrheit der abgegebenen Stimmen (einfache Stimmenmehrheit), soweit nicht Gesetz oder Satzung eine größere Mehrheit oder weitere Erfordernisse bestimmen. Die Satzung kann eine größere, aber auch eine geringere Kapitalmehrheit festsetzen (§ 179 Abs. 2 Satz 2), sie kann aber nicht auf die Kapitalmehrheit verzichten.[117] In diesem Fall reicht es aus, wenn die Erweiterung des Vorstandes von einer Kapitalmehrheit der Anwesenden beschlossen wird, wie dies in der Satzung festgelegt ist.

Der Zustimmung der Hauptversammlung bedürfen auch bestimmte Beschlüsse, die für die zukünftige Tätigkeit der AG wesentlich sind, so der Abschluß von Unternehmensverträgen (§ 293 Abs. 1 AktG), insbesondere von Beherrschungs- und Gewinnabführungsverträgen; die Verschmelzung der AG mit einer anderen AG (vgl. unten IX); die Umwandlung der AG in eine andere Rechtsform (vgl. unten IX) und die Eingliederung in eine andere AG (§ 319 AktG).

Die Mehrheiten müssen in diesen besonderen Fällen mindestens dreiviertel des bei der Beschlußfassung vertretenen Grundkapitals umfassen (§ 293 Abs. 1 Satz 2, § 319 Abs. 2 S. 2 und unten das Umwandlungsgesetz, IX). Die Hauptversammlung muß auch zustimmen, wenn es um die Kapitalgrundlagen der Gesellschaft geht (§ 119 Abs. 1 Nr. 6 AktG). Dies soll weiter unten im einzelnen abgehandelt werden.

---

[117] Vgl. BGH NJW 1975, 212

Der Vorstand der X-AG hat einen Betrieb, der den wertvollsten Teil des Gesellschaftsvermögens ausmacht, auf eine Tochtergesellschaft übertragen, die eigens zu diesem Zweck errichtet wurde. Er hat hierzu die Hauptversammlung nicht befragt. Auch der Aufsichtsrat hat sich der Maßnahme nicht widersetzt. Der Minderheitsaktionär A fragt an, ob eine so wesentliche Strukturmaßnahme nicht doch der Hauptversammlung hätte vorgelegt werden müssen.

In der Holzmüller-Entscheidung hat der BGH[118] festgehalten, daß der Vorstand verpflichtet sei, die Zustimmung der Hauptversammlung einzuholen, wenn er einen Betrieb, der den wertvollsten Teil des Gesellschaftsvermögens ausmacht, auf eine hierzu errichtete Tochtergesellschaft überträgt. Zwar stehe es grundsätzlich im Ermessen des Vorstandes, wann und zu welchem Zweck er in Fragen der Geschäftsführung vor die Hauptversammlung trete (§ 119 Abs. 2), hier schrumpfe das Ermessen jedoch auf Null. Der Vorstand sei zur Vorlage an die Hauptversammlung verpflichtet, weil er vernünftigerweise nicht annehmen könne, er dürfe die Maßnahme in ausschließlich eigener Verantwortung ohne Beteiligung der Hauptversammlung treffen. Die Maßnahme sei zwar wirksam, da die Vertretungsmacht des Vorstandes unbeschränkbar sei (§ 82 Abs. 1 AktG), er sei jedoch verpflichtet, sie rückgängig zu machen. Die Entscheidung ist heftig kritisiert worden. In der Tat kontrolliert der BGH hier die Konzernbildung. Die Kritik ist jedoch in diesem Fall nicht richtig, da der Fall nahe an eine Vermögensübertragung kommt.[119]

bb) Organisation und Verfahren

Alljährlich in den ersten 8 Monaten des Geschäftsjahres muß die ordentliche Hauptversammlung stattfinden (§§ 120 Abs. 1 Satz 1, 175 Abs. 1 Satz 2 AktG). Sie entscheidet über die Verwendung des Bilanzgewinns und die Entlastung von Vorstand und Aufsichtsrat. Beide Tagesordnungspunkte sollen miteinander verbunden verhandelt werden (§ 120 Abs. 3 AktG). Falls die Hauptversammlung über die Feststellung des Jahresabschlusses zu entscheiden hat (§ 175 Abs. 3 AktG), gilt das auch für diesen Tagesordnungspunkt.

Aus besonderem Anlaß kann oder muß eine außerordentliche Hauptversammlung abgehalten werden. Nach § 92 Abs. 1 AktG gilt dies, wenn Verluste in Höhe der Hälfte des Grundkapitals angefallen sind. Nach § 121 Abs. 1 AktG ist die außerordentliche Hauptversammlung dann einzuberufen, wenn das Wohl der Gesellschaft es erfordert. Nach § 122 Abs. 1 AktG kann eine Minderheit der Aktionäre, die mindestens 5 Prozent des Grundkapitals hält, die Einberufung einer außerordentlichen Hauptversammlung verlangen, sie muß hierbei die Gründe und den Zweck angeben. Die 5-Prozent-Quote kann durch die Satzung noch herabgesetzt werden.

Nach § 121 Abs. 2 AktG beruft der Vorstand die Hauptversammlung ein, ersatzweise geschieht dies durch den Aufsichtsrat (§ 111 Abs. 3 AktG). Die Einberufungsfrist beträgt einen Monat vor dem Versammlungstag (§ 123 Abs. 1 AktG). Die Einberufung ist im Bundesanzeiger (§§ 121 Abs. 3, 25 AktG) und in den sonstigen Gesellschaftsblättern bekanntzumachen. Hierbei ist auch die Tagesordnung mit den Beschlußvorschlägen von Vorstand und Aufsichtsrat aufzuführen (§ 124 AktG). Durch die kleine Aktienrechtsre-

---

[118] BGHZ 83, 122

[119] Vgl. im einzelnen Hüffer, § 120 Rz. 16-18, ablehnend insbesondere Martens, ZHR 147, 1983, 377 und Wank, ZGR 1988, 314, 364, 369

form von 1994 werden die Formalien für die Einberufung und Protokollierung von Hauptversammlungen kleiner Aktiengesellschaften gelockert.

In der Praxis erfahren die Aktionäre von der Hauptversammlung meist dadurch, daß ihnen ihre Depotbank ein Informationsschreiben zuschickt. Dies ist durch §§ 125-127 AktG abgesichert. Der Vorstand muß die Depotbanken entsprechend informieren. Diese sind nach § 128 Abs. 1 AktG verpflichtet die Information unverzüglich an ihre Kunden weiterzugeben (vgl. auch unten cc).

An der Hauptversammlung sollen Vorstand und Aufsichtsrat (§ 118 Abs. 2 AktG) und dürfen alle Aktionäre ohne Rücksicht auf Stimmrecht teilnehmen. Da fast alle Aktien bei einer Wertpapiersammelbank verwahrt werden, brauchen die Aktionäre ihre Aktien nicht zu hinterlegen (§ 123 Abs. 3-4 AktG). In jedem Fall ist ein Verzeichnis der erschienenen und der vertretenen Aktionäre sowie ihrer Vertreter auszulegen (§ 129 AktG). Dies gilt nicht, wenn jemand ermächtigt wird, im eigenen Namen zu handeln; hiervon sind insbesondere die Depotbanken betroffen (§ 129 Abs. 2).

Über die Hauptversammlung ist ein notarielles Protokoll aufzunehmen, in dem alle Beschlüsse und Minderheitsverlangen beurkundet werden (§ 130 AktG). Werden Beschlüsse nicht beurkundet sind sie nichtig (§ 241 AktG).

Es gibt einen Schutz der stimmberechtigten Aktionäre in der Hauptversammlung durch Stimmquoten. Bereits erwähnt wurde die Quote von 5 Prozent des Grundkapitals, mit der Minderheitsaktionäre die Einberufung einer außerordentlichen Hauptversammlung verlangen können (§ 122 Abs. 1 AktG). Mit dieser Quote oder alternativ einem Aktiennennbetrag von 1 Mio. DM können Aktionäre verlangen, daß Gegenstände zur Beschlußfassung einer Hauptversammlung bekannt gemacht werden (§ 122 Abs. 2 AktG). Aus § 179 Abs. 2 AktG folgt, daß Satzungsänderungen von einer Sperrminorität blockiert werden können, die mehr als 25 Prozent des in der Hauptversammlung vertretenen Kapitals hält. Schließlich bedarf eine Beschlußfassung nach § 133 Abs. 1 mehr als 50 Prozent des in der Hauptversammlung vertretenen Grundkapitals. Diese erforderliche Mehrheit steigt auf 75 Prozent, wenn die Satzung geändert (§ 179 Abs. 2), das Kapital erhöht (§ 161 Abs. 1 AktG) oder herabgesetzt (§ 222 Abs. 1 AktG) werden soll. Derselben Mehrheit bedarf die Abberufung von Aufsichtsratsmitgliedern (§ 103 Abs. 1 AktG) und der Beschluß über die Auflösung der AG (§ 262 Abs. 1 Nr. 2 AktG). Vergleiche hierzu im einzelnen die Übersicht in Schaubild 3.

Schaubild 3

Übersicht: Stimmquoten in der AG

Mindestquote am absoluten GK	Mindestquote am in der Hauptversammlung vertretenen GK	Rechtsgrundlage	Rechtsmacht
5%		§ 122 I	Einberufung der Hauptversammlung
5% oder 1 Mio. DM		§ 122 II	Bekanntgabe von Gegenständen zur Beschlußfassung
5% oder 1 Mio. DM		§ 258	Bestellung von Sonderprüfern
10% oder 2 Mio. DM		§ 120 I, 2	gesonderte Abstimmung über Entlastung einzelner Vst.- bzw. AR-Mitglieder
10% oder 2 Mio. DM		§ 142 II	Sonderprüfung trotz ablehnendem Beschluß der Hauptversammlung
10% oder 2 Mio. DM		§ 318 III HGB	Bestellung anderer Abschlußprüfer
	mehr als 25%	arg. § 179 II	Satzungsänderungen können blokkiert werden -Sperrminorität-
	mehr als 50%	§ 133 I	Mehrheit für nicht satzungsändernde Beschlüsse
	75%	§§ 179, II, 182 I, 222 I	satzungsändernde Mehrheit; Kapitalerhöhungen/- herabsetzungen
	75%	§ 103 I	Abberufung von Aufsichtsratsmitgliedern
	75%	§ 262 I Nr.2	Auflösung der AG
	75%	§ 240 UmwG	Umwandlung einer AG in eine GmbH
90% der Anteile einer übertragenden AG oder GmbH in der Hand der übernehmenden AG		§ 62 Abs. 1 UmwG, Ausnahme § 62 Abs. 2	Verschmelzungsvertrag ohne Zustimmung der Hauptversammlung der übernehmenden AG wirksam
90% der Anteile eines übertragenden Rechtsträgers in der Hand der übernehmenden AG		§§ 62, 176 Abs. 1 UmwG, Ausnahme § 62 Abs. 2	Vermögensübertragung ohne Zustimmung der Hauptversammlung der übernehmenden AG wirksam
95%		§ 320	Eingliederung in eine AG
100%		§ 233 UmwG	Umwandlung einer AG in eine BGB-Gesellschaft oder OHG

Quelle: Klunzinger, Grundzüge des Gesellschaftsrechts, S. 176 und eigene Zusammenstellungen; nicht erfaßt sind Minderheitsrechte bei der Umwandlung (Zustimmung des Betroffenen erforderlich).

Das Stimmrecht in der Hauptversammlung wird in der Regel nach den Nennbeträgen der Aktien ausgeübt (§ 134 AktG). Sogenannte Mehrstimmaktien können ein höheres Stimmgewicht gewähren. Sie bedürfen jedoch der Genehmigung der obersten Landesbehörde (§ 12 Abs. 2 AktG). Diese wird in der Regel verweigert. Praktische Bedeutung hat das Mehrstimmrecht nur bei den kommunalen Aktionären von Energieunternehmen und bei der Siemens AG.

Erheblich häufiger werden Höchststimmrechte festgelegt. Dies ist nach § 134 Abs. 1 Satz 2 AktG zulässig, wenn es in der Satzung verankert wird. Ziel ist es, den Einfluß von Großaktionären zu beschränken. Mittelbar kann das den Schutz der Gesellschaft vor feindlichen Übernahmen bedeuten. Die Vorschrift kann in der Praxis aber dadurch umgangen werden, daß der Großaktionär Strohmänner einsetzt, die dann die Beschlußfassung in der AG blockieren.

Schließlich gibt es die Möglichkeit, sogenannte stimmrechtslose Vorzugsaktien zu schaffen (§ 139 AktG). Derartige Vorzugsaktien dürfen nur bis zu einem Gesamtnennbetrag in Höhe des Gesamtnennbetrags der anderen Aktien ausgegeben werden (§ 139 Abs. 2 AktG). Ziel einer solchen Maßnahme ist es, Eigenkapital zu erhöhen, ohne die Mehrheitsverhältnisse in der AG zu verändern. Erkauft wird der Stimmrechtsausschluß dadurch, daß die Aktie mit einem nachzuzahlenden Vorzug bei der Verteilung des Gewinns ausgestattet wird (§ 139 Abs. 1 AktG).

Es ist zulässig, sogenannte Stimmbindungsverträge abzuschließen. Dadurch soll der Einfluß von bestimmten Aktionärsgruppen in der Hauptversammlung gesichert werden. Die Ausübung des Stimmrechts kann auch einem Treuhänder übertragen werden. Derartige Verträge haben schuldrechtlichen, nicht organisationsrechtlichen Charakter. Sie entfalten keine Außenwirkung, vertragswidrig abgegebene Stimmen sind gültig.[120] Problematisch sind Stimmbindungsverträge mit Nichtaktionären, weil sie dem Verbot zuwiderlaufen, das Stimmrecht ohne Aktie zu gewähren (Abspaltungsverbot). Nichtig sind Stimmbindungsverträge, wenn sie einen Einfluß des Vorstandes auf die Hauptversammlung begründen würden (§ 136 Abs. 2 AktG).

Nach § 136 Abs. 1 AktG ist das Stimmrecht ausgeschlossen, wenn bestimmte Interessenkollisionen vorliegen. Ein Aktionär darf nicht mit abstimmen, wenn darüber Beschluß gefaßt wird, ob er zu entlasten oder von einer Verbindlichkeit zu befreien ist, oder ob die Gesellschaft gegen ihn einen Anspruch geltend machen soll. Er kann in diesem Fall das Stimmrecht auch nicht durch einen anderen ausüben lassen (§ 136 Abs. 2). Ferner darf sich ein Aktionär nicht verpflichten, nach Weisung der Gesellschaft, des Vorstandes oder des Aufsichtsrats der Gesellschaft oder nach Weisung eines abhängigen Unternehmens das Stimmrecht auszuüben; ein solcher Vertrag ist nichtig (§ 136 Abs. 2 Satz 1 AktG). Nichtig sind auch solche Verträge, durch die sich Aktionäre verpflichten, für die jeweiligen Vorschläge des Vorstandes oder des Aufsichtsrats der Gesellschaft zu stimmen (§ 136 Abs. 2 Satz 2 AktG). Ziel der Regelung ist, eine Einflußnahme der Verwaltung auf die Willensbildung in der Hauptversammlung durch derartige Verträge zu verhindern.

---

[120] Vgl. RGZ 119, 386, 388

cc) Das Depotstimmrecht der Banken

In den großen Publikumsgesellschaften ist die Hauptversammlung schon wegen der Vielzahl der Aktionäre kaum aktionsfähig. Der Vorstand bereitet nicht nur die Sitzung bis ins einzelne vor, sondern schlägt auch Nachfolger für ausscheidende Aufsichtsratsmitglieder vor, wobei er nicht selten auf ehemalige Vorstandsmitglieder zurückgreift. Viele Kleinaktionäre nehmen an der Hauptversammlung nicht teil, da sie weder an den Themen interessiert noch über die komplizierten wirtschaftlichen Sachverhalte ausreichend informiert sind. In dieser Situation übernehmen es die Banken, in denen diese Aktionäre ihre Aktien deponiert haben, sich das Stimmrecht übertragen zu lassen und die in ihren Depots lagernden Aktien in der Hauptversammlung zu vertreten. Aus diesem Depotstimmrecht hat sich eine Zusammenballung von Macht in den Händen weniger Banken entwikkelt, die sich in fast allen großen Unternehmen auswirkt. Bis zur Aktienrechtsreform von 1965 war es den Banken sogar erlaubt, durch ihre allgemeinen Geschäftsbedingungen eine Automatik in Gang zu setzen, bei der sie ohne weiteres die in ihren Depots verwahrten Aktien auf der Hauptversammlung vertreten konnten, wenn keine anderslautende Weisung des jeweiligen Bankkunden vorlag. Das Aktiengesetz von 1965 hat diesen Spielraum eingeschränkt. Die Bank muß sich ausdrücklich eine Vollmacht zur Ausübung des Depotstimmrechts erteilen lassen. Diese gilt für maximal 15 Monate (§ 135 AktG). Die Bank muß weiter in der Hauptversammlung deutlich machen, daß sie das Stimmrecht im fremden Namen ausübt. Wenn ihr der Depotkunde einen Auftrag zur Wahrnehmung des Stimmrechts erteilt, so muß sie diesen ausführen. Um dem Kunden die Erteilung einer Weisung zu ermöglichen, muß ihm die Bank nach § 128 Abs. 2 AktG eigene Vorschläge zur Ausübung des Stimmrechts unterbreiten. Hierbei hat sie sich von den Interessen der Kunden leiten zu lassen. Nur wenn er keine Weisung erteilt, darf sie nach ihren eigenen Vorschlägen abstimmen.

In der Praxis läßt sich die Bank im voraus die Vollmacht erteilen und weist den Kunden darauf hin, daß sie in diesem Fall rechtzeitig vor der Hauptversammlung Abstimmungsvorschläge unterbreiten werde und um Weisungen zur Stimmabgabe zu den einzelnen Tagesordnungen bitten werde. Sie kündigt an, daß sie nach ihren eigenen Vorschlägen abstimmen werde, wenn sie keine Weisungen erhalte.

Hat der Aktionär die Bank dann zur Ausübung des Stimmrechts ermächtigt, so erhält er jeweils vor dem Hauptversammlung das angekündigte Schreiben, in dem die Mitteilungen zur Hauptversammlung einschließlich der Vorschläge der Bank für die Ausübung des Stimmrechts enthalten sind. Er kann dann abweichende Weisungen erteilen. Hiervon macht aber kaum ein Aktionär Gebrauch, weil es ihm meist zu mühsam oder zu schwierig erscheint, die Sachverhalte selbst zu überprüfen. Der Kunde überläßt also der Bank die Wahrnehmung seiner Interessen. Hierbei übersieht er häufig, daß die Bank durchaus in einem Interessenkonflikt zu ihm stehen kann, z.B. wenn sie als Kreditgeberin des fraglichen Unternehmens engagiert ist und sich mit ihrer Kritik zurückhält, um den Kredit nicht zu gefährden. Andererseits muß der Vorstand der AG die Macht der Depotbanken in Rechnung stellen und sich mit ihnen bereits vor Einberufung der Hauptversammlung abstimmen, so daß also die Vorschläge der Depotbanken die bereits mit dem Vorstand abgestimmten Konzepte enthalten. Dies gilt auch für Personalentscheidungen, wenn es um die Bestellung der Anteilseignervertreter im Aufsichtsrat durch die Hauptversammlung geht (§ 101 Abs. 1 AktG). Mit Hilfe des Depotstimmrechts können die Banken diese Personalentscheidungen häufig beeinflussen. Daraus entwickelt sich ein

Beratungsgeflecht zwischen dem Vorstand, dem bestehenden Aufsichtsrat und den wichtigsten Depotbanken.

Eine Ausnahmeposition kommt den drei Großbanken Deutsche Bank, Dresdner Bank und Commerzbank zu. Die Deutsche Bank nennt nicht nur einen bedeutenden Anteil von Aktien ihr Eigen, so z.B. 28 % an der Daimler-Benz-AG, 12,5 % an der Hapag-Lloyd-AG, 30 % an der Philipp-Holzmann-AG, 25,1 % an der Karstadt-AG, 31,9 % an der Klöckner-Humboldt-Deutz-AG, 10 % an der Linde-AG, 16,8 % an der Südzucker-AG, 65 % an der Versicherung Deutscher Herold, 30 % am Gerling-Konzern, 23,1 % an der Nürnberger Versicherung und je 10 % an der Aachen-Münchener-Versicherung, an der Allianz-Holding und an der mit ihr verzahnten Münchner Rückversicherung. Hinzu kommt ein hoher Anteil an Depotstimmrechten (vgl. Schaubild 4).

Schaubild 4

Stimmrechtsanteile der Banken[1] auf den Hauptversammlungen der zu den 100 größten Unternehmen der BRD zählenden Aktiengesellschaften 1986

1984 Rang	Unternehmen	HV-Präsenz in %	Stimmrechtsanteile* der: Deutsche Bank	Dredner Bank	Commerz Bank	Groß-banken	Bayr Verein	Bayr. Hypo	Sonst Kredit	LB's +Spark.	Genos. Banken	Alle Banken
1	Siemens[3]	60,64	17,64	10,74	4,14	35,52	7,27	3,00	27,25	7,58	2,21	79,83
2	Daimler-Benz	81,02	41,80	18,78	1,07	61,66	0,81	0,63	4,41	1,16	0,59	69,34
	Mercedes-Hold.[2]	*67,20*	*11,85*	*13,66*	*12,24*	*37,75*	*0,95*	*0,76*	*6,40*	*10,85*	*0,58*	*57,35*
3	Volkswagen	50,13	2,94	3,70	1,33	7,98	0,58	0,94	2,72	5,18	2,12	19,53
5	Bayer	53,18	30,82	16,91	6,77	54,50	3,95	3,34	24,85	7,33	1,79	95,78
6	BASF	55,40	28,07	17,43	6,08	51,68	5,46	3,98	23,52	9,44	2,55	96,64
7	Hoechst	57,73	14,97	16,92	31,60	63,48	3,61	3,25	18,48	7,57	1,94	98,34
9	VEBA[3]	50,24	19,99	23,08	5,85	47,92	3,07	2,42	23,94	17,09	3,73	98,18
11	Thyssen[2]	68,48	9,24	11,45	11,93	32,62	1,74	2,12	9,96	5,01	1,66	53,11
12	Deutsche Bank	55,10	47,17	9,15	4,04	60,36	2,42	2,29	26,31	4,71	1,15	97,23
13	Mannesmann	50,63	20,49	20,33	9,71	50,53	2,79	3,74	20,99	13,55	3,79	95,40
18	M.A.N. (GHH)[2]	64,10	6,97	9,48	13,72	30,17	1,47	3,51	12,42	3,72	1,57	52,85
21	Dresdner Bank	56,79	13,39	47,08	3,57	64,04	2,91	2,58	21,54	5,39	1,70	98,16
27	Allianz-Holding	66,20	9,91	11,14	2,35	23,41	10,69	9,53	15,15	0,91	0,39	60,08
28	Karstadt	77,60	37,03	8,81	33,02	78,86	0,70	1,08	4,83	2,31	0,26	87,27
29	Hoesch	45,39	15,31	15,63	16,73	47,67	4,16	4,46	9,10	14,97	12,02	92,39
34	Commerzbank	50,50	16,30	9,92	34,58	60,81	3,66	4,74	16,80	7,88	2,86	96,77
35	Kaufhof	66,70	6,29	13,33	37,18	56,80	0,38	0,59	37,54	2,69	0,45	98,45
36	Klöckner-Werke	69,13	17,30	3,78	3,55	24,63	1,01	3,50	14,87	5,84	3,15	53,00
37	KHD	72,40	44,24	3,82	1,50	49,54	0,75	1,66	29,35	2,54	1,44	85,29
41	Metallgesellschaft[2]	90,55	16,42	48,85	0,35	65,62	0,26	0,29	9,23	0,40	0,14	75,95
44	Preussag[2,3]	69,58	11,15	5,60	2,59	19,34	1,06	1,51	5,67	66,90	5,20	99,68
51	Degussa[2]	70,94	6,86	33,03	1,89	41,79	2,15	2,11	15,81	3,02	2,22	67,09
52	Bayr. Vereinsbank	62,40	11,42	2,71	3,59	17,72	31,10	1,48	14,74	3,10	0,54	68,69
56	Continental[3]	35,29	22,77	9,99	6,04	38,81	6,20	3,49	25,27	12,75	9,03	95,55
57	Bayr. Hypobank	67,90	5,86	7,05	1,20	14,11	3,18	47,02	14,93	11,99	0,47	92,09
59	Deutsche Babcock	67,13	7,58	9,67	5,29	22,54	0,84	2,39	64,58	5,74	0,93	97,01
67	Schering	46,60	23,86	17,46	10,17	51,50	6,53	4,89	29,46	5,00	1,69	99,08
68	Linde	52,99	22,76	15,73	21,36	59,87	3,52	4,03	16,73	4,05	2,18	90,37
73	Ph. Holzmann	82,18	55,42	0,91	6,49	62,82	0,37	o,34	7,67	3,31	0,31	74,81
94	Strabag	83,02	6,80	19,15	1,37	27,32	0,63	0,54	62,39	4,24	0,12	95,24
96	Bergmann	99,12	36,89	-	-	36,89	25,60	-	-	-	-	62,15
98	Hapag-Lloyd	84,50	48,15	47,82	0,39	96,36	0,26	0,41	0,62	1,16	0,68	99,50
	im Durchschnitt	64,49	21,09	15,30	9,05	45,44	4,35	3,84	19,10	7,79	2,15	82,67

nachrichtlich: Das Grundkapital der 32 untersuchten Aktiengesellschaften beträgt insgesamt 29 436 030 000 DM. Auf den Hauptversammlungen vertreten waren 17 564 906 950 DM = 351 298 139 Stimmen.Bei den Nichtbanken waren ins-gesamt 294 093 Stimmen präsent.

* in % der Hauptversammlungspräsenz

1 Banken einschließlich der bankkontrollierten Investmentgesellschaften; bei den namentlich aufgeführten Banken beinhalten die rechtsanteile die Stimmrechtsanteile der mehrheitlich kontrollierten (Tochter-)Banken und Investmentgesellschaften.

2 einschließlich der über Holding-Gesellschaften gehaltenen Beteiligungen (umgerechnet auf Basis der vertretenen Stimmen)

3 Hauptversammlung 1987

Quelle: A. Gottschalk, Der Stimmrechtseinfluß der Banken in den Hauptversammlungen von Großunternehmen; WSI-Mitteilungen 5/1988, S. 294-304

Der genaue reale Anteil der Deutschen Bank an den Stimmrechten aus Vollmachten kann nur geschätzt werden. Legt man diese Schätzung bescheiden auf 10 Prozent der Depotstimmrechte an und fügt 5 Prozent Stimmenanteil aus eigenem Aktieneigentum hinzu, so kommt man auf eine Summe von 15 Prozent aller inländischen Aktienstimmen. Bedenkt man ferner die geringe Präsenz auf bundesdeutschen Hauptversammlungen, in der Regel zwischen 50 und 70 Prozent, so wird deutlich, daß allein die Deutsche Bank meist über eine Sperrminorität von 25 Prozent des anwesenden Kapitals verfügen kann, wenn sie will.[121]

Die Präsenz der Großbanken in den Aufsichtsräten deutscher Aktiengesellschaften ist hoch. Untersucht man die Besetzung von Spitzenpositionen innerhalb der größten 130 Unternehmen in der Bundesrepublik, die überwiegend in der Rechtsform der Aktiengesellschaft organisiert sind, so kommt man zu folgenden Zahlen:

Schaubild 5

Personelle Verflechtung der 3 Großbanken mit den 130 größten deutschen Unternehmen

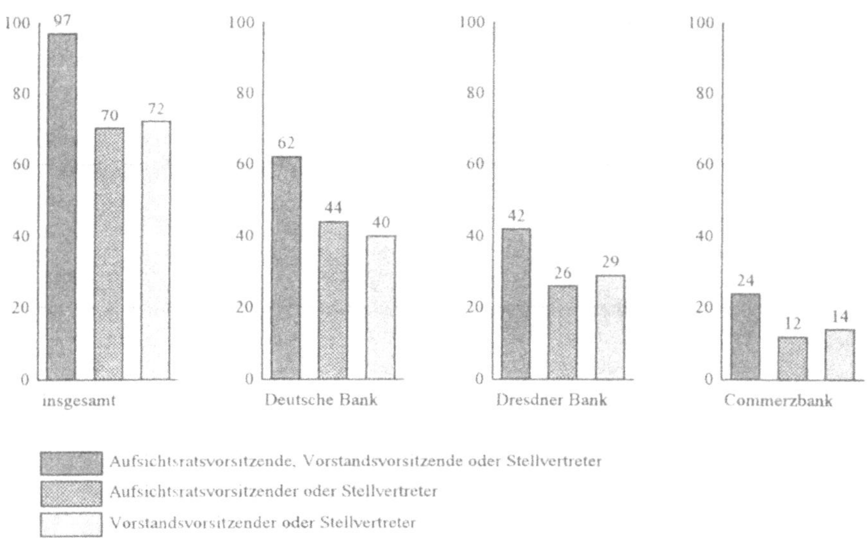

Quelle: Hermannus Pfeiffer, Die Macht der Banken, 1993

Eine Untersuchung der 30 im Deutschen Aktienindex (DAX) vertretenen Unternehmen kommt zu vergleichbaren Ergebnissen: Von den insgesamt 292 Aufsichtsratsmitgliedern der Anteilseigner stammen 73 aus dem Bankenbereich, darunter 13 Aufsichtsratsvorsit-

[121] Vgl. Hermannus Pfeiffer, Die Macht der Banken - die personellen Verflechtungen der Commerzbank, der Deutschen Bank und der Dresdner Bank mit Unternehmen, Frankfurt a.M. und New York 1993

zende. Von den 73 Aufsichtsratsmitgliedern entfallen 25 auf die Deutsche Bank, darunter 7 Vorsitzende, 19 auf die Dresdner Bank, darunter 3 Vorsitzende, und 12 auf die Commerzbank, darunter ein Vorsitzender (vgl. Hansen, AG 3/1994, S. R77-R79).

In diesen Verflechtungen lassen sich Strukturen erkennen. Konzerne haben häufig besonders enge Beziehungen zu einer Großbank. Um diese Großbanken entstehen Finanzgruppen von verflochtenen und dominierten Konzernen. So zählen Bertelsmann, Bosch, Carl Zeiss, Continental, Deutsche Unilever, Ford, Gute-Hoffnungshütte, Klöckner, Philipp Holzmann, RWE und Volkswagen zur Deutschen Bank. Besonders stark ist die Position der Deutschen Bank bei Allianz, Siemens und der VEBA. 9 Konzerne lassen sich als von der Deutschen Bank dominiert bezeichnen, darunter Daimler-Benz und Mannesmann.

Die drei Großbanken sind Publikumsgesellschaften. Es fragt sich, wer die Stimmrechte der Aktien von Kleinaktionären wahrnimmt, die an diesen Großbanken gehalten werden. Die Antwort ist verblüffend: Die Banken tun es selbst. Zwar darf die Bank in ihrer eigenen Hauptversammlung das Depotstimmrecht nur ausüben, soweit der Aktionär eine ausdrückliche Weisung zu den einzelnen Tagesordnungspunkten erteilt hat (§ 135 Abs. 1 Satz 2 AktG). In der Praxis ist aber auch in diesem Fall die Weisung zu den einzelnen Punkten bereits in einem Formular ausgedruckt, das der Aktionär nur noch zu unterschreiben braucht. De facto kontrolliert der Vorstand einer Bank also sich selbst, indem er mit Hilfe des Depotstimmrechts für seine eigenen Vorschläge stimmt.

Es fragt sich, welche Alternativen zum Depotstimmrecht bestehen. Die Situation in den angelsächsischen Ländern, die das Depotstimmrecht nicht kennen, regt nicht zur Nachahmung an. Dort reichen oft 10 bis 15 Prozent der Aktien aus, um eine Hauptversammlung zu beherrschen. Es kommt vielfach zu öffentlichen Übernahmeangeboten, mit deren Hilfe sich eine Gruppe von Finanziers handstreichartig in den Besitz von großen Konzernen setzt, wobei die Kosten der Übernahme durch den späteren Verkauf von Unternehmens- und Konzernteilen beglichen werden. Die Interessen der Beschäftigten spielen bei derartigen Verkäufen nur dann eine Rolle, wenn sie selbst als Käufer mitbieten. Auch die Organisation von Aktionärsvereinen erscheint nicht erfolgversprechend, weil die Interessen von Kleinaktionären diffus und kaum organisierbar sind. In ihrer Interessenlosigkeit gegenüber den Angelegenheiten des Unternehmens und des Konzerns stellen die meisten Kleinaktionäre nichts anderes als Kreditgeber dar, die nur auf die jährlichen Zinszahlungen (Dividende) achten oder mit einer Wertsteigerung ihres Papiers spekulieren.

dd) Nichtigkeits- und Anfechtungsklage

A ist Arbeitnehmervertreter im Aufsichtsrat der X-AG. Er erfährt, daß der Bundesgerichtshof den Ausschluß von Arbeitnehmervertretern allein aufgrund ihrer Gruppenzugehörigkeit bei der Besetzung von Ausschüssen des Aufsichtsrats mit Beschlußkompetenzen für unzulässig erklärt habe (BGH DB 1993, 1609 f.; vgl. Fall oben).

A stellt fest, daß der Personalausschuß der X-AG nach der Geschäftsordnung des Aufsichtsrats nur mit Anteilseignervertretern besetzt werde. Der Ausschuß amtiert seit Jahren. Kann A die Unzulässigkeit der Ausschußbesetzung jetzt noch geltend machen?

Das Aktiengesetz unterscheidet zwischen der Nichtigkeit und der Anfechtbarkeit von Hauptversammlungsbeschlüssen. Die Nichtigkeit eines Hauptversammlungsbeschlusses kann von jedermann geltend gemacht werden. Er muß hierbei keine besondere Form beachten (§ 249 Abs. 1 Satz 2 AktG). Nach § 241 AktG ist die Rechtsfolge der Nichtigkeit auf die Fälle beschränkt, die im Gesetz ausdrücklich und abschließend aufgezählt werden. Zu den in § 241 erwähnten Bestimmungen kommen Sonderbestimmungen zur Nichtigkeit der Wahl von Aufsichtsratsmitgliedern (§ 250) und zum Beschluß über die Verwendung des Bilanzgewinns (§ 253). Die Liste der Nichtigkeit in § 241 AktG umfaßt folgende Punkte:

- Die Hauptversammlung wurde nicht ordnungsgemäß einberufen und es haben Aktionäre gefehlt (Nr. 1).

- Die Beschlüsse wurden nicht oder mangelhaft beurkundet (Nr. 2).

- Beschlüsse sind mit dem "Wesen der AG" unvereinbar oder verletzen Vorschriften zum Schutze der Gläubiger oder des öffentlichen Interesses (Nr. 3).

- Die Beschlüsse verstoßen inhaltlich gegen die guten Sitten (Nr. 4).

- Die Beschlüsse sind nichtig, weil dies durch rechtskräftiges Urteil in einer Anfechtungsklage festgestellt wurde (Nr. 5, vgl. unten).

- Der Beschluß wurde aufgrund rechtskräftiger Entscheidung nach § 144 Abs. 2 des Gesetzes über die Angelegenheiten der freiwilligen Gerichtsbarkeit als nichtig gelöscht.

Im Gegensatz zur Nichtigkeitsklage kann die Anfechtungsklage nur der Anfechtungsbefugte (§ 245 AktG), und dies nur binnen eines Monats (§ 246 Abs. 1 AktG) geltend machen. Anfechtungsbefugt ist der Aktionär grundsätzlich nur dann, wenn er in der Hauptversammlung erschienen ist und gegen den Beschluß Widerspruch zur Niederschrift erklärt hat (§ 245 Nr. 1 AktG). In den anderen Fällen ist der Vorstand anfechtungsbefugt (§ 245 Nr. 4). Einzelne Mitglieder des Vorstandes oder des Aufsichtsrats sind nur anfechtungsbefugt, wenn ihnen durch den Beschluß die Begehung einer unerlaubten Handlung auferlegt wird (§ 245 Nr. 5).

Wenn ein Aufsichtsratsmitglied wie hier nicht gegen einen Hauptversammlungsbeschluß, sondern gegen einen Aufsichtsratsbeschluß klagen will, so muß man sich fragen, ob eine Nichtigkeitsklage zulässig ist oder ob die Klage an die Monatsfrist des § 246 Abs. 1 AktG gebunden ist, die für die Anfechtungsklage gegen Hauptversammlungsbeschlüsse gilt. Anders als bei Hauptversammlungsbeschlüssen geht es bei Aufsichtsratsbeschlüssen nicht darum, das Vertrauen der Öffentlichkeit oder der Kapitalanleger in den Bestand grundlegender, mit erheblicher Außenwirkung und Publizität ausgestatteter Entscheidung der Gesellschaft zu gewährleisten. Der Aufsichtsrat besteht nur aus einer kleinen Zahl von Menschen. Auseinandersetzungen werden in der Regel intern ausgetragen. Da der Aufsichtsrat nach § 111 AktG im wesentlichen ein Überwachungs- und Kontrollorgan ist, also im Inneren der Gesellschaft zu wirken hat, faßt er nur selten Beschlüsse mit Außenwirkung. Faßt man die Wahlentscheidungen, und hierzu zählen auch die Wahlentscheidungen über die Besetzung von Aufsichtsratsausschüssen, als Beschlüsse mit Außenwirkung, so muß man weniger die Aufrechterhaltung oder die Wiederherstellung des Vertrauens der Öffentlichkeit in die Bestandskraft der Wahl, sondern eher die Begrenzung der Nichtigkeitswirkung einer Wahl für die Zukunft im Auge behalten. Die vom Aufsichtsrat bestellten Vorstandsmitglieder müssen auf die Wirksamkeit ihrer Bestellung vertrauen können. Dieser Vertrauensschutz ist besser dadurch gewährleistet, daß grundsätzliche Fragen des Verstoßes gegen zwingendes Gesetzesrecht ein für alle Mal geklärt werden können und für die Zukunft ohne Rücksicht auf Anfechtungsfristen und genutzte oder ungenutzte Anfechtungsrechte beachtet werden. Die Nichtigkeit des Aufsichtsratsbeschlusses ist deshalb unabhängig davon zu beachten, ob ein Aufsichtsratsmitglied fristgerecht Anfechtungsklage erhoben hat.[122] A kann also wie jeder andere auch heute noch die Nichtigkeit der Ausschußbesetzung nach § 241 Nr. 3 AktG feststellen lassen.

A ist Aktionär der X-AG, die mit der Y-AG einen Beherrschungsvertrag abgeschlossen hat, wobei die X-AG Konzernobergesellschaft sein soll. A erhebt Anfechtungsklage gegen den Zustimmungsbeschluß der Hauptversammlung zu diesem Unternehmensvertrag, der nach § 293 Abs. 1 AktG erforderlich ist. Der Vorstand der X-AG ist in Zeitnot. Er will A eine Abfindung in Höhe von 1 Mio. DM bezahlen, um ihm sein Anfechtungsrecht abzukaufen. Er fragt an, ob ein solches "Abkaufen" zulässig sei.

Soweit nicht die besonderen Voraussetzungen der Nichtigkeitsklage gegeben sind, können Mängel eines Hauptversammlungsbeschlusses nur durch Anfechtungsklage geltend gemacht werden (§ 243 AktG). Der anfechtungsbefugte Aktionär oder der Vorstand können die Klage innerhalb eines Monats (§ 246 Abs. 1 AktG) erheben. Die Anfechtung ist ausgeschlossen, wenn die AG nachweist, daß der Anfechtungsgrund das Zustandekommen des Beschlusses nicht beeinflußt hat.[123] Wenn ein Aktionär seine Stimmabgabe wegen Irrtums oder arglistiger Täuschung nach §§ 119, 123 BGB wirksam angefochten hat, kann er den Beschluß der Hauptversammlung nur dann wirksam nach § 243 Abs. 1 AktG anfechten, wenn die erforderliche Mehrheit ohne seine Stimme nicht erreicht worden wäre.[124] Hinzu kommen andere zulässige Anfechtungsgründe, z.B. nach § 243 Abs. 2 AktG, wonach dem Aktionär nicht erlaubt ist, für sich oder einen Dritten Sondervorteile zum Schaden der Gesellschaft oder anderer Aktionäre zu erlangen; der Beschluß muß aber zu diesem Zweck geeignet sein (§ 243 Abs. 2 AktG). Schließlich ist die Anfechtungsklage möglich, wenn Auskunftsrechte der Aktionäre (vgl. unten) verletzt werden.

Erhebt ein Aktionär Anfechtungsklage, um von der Gesellschaft eine Abfindung zu erhalten, so kann ein solches Vorgehen rechtsmißbräuchlich sein. Derartige Mißbräuche sind in der letzten Zeit häufiger geworden. Eine mißbräuchlich erhobene Anfechtungsklage ist unzulässig, weil der Aktionär kein Rechtsschutzbedürfnis besitzt.[125] Die Mißbrauchsvoraussetzungen müssen im einzelnen Fall geprüft werden. Mißbräuchlich ist es, die Anfechtungsklage zu erheben, um sich den Lästigkeitswert der Klage bezahlen zu lassen, sich die Klage also abkaufen zu lassen. Dies bedeutet eine nicht gerechtfertigte Sonderleistung für den Aktionär.[126] Der Vorstand darf nach §§ 57 Abs. 1 Satz 1, 58 Abs. 5 AktG auf ein solches "unsittliches" Angebot nicht eingehen. Er darf die Abfindung nicht bezahlen, wenn er sich nicht selbst ersatzpflichtig machen will. Eine Ausnahme wird aber dann

[122] BGH DB 1993, 1609, 1611
[123] BGHZ 36, 121, 139
[124] BGHZ 14, 262 f.
[125] BGH WM 1992, 1404
[126] Vgl. schon BGHZ 36, 121, 135 und BGH AG 1992, 86

angenommen, wenn es darum geht, unverhältnismäßige Nachteile von der Gesellschaft abzuwenden. In diesem Fall ist eine ausbezahlte Abfindung nach § 62 Abs. 1 zurückzufordern.[127] Ein solcher Fall liegt hier vor, da die AG in Zeitnot bei der Umsetzung ihrer Beschlüsse zu kommen droht.

4. Rechtsstellung der Aktionäre

a) Mitgliedschaftsrechte und -pflichten

aa) Mitentscheidungsrechte

Die Mitentscheidungsrechte kann der Aktionär grundsätzlich nur im Rahmen der Hauptversammlung ausüben (§ 118 Abs. 1 AktG). Das wichtigste Mitentscheidungsrecht ist das Stimmrecht. Daneben kann der Aktionär die Anfechtungsrechte nach den §§ 243 f. AktG im Rahmen der Anfechtungsklage geltend machen. Er kann sich auch auf die Nichtigkeit von Beschlüssen der Hauptversammlung berufen (§ 141 AktG). Der Aktionär hat grundsätzlich keine von der Hauptversammlung unabhängige Klageberechtigung. Eine Ausnahme hiervon ist § 275 AktG. Danach kann der Aktionär die Gesellschaft für nichtig erklären lassen, wenn die Satzung keine Bestimmungen über die Höhe des Grundkapitals oder über den Gegenstand des Unternehmens enthält oder wenn die Bestimmungen der Satzung über den Gegenstand des Unternehmens nichtig sind (§ 175 Abs. 1 AktG). Zwar kann der Aktionär auch Ansprüche auf Schadensersatz gegen die Gesellschaft richten (vgl. §§ 309 Abs. 4 und 310 Abs. 1 AktG) oder einzelne Aktionäre verklagen (§§ 317 Abs. 1 und 318 Abs. 1 AktG). Die Anspruchsvoraussetzungen sind aber so restriktiv geregelt, daß die Ansprüche praktisch leerlaufen.

Die Aktie, die das Eigentum des Aktionärs verbrieft, ist nach § 823 Abs. 1 BGB geschützt. Auch das Aktieneigentum ist ein absolutes Recht im Sinne des Deliktsrechts. Handlungen des Vorstandes, welche den Wert des Gesellschaftsvermögens vermindern, verletzen aber nicht das Eigentum aus § 823 Abs. 1, sondern stellen bloße Vermögensschäden dar, die nach § 823 BGB nicht liquidiert werden können. Auch die Vorschriften über Pflichtverletzungen von Vorstand und Aufsichtsrat (vgl. §§ 93 und 116 AktG) sind keine Schutzgesetze nach § 823 Abs. 2 BGB[128] Schutzgesetze sind nur die Straftatbestände der §§ 299 f. AktG und die Verletzung der Konkursantragspflicht nach § 92 Abs. 2 AktG.[129]

bb) Auskunftsrecht

Durch das Aktiengesetz von 1965 wurde ein Auskunftsrecht des Aktionärs (§ 131 AktG) eingeführt. Der Aktionär kann in der Hauptversammlung vom Vorstand Auskunft über Angelegenheiten der Gesellschaft verlangen, soweit dies "zur sachgemäßen Beurteilung des Gegenstands der Tagesordnung erforderlich ist". Die Auskunftspflicht des Vorstandes umfaßt auch die Beziehungen zu verbundenen Unternehmen. Diese Auskunft hat der Vorstand nach den Grundsätzen einer gewissenhaften und getreuen Rechenschaft zu geben.

---

127 Vgl. Kölner Kommentar/Mertens, § 93 Rz. 39

128 Vgl. BGH NJW 1979, 1829

129 BGHZ 75, 96, 107 - Herstatt

In bestimmten Fällen darf der Vorstand die Auskunft verweigern. Zum einen darf sich die Auskunft nicht auf steuerliche Wertansätze oder auf die Höhe einzelner Steuern beziehen, zum andern darf sie sich nicht auf die Unterschiede zwischen dem Wertansatz von Gegenständen in der Jahresbilanz und ihrem höheren Realwert befassen, drittens darf sie sich unter bestimmten Voraussetzungen nicht auf Bilanzierungs- und Bewertungsmethoden beziehen, viertens darf sich der Vorstand durch die Erteilung der Auskunft nicht strafbar machen, schließlich darf die Erteilung der Auskunft nach vernünftiger kaufmännischer Beurteilung nicht geeignet sein, der Gesellschaft oder einem verbundenen Unternehmen einen nicht unerheblichen Nachteil zuzufügen. Für Kreditinstitute gilt zusätzlich § 131 Abs. 3 Nr. 6 AktG, der sich ebenfalls auf Bilanzierungs- und Bewertungsmethoden bezieht.

Aus anderen Gründen darf die Auskunft nicht verweigert werden. Geschieht dies dennoch, so kann der Aktionär verlangen, daß seine Frage und der Grund, aus dem die Auskunft verweigert worden ist, in der Niederschrift über die Verhandlung ausgenommen wird (§ 131 Abs. 5 AktG). Er kann dann nach § 132 AktG die Entscheidung des zuständigen Landgerichts darüber einholen, ob die Pflicht zur Auskunftserteilung besteht.

cc) Treuepflichten?

Angesichts der Anonymität des Aktieneigentums in modernen Publikumsgesellschaften liegt es nicht nahe, von einer besonderen Treuepflicht des Aktionärs gegenüber der Gesellschaft zu sprechen. Vielmehr scheint es auf den ersten Blick auszureichen, wenn er an den allgemeinen Grundsatz von Treu und Glauben nach § 242 BGB gebunden wird. Schließlich hat der Aktionär auch kaum Pflichten. Er muß weder die Hauptversammlung besuchen, noch einen Vertreter bestellen, noch sich irgendwie für das Wohl des Unternehmens einsetzen. Anders ist möglicherweise der Fall zu beurteilen, in dem ein Mehrheitsaktionär oder mehrere Großaktionäre ihren Einfluß zu Lasten einer Minderheit ausnutzen. Dies folgt schon aus § 243 Abs. 2 AktG. Danach kann die Anfechtung eines Beschlusses der Hauptversammlung darauf gestützt werden, daß ein Aktionär mit der Ausübung des Stimmrechts für sich oder Dritten Sondervorteile zum Schaden der Gesellschaft oder der anderen Aktionäre zu erlangen suchte und der Beschluß geeignet ist, diesem Zweck zu dienen. Das Anfechtungsrecht besteht nicht, wenn der Beschluß den anderen Aktionären einen angemessenen Ausgleich für ihren Schaden gewährt.

A verfügt über mehr als 75 % der Aktien der X-AG. Er setzt eine Satzungsänderung durch, wonach die AG aufgelöst wird. Er will das Unternehmen selbst erwerben und weiterführen. Verletzt er hierbei eine Treuepflicht des Mehrheitsaktionärs?

Der BGH hat zwar eine Treuepflicht des Mehrheitsaktionärs in diesem Fall anerkannt.[130] Er verneint jedoch eine Pflichtverletzung. Nach dem Aktiengesetz muß es möglich sein, in der Satzung eine Zeit festzulegen, nach deren Ablauf die AG beendet wird (§ 262 Abs. 1 Nr. 1 AktG). Der Mehrheitsaktionär, der sich nur an die gesetzliche Norm hält, handelt nicht treuwidrig. In anderen Fällen, in denen es um sogenannte Insiderinformationen ging, wurde die Treuepflicht des Aktionärs heftig diskutiert.[131] Es drängt sich der Eindruck auf, daß es bei dieser Diskussion um eine Art Ersatzbefriedigung für das fehlende

[130] BGHZ 103, 184, 189 ff. - Linotype -

[131] Vgl. Lutter, Zur Treuepflicht des Großaktionärs, JZ 1976, 225 f.; Karsten Schmidt, GR, S. 671 f.

Insiderrecht geht. Die Bundesrepublik Deutschland hat 1994 die Insiderrichtlinie der EG in nationales Gesetzesrecht umgesetzt (vgl. unten XIII.4.). Damit dürfte sich das Problem im wesentlichen für die Zukunft erledigt haben. Der vielzitierte Fall, daß ein Großaktionär seine Anteile an einen Erwerber veräußert, von dem er weiß oder wissen muß, daß er die Gesellschaft ausplündern und sich mit der Beute ins Ausland absetzen wird, kann bereits nach den allgemeinen Grundsätzen über den Mißbrauch einer Gesellschafterstellung nach § 242 BGB gelöst werden. Wer die AG in Ausübung seiner Mehrheitsmacht ausplündert, verletzt das Unternehmensinteresse, in das nicht nur die Interessen der Minderheitsaktionäre, sondern auch die der Arbeitnehmer und des Managements einfließen (vgl. oben). Der Konstruktion einer besonderen Treuepflicht zwischen den Aktionären bedarf es hierbei nicht. Statt dessen ist dem Umstand Rechnung zu tragen, daß eine AG keine reine Kapitalverwertungsmaschine, sondern eine arbeitsteilige Veranstaltung ist, bei der die unterschiedlichsten Interessen miteinander abgeglichen werden müssen.[132]

dd) Gleichbehandlungsgrundsatz und Differenzierungsmöglichkeiten

In § 53a AktG steht, daß Aktionäre unter gleichen Voraussetzungen gleich zu behandeln sind. Dieser Gleichbehandlungsgrundsatz wurde nachträglich in das Aktiengesetz eingeführt, um den Vorgaben des Artikels 42 der EG-Kapitalschutzrichtlinie Rechnung zu tragen. Der Grundsatz bedeutet nicht, daß alle Aktionäre schematisch gleich behandelt werden müßten. Eine Ungleichbehandlung darf aber nicht willkürlich sein.[133] Dies gilt auch, wenn die Aktionäre bei der Ausgabe neuer Aktien vom Bezugsrecht ausgeschlossen werden (vgl. unten). Es ist aber zulässig, nach der Satzung mehrere Gattungen von Aktien vorzusehen, von denen einzelne bevorrechtigt werden. Zur Einschränkung oder Aufhebung eines derartigen Vorrechts bedarf es nicht nur eines satzungsändernden Beschlusses der Hauptversammlung, sondern auch der Zustimmung der betroffenen Aktionäre durch einen Sonderbeschluß, für den wie für die Satzungsänderung mindestens Dreiviertelmehrheit erforderlich ist (vgl. § 179 Abs. 3 AktG). Dies gilt insbesondere für Vorzugsaktien, die den Anspruch verbriefen, mit einer Vorzugsdividende bedient zu werden, die aus dem Jahresgewinn vorab zu entrichten ist. Vorzugsaktien können wie erwähnt ohne Stimmrecht ausgegeben werden (§ 12 Abs. 1 Satz 2 AktG). Für diese Aktiengattung gelten §§ 139-141 AktG. Nach § 141 Abs. 3 Satz 1 AktG darf der Vorzug der Aktie nur mit einem Sonderbeschluß der Vorzugsaktionäre in einer gesonderten Versammlung mit qualifizierter Mehrheit aufgehoben werden.

Den einzelnen Aktionären oder Dritten können satzungsgemäße Sonderrechte eingeräumt werden (§ 26 Abs. 1 AktG). Hierzu zählt z.B. das Recht, ein Mitglied in den Aufsichtsrat zu entsenden (§ 101 Abs. 2 AktG). Das Recht kann an eine bestimmte Aktie (goldene Aktie) oder an die Person eines bestimmten Aktionärs geknüpft werden. Hinzu kommen wie erwähnt Mehrstimmrechte und Ansprüche auf Vorzugsdividende. Für diese Rechte gilt § 35 BGB, eine Vorschrift aus dem Vereinsrecht. Das Recht kann nicht ohne Zustimmung des Berechtigten von der Hauptversammlung eingeschränkt oder beseitigt werden.

---

132 Vgl. auch BGH ZIP 1988, 301

133 Vgl. BGHZ 33, 175 f.

Der Grundsatz der Gleichbehandlung gilt nur, wenn diese besonderen Rechtspositionen nicht eingeräumt worden sind. Er steht in § 60 AktG (Verteilung der Dividende) in § 134 Abs. 1 AktG (Stimmrecht) und in § 186 AktG (Bezugsrecht).

b) Vermögensrechte

aa) Dividende

Nach § 58 Abs. 4 AktG hat der Aktionär den Anspruch auf seinen Gewinnanteil. Der Anspruch ist durch die Pflicht der AG eingeschränkt, eine gesetzliche Rücklage zu bilden (§ 150 AktG). Durch Satzung oder Beschluß der Hauptversammlung kann die Verteilung des Bilanzgewinns weiter eingeschränkt werden. Dies ist solange zulässig, wie die Kompetenzzuweisungen des Aktiengesetzes nicht überschritten werden.

Die Vermögensrechte des Aktionärs sind dadurch eingeschränkt, daß die Einlage nicht zurückgewährt werden darf (§ 57 Abs. 1 AktG) und daß Zinsen auf die Aktie weder zugesagt noch ausgezahlt werden dürfen (§ 57 Abs. 2 AktG). Vor Auflösung der AG darf unter die Aktionäre nur der Bilanzgewinn verteilt werden (§ 58 Abs. 5 AktG). Die Vorschriften dienen der Kapitalerhaltung (vgl. oben).

Wird die AG aufgelöst, so hat der Aktionär nach § 271 AktG den Anspruch auf den Liquidationserlös. Wenn die Aktien nicht mit verschiedenen Rechten bei der Verteilung des Gesellschaftsvermögens ausgestattet sind, wird das Vermögen nach dem Verhältnis der Aktiennennbeträge verteilt.

Zu Unrecht gewährte Leistungen muß der Aktionär an die AG zurückerstatten (§ 62 Abs. 1 Satz 1 AktG). Nicht zurückerstatten muß er Beträge, die er gutgläubig als Dividenden empfangen hat (§ 62 Abs. 1 Satz 2 AktG).

bb) Verdeckte Gewinnausschüttungen

Das Verbot des § 58 Abs. 5 AktG, das der Erhaltung des Grundkapitals dient, gilt auch für verdeckte Gewinnausschüttungen. Werden einem Aktionär für Dienste oder Lieferungen überhöhte Gegenleistungen geboten oder gewährt, dann sind sowohl das Verpflichtungs- als auch das Erfüllungsgeschäft nach § 134 BGB nichtig. Die Leistung kann nach den allgemeinen Vorschriften des Schuld- und Sachenrechts (§§ 185 f., 812 f. BGB) zurückgefordert werden.

c) Die Veräußerung der Aktie

Die Aktie verbrieft die Mitgliedschafts- und Vermögensrechte an der Aktiengesellschaft. Sie ist ein Wertpapier. Das Gesetz knüpft die Mitgliedschaft in der AG an die Innehabung der Aktienurkunde. Man unterscheidet zwischen Inhaberaktien und Namensaktien (§ 10 Abs. 1 AktG). Beide Arten von Aktien werden nach den Grundsätzen des Wertpapierrechts übertragen.

aa) Inhaberaktie

Die meisten Aktien sind Inhaberaktien, sie gehören also zur Gruppe der Inhaberpapiere, die nach § 929 f. BGB übertragen werden. Es gilt der Grundsatz: Das Recht aus dem Papier folgt dem Recht am Papier, d.h. das in der Urkunde verbriefte Recht kann von jedem Inhaber geltend gemacht werden, der Eigentümer an dem Papier geworden ist. Das Recht wird wie eine bewegliche Sache durch Einigung und Übergabe der Aktienurkunde übertragen. Der gutgläubige Erwerb des Rechts vom Nichtberechtigten richtet sich nach den §§ 932 BGB und 366 HGB, wobei nach § 935 Abs. 2 BGB sogar an abhandengekommenen Inhaberaktien gutgläubiger Erwerb möglich ist.

Alle diese Vorschriften dienen dem Verkehrsschutz. Die Garantie- oder Gewährleistungsfunktion des Wertpapiers betrifft den Inhalt des Rechts und gewährleistet dem rechtmäßigen Inhaber, daß das Recht mit dem in der Urkunde bezeichneten Inhalt besteht und keine Einwendungen aus einem Rechtsverhältnis zu einem früheren Inhaber erhoben werden können, die sich nicht ebenfalls aus dem Inhalt der Urkunde ergeben. Die Legitimationsfunktion des Wertpapiers führt dazu, daß nur der Inhaber berechtigt ist, das in der Urkunde verbriefte Recht geltend zu machen. Sie gilt nur, soweit der Inhaber auch Eigentümer des Papiers ist.

bb) Namensaktie

Die Satzung kann bestimmen, daß die Aktien als Namensaktien auszustellen sind (§§ 10 Abs. 1 und 24 Abs. 1 AktG). Namensaktien sind Orderpapiere, die durch Einigung und Indossament übertragen werden (§ 68 Abs. 1 AktG). Die Übertragung ist der Gesellschaft unter Vorlage der Aktienurkunde mitzuteilen und von ihr im Aktienbuch zu vermerken (§§ 67 Abs. 1 und 68 Abs. 3 AktG). Nur das Aktienbuch verschafft dem Inhaber einer Namensaktie die Legitimation, die Rechte aus der Aktie z.B. in der Hauptversammlung geltend zu machen. Da jeder Aktionär auf Verlangen in das Aktienbuch Einsicht nehmen kann (§ 67 Abs. 5 AktG), wird auch ein gewisses Maß an Publizität in bezug auf das Aktieneigentum sichergestellt.

Die Transportfunktion einer Namensaktie ist nicht so weitreichend ausgestaltet wie die einer Inhaberaktie. Die Übertragung durch Einigung und Indossament entspricht den Grundsätzen, die auch für den Wechsel gelten. Der Inhaber der Aktie muß nicht nur im Aktienbuch eingetragen sein, sondern auch eine lückenlose Indossamentenkette vorweisen. Seine Identität kann relativ leicht festgestellt werden. Da die Aktien heute ohnehin in Wertpapiersammelstellen der großen Depotbanken verwahrt werden, erweist sich das Konzept der Namensaktien zumindest bei Publikumsgesellschaften nicht als praktikabel. Von der Möglichkeit, Namensaktien auszustellen, wird selten Gebrauch gemacht.

cc) Vinkulierte Namensaktie

Noch seltener werden Namensaktien mit der Maßgabe ausgestellt, daß die Übertragung der Aktie nur mit Zustimmung der Gesellschaft möglich ist (§ 68 Abs. 2 AktG). Wenn die AG nicht zustimmt, ist die Übertragung nicht wirksam. Mit der Vinkulierung von Aktien, die nur bei Namensaktien zulässig ist, soll sichergestellt werden, daß der Kreis der Aktionäre nur solche Personen umfaßt, die der Gesellschaft genehm sind. Auch diese Aktien sind Wertpapiere. Die Transportfunktion des Wertpapierrechts entfällt hier aber fast völlig. Kauft ein Interessent vinkulierte Namensaktien und erhält nicht die Zustimmung der Gesellschaft, so kann die Aktionsfähigkeit der Gesellschaft über längere Zeit blockiert sein, wie das Beispiel der Axel Springer AG belegt, die sich mit ihrem ungewollten Minderheitsaktionär Leo Kirch auseinanderzusetzen hatte.

5. Finanzordnung

a) Rechnungslegung

In den ersten drei Monaten des Geschäftsjahres hat der Vorstand den Jahresabschluß und den Lagebericht für das vergangene Jahr vorzulegen. Die Pflicht ist rechtsformübergreifend geregelt (§§ 142, 264, 320 HGB). Der Jahresabschluß, der die Bilanz, die Gewinn- und Verlustrechnung und den Anhang umfaßt, wird den Abschlußprüfern vorgelegt (§ 320 HGB). Haben diese keine Einwendungen zu erheben (vgl. § 317 Abs. 1 HGB), erteilen sie den Bestätigungsvermerk, dessen Wortlaut in § 322 Abs. 1 HGB festgelegt ist. Die Einzelheiten der Rechnungslegung werden unten (XI, Rechnungslegung und Besteuerung des Unternehmens) ausgeführt.

Für die AG gilt nun, daß der Vorstand den Prüfungsbericht unmittelbar nach dessen Eingang zusammen mit dem Jahresabschluß und dem Geschäftsbericht dem Aufsichtsrat vorzulegen hat (§ 170 AktG). Mit der Vorlage unterbreitet er auch einen Vorschlag für die Gewinnverwendung. Der Aufsichtsrat prüft dies und berichtet der Hauptversammlung schriftlich (§ 171 AktG).

A ist Arbeitnehmervertreter im Aufsichtsrat der X-AG. Als der Aufsichtsratsvorsitzende ihm mitteilt, die Abschlußprüfungsberichte seien in der Hauptverwaltung der AG zur Einsichtnahme für die Aufsichtsratsmitglieder ausgelegt, geht er mit einem Sachverständigen seiner zuständigen Gewerkschaft in die Geschäftsräume, um die Berichte zu lesen. Der Vorstand läßt dies nicht zu. Er vergewissert sich beim Aufsichtsratsvorsitzenden, daß dieser nur eine persönliche Einsichtnahme der Berichte gestatte. A klagt auf Zustimmung zu seinem Begehren, den Gewerkschaftsvertreter hinzuzuziehen.
Der BGH hat die Klage letztinstanzlich abgewiesen,[134] da es keinen Anspruch eines einzelnen Mitglieds des Aufsichtsrats auf Zuziehung eines Sachverständigen gebe. Im Hintergrund steht der Gedanke, daß die Verschwiegenheit bei Zuziehung von Sachverständigen nicht mehr gegeben sein könnte. Man könnte diesen Bedenken leicht dadurch Rechnung tragen, daß man den gewerkschaftlichen Sachverständigen seinerseits an eine Verschwiegenheitspflicht bindet, die ebensoweit reicht wie die des Aufsichtsratsmitglieds. Die gegenwärtige Rechtsprechung ist unbefriedigend, weil sie Arbeitnehmervertreter im Aufsichtsrat, die keine Fachkenntnisse in Finanzfragen besitzen, gegenüber den meisten Anteilseignervertretern, insbesondere den Bankenvertretern (Depotstimmrecht!), benachteiligt.

In der Regel billigt der Aufsichtsrat den Jahresabschluß, damit ist dieser festgestellt (§ 172 AktG). Billigt der Aufsichtsrat den Jahresabschluß nicht, so wird er der Hauptversammlung zur Feststellung vorgelegt. Das gleiche gilt, wenn Vorstand und Aufsichtsrat die Vorlage an die Hauptversammlung beschließen (§ 173 AktG). Ein Jahresabschluß ist

[134] BGHZ 85, 293, 295 - Hertie

nichtig, wenn er Vorschriften verletzt, die ausschließlich oder überwiegend zum Schutze der Gläubiger der Gesellschaft gegeben sind (§ 256 Abs. 1 Nr. 1 AktG). Die Nichtigkeit erfaßt das ganze korporationsrechtliche Rechtsgeschäft (§ 139 BGB); hierzu zählt auch der Billigungsbeschluß des Aufsichtsrats, weil die Aktionäre durch ihn einen mitgliedschaftlichen Gewinnanspruch gegen die Gesellschaft erlangen.[135]

In jedem Fall beschließt die Hauptversammlung über die Gewinnverwendung, sie ist hierbei allerdings an den festgestellten Jahresabschluß gebunden. Der Jahresabschluß ist nur dann nichtig, wenn einer der in § 256 AktG abschließend genannten Gründe gegeben ist.

b) Gewinnverwendung

Die Gewinne der AG können nicht beliebig verteilt werden. Nach § 150 AktG muß eine gesetzliche Rücklage gebildet werden, um die Gläubiger und die Gesellschaft selbst zu schützen. Die Einzelheiten, insbesondere die Höhe der Rücklage, sind in § 272 Abs. 2 Nr. 1-3 HGB festgelegt. Die Satzung kann eine höhere Rücklage bestimmen. Diese Rücklage darf nur aufgelöst werden, wenn die engen Voraussetzungen des § 150 Abs. 3 AktG erfüllt sind. Insbesondere müssen zuerst freie Rücklagen aufgelöst werden.

Wenn der Jahresabschluß nach § 173 AktG durch die Hauptversammlung festgestellt wird, kann die Satzung bestimmen, daß Beträge aus dem Jahresüberschuß in andere Gewinnrücklagen eingestellt werden (§ 58 Abs. 1 AktG). Stellen Vorstand und Aufsichtsrat nach § 172 AktG den Jahresabschluß fest, dann können sie einen Teil des Jahresüberschusses, aber nicht mehr als die Hälfte, von der Gewinnverwendung ausnehmen und als andere Gewinnrücklagen einbehalten (§ 58 Abs. 2 Satz 1 AktG). Übersteigen diese anderen Gewinnrücklagen nicht die Hälfte des Grundkapitals, so kann die Satzung Vorstand und Aufsichtsrat sogar ermächtigen, auch mehr als die Hälfte des Jahresüberschusses in solche offenen Reserven einzustellen.

Darüber hinaus kann die Hauptversammlung in ihrem Beschluß über die Gewinnverwendung weitere Beträge in Gewinnrücklagen einstellen (§ 58 Abs. 3 AktG). Sinkt dann die Dividende auf einen unter vier Prozent des Grundkapitals liegenden Betrag, so gilt § 254 AktG: Aktionäre mit fünf Prozent des Grundkapitals oder einem Nennbetrag von 1 Million DM in Aktien können den Beschluß nach § 243 AktG anfechten, wenn die Absenkung der Dividende zur Sicherung der "Lebens- und Widerstandsfähigkeit der Gesellschaft" nicht erforderlich ist.

Die Hauptversammlung kann den Jahresabschluß nicht ändern, auch nicht durch den Gewinnverwendungsbeschluß (§ 174 Abs. 3 AktG). Verteilt die Hauptversammlung mehr als den in der Bilanz ausgewiesenen Gewinn, so ist dies nach § 241 Nr. 3 AktG nichtig. Dasselbe gilt, wenn der Jahresabschluß nichtig ist (§ 253 Abs. 1 Satz 1 AktG).

c) Zufuhr von Fremdkapital

Wie jede natürliche Person kann die Aktiengesellschaft Kredit aufnehmen, sich also durch Fremdkapital finanzieren. Neben den Bankkrediten, die durch Hypotheken oder

[135] BGH DB 1994, 84 ff.

Sicherungsübereignung gesichert werden können, können auch Obligationen zur Finanzierung genutzt werden. Obligationen sind Teilschuldverschreibungen der Gesellschaft, die zur Börse zugelassen werden können. Der Gläubiger kann dann die Obligation wie eine Aktie an der Börse handeln, da es sich um Inhaberschuldverschreibungen handelt, die als Wertpapiere nach §§ 791 f. BGB umlauffähig sind. Vereinzelt kommen auch Orderschuldverschreibungen (Verpflichtungsscheine) vor, die nach § 163 HGB durch Einigung und Indossament übertragen werden; zur Erleichterung des Umlaufs werden diese häufig blanko indossiert.

In Frage kommen auch Gewinnschuldverschreibungen, die nach § 221 Abs. 1 AktG nur aufgrund eines Beschlusses der Hauptversammlung ausgegeben werden dürfen. Hierfür ist eine Dreiviertelmehrheit des bei der Beschlußfassung vertretenen Grundkapitals erforderlich. Die Aktionäre haben nach § 221 Abs. 4 AktG ein Bezugsrecht. Die Besonderheit dieser Gewinnschuldverschreibungen besteht darin, daß die Rechte der Gläubiger mit Gewinnanteilen von Aktionären in Verbindung gebracht werden. Den Gläubigern wird statt eines festen Zinssatzes eine Beteiligung am Unternehmensertrag versprochen.

Auch die Ausgabe von Wandelschuldverschreibungen bedarf nach § 221 Abs. 1 AktG der Dreiviertelmehrheit des bei der Beschlußfassung vertretenen Grundkapitals in der Hauptversammlung. Es handelt sich hier um Obligationen, bei denen den Gläubigern ein Umtausch- oder Bezugsrecht auf Aktien eingeräumt wird. Derartige Wandelanleihen, die noch zwischen Wandelschuldverschreibungen und Bezugsanleihen aufgeteilt werden, sind für die AG und die bezugsberechtigten Aktionäre vorteilhaft, weil die Zinsen nur einmal bei den Anleihegläubigern versteuert werden müssen und gleichzeitig die Inflationsgefahr durch die Wahrnehmung des Bezugsrechts auf die Aktien verringert werden kann.

Schließlich gibt es in § 291 Abs. 3 AktG die sogenannten Genußscheine. Für sie gilt § 221 Abs. 1 AktG entsprechend. Es handelt sich hier um schuldrechtliche Ansprüche gegen die Gesellschaft, die in dem Genußschein (Wertpapier) verbrieft werden können.

d) Kapitalerhöhung

aa) Effektive Kapitalerhöhung

Die Gesellschaft kann statt Fremdkapital Eigenkapital aufnehmen. Sie kann neue Aktien gegen Einlagen ausgeben. Dadurch erhöht sie das Grundkapital um die Summe des Nennwerts der neu emittierten Aktien. Der Beschluß über die effektive ordentliche Kapitalerhöhung, wie die Ausgabe der neuen Aktien genannt wird, bedarf der Satzungsänderung und damit der erforderlichen Mehrheit in der Hauptversammlung. Wenn die Satzung nichts anderes angibt, ist dies eine Dreiviertelmehrheit der Hauptversammlung vertretenen Kapitals. Für die Ausgabe von Vorzugsaktien ohne Stimmrecht (§ 182 Abs. 1 Satz 2), für den Ausschluß des Bezugsrechts (§ 186 Abs. 3) und für andere Formen der Kapitalerhöhung, die bedingte Kapitalerhöhung (§ 193 AktG) und das genehmigte Kapital (§ 202 Abs. 2 AktG), kann die Mehrheit nicht herabgesetzt werden.

In der Regel wird das Kapital gegen Bareinlagen erhöht. Falls Sacheinlagen eingebracht werden sollen, gelten die Sonderregelungen der §§ 183 und 184 AktG.

In der Praxis werden die neu ausgegebenen Aktien nicht von den Aktionären gezeichnet, sondern von einem Bankenkonsortium, den sogenannten Emmissionsbanken, übernommen. Dieses Konsortium bietet den Aktionären oder anderen Anlegern die neuen Aktien zum Bezug an. Deshalb stellt § 186 Abs. 5 AktG fest, daß die Übernahme der neuen Aktien durch die Bank nicht als Ausschluß des Bezugsrechts gilt, wenn die Bank sich zur Emission und zum Angebot an die Aktionäre verpflichtet hat.

Das Bezugsrecht der Aktionäre kann ausgeschlossen werden, wenn Belegschaftsaktien ausgegeben werden (vgl. § 192 Abs. 2 Nr. 3 AktG) oder wenn die Aktien einem anderen Unternehmen überlassen werden, damit dieses erworben werden kann (vgl. § 192 Abs. 2 Nr. 2 AktG). Nicht zulässig ist der Ausschluß des Bezugsrechts, um die Gesellschaft z.B. vor Überfremdung zu bewahren. Der Ausschluß darf also nicht der Bewahrung der Mehrheitsverhältnisse in der AG dienen. Der Vorstand muß der Hauptversammlung schriftlich berichten, wenn er das Bezugsrecht ausschließt (§ 186 Abs. 4 Satz 2 AktG). Durch die kleine Aktienrechtsreform von 1994 wird der Ausschluß des Bezugsrechts erleichtert, wenn der Ausgabepreis den Börsenpreis nicht wesentlich unterschreitet und die Kapitalerhöhung 10 % des Grundkkapitals nicht übersteigt.

bb) Bedingte Kapitalerhöhung

Die Hauptversammlung kann nach § 192 Abs. 1 AktG auch eine Kapitalerhöhung beschließen, die nur soweit durchgeführt werden soll, wie von einem Umtausch- oder Bezugsrecht Gebrauch gemacht wird, das die Gesellschaft auf die neuen Aktien (Bezugsaktien) einräumt. Die bedingte Kapitalerhöhung soll nur zu drei Zwecken beschlossen werden:

1. zur Gewährung von Umtausch- oder Bezugsrechten an Gläubiger von Wandelschuldverschreibungen,

2. zur Vorbereitung des Zusammenschlusses mehrerer Unternehmen,

3. zur Gewährung von Bezugsrechten an Arbeitnehmer der Gesellschaft zum Bezug neuer Aktien gegen Einlage von Geldforderungen, die den Arbeitnehmern aus einer ihnen von der Gesellschaft eingeräumten Gewinnbeteiligung zustehen.

Das Grundkapital wird hier nur soweit aufgestockt, wie die Umtausch- und Bezugsrechte gegenüber der AG ausgeübt werden (§ 192 Abs. 1). Das Verfahren entspricht grundsätzlich dem der ordentlichen effektiven Kapitalerhöhung.

cc) Genehmigtes Kapital

Die Satzung kann den Vorstand für höchstens 5 Jahre nach Eintragung der Gesellschaft ermächtigen, das Grundkapital bis zu einem bestimmten Nennbetrag durch Ausgabe neuer Aktien gegen Einlagen zu erhöhen (§ 202 Abs. 1 AktG). Man nennt dies "genehmigtes Kapital". Man vermeidet durch diese Kapitalerhöhung auf Vorrat das zeitraubende Verfahren, das in der Praxis eine rasche Reaktion auf akute Finanzierungsbedürfnisse des Unternehmens nicht zuläßt und verhindert, daß es günstige Bedingungen des Kapitalmarkts rasch zur Kapitalerhöhung nutzt. Vor 1937 wurden vom Vorstand "Vorratsaktien" bei einer Bank plaziert, die als Treuhänder fungierte. Heute fällt diese Praxis unter das

Verbot des Erwerbs eigener Aktien (§ 71 Abs. 1 AktG). Das genehmigte Kapital ist demgegenüber eine bloße Ermächtigung, das Grundkapital bis zu einem bestimmten Nennbetrag durch Ausgabe neuer Aktien gegen Einlagen zu erhöhen.

Diese Entscheidungsspielräume werden in der Praxis häufig genutzt. Wenn nicht die Ermächtigung die Details der Ausgabe regelt, kann dies auch der Vorstand festlegen (§ 204 Abs. 1 AktG). Die Beschränkung der Ermächtigung auf 5 Jahre (§ 202 Abs. 2 Satz 1 AktG) dient dazu, die Kompetenzen der Hauptversammlung nicht auf Dauer auszuhöhlen. Im übrigen darf der genehmigte Nennbetrag die Hälfte des Grundkapitals nicht übersteigen (§ 202 Abs. 3 Satz 1 AktG), auch soll der Aufsichtsrat zustimmen (§ 202 Abs. 3 Satz 2 AktG).

Wird das Bezugsrecht ausgeschlossen, so muß sowohl die Ermächtigung als auch die Ausgabe des genehmigten Kapitals durch den Vorstand durch Sachgründe gedeckt sein.[136] Werden Aktien aus dem genehmigten Kapital an Arbeitnehmer ausgegeben, dann kann die auf sie zu leistende Einlage aus dem Jahresüberschuß der AG gedeckt werden, und zwar aus dem Teil, den Vorstand und Aufsichtsrat nach § 58 Abs. 2 AktG in freie Rücklagen einstellen können (§ 204 Abs. 3 AktG). In diesem Ausnahmefall kann also die Gesellschaft über einen Teil des Bilanzgewinns zugunsten von Nichtaktionären - und zwar ihren Arbeitnehmern - verfügen.

dd) Nominelle Kapitalerhöhung

Wird das Kapital nach §§ 207-220 AktG aus Gesellschaftsmitteln erhöht, so spricht man von einer nominellen Kapitalerhöhung. Der AG wird kein neues Betriebskapital zugeführt. Es werden lediglich Kapitalrücklagen oder Gewinnrücklagen in Grundkapital umgewandelt. Die nominelle Kapitalerhöhung trägt den Sachverhalt Rechnung, daß Gewinne sehr häufig zur Selbstfinanzierung als Rücklagen einbehalten werden. Werden diese Rücklagen zu hoch, kann das Grundkapital heraufgesetzt werden. Dadurch wird die Stellung der Gläubiger und damit der Spielraum für Fremdfinanzierung gestärkt. Die Aktionäre erhalten sogenannte Gratisaktien, die sie nicht versteuern müssen. Dividendensatz und Börsenkurs sinken, so daß der Aktienerwerb erleichtert wird. Für das Verfahren verweist das Gesetz auf die effektive ordentliche Kapitalerhöhung. Voraussetzung ist, daß der Erhöhungsbetrag in der letzten Bilanz als Kapital- oder Gewinnrücklage ausgewiesen wurde (§ 208 Abs. 1 AktG). Die neuen Aktien dürfen nur an die Aktionäre und nur im Verhältnis ihrer bisherigen Beteiligung ausgegeben werden, ein entgegenstehender Beschluß der Hauptversammlung ist nichtig (§ 212 AktG).

e) Kapitalherabsetzung

Auch Kapitalherabsetzungen sind nach den §§ 222 f. AktG nur über eine Satzungsänderung möglich, da das Grundkapital geändert werden muß. Da der Kapitalstock, der den Gesellschaftsgläubigern zur Verfügung steht, herabgesetzt wird, müssen diese geschützt werden. Ihnen muß nach § 225 AktG Sicherheit geleistet werden. Neben der ordentlichen Kapitalherabsetzung, die in § 222 AktG genannt ist, gibt es auch eine vereinfachte Kapitalherabsetzung. Hier werden die Gläubiger dadurch geschützt, daß die Möglichkeiten einer erneuten Gewinnausschüttung eingeschränkt werden (§ 233 AktG).

---

[136] BGHZ 83, 319, 322 f. - Holzmann

Die ordentliche Kapitalherabsetzung kann dadurch erfolgen, daß der Nennbetrag aller Aktien herabgesetzt wird (§ 222 Abs. 4 AktG). Dieses Mittel scheidet aus, wenn der Nennwert bereits auf dem Mindestbetrag von 50 DM steht. Als Alternative bietet sich die Verringerung der Zahl der Aktien durch Zusammenlegung an. Dies ist nur dann zulässig, wenn die Herabsetzung des Aktiennennbetrages nicht möglich ist (§ 222 Abs. 4 Nr. 2). Schließlich ist die Amortisation möglich. Hier werden einzelne, genau bezeichnete Aktien eingezogen und damit beseitigt.

Bei der effektiven ordentlichen Kapitalherabsetzung wird ein Teil des Grundkapitals wirklich an die Aktionäre ausgezahlt. Dieser Fall kommt selten vor, weil die meisten Aktiengesellschaften kein Kapital übrig haben. Demgegenüber zielt die nominelle Kapitalherabsetzung darauf ab, das Grundkapital als Passivposten in der Bilanz zu reduzieren. Die nominelle Kapitalherabsetzung kommt häufig vor. Sie wird oft mit einer effektiven Kapitalerhöhung verbunden. Diese Lösung bietet sich an, wenn das Gesellschaftsvermögen durch Verluste stark geschrumpft ist. Eine sofortige effektive Kapitalerhöhung würde auf Schwierigkeiten stoßen, weil neue Aktien nicht unter pari ausgegeben werden dürfen. Wird aber das Kapital zuerst nominell herabgesetzt, kann der Bezugspreis der neuen Aktien niedriger liegen, ohne daß gegen dieses Verbot verstoßen wird.

Die vereinfachte Kapitalherabsetzung (§§ 229-236 AktG) ist nur zulässig, wenn das Kapital lediglich nominell herabgesetzt wird (§§ 229 Abs. 1, 230 AktG). Schließlich ist noch darauf hinzuweisen, daß die Kapitalherabsetzung durch Amortisation nur unter engen Voraussetzungen (§ 237 Abs. 1 AktG) zulässig ist, weil die Aktionäre ungleich behandelt werden.

6. Auflösung und Beendigung

Die AG wird nach § 262 AktG aufgelöst

- Durch Ablauf der Zeit, die in der Satzung bestimmt ist;
- durch Beschluß der Hauptversammlung mit mindestens Dreiviertelmehrheit des vertretenen Grundkapitals;[137]
- durch die Eröffnung des Konkursverfahrens über das Vermögen der Gesellschaft;
- durch rechtskräftiges Auflösungsurteil nach § 396 AktG bei Gefährdung des Gemeinwohls durch gesetzwidriges Verhalten;
- durch behördliches Verbot wegen verfassungswidriger Zielsetzung (§ 17 Vereinsgesetz);
- wegen Vermögenslosigkeit nach § 2 Löschungsgesetz (Löschung im Handelsregister);
- mit Rechtskraft des Beschlusses, durch den die Eröffnung des Konkursverfahrens mangels Masse abgelehnt wird und
- mit Rechtskraft einer registergerichtlichen Verfügung, durch welche ein Satzungsmangel festgestellt wurde.

Die Gesellschaft wird ferner aufgelöst, wenn ihr satzungsmäßig festgelegter Auflösungsgrund gegeben ist. Betriebseinstellung und ähnliches sind keine Auflösungsgründe.

[137] Vgl. auch BGHZ 103, 184, 189 Linotype

Nach Auflösung der Gesellschaft findet die Liquidation statt. In § 264-274 AktG ist das Abwicklungsverfahren zwingend vorgeschrieben. Im Falle des Konkurses gilt nach § 264 Abs. 1 AktG das Konkursverfahren.

Die Abwickler müssen die laufenden Geschäfte beenden, die Forderungen einziehen, das übrige Vermögen in Geld umsetzen, die Gläubiger befriedigen und das verbleibende Vermögen unter die Aktionäre verteilen. Abwickler sind die Vorstandsmitglieder. Wenn eine Aktionärminderheit dies verlangt, werden gerichtliche Abwickler an ihrer Stelle bestellt (§ 265 Abs. 3 AktG). Die Abwickler haben innerhalb ihres Geschäftskreises die Rechte und Pflichten eines Vorstandes. Für sie gilt der Grundsatz der Gesamtvertretung (§ 269 AktG). Soweit es die Liquidation erfordert, dürfen die Abwickler neue Geschäfte eingehen (§ 268 Abs. 1 Satz AktG).

Die Kontrolle der Abwicklung, die auch den Schutz der Gläubiger bezweckt, übernimmt zum Teil die Hauptversammlung. Sie beschließt über die Feststellung der Eröffnungsbilanz und des Jahresabschlusses und über die Entlastung der Abwickler und der Mitglieder des Aufsichtsrats (§ 270 Abs. 2 AktG). Hinzu kommt nach § 267 AktG, daß die Abwickler unter Hinweis auf die Auflösung der Gesellschaft die Gläubiger auffordern müssen, ihre Ansprüche anzumelden. Diese Aufforderung ist dreimal in den Gesellschaftsblättern bekanntzumachen. Sind die Verbindlichkeiten berichtigt, so darf das verbleibende Vermögen erst nach einer Sperrfrist von einem Jahr unter die Aktionäre verteilt werden (§ 271 Abs. 1 AktG). Ist die Liquidation beendet, ist dies zur Eintragung in das Handelsregister anzumelden. Die Gesellschaft wird dann gelöscht, Bücher und Schriften werden hinterlegt.

7. Kommanditgesellschaft auf Aktien

a) Begriff und praktische Bedeutung

Die Kommanditgesellschaft auf Aktien (KGaA) ist eine Mischform zwischen AG und KG. Sie muß mindestens einen Gesellschafter haben, der den Gläubigern unbeschränkt haftet. Andererseits ist das Kommanditkapital in Aktien zerlegt (§ 278 Abs. 1 AktG). Die KGaA spielt zahlenmäßig kaum eine Rolle. Daran hat sich auch durch die Wiedervereinigung nichts geändert.

Der persönlich haftende Gesellschafter oder Komplementär wird nach § 278 Abs. 2 AktG ebenso wie der Komplementär einer KG behandelt. Es gelten die §§ 161-177a HGB; aus § 161 Abs. 2 in Verbindung mit § 128 HGB folgt, daß der Komplementär voll für die Schulden der KGaA haftet.

Die Kommanditaktionäre werden wie die Aktionäre der AG behandelt (§ 278 Abs. 3 AktG).

b) Organisation

Der persönlich haftende Gesellschafter wird nicht vom Aufsichtsrat bestellt. Aufnahme, Wechsel und Ausscheiden von Komplementären sind nur möglich, wenn die Satzung geändert wird. In der mitbestimmten KGaA gibt es keine Beteiligungsrechte der Arbeitnehmervertreter im Aufsichtsrat in bezug auf den Komplementär, der die Funktion des Vorstandes erfüllt. Dies ist in § 31 Abs. 1 Satz 2 des Mitbestimmungsgesetzes von 1976 ausdrücklich festgehalten. Persönlich haftender Gesellschafter kann auch nur eine natürliche Person sein. Es gibt also keine GmbH & Co. KGaA. Dies folgt aus § 76 Abs. 3 AktG, der für die KGaA entsprechend gilt.[138]

Der Aufsichtsrat ist die Vertretung der Kommanditaktionäre gegenüber dem Komplementär (§ 278 Abs. 3 AktG). Er ist auch Vertreter der Kommanditaktionäre gegenüber dem Komplementär (§ 287 AktG). In der Hauptversammlung ist der Komplementär in bestimmten Angelegenheiten von der Abstimmung ausgeschlossen (§ 285 Abs. 1 AktG). Im übrigen bestimmt sich sein Stimmpotential nach der Zahl der Aktien, über die er verfügt.

Die Beschlüsse der Hauptversammlung bedürfen der Zustimmung des Komplementärs, soweit sie Angelegenheiten betreffen, für die bei einer KG das Einverständnis des persönlich haftenden Gesellschafters und des Kommanditisten erforderlich ist (§ 285 Abs. 2 Satz 1 AktG). Die Feststellung des Jahresabschlusses, die von der Hauptversammlung beschlossen wird, bedarf stets der Zustimmung des Komplementärs (§ 286 Abs. 1 AktG).

---

[138] h.M., vgl. statt aller Karsten Schmidt, Gesellschaftsrecht, § 32 III 2a; dagegen OLG Hamburg NJW 1969, 1030; Mertens, KK § 278 Rz. 11 ff. läßt die Geltung von § 76 Abs. 3 nur für Komplementäre zu, die vorstandsähnliche Funktionen erfüllen

8. Zusammenfassung

Die AG ist juristisch gesehen ein Verein, keine Personengesellschaft. Sie ist juristische Person (§ 1 Abs. 1 AktG). Die Haftung der Aktionäre für die Schulden der AG ist auf ihre Aktie beschränkt. Ihr Risiko ist also, daß die Aktie entwertet wird, die persönliche Haftung ist ausgeschlossen. § 31 BGB ist auf die AG anwendbar; die Gesellschaft haftet für die unerlaubte Handlung ihres Vorstandes. Die AG ist Kapitalgesellschaft. Der Nennbetrag des Grundkapitals (§ 1 Abs. 2 AktG) bezeichnet die Summe der Aktien. Das Grundkapital ist in der Satzung festgelegt (§ 32 Abs. 3 Nr. 3 AktG). Es gibt an, welche Höhe das Gesellschaftsvermögen mindestens haben muß.

Im Aktiengesetz von 1965 ist auch das Recht der verbundenen Unternehmen geregelt (drittes Buch), auf das weiter unten einzugehen sein wird.

Die AG entsteht durch die Eintragung in das Handelsregister als juristische Person (§ 41 Abs. 1 Satz 1 AktG). Die AG wird nur eingetragen, wenn die Gründung den gesetzlichen Anforderungen entspricht. Durch dieses System der Normativbedingungen wurde die im 19. Jahrhundert erforderliche Konzession ersetzt. Eine Person allein kann seit 1994 eine AG gründen (§ 2 AktG). Das Grundkapital muß mindestens 100.000,-- DM betragen (§ 7 AktG). Mit der Feststellung der Satzung ist die AG errichtet, aber noch nicht als juristische Person entstanden (§§ 2, 23, 28 AktG). Bei der Gestaltung der Satzung sind die Mindestinhalte des § 23 Abs. 3 und 4 AktG zu beachten. Die Gründer müssen alle Aktien übernehmen (§§ 2, 29 AktG). Mit der Eintragung in das Handelsregister entsteht die AG als juristische Person (§ 41 Abs. 1 Satz 1 AktG).

Fehlt eine Satzungsbestimmung über die Höhe des Grundkapitals, so ist die Gesellschaft nichtig. Der Gründungsmangel wirkt aber nur ex nunc, d.h. die Gesellschaft wird abgewickelt, wie wenn sie nach § 262 AktG aufgelöst worden wäre. Anderen Gründungsmängeln wird die Wirksamkeit durch die Eintragung genommen (§§ 275-277 AktG).

In den Fällen der §§ 26 und 27 AktG spricht man von einer qualifizierten Gründung; es geht hier um Sondervorteile, die Bezahlung von Gründungsaufwand, die Einbringung von Sacheinlagen und Sachübernahmen. Da die AG hierdurch finanziell belastet werden kann, findet in diesen Fällen eine Sonderprüfung statt.

Organe der AG sind Vorstand, Aufsichtsrat und Hauptversammlung. Der Vorstand vertritt die Gesellschaft nach außen und führt ihre Geschäfte (§§ 76 Abs. 1, 77 und 78 AktG). Im Rahmen seiner Zuständigkeiten ist er von Aufsichtsrat und Hauptversammlung unabhängig. Die Vorstandsmitglieder werden vom Aufsichtsrat auf höchstens 5 Jahre bestellt (§ 84 Abs. 1 AktG). Man unterscheidet zwischen der Bestellung, die dem Bestellten die Organstellung in der AG verschafft, und dem Anstellungsvertrag, der im Innenverhältnis die dienstvertraglichen Beziehungen des Vorstandsmitglieds zur Gesellschaft regelt (§ 675 BGB). In beiden Fällen vertritt der Aufsichtsrat die AG gegenüber dem Vorstand (§ 112 AktG).

Der Aufsichtsrat überwacht die Geschäftsführung des Vorstandes (§ 111 AktG). Er ist ein notwendiges Kollegialorgan (§ 95 AktG). Er entscheidet durch förmlichen Beschluß (§ 108 Abs. 1 AktG). Die Hauptversammlung wählt die Mitglieder des Aufsichtsrats

(§ 101 AktG) und beruft sie ab (§ 103 AktG). Der Aufsichtsrat wählt einen Vorsitzenden (§ 107 AktG). Dieser hat in der Regel nach der Satzung die Hauptversammlung zu leiten.

Soweit die Unternehmensmitbestimmung gilt, wählen die Arbeitnehmer des Unternehmens ihre Vertreter in den Aufsichtsrat. Nach dem Mitbestimmungsgesetz von 1976 sind betriebliche und Gewerkschaftsvertreter zu wählen. Die Anteilseignerseite hat ein leichtes Übergewicht im Aufsichtsrat, das durch das sogenannte Doppelstimmrecht des Aufsichtsratsvorsitzenden sichergestellt wird, der von den Anteilseignervertretern des Aufsichtsrats allein gewählt wird, wenn keine Zweidrittelmehrheit bei seiner Bestellung zustande kommt (§ 29 MitbG). Im Bereich von Kohle, Eisen und Stahl gilt das Montanmitbestimmungsgesetz von 1951 und für Konzernobergesellschaften das Mitbestimmungsergänzungsgesetz von 1956 weiter. Hier besteht der Aufsichtsrat zu gleichen Teilen aus Vertretern der Anteilseigner und der Arbeitnehmer sowie aus einem weiteren neutralen Mitglied. Nach dem Gesetz von 1951 kann der Arbeitsdirektor als Mitglied des Vorstandes nicht gegen die Stimmen der Mehrheit der Arbeitnehmervertreter im Aufsichtsrat gewählt werden. In Aktiengesellschaften mit 500 bis 2.000 Arbeitnehmern wird nach wie vor nach dem Betriebsverfassungsgesetz von 1952 gewählt, das inzwischen in seinen anderen Teilen außer Kraft gesetzt ist. Den Arbeitnehmern steht ein Drittel der Aufsichtsratssitze zu.

Die Hauptversammlung ist das Organ, in dem die Aktionäre ihre Verwaltungsrechte ausüben (§ 118 Abs. 1 AktG). Nach § 119 Abs. 2 AktG kann sie über Fragen der Geschäftsführung nur entscheiden, wenn der Vorstand es verlangt. Ihre Aufgaben ergeben sich aus dem Gesetz, insbesondere aus § 119 Abs. 1 AktG.

Die Aktie ist ein Wertpapier. Die Mitgliedschaft wird durch die Übereignung der Urkunde übertragen. Ist die Aktie Inhaberpapier, so erfolgt die Übereignung durch Einigung und Übergabe nach §§ 929 f. BGB. Im Ausnahmefall gibt es Namensaktien, die ebenfalls Wertpapiere sind, aber nur durch Einigung und Indossament übertragen werden. Bei der vinkulierten Namensaktie muß die Gesellschaft der Übertragung der Aktie zustimmen.

Die Verwaltungsrechte des Aktionärs sind das Recht auf Teilnahme an der Hauptversammlung (§ 118 Abs. 1 AktG), das Stimmrecht (§§ 12, 134 AktG), das Auskunftsrecht (§§ 131 f. AktG) und das Recht zur Anfechtung von Beschlüssen der Hauptversammlung (§§ 241 Nr. 5, 243 f. AktG). Das wichtigste Vermögensrecht des Aktionärs ist das Dividendenrecht. Es gibt das mitgliedschaftliche Dividendenrecht nach § 58 Abs. 4 AktG und den Zahlungsanspruch auf die Dividende, wenn der Beschluß über die Gewinnverwendung gefaßt ist. Das mitgliedschaftliche Dividendenrecht erschöpft sich im Anspruch des Aktionärs auf die Teilnahme an der Hauptversammlung, die über die Gewinnverwendung beschließt (§ 174 AktG). Ist der Beschluß über die Gewinnverwendung gefaßt, so hat der Aktionär einen entsprechenden Zahlungsanspruch gegen die Gesellschaft.

9. Übungsfälle

a) *A ist Vorstandsmitglied der Finanzbank-AG. Während einer Urlaubsreise kommt er mit lokalen Finanzmaklern ins Gespräch und beteiligt sich des Nervenkitzels wegen an einer rechtswidrigen Vermögensspekulation, durch die der Warenexporteur B um DM 100.000,-- unmittelbar geschädigt wird. A wird wegen Beihilfe zum Betrug verurteilt. B möchte sich nicht an den persönlich und finanziell ruinierten A, sondern an die Finanzbank-AG halten. Ist dies möglich?*

A haftet dem B nach § 823 Abs. 2 in Verbindung mit §§ 263 StGB und 830 BGB. Die Beihilfe zum Betrug ist die Beihilfe zu einem Delikt, das gegen ein Schutzgesetz im Sinne von § 823 Abs. 2 verstößt. Fraglich ist, ob die Finanzbank-AG nach § 31 BGB für die unerlaubte Handlung ihres Vorstandsmitglieds haftet. In § 31 haftet der Verein für die unerlaubte Handlung seines Vorstandsmitgliedes, das in Ausübung der ihm zustehenden Verrichtungen gehandelt hat. Nicht erfaßt ist das sogenannte Handeln bei Gelegenheit. A war auf einer Urlaubsreise. Er hat nicht Verrichtungen, die ihm als Vorstandsmitglied der Finanzbank-AG zustanden, ausgeübt. Er hat lediglich bei Gelegenheit gehandelt. Die Finanzbank-AG haftet nicht nach § 31 BGB für die unerlaubte Handlung des A.

b) *A ist Vorstandsmitglied der X-AG. Er verhandelt schon lange mit der Y-GmbH wegen einer Autowaschanlage, welche die X-AG für DM 180.000,-- angeboten hat. Schließlich erklärt ihm G, Geschäftsführer der Y-GmbH, daß DM 150.000,-- sein letztes Wort seien. A erklärt sich mit dem Preis einverstanden, da er weiß, daß die Gewinnspanne der X-AG über DM 60.000,-- beträgt. Die Y-GmbH verlangt Lieferung. Die übrigen Vorstandsmitglieder der X-AG sind jedoch gegen die Lieferung zu diesem Preis, da inzwischen attraktivere Kaufangebote eingegangen sind. Die Satzung der X-AG sagt nichts über die Vertretungsmacht der Vorstandsmitglieder aus. Welche Ansprüche hat die Y-GmbH?*

Die Y-GmbH kann von der X-AG die Lieferung der Autowaschanlage zum Preis von DM 150.000 nach § 433 Abs. 1 BGB verlangen, wenn ein Vertrag zwischen beiden Gesellschaften zustande gekommen ist. Vertreten wurde die X-AG beim Vertragsschluß durch ihr Vorstandsmitglied A. Da in der Satzung nichts geregelt ist, sind nach § 78 Abs. 2 Satz 1 nur sämtliche Vorstandsmitglieder gemeinschaftlich zur Vertretung der AG befugt. Die anderen Vorstandsmitglieder haben der Vertragsschließung nicht zugestimmt. Also ist die X-AG beim Vertragsabschluß nicht wirksam vertreten worden. Sie ist nicht zur Lieferung der Autowaschanlage an die Y-GmbH verpflichtet.

Die Y-GmbH könnte von A als Vertreter ohne Vertretungsmacht die Erfüllung des Vertrages verlangen. Nach § 179 Abs. 1 BGB ist A als Vertreter ohne Vertretungsmacht dem anderen Vertragsteil nach dessen Wahl zur Erfüllung oder zum Schadensersatz verpflichtet; die vertretene X-AG hat die Genehmigung des Vertrages verweigert, da die übrigen Vorstandsmitglieder nicht zugestimmt haben.

Nach dem Sachverhalt ist nicht davon auszugehen, daß der andere Teil den Mangel der Vertretungsmacht kannte oder kennen mußte (§ 179 Abs. 3 Satz 1 BGB). Die Y-GmbH hat die Wahl, ob sie von A Erfüllung oder Schadensersatz wegen Nichterfüllung verlangt. Wählt sie Schadensersatz, so hat A nach § 249 BGB die Y-GmbH so zu stellen, wie wenn der Vertrag erfüllt worden wäre.

c) *V ist Vorstandsmitglied der Rheinkies-AG. Die Hauptversammlung der Gesellschaft entzieht ihm auf Antrag eines Großaktionärs "wegen Führungsschwäche" das Vertrauen. Der Vorwurf wird nicht näher begründet. Einige Aktionäre haben sich aber in der Hauptversammlung unzufrieden über die Tätigkeit des V geäußert. Hierauf beschließt der Aufsichtsrat mit knapper Mehrheit den Widerruf der Bestellung des V zum Vorstandsmitglied. V meint, dies sei nicht durch § 84 AktG gedeckt, zumindest müsse seine vertragsgemäße Vergütung für die Vorstandstätigkeit weiter bezahlt werden. Ist V im Recht?*

Der Aufsichtsrat ist nach § 112 AktG für die Abberufung von Vorstandsmitgliedern zuständig. Nach § 84 Abs. 3 kann er die Bestellung des V zum Vorstandsmitglied widerrufen, wenn ein wichtiger Grund vorliegt. Als ein solcher Grund gilt auch der Vertrauensentzug durch die Hauptversammlung, es sei denn, daß das Vertrauen aus offenbar unsachlichen Gründen entzogen worden ist. Eine Kritik mehrerer Aktionäre und eines Großaktionärs, die in dem Vorwurf der Führungsschwäche gipfelt, ist nicht offenbar unsachlich. Jedenfalls gibt der Sachverhalt hierfür keine Anhaltspunkte. Also ist der Widerruf der Bestellung durch den Aufsichtsrat zulässig.

Von diesem Widerruf zu trennen ist die Kündigung des Anstellungsvertrages mit V nach § 626 BGB aus wichtigem Grund. Hier müssen Tatsachen vorliegen, aufgrund derer dem Kündigenden unter Berücksichtigung aller Umstände des Einzelfalles und unter Abwägung der Interessen beider Vertragsteile die Fortsetzung des Dienstverhältnisses bis zum Ablauf der Kündigungsfrist oder bis zu der vereinbarten Beendigung des Dienstverhältnisses nicht zugemutet werden kann (§ 626 Abs. 1). Ob diese Tatsachen vorliegen, läßt der Sachverhalt offen. Ob die Kündigung des Anstellungsvertrages zulässig ist, hängt von einer Interessenabwägung zwischen den Beteiligten ab. Ergibt sich die Unzumutbarkeit der Weiterbeschäftigung durch die AG, ist auch die Kündigung des Anstellungsvertrages wirksam. Andernfalls muß V weiterbeschäftigt werden, wenn auch nicht mehr als Vorstandsmitglied; in der Praxis wird dann meistens eine Abfindung bezahlt.

Zur Vertiefung: *K. Schmidt*, GR, S. 637-816, *Kübler*, S. 147-212, *Raiser*, Recht der Kapitalgesellschaften, 2. Aufl. 1992, S. 29-245

VII. Die Gesellschaft mit beschränkter Haftung

1. Begriff und Erscheinungsformen

Die Gesellschaft mit beschränkter Haftung ist eine Handelsgesellschaft mit eigener Rechtspersönlichkeit, die zu jedem gesetzlich erlaubten Zweck errichtet werden kann; für ihre Verbindlichkeiten haftet den Gläubigern nur das Gesellschaftsvermögen.

Die GmbH ist körperschaftlich verfaßt, sie hat mindestens zwei Organe, den oder die Geschäftsführer und die Gesellschafter in ihrer Gesamtheit. Bei der mitbestimmten GmbH muß als drittes Organ der Aufsichtsrat hinzukommen, in anderen GmbHs wird der Aufsichtsrat fakultativ errichtet.

Die GmbH hat "als solche selbständig ihre Rechte und Pflichten" (§ 13 Abs. 1 GmbH-Gesetz); damit ist sie juristische Person. Die persönliche Haftung der Gesellschafter ist ausgeschlossen. In Ausnahmefällen können die Gesellschafter im Wege des Durchgriffs in Anspruch genommen werden.

Für die GmbH gilt der Grundsatz der Fremdorganschaft. Die Geschäfte führen im wesentlichen die Geschäftsführer. Die GmbH ist als Kapitalgesellschaft Kaufmann im Rechtssinne (§ 6 HGB). Auch wenn die GmbH kein Handelsgewerbe betreibt, ist sie also voll den handelsrechtlichen Vorschriften unterworfen.

Da die GmbH zu jedem gesetzlich zulässigen Zweck errichtet werden kann, kommen als Unternehmensgegenstand auch caritative, wissenschaftliche, künstlerische, sportliche und kulturelle Zwecke in Frage. Behindertenwerkstätten, Fortbildungsgesellschaften, zoologische Gärten und Hochschulinformationssysteme können in der Rechtsform der GmbH verfaßt sein.

Nicht zulässig ist die Rechtsform der GmbH in bestimmten Wirtschaftsbereichen: Hypothekenbanken, Versicherungsvereine und Versicherungsunternehmen in der Lebens-, Unfall-, Haftpflicht-, Feuer- und Hagelversicherung. Rechtsanwälte können nicht in der Rechtsform der GmbH arbeiten, da dies ihrem Standesrecht widerspricht, Wirtschaftsprüfer können dies tun (§ 27 Abs. 1 WPO).

Im Vergleich zur Aktiengesellschaft ist die GmbH stärker personalistisch strukturiert. Außerdem ist das GmbH-Gesetz weniger zwingend als das Aktiengesetz. Die Faustformel lautet: "Die GmbH ist im Außenverhältnis Aktiengesellschaft, im Innenverhältnis OHG". Diese Faustformel ist allerdings schon insofern falsch, als die GmbH gern für Konzernuntergesellschaften verwendet wird. Auf diese Praxis und die gesetzlichen Gründe hierfür ist unten (X, Der Konzern) weiter einzugehen.

Im Vergleich zur AG ist die Gründung der GmbH einfacher und billiger. Gesellschafterbeschlüsse bedürfen von Satzungsänderungen abgesehen keiner notariellen Beurkundung. Ein Aufsichtsrat ist erst dann vorgeschrieben, wenn mehr als 500 Arbeitnehmer beschäftigt werden (§ 77 des Betriebsverfassungsgesetzes 1952, Unternehmensmitbestimmung). Bei der GmbH kann eine Nachschußpflicht für die Gesellschafter vereinbart werden (§ 26 GmbH-Gesetz). Die Anteile der GmbH können nur mit notarieller Beurkundung übertragen werden (§ 15 GmbH-Gesetz). Die Rechnungslegung der GmbH ist heute im wesentlichen gleich wie die der AG geregelt. Entscheidend sind die Kriterien für kleine, mittlere und große Gesellschaften, die für beide Gesellschaftsformen gleich gelten (vgl. unten XI, Rechnungslegung und Besteuerung).

Die Bedeutung der GmbH nimmt zu. Seit dem Wegfall der Doppelbesteuerung beim Einkommen im Jahre 1977 ist die Zahl der Gesellschaften sprunghaft gestiegen. Hatte sie Ende 1970 80.406 betragen, so stieg diese Zahl bis Ende 1977 auf 147.233, im Jahre 1987 war die Zahl von 360.480 erreicht. Im Jahre 1992 übersprang die Zahl der GmbHs die Marke von 500.000. Am 31.5.1992 betrug die Zahl 509.949 mit einem Stammkapital von 231,6 Milliarden DM. Hiervon entfallen 32.000 GmbHs mit einem Stammkapital von 18,8 Milliarden DM auf die neuen Bundesländer.[146]

In der Praxis wichtig ist die Beteiligung einer GmbH als persönlich haftender Gesellschafter einer KG in Gestalt der GmbH & Co. KG (vgl. unten). Es gibt auch Fälle der Betriebsaufspaltung zu einer Doppelgesellschaft. Eine Personengesellschaft soll die Gewinne erhalten, bei der GmbH sollen die unternehmerischen Risiken konzentriert werden. Also überträgt man das Anlagevermögen auf die KG und die GmbH pachtet von ihr die Produktionsanlagen.

Die GmbH wird nicht nur als Konzernuntergesellschaft, sondern auch als Konzernspitze verwendet. Hierbei geht es im wesentlichen um die Einwirkungsmöglichkeiten der Kapitaleigner auf die Konzernobergesellschaft und der Konzernobergesellschaft auf die Untergesellschaft (vgl. unten).

Die GmbH ist sehr konkursanfällig. In der Mehrzahl der Konkurse von Gesellschaften in der Rechtsform der GmbH scheitert die Konkurseröffnung mangels Masse. Dies hängt zum einen mit dem meist sehr geringen Stammkapital zusammen; es mußte bis zum 1.1.1981 bei der GmbH mindestens DM 20.000,-- betragen, seither DM 50.000,-- (§ 5 Abs. 1 GmbH-Gesetz). Hinzu kommt, daß die GmbH nicht börsenfähig ist und größere Schwierigkeiten als die AG hat, Eigenkapital aufzunehmen. Deshalb und aus steuerlichen Gründen führen die Gesellschafter der GmbH häufig Fremdkapital in Form von Darlehen zu, um in einem eventuellen Konkurs als Fremdkapitalgeber auftreten zu können. Die GmbH ist daher häufig von Anfang an unterkapitalisiert. Die Rechtsprechung versucht zwar, diesem Mißstand durch das Verbot der verdeckten Sachgründung und die Behandlung des kapitalersetzenden Gesellschafterdarlehens als Eigenkapital abzuhelfen (vgl. unten), hat damit aber keine entscheidende Verbesserung bewirkt. Auch die Novelle zum GmbH-Gesetz, die am 1.1.1981 in Kraft getreten ist, hat die Situation nicht verbessert. Frühere Novellierungsversuche in den siebziger Jahren hatten das Problem zwar angepackt, waren aber im Bundestag gescheitert.

2. Gründung

Am Anfang der Gründung auch der GmbH steht der Abschluß des Gesellschaftsvertrages, der auch Satzung genannt wird. Die Gründer einigen sich hierbei über die Errichtung der Gesellschaft und ihre Zweckbestimmung sowie über die Verpflichtungen zur Leistung der Beiträge und die Aufteilung der Geschäftsanteile. Hinzu kommt der Organisationscharakter des Gesellschaftsvertrages: Er prägt den Aufbau der Gesellschaft als juristische Person. Er ist auch für in Zukunft hinzutretende Gesellschafter verbindlich.[147]

---

[146] Vgl. Hansen, GmbH-Rundschau, 1993, 146-149, Statistisches Jahrbuch 1987, 117

[147] Zur rechtsdogmatischen Erfassung der sog. Vorgesellschaft vgl. Kübler, GesR, § 24, S. 305-314

Nach § 3 GmbH-Gesetz sind folgende Mindestinhalte für den Gesellschaftsvertrag vorgegeben:

- der Gegenstand des Unternehmens
- die Firma und der Sitz des Unternehmens
- der Betrag des Stammkapitals
- der Betrag, der von jedem Gesellschafter auf das Stammkapital zu leisten ist (Stammeinlage).

Der Gesellschaftsvertrag der GmbH muß notariell beurkundet werden; er muß von allen Gesellschaftern unterzeichnet sein (§ 2 GmbH-Gesetz). Eine Abänderung des Gesellschaftsvertrages bedarf nach § 53 Abs. 2 GmbH-Gesetz ebenfalls der notariellen Beurkundung, außerdem einer Mehrheit von dreivierteln der abgegeben Stimmen.

Gründer können natürliche und juristische Personen, auch Personenhandelsgesellschaften wie OHG und KG sein. Die Gesellschafter einer BGB-Gesellschaft können gemeinsam eine Stammeinlage übernehmen; der so erworbene Geschäftsanteil der GmbH wird Gesamthandsvermögen der BGB-Gesellschafter; die Gesellschafter haften als Gesamtschuldner, sie können ihre Haftung nicht auf das Vermögen der BGB-Gesellschaft beschränken.[148]

Die sogenannte Ein-Mann-Gründung ist nach § 1 GmbH-Gesetz zulässig. Die Vorschrift wurde durch die Novelle von 1980 zum GmbH-Gesetz eingeführt. Um die Gläubiger zu sichern, verlangt das Gesetz seit der Novelle, daß der Ein-Mann-Gründer Sicherheiten für den noch nicht eingezahlten Teil der Stammeinlage bestellt (§ 7 Abs. 2 Satz 3 GmbH-Gesetz) und eine entsprechende Erklärung in der Registeranmeldung abgibt (§ 8 Abs. 2 Satz 2 GmbH-Gesetz).

In der Praxis wird aber die sogenannte Ein-Mann-GmbH nach wie vor in der Weise gegründet, daß eine oder mehrere der an der Gründung der Gesellschaft beteiligten Personen als Treuhänder für Rechnung eines Auftraggebers handeln, der an der Gründung beteiligt sein, aber auch im Hintergrund bleiben kann. Der Gesellschaftsvertrag ist kein nach § 117 BGB nichtiges Scheingeschäft, weil der Treuhänder oder Strohmann seinen Gesellschaftsanteil wirklich erwerben will, um ihn anschließend auf den Hintermann übertragen zu können.[149] Aus dem Treuhandvertrag ist der Strohmann verpflichtet, den GmbH-Anteil auf den Hintermann zu übertragen.

Eine Ein-Mann-GmbH kann auch durch Mantelkauf entstehen. Der Gründer kauft hier die Anteile einer Kapitalgesellschaft, die ihren Geschäftsbetrieb nie aufgenommen oder wieder eingestellt hat, ändert, wenn er will, den Unternehmensgegenstand und nimmt die Geschäfte (erneut) auf. Hierbei dürfen allerdings die Vorschriften über die Sicherung des gesetzlichen Mindestkapitals (vgl. unten) nicht umgangen werden.

Die Firma der GmbH kann eine Sachfirma sein, die dem Gegenstand des Unternehmens entlehnt ist, sie kann aber auch eine Personenfirma sein (§ 4 Abs. 1 Satz 1 GmbH-Gesetz). Auch eine Mischform ist möglich. Der Zusatz "mit beschränkter Haftung" ist

[148] BGHZ 78, 311 f.
[149] BGHZ 21, 378, 381

zwingend vorgeschrieben (§ 4 Abs. 2 GmbH-Gesetz). Er kann auch abgekürzt werden, die Bezeichnung "GmbH" ist also zulässig.[150]

Nach § 3 Abs. 2 GmbH-Gesetz können auch andere Verpflichtungen in der Satzung geregelt werden, z.B. Wettbewerbsverbote und die Einräumung von Vorzugsrechten. Auch diese fakultativen Satzungsbestimmungen können nach § 53 Abs. 2 GmbH-Gesetz nur mit Dreiviertelmehrheit geändert werden, wenn es sich um die Rechtsbeziehungen zwischen den Gesellschaftern und der Gesellschaft handelt.

Jede GmbH muß einen oder mehrere Geschäftsführer haben (§ 6 Abs. 1 GmbH-Gesetz). Wenn sie nicht schon im Gesellschaftsvertrag bestellt wurden, ist ein Beschluß der Gesellschafter nach §§ 35 f. GmbH-Gesetz erforderlich (vgl. § 6 Abs. 3 GmbH-Gesetz).

Das Stammkapital muß im Gesellschaftsvertrag in Stammeinlagen zerlegt werden, d.h. in die Beträge, mit denen sich die Gesellschafter an der GmbH beteiligen. Nach § 5 Abs. 1 GmbH-Gesetz beträgt die Mindesteinlage DM 500,--, die Einlage muß durch Hundert teilbar sein (§ 5 Abs. 3 Satz 2 GmbH-Gesetz). Jeder Gesellschafter übernimmt eine Stammeinlage. Die dadurch erworbene Beteiligung wird als Geschäftsanteil bezeichnet. Er drückt den Umfang der Beteiligung an der Gesellschaft und an ihrem Vermögen aus, er entspricht dem Betrag der Stammeinlage (§ 14).

Man unterscheidet zwischen der Bargründung und der Sachgründung. Die Bargründung besteht in Geldeinlagen. Nach § 7 Abs. 2 darf die Eintragung der Gesellschaft im Handelsregister erst dann erfolgen, wenn auf jede Stammeinlage ein Viertel einbezahlt ist. Insgesamt muß soviel eingezahlt sein, daß der Gesamtbetrag der eingezahlten Geldeinlagen zuzüglich des Gesamtbetrags der Stammeinlagen, für die Sacheinlagen zu leisten sind (vgl. unten), DM 25.000,-- erreicht.

Eine Sachgründung liegt vor, wenn es zumindest einem Gesellschafter gestattet wird, seine Stammeinlage durch Leistung anderer Vermögensgegenstände als in Geld zu erbringen. Diese können z.B. Grundstücke, Anlagen, Patente, Warenzeichen, Waren und Forderungen sein. Um die Gläubiger gegen das Risiko der Überbewertung von Sacheinlagen zu sichern, müssen der Gegenstand der Sacheinlage und der für sie angesetzte Wert im Gesellschaftsvertrag festgelegt werden (§ 5 Abs. 4 GmbH-Gesetz). Die Bewertung der Sacheinlagen muß von den Gesellschaftern in einem Sachgründungsbericht dargelegt werden (§ 5 Abs. 4 Satz 2 GmbH-Gesetz). Allerdings wird keine Gründungsprüfung verlangt. Die GmbH bleibt hier hinter der AG zurück. Sacheinlagen müssen in vollem Umfang eingebracht werden, ehe die Gesellschaft im Handelsregister eingetragen werden kann (§ 7 Abs. 3 GmbH-Gesetz), und zwar so, daß sie endgültig zur freien Verfügung der Geschäftsführer stehen.

Nach § 9 Abs. 1 GmbH-Gesetz gibt es für Sacheinlagen und Sachübernahmen (die Gesellschaft verpflichtet sich zum Erwerb von Vermögensgegenständen und zur Anrechnung ihres Wertes auf die Stammeinlage) eine Differenzhaftung. Wenn die Sacheinlage oder Sachübernahme überbewertet ist, d.h. ihr objektiver Wert hinter dem Nennbetrag der Stammeinlage (§ 3 Abs. 1 Nr. 4 GmbH-Gesetz) zurückbleibt, muß der Gesellschafter die Differenz in Geld leisten. Entscheidend für die Bewertung ist der Zeitpunkt der Eintragung.

---

[150] BGHZ 62, 230, 232

Nach § 19 Abs. 2 Satz 1 GmbH-Gesetz ist der Erlaß oder die Stundung der Stammeinlage verboten. Ebenso ist die Aufrechnung mit einer Forderung gegen die GmbH (§ 19 Abs. 2 Satz 2) und die Geltendmachung eines Zurückbehaltungsrechts (§ 19 Abs. 2 Satz 3) unzulässig. Als verbotener Erlaß der Stammeinlage wird es auch gewertet, wenn diese aus einem von der GmbH aufgenommenen Darlehen gezahlt wird. Die GmbH muß den als Einlage gezahlten Betrag ja an den Darlehensgeber zurückerstatten.[151] Das Aufrechnungsverbot des § 19 Abs. 2 Satz 2 verbietet dem Gesellschafter, seine Einlage dadurch zu leisten, daß er mit einer Forderung, die ihm aus einem anderen Geschäft gegen die GmbH zusteht, aufrechnet. Er soll sich nicht, wenn die GmbH anschließend in Konkurs fällt, aus seiner Forderung voll befriedigt haben können, während die übrigen Gesellschafter den noch offenstehenden Betrag ihrer Stammeinlage nachzahlen müssen.[152]

Rechnet die GmbH gegen eine Forderung des Gesellschafters auf oder einigen sich Gesellschaft und Gesellschafter auf einen Aufrechnungsvertrag, so kann durch dieses Geschäft das Verbot des § 19 Abs. 2 Satz 2 nicht umgangen werden. Der BGH läßt diese Aufrechnung nur zu, wenn die Forderung des Gesellschafters fällig, liquide und vollwertig ist,[153] weil die Aufrechnung dann verhindert, daß dem Gesellschaftsvermögen Geld entzogen wird. Außerdem soll die Aufrechnung zulässig sein, wenn die Einlagenforderung gegen den Gesellschafter gefährdet ist und die GmbH sich durch Aufrechnung besserstellt, als wenn sie auf Zahlung warten würde.

Die Kapitalaufbringung wird auch durch das sogenannte Kaduzierungsverfahren gesichert, das im Fall der verzögerten Einzahlung zum Entzug des Geschäftsanteils führt (§§ 21-23 GmbH-Gesetz). Der entzogene Geschäftsanteil wird öffentlich versteigert (§ 23 GmbH-Gesetz). Die Regelung ist dispositiv.

Wird die Stammeinlage weder durch Zahlung noch durch Kaduzierung erlangt, so regeln die §§ 24 f. eine Ausfallhaftung der übrigen Gesellschafter. Sie müssen den Fehlbetrag nach dem Verhältnis ihrer Geschäftsanteile (pro rata) aufbringen. Die Haftung ist subsidiär. Beträge, welche von einzelnen Gesellschaftern nicht zu erlangen sind, werden pro rata auf die übrigen verteilt (§ 24 Satz 2 GmbH-Gesetz).

Der Erwerb von eigenen Geschäftsanteilen ist zwar zulässig, aber erst dann, wenn die Stammeinlage vollständig bezahlt ist (§ 33 Abs. 1 GmbH-Gesetz) und wenn die Gegenleistung das Stammkapital nicht angreift (§ 33 Abs. 2 Satz 1 GmbH-Gesetz).

Durch die Eintragung in das Handelsregister entsteht die GmbH als juristische Person, die Eintragung ist konstitutiv (§ 11 Abs. 1 GmbH-Gesetz). Vor diesem Zeitpunkt sind diejenigen, welche für die Gesellschaft gehandelt haben, nach § 11 Abs. 2 GmbH-Gesetz persönlich für die Schulden der Vorgesellschaft haftbar; sie haften den Gläubigern als Gesamtschuldner.

Die Rechte und Pflichten aus Geschäften, die im Stadium der Vorgesellschaft durch Geschäftsführer mit Ermächtigung aller Gesellschafter im Namen der Gesellschaft abgeschlossen werden, gehen mit der Eintragung der GmbH voll auf diese über. Die frühere Rechtsprechung, wonach es ein sogenanntes Vorbelastungsverbot gebe und die GmbH nicht durch diese Verbindlichkeiten belastet werden dürfe, wurde inzwischen aufgege-

---

[151] BGHZ 28, 77
[152] BGHZ 53, 71, 74
[153] BGHZ 15, 52 f.

ben.[154] Für die Differenz, die sich durch solche Vorbelastungen zwischen dem Stammkapital und dem Wert des Gesellschaftsvermögens im Zeitpunkt der Eintragung ergibt, haften die Gründungsgesellschafter anteilig nach § 9 GmbHG analog (Differenzhaftung, vgl. oben). Die Haftung der Gründer aus Verbindlichkeiten der Vorgesellschaft erlischt mit der Eintragung der GmbH.

3. Geschäftsführung, Vertretung und Haftung

Die GmbH muß einen oder mehrere Geschäftsführer haben (§ 6 Abs. 1 GmbH-Gesetz). Es gilt der Grundsatz der Fremdorganschaft, d.h. die Gesellschafter müssen nicht identisch mit den Geschäftsführern sein (§ 6 Abs. 3 Satz 1 GmbH-Gesetz). Die Geschäftsführer sind die gesetzlichen Vertreter der GmbH. Der Begriff "Geschäftsführer" entspricht dem Begriff "Vorstand" im Aktiengesetz.

Nach § 6 Abs. 2 Satz 3 und 4 GmbH-Gesetz gibt es bestimmte persönliche Voraussetzungen für die Geschäftsführer: Wer wegen bestimmter Konkursdelikte bestraft wurde oder wem die Berufsausübung gerichtlich untersagt wurde, der kann fünf Jahre lang nicht Geschäftsführer einer GmbH sein.

Die Geschäftsführer können bereits im Gesellschaftsvertrag bestellt werden. Ihre Bestellung kann durch Beschluß der Gesellschafterversammlung erfolgen (§ 46 Nr. 5 GmbH-Gesetz). Ihre Bestellung kann aber auch an ein anderes Gesellschaftsorgan übertragen werden, z.B. an einen fakultativ eingerichteten Aufsichtsrat. (Dies ergibt sich aus § 45 GmbH-Gesetz; danach sind die Rechte der Gesellschafter im Gesellschaftsvertrag festlegbar, also auch abdingbar; nur wenn besondere Bestimmungen des Gesellschaftsvertrages fehlen, werden die §§ 46-51 GmbH-Gesetz angewendet (§ 47 Abs. 2 GmbH-Gesetz).

Aus § 36 Abs. 1 GmbH-Gesetz ergibt sich, daß nur die Geschäftsführer die Gesellschaft vertreten können. Die Vertretung kann ausdrücklich oder konkludent geschehen. Gegen dritte Personen hat eine Beschränkung der Vertretungsmacht der Geschäftsführer keine Wirkung (§ 37 Abs. 2 Satz 1 GmbH-Gesetz). Es gilt wie bei der Aktiengesellschaft: Die Vertretungsmacht der Geschäftsführer ist unbeschränkt und unbeschränkbar.

Hiervon streng zu unterscheiden ist das Innenverhältnis. Nach § 37 Abs. 1 GmbH-Gesetz sind die Geschäftsführer der Gesellschaft gegenüber verpflichtet, die Beschränkungen einzuhalten, welche für den Umfang ihrer Befugnis, die Gesellschaft zu vertreten, durch den Gesellschaftsvertrag oder, soweit dieser nicht ein anderes bestimmt, durch die Beschlüsse der Gesellschafter festgesetzt sind. Die Beschränkung der Geschäftsführungsbefugnis kann also bereits im Gesellschaftsvertrag geregelt sein. Es ist aber auch möglich, einen Beschluß der Gesellschafter zu fassen, den die Geschäftsführer dann im Innenverhältnis beachten müssen.

Nach § 35 Abs. 2 Satz 2 GmbH-Gesetz gilt Gesamtgeschäftsführung, der Gesellschaftsvertrag kann aber Einzelgeschäftsführungsbefugnis anordnen. Die Geschäftsführung umfaßt alle Angelegenheiten der Gesellschaft, auch die Erstellung des Jahresabschlusses und des Lageberichts (vgl. §§ 264 f. HGB, 42 f. GmbH-Gesetz).

---

[154] BGHZ 80, 129

A und B sind Geschäftsführer der C-GmbH. Nach dem Gesellschaftsvertrag gelten die gesetzlichen Vorschriften über die Geschäftsführungsbefugnis und die Vertretungsmacht. A will ein Geschäft mit der X-AG abschließen. B, der im Urlaub ist, erteilt ihm schriftlich eine rechtsgeschäftliche Vertretungsmacht zum Abschluß dieses Geschäfts. A schließt das Geschäft ab. Hat sich die C-GmbH wirksam gegenüber der X-AG verpflichtet?

Die vertragliche Verpflichtung der C-GmbH ist nur dann wirksam zustande gekommen, wenn sie von ihrem Gesellschafter A wirksam vertreten wurde. Da im Gesellschaftsvertrag nichts anderes geregelt ist, gilt nach § 35 Abs. 2 Satz 2 GmbH-Gesetz Gesamtvertretungsmacht. Fraglich ist, ob sich diese Vorschrift nur auf die organschaftliche Vertretung bezieht, oder ob auch die Möglichkeit der rechtsgeschäftlichen Vertretungsmacht mit umfaßt ist. Im Recht der KG ist bereits seit längerem anerkannt, daß die Vorschrift des § 170 HGB, wonach der Kommanditist nicht zur Vertretung der Gesellschaft ermächtigt ist, einer rechtsgeschäftlichen Ermächtigung nicht entgegensteht. In § 78 Abs. 4 Satz 1 AktG ist für die AG geregelt, daß die zur Gesamtvertretung befugten Vorstandsmitglieder einzelne von ihnen zur Vornahme bestimmter Geschäfte oder bestimmter Arten von Geschäften ermächtigen können. Damit wird die Vertretung der Gesellschaft in der Praxis erleichtert, ohne daß der Grundsatz der Gesamtvertretung verlassen wäre; er wird nur durch die Möglichkeit der gegenseitigen rechtsgeschäftlichen Ermächtigung gelockert. Diese Überlegung ist auch auf das Recht der GmbH zu übertragen. Eine unbeschränkte Vertretungsmacht für alle schlechthin ist allerdings aus § 78 Abs. 4 Satz 1 AktG nicht ableitbar; dies wäre auch nicht richtig, weil der Grundsatz der gegenseitigen Kontrolle der Geschäftsführer im Falle der Gesamtvertretung unterlaufen wäre. In unserem Fall wurde nur Einzelvertretungsmacht erteilt, dies ist zulässig. Also wurde die C-GmbH durch den von A mit der X-AG geschlossenen Vertrag wirksam verpflichtet.

In der Satzung der C-GmbH steht, daß alle Grundstücksgeschäfte der Zustimmung der Gesellschafterversammlung bedürfen. A, der Gesellschafter und einer der Geschäftsführer ist, schließt einen Grundstückskaufvertrag mit der X-AG im Namen der C-GmbH ab. Er holt die Zustimmung der Gesellschafterversammlung nicht ein. Die Zustimmung wird auch später nicht erteilt. Wie ist die Rechtslage?

Die X-AG könnte von der C-GmbH die Bezahlung des Kaufpreises aus dem Grundstückskaufvertrag nach §§ 313, 433 Abs. 2 BGB verlangen, wenn ein wirksamer Vertrag zwischen beiden Gesellschaften zustande gekommen ist. Falls in der GmbH Gesamtvertretung vorgesehen war (Normalfall, vgl. § 35 Abs. 2 Satz 2 GmbH-Gesetz), ist kein Vertrag zustande gekommen. A haftet der X-AG als Vertreter ohne Vertretungsmacht nach §§ 177, 179 BGB.

Gilt nach der Satzung der GmbH der Grundsatz der Einzelvertretungsmacht, so wurde die GmbH durch die Vertretungshandlung des A wirksam verpflichtet. Sie muß den Kaufpreis nach §§ 313, 433 Abs. 2 BGB an die X-AG bezahlen. Die Beschränkungen aus dem Innenverhältnis sind im Außenverhältnis nicht wirksam (§ 37 Abs. 2 Satz 1 GmbH-Gesetz).

Im Innenverhältnis kann die GmbH allerdings von A Schadensersatz wegen Verletzung seiner Geschäftsführungspflicht verlangen. Sie ist so zu stellen, wie wenn der Vertrag nicht abgeschlossen worden wäre. War das Geschäft vorteilhaft, so kann es noch nachträglich durch die Gesellschafterversammlung der C-GmbH genehmigt werden.

Für die Ein-Mann-GmbH gilt nach § 35 Abs. 4 Satz 1 GmbH-Gesetz die Sonderregelung, daß der Gesellschafter, wenn er zugleich Geschäftsführer ist, nicht mit sich selbst kontrahieren darf; das Verbot des § 181 BGB ist auf ihn anzuwenden. Die Vorschrift wurde durch die GmbH-Gesetznovelle von 1980 eingefügt. Zuvor war das Problem umstritten. Will die Gesellschaft ihren Gesellschafter-Geschäftsführer vom Verbot des Selbstkontrahierens befreien, so muß in der Satzung die Befreiung ausgesprochen werden; dies kann auch durch nachträgliche Satzungsänderung für die Zukunft geschehen.

Nach § 38 Abs. 1 GmbH-Gesetz ist die Bestellung der Geschäftsführer jederzeit widerruflich. Dies gilt nur für die organschaftliche Bestellung, nicht für den Anstellungsvertrag im Innenverhältnis. Insoweit gilt dasselbe wie im Recht der AG. Es kann also durchaus sein, daß im Innenverhältnis die fristlose Kündigung des Anstellungsvertrages, die die Parallele zum Widerruf der Bestellung im Außenverhältnis darstellt, zu einer Schadensersatzpflicht der Gesellschaft gegenüber dem Geschäftsführer führt. Im Gesellschaftsvertrag kann geregelt werden, daß der Widerruf der Bestellung im Außenverhältnis ebenfalls an das Vorliegen eines wichtigen Grundes gebunden ist. Es ist zweckmäßig, im Gesellschaftsvertrag dann zusätzlich zu regeln, daß insbesondere grobe Pflichtverletzung oder Unfähigkeit zur ordnungsgemäßen Geschäftsführung als wichtige Gründe anzusehen sind. Aber auch in diesem Fall sind die wichtigen Gründe im Außen- und Innenverhältnis getrennt zu prüfen. Auch insoweit gilt die Parallele zum Recht der AG.

Geschäftsführer G, der Einzelvertretungsmacht besitzt, erwirbt von einem Gesellschafter dessen Geschäftsanteil für die Gesellschaft. Dieses Verhalten wird auf der nächsten Gesellschafterversammlung gerügt. Haftet der Geschäftsführer?

Nach § 43 Abs. 2 haften Geschäftsführer, welche ihre Obliegenheiten verletzen, der Gesellschaft solidarisch für den entstandenen Schaden. Nach § 43 Abs. 1 GmbH-Gesetz haben die Geschäftsführer in den Angelegenheiten der Gesellschaft die Sorgfalt eines ordentlichen Geschäftsmannes anzuwenden. Werden den Bestimmungen des § 33 zuwider eigene Geschäftsanteile der GmbH erworben, so führt dies nach § 43 Abs. 3 zur Ersatzpflicht; der Fall ist beispielhaft genannt. Also haftet G der Gesellschaft auf Schadensersatz. Der Anspruch der Gesellschaft verjährt in 5 Jahren (§ 43 Abs. 4 GmbH-Gesetz).

Um den Rechtsverkehr zu schützen, müssen bestimmte Mindestangaben auf den Geschäftsbriefen enthalten sein (vgl. § 35a GmbH-Gesetz). Diese Angaben zur Rechtsform und zum Sitz der Gesellschaft, zum zuständigen Registergericht und der entsprechenden Nummer im Handelsregister, zu den Geschäftsführern, dem Aufsichtsratsvorsitzenden, dem Stammkapital und dem Gesamtbetrag der ausstehenden Einlagen sind bei Mitteilungen oder Berichten im Rahmen einer bestehenden Geschäftsverbindung und bei Verwendung üblicher Vordrucke entbehrlich (§ 35a Abs. 3 GmbH-Gesetz).

Wird aus dem zur Erhaltung des Stammkapitals erforderlichen Gesellschaftsvermögen ein Kredit an einen Geschäftsführer oder andere in § 43a GmbH-Gesetz angesprochene Personen ausbezahlt, so ist der Kredit sofort zurückzugewähren.

Die X-GmbH ist nach dem Mitbestimmungsgesetz von 1976 mitbestimmt. Die Gesellschafterversammlung gibt den Geschäftsführern mit einfacher Mehrheit die Anweisung, für 50 Millionen DM ein Unternehmen im Ausland zu kaufen. Der Aufsichtsrat erklärt das Geschäft für zustimmungsbedürftig und verweigert die Zustimmung. Die Gesellschaf-

terversammlung wiederholt ihre Weisung mit einfacher Mehrheit; es wird keine Dreiviertelmehrheit erreicht. Sind die Geschäftsführer verpflichtet, der Weisung der Gesellschafterversammlung Folge zu leisten?

Eine Gesellschaft, die dem Mitbestimmungsgesetz von 1976 unterfällt, muß einen Aufsichtsrat haben. Nach § 25 Abs. 1 Nr. 2 gelten für den Aufsichtsrat einer GmbH die §§ 90 Abs. 3, 4 und 5 Satz 1 und 2, 107-116, 118 Abs. 2, 125 Abs. 3, 171 und 268 Abs. 2 des AktG entsprechend. Es gilt auch § 111 Abs. 4 Satz 2 AktG. Danach kann der Aufsichtsrat bestimmen, daß bestimmte Arten von Geschäften nur mit seiner Zustimmung vorgenommen werden dürfen. Dies gilt auch für einzelne Geschäfte (vgl. oben). Der Aufsichtsrat hat den Unternehmenskauf für zustimmungsbedürftig erklärt und die Zustimmung verweigert. Nach § 111 Abs. 4 Satz 3 kann nun der Vorstand im Fall der AG verlangen, daß die Hauptversammlung über die Zustimmung beschließt. Die Vorschrift ist entsprechend auf das Recht der GmbH anwendbar. Nach § 111 Abs. 4 Satz 4 und 5 bedarf der Beschluß, durch welchen die Hauptversammlung zustimmt, einer Dreiviertelmehrheit der abgebenen Stimmen; die Satzung kann weder eine andere Mehrheit noch weitere Erfordernisse bestimmen. Es ist umstritten, ob diese Vorschrift entsprechend auf das Recht der GmbH anwendbar ist. Legt man den Wortlaut des § 25 Abs. 1 Nr. 2 MitbG zugrunde, so spricht alles für die entsprechende Anwendung. Hieraus ergibt sich allerdings die Besonderheit, daß die Gesellschafterversammlung die erste Weisung mit einfacher Mehrheit erteilen konnte, da § 37 Abs. 1 GmbH-Gesetz keine besonderen Mehrheitserfordernisse aufstellt, während die zweite Weisung an die Dreiviertelmehrheit des § 111 Abs. 4 Satz 4 und 5 AktG gebunden sein soll. Verlangt man eine Dreiviertelmehrheit, so sind die Geschäftsführer an die Weisung nicht gebunden.

Im Gegensatz zum Mitbestimmungsgesetz von 1976, das nach § 31 Abs. 1 die Bestellung der GmbH-Geschäftsführer durch den Aufsichtsrat entsprechend den §§ 84 und 85 AktG auf maximal 5 Jahre regelt, fehlt eine entsprechende Verweisung im Betriebsverfassungsgesetz von 1952, das die Mitbestimmung in GmbHs mit mehr als 500 bis zu 2.000 Arbeitnehmern regelt. Hier werden die Geschäftsführer nach wie vor durch die Gesellschafterversammlung bestellt. Es wird auch kein Arbeitsdirektor bestellt. Die Satzung kann jedoch die entsprechende Anwendung der Vorschriften des Mitbestimmungsgesetzes von 1976 vorsehen. Verlangt man eine Dreiviertelmehrheit, so sind die Geschäftsführer nicht an die Weisung gebunden.

4. Rechtsstellung der Gesellschafter

Die Gesellschafter entscheiden frei, ob sie ihre Mitgliedschaftsrechte in der Gesellschafterversammlung der GmbH ausüben. Nach § 46 GmbH-Gesetz entscheidet die Gesellschafterversammlung über die Feststellung des Jahresabschlusses und die Verwendung des Ergebnisses, die Einforderung von Einzahlungen auf die Stammeinlagen, die Rückzahlung von Nachschüssen, die Teilung sowie die Einziehung von Geschäftsanteilen, die Bestellung, Abberufung und Entlastung von Geschäftsführern, die Maßnahmen zur Prüfung und Überwachung der Geschäftsführung, die Bestellung von Prokuristen und Handlungsbevollmächtigten, die Geltendmachung von Ersatzansprüchen der Gesellschaft gegen Geschäftsführer oder Gesellschafter und die Vertretung der Gesellschaft in Prozessen gegen die Geschäftsführer.

Die Gesellschafter müssen nicht in einer Versammlung tagen, sie können auch im schriftlichen Verfahren entscheiden. Bei Beschlüssen der Ein-Mann-GmbH verlangt § 48 Abs. 3 GmbH-Gesetz allerdings, daß der Ein-Mann-Gesellschafter schriftlich beschließt, damit die spätere Beweisbarkeit gesichert ist. Er muß unverzüglich nach der Beschlußfassung eine Niederschrift aufnehmen und unterschreiben.

Die Gesellschafter können auch durch schriftliches Einverständnis die schriftliche Stimmabgabe beschließen; die Versammlung muß dann nicht abgehalten werden (§ 48 Abs. 2 GmbH-Gesetz).

Wird die Gesellschafterversammlung einberufen, so gilt § 49 GmbH-Gesetz. Der Geschäftsführer beruft die Versammlung ein. Die Ladungsfrist beträgt mindestens 1 Woche (§ 51 Abs. 1 GmbH-Gesetz). Der Zweck der Versammlung soll angekündigt werden. Fehlt es an einer ordnungsmäßigen Einberufung, so können nur dann Beschlüsse gefaßt werden, wenn alle Gesellschafter anwesend sind (§ 51 Abs. 3 GmbH-Gesetz). Das gleiche gilt, wenn über Gegenstände beschlossen wird, welche nicht wenigstens 3 Tage vor der Versammlung in der für die Berufung vorgeschriebenen Weise angekündigt worden sind (§ 51 Abs. 4 GmbH-Gesetz).

Gesellschafter, deren Geschäftsanteile zusammen mindestens ein Zehntel des Stammkapitals betragen, können nach § 50 Abs. 1, wenn sie Zweck und Gründe angeben, die Einberufung einer außerordentlichen Gesellschafterversammlung verlangen. Ferner ist eine außerordentliche Gesellschafterversammlung dann einzuberufen, wenn sich aus der Bilanz ergibt, daß die Hälfte des Stammkapitals verloren ist (§ 49 Abs. 3 GmbH-Gesetz).

Die Beschlüsse in der Gesellschafterversammlung werden mit der Mehrheit der abgegebenen Stimmen gefaßt (§ 47 Abs. 1 GmbH-Gesetz). Je 100 DM eines Geschäftsanteils gewähren eine Stimme (§ 47 Abs. 2 GmbH-Gesetz). Die Abstimmung kann durch Vertreter erfolgen, deren Vollmachten allerdings schriftlich erteilt sein müssen (§ 47 Abs. 3 GmbH-Gesetz). Nach § 47 Abs. 4 GmbH-Gesetz gibt es Stimmverbote, wenn ein Gesellschafter durch eine Beschlußfassung entlastet oder von einer Verbindlichkeit befreit werden soll; der Gesellschafter hat nicht nur selbst kein Stimmrecht, er darf auch kein Stimmrecht für andere ausüben. Dasselbe gilt von einer Beschlußfassung, welche die Vornahme eines Rechtsgeschäfts oder die Einleitung oder Erledigung eines Rechtsstreits gegenüber einem Gesellschafter betrifft.

Zur Satzungsänderung ist nach § 53 GmbH-Gesetz ein Beschluß der Gesellschafter erforderlich, der notariell beurkundet wird und von einer Dreiviertelmehrheit der abgebenen Stimmen getragen ist.

Eine Vermehrung der den Gesellschaftern nach dem Gesellschaftsvertrag obliegenden Leistungen kann nur mit Zustimmung sämtlicher beteiligter Gesellschafter beschlossen werden (§ 53 Abs. 3 GmbH-Gesetz). Die Gesellschafterstellung kann also nicht nachträglich in diesem Punkt gegen den Willen des Betroffenen verschlechtert werden.

Gegen die Beschlüsse der Gesellschafterversammlung gibt es nach dem Vorbild des Aktiengesetzes die Nichtigkeitsklage und die Anfechtungsklage. Eigene Vorschriften des GmbH-Gesetzes existieren nicht. Nichtig sind also Beschlüsse, wenn Gesellschafter nicht eingeladen wurden, wenn unzuständige Personen eingeladen haben, wenn ein gesetzliches Verbot verletzt wird, das zugunsten der öffentlichen Interessen gilt, schließlich, wenn ein Beschluß inhaltlich, oder weil er Dritte schädigt, gegen die guten Sitten verstößt.[155] Andere Verstöße begründen entsprechend dem Recht der AG nur eine Anfechtbarkeit. Besondere Anfechtungsfristen gibt es nicht, die Anfechtungsklage muß aber innerhalb einer angemessenen Zeit erhoben werden; die Angemessenheit ist im Streitfall durch die Gerichte festzustellen. Sind seit der Eintragung eines Beschlusses ins Handelsregister mehr als drei Jahre vergangen, so ist die Anfechtungsklage nicht mehr möglich (vgl. § 242 Abs. 2 Satz 1 AktG). Anfechtungsklage ist auch möglich, wenn gegen ein Stimmverbot (vgl. oben) verstoßen wurde.

Die Geschäftsführer, die zur Buchführung verpflichtet sind (§ 41 GmbH-Gesetz), müssen nach §§ 42 und 42a GmbH-Gesetz den Jahresabschluß und den Lagebericht aufstellen. Für große und mittelgroße GmbHs ist eine Abschlußprüfung vorgeschrieben (vgl. unten X. Rechnungslegung und Besteuerung). Falls es einen Aufsichtsrat gibt, ist der Jahresabschluß zuerst ihm vorzulegen. Letztendlich entscheidet die Gesellschafterversammlung über die Feststellung des Jahresabschlusses und die Gewinnverwendung (§ 42a Abs. 2 GmbH-Gesetz).

Vermögensrechte der Gesellschafter sind der Anspruch auf den Jahresüberschuß und der Anspruch auf die Auszahlung des Liquidationserlöses. Am wichtigsten ist der Anspruch auf den Jahresüberschuß, der sich aus § 29 Abs. 1 GmbH-Gesetz ergibt. Soweit ein Gesellschafter nicht durch den Gesellschaftsvertrag von der Verteilung ausgeschlossen ist, erfolgt diese nach dem Verhältnis der Geschäftsanteile oder nach einem anderen im Gesellschaftsvertrag festgelegten Maßstab (§ 29 Abs. 3 GmbH-Gesetz). Jahresabschluß und Dividende müssen von der Gesellschafterversammlung beschlossen werden (§ 46 Nr. 1 GmbH-Gesetz).

Seit der GmbH-Novelle von 1980 haben auch die GmbH-Gesellschafter Informationsrechte nach § 51a Abs. 1 GmbH-Gesetz. Die Geschäftsführer müssen ihnen auf Verlangen unverzüglich Auskunft über die Angelegenheit der Gesellschaft und Einsicht in die Bücher und Schriften geben. Ähnlich wie im Aktiengesetz ist dieser Informationsanspruch beschränkt; die Auskunft und die Einsicht dürfen aufgrund eines Gesellschafterbeschlusses verweigert werden, wenn die Befürchtung besteht, daß der Gesellschafter sie zu gesellschaftsfremden Zwecken verwendet und dadurch der Gesellschaft oder einem verbundenen Unternehmen einen nicht unerheblichen Nachteil zufügt (§ 51 Abs. 2 GmbH-Gesetz). Diese Informationsrechte sind zwingend. Nach § 51b ist eine Gesellschafterklage entsprechend § 132 AktG möglich, wenn die Auskunft verweigert wird.

Die Pflichten der Gesellschafter sind anders als im Aktienrecht geregelt. Nach § 19 GmbH-Gesetz können die Gesellschafter nicht von der Verpflichtung zur Leistung der Stammeinlage befreit werden. Eine Leistung auf die Stammeinlage, welche nicht in Geld besteht oder welche durch Aufrechnung einer für die Überlassung von Vermögensgegenständen zu gewährenden Vergütung bewirkt wird, befreit den Gesellschafter von seiner Einlagepflicht nur, wenn er die besonderen Vorschriften des § 5 Abs. 4 GmbH-Gesetz beachtet. Bei dieser Sacheinlage muß ein Sachgründungsbericht erstellt werden, in dem die für die Angemessenheit der Leistungen wesentlichen Umstände dargelegt sind. Bezeichnet ein Gesellschafter fälschlich eine Sacheinlage als Bareinlage, so wird er nach § 19 Abs. 5 GmbH-Gesetz von seiner Einlagepflicht erst befreit, wenn er die Vorschriften des § 5 Abs. 4 Satz 1 GmbH-Gesetz beachtet, d.h. den Gegenstand der Sacheinlage und den Betrag der Stammeinlage, auf welche sich die Sacheinlage bezieht,

[155] Vgl. BGHZ 15, 382, 386

im Gesellschaftsvertrag festsetzen läßt. Zu diesen beiden Vorschriften hat sich eine umfangreiche Rechtsprechung über die sogenannte verdeckte Sachgründung entwickelt. Ist nämlich eine GmbH in Konkurs gefallen, so kann der Konkursverwalter wenn auf eine Bareinlage in Wirklichkeit eine Sacheinlage geleistet wurde, die Bareinlage erneut einfordern. Der Gesellschafter kann dann die geleistete Sacheinlage zwar zurückverlangen. Er fällt mit dieser Forderung aber in die Konkursquote. Dies bedeutet faktisch, daß er die Einlage doppelt bezahlen muß.

Im Gegensatz zur AG, bei der Nachschußpflichten der Aktionäre ausgeschlossen sind, läßt das Recht der GmbH eine solche Nachschußpflicht zu (§ 26 GmbH-Gesetz). Man unterscheidet zwischen einer beschränkten und einer unbeschränkten Nachschußpflicht. Die beschränkte Nachschußpflicht ist auf einen bestimmten Betrag beschränkt. Für ihn haften die Gesellschafter wie für rückständige Einlagen, §§ 21-23 GmbH-Gesetz werden entsprechend angewendet (§ 28 GmbH-Gesetz). Wird der Nachschuß verzögert bezahlt, so kann auch hier das sogenannte Kaduzierungsverfahren in Gang gesetzt werden (§ 21 GmbH-Gesetz). An den säumigen Gesellschafter kann eine erneute Aufforderung zur Zahlung gerichtet werden, nach fruchtlosem Fristablauf kann er seines Gesellschaftsanteils für verlustig erklärt werden. Jeder Rechtsvorgänger eines nachschußpflichtigen Gesellschafters unterliegt zusätzlich der Ausfallhaftung. Auch hier gilt § 23 GmbH-Gesetz entsprechend (vgl. oben). Allerdings gibt es keine kollektive Deckungspflicht für die übrigen Gesellschafter, wenn ein Gesellschafter seinen Nachschuß nicht leistet.

Der Gesellschaftsvertrag kann auch eine unbeschränkte Nachschußpflicht vorsehen. Dies kommt zwar in der Praxis kaum vor. Wenn es aber im Gesellschaftsvertrag steht, kommen auf den Gesellschafter erhebliche Risiken zu. Er weiß nicht, wie hoch der Nachschuß sein wird. Um die Risiken zu verringern, sieht der Gesetzgeber, wenn der Nachschuß nicht geleistet wird, weder eine kollektive Deckungspflicht noch ein Kaduzierungsverfahren vor. Außerdem hat der säumige Gesellschafter im Falle der unbeschränkten Nachschußpflicht das sogenannte Abandon-Recht (Preisgaberecht). Er kann sich von der Zahlung des Nachschusses, der auf seinen Geschäftsanteil eingefordert wird, dadurch befreien, daß er innerhalb eines Monats nach der Aufforderung zur Zahlung seinen Geschäftsanteil der Gesellschaft zur Verfügung stellt, damit sie sich aus diesem befriedigen kann (vgl. § 27 Abs. 1 GmbH-Gesetz). Er muß der GmbH gegenüber innerhalb eines Monats eine entsprechende Erklärung abgeben; tut er dies nicht, zahlt aber auch nicht, so kann die Gesellschaft selbst die Erklärung abgeben, daß sie den Geschäftsanteil als zur Verfügung gestellt betrachtet. Sie muß dann innerhalb eines Monats den Geschäftsanteil durch öffentliche Versteigerung verkaufen. Ihr verbleibt in Höhe des rückständigen Nachschusses der Erlös, ein eventueller Überschuß geht an den Gesellschafter.

Sonstige Pflichten der Gesellschafter können im Gesellschaftsvertrag vorgesehen sein. Sie können später nur dann vereinbart werden, wenn der betroffene Gesellschafter zustimmt (§ 53 Abs. 3 GmbH-Gesetz). Im Aktienrecht wäre eine solche zusätzliche Verpflichtung nicht denkbar.

5. Aufsichtsrat und Mitbestimmung

Ein Aufsichtsrat kann zwingend vorgeschrieben sein und freiwillig gebildet werden. Zwingend ist der Aufsichtsrat in der GmbH vorgeschrieben, wenn sie mehr als 500 Beschäftigte hat. Bei einer Beschäftigtenzahl von mehr als 500 bis zu 2.000 gilt § 77 des

Betriebsverfassungsgetzes von 1952; für die Rechte und Pflichten des Aufsichtsrats gelten nach der Verweisungsvorschrift des § 76 des Betriebsverfassungsgesetzes von 1952 die aktienrechtlichen Vorschriften. Die Geschäftsführer werden aber durch die Hauptversammlung bestellt, da eine entsprechende Verweisung auf § 84 AktG fehlt.

Für Unternehmen und Konzerne mit mehr als 2.000 Beschäftigten gilt das Mitbestimmungsgesetz von 1976. Die entsprechende Verweisungsvorschrift auf das Recht der Aktiengesellschaft ist § 25 Abs. 1 Nr. 2 MitbG, was die Aufgaben und Kompetenzen des Aufsichtsrats bei der Überwachung anbelangt, und § 31 Abs. 1 MitbG, was die Bestellung und den Widerruf der Bestellung der Geschäftsführer anbelangt. Im wesentlichen gilt hier für den Aufsichtsrat der GmbH das Recht der AG. Der Aufsichtsrat bestellt insbesondere auch die Geschäftsführer, unter denen ein Arbeitsdirektor sein muß (§ 33 MitbG).

Eine GmbH, die nicht unter die Vorschriften über die Unternehmensmitbestimmung des Betriebsverfassungsgesetzes von 1952 oder des Mitbestimmungsgesetzes von 1976 fällt, kann freiwillig einen Aufsichtsrat bilden. § 52 Abs. 1 GmbH-Gesetz bestimmt, welche Vorschriften des Aktiengesetzes entsprechend auf diesen Aufsichtsrat anzuwenden sind, wenn im Gesellschaftsvertrag nichts anderes geregelt ist. Die Vorschrift ist dispositiv. Sie sieht nicht vor, daß der Aufsichtsrat die Geschäftsführer bestellt; die Kompetenz bleibt vielmehr bei der Gesellschafterversammlung; wenn der Gesellschaftsvertrag dies aber anders festlegt, so steht § 52 Abs. 1 GmbH-Gesetz nicht entgegen. Auch eine Mitbestimmung der Arbeitnehmer kann im fakultativen Aufsichtsrat vorgesehen werden. Die Spielräume der Gesellschafter sind hier groß.

Beim fakultativen Aufsichtsrat ist auch die Begrifflichkeit des Aktiengesetzes nicht vorgeschrieben. Die Satzung kann z.B. bestimmen, daß ein Beirat gebildet wird, dem die Überwachungskompetenzen des Aufsichtsrats einer Aktiengesellschaft übertragen werden.

Was die Verantwortlichkeit der Mitglieder des Aufsichtsrats gegenüber der Gesellschaft anbelangt, so gelten beim zwingend gebildeten Aufsichtsrat die Vorschriften der §§ 93 und 116 AktG entsprechend. Beim fakultativ gebildeten Aufsichtsrat ist dies nach § 52 Abs. 1 GmbH-Gesetz ebenfalls vorgesehen; der Gesellschaftsvertrag kann jedoch hiervon abweichen.

6. Finanzordnung

Auch im Recht der GmbH gibt es die effektive und die nominelle Kapitalerhöhung.[156] Es gibt allerdings nicht die bedingte Kapitalerhöhung und das genehmigte Kapital. Dies hängt damit zusammen, daß die Anteile an der GmbH keine Wertpapiere sind, also nicht so leicht übertragbar sind (vgl. § 15 Abs. 3 GmbH-Gesetz - notarielle Beurkundung).

Da das Stammkapital in der Satzung festgelegt wird, muß die Kapitalerhöhung mit satzungsändernder Mehrheit beschlossen werden. Erforderlich ist ein notariell beurkundeter Beschluß mit Dreiviertelmehrheit der abgebenen Stimmen; außerdem muß die Sat-

---

[156] Vgl. §§ 55-59 GmbH-Gesetz und früher die Vorschriften des Gesetzes über die Kapitalerhöhung aus Gesellschaftsmitteln und über die Verschmelzung von Gesellschaften mit beschränkter Haftung, jetzt im Zusammenhang mit der Verabschiedung des Umwandlungsgesetzes §§ 57c-o GmbHG

zungsänderung ins Handelsregister eingetragen werden (§§ 53 und 54 GmbH-Gesetz). Die Satzungsänderung kann nicht im schriftlichen Verfahren erfolgen.[157]

Die Kapitalherabsetzung ist nach § 58 GmbH-Gesetz nur zulässig, wenn die Gläubiger gesichert werden. Auch bei der GmbH gibt es die effektive (selten) und die nominelle Kapitalherabsetzung (häufig). Die nominelle Kapitalherabsetzung wird wie in der AG vielfach als Vorstufe für eine Kapitalerhöhung zur Sanierung der Gesellschaft eingesetzt. Auch bei der Kapitalherabsetzung müssen die Erfordernisse der Dreiviertelmehrheit und der notariellen Beurkundung erfüllt werden (§ 53 Abs. 2 GmbH-Gesetz), da es sich um eine Satzungsänderung handelt.

Weit häufiger als Eigenkapital führen die Gesellschafter der GmbH Fremdkapital zu. Sie geben ihr Darlehen, und wollen, was die Rückzahlung anbetrifft, wie jeder außenstehende Dritte behandelt werden. Die Gläubiger werden durch diese Praxis benachteiligt. Sie haben oft eine unterkapitalisierte und konkursanfällige GmbH vor sich, die Gesellschafter halten sich mit der Zufuhr von Eigenkapital vornehm zurück und schlüpfen in die Rolle des Fremdkapitalgebers.

Die Rechtsprechung korrigiert eine derartige Praxis dadurch, daß sie zumindest nach § 30 Abs. 1 GmbH-Gesetz das zur Erhaltung des Stammkapitals erforderliche Vermögen der Gesellschaft sichert. Der Gesellschafter einer vor dem Zusammenbruch stehenden GmbH soll das Konkursrisiko nicht dadurch auf außenstehende Gläubiger abwälzen können, daß er kurzfristig Mittel in Form von Fremdkapital in die Gesellschaft hineingibt und wieder aus ihr abzieht.[158] Die Rückzahlung, die ihm die Gesellschaft auf das Darlehen gezahlt hat, muß er ihr nach § 31 Abs. 1 GmbH-Gesetz erstatten. Entscheidend ist, daß die Gesellschaft zum Zeitpunkt der Leistung von Dritten keinen Kredit zu marktüblichen Bedingungen mehr hätte erhalten können und deshalb ohne die Leistung hätte liquidiert werden müssen.[159] Hinzu kommt, daß der Darlehensbetrag im Augenblick der Rückzahlung Teil des zur Erhaltung des Stammkapitals erforderlichen Vermögens sein muß.

Durch die Novelle zum GmbH-Gesetz von 1980 wurde die GmbH gegen ihre Gesellschafter durch die neugeschaffenen Vorschriften der §§ 32a und 32b sowie durch §§ 32a Konkursordnung und 3b Anfechtungsgesetz geschützt. § 32a Abs. 1 GmbH-Gesetz läßt es nicht mehr zu, daß der Gesellschafter nach Eröffnung des Konkurs- oder Vergleichsverfahrens über das Gesellschaftsvermögen Darlehen, die er der Gesellschaft zu einem Zeitpunkt gewährt hat, in dem er die Gesellschafter als ordentliche Kaufleute Eigenkapital zugeführt hätten, als Konkursforderung geltend macht. Nach § 32a Abs. 2 GmbH-Gesetz gilt dies auch für Darlehen, die von Dritten gewährt wurden, soweit für diese auf von Gesellschaftern eingeräumte Sicherheiten zurückgegriffen werden kann. § 32b GmbH-Gesetz knüpft hieran an, wenn die Gesellschaft das von einem Gesellschafter gesicherte Darlehen eines Dritten im letzten Jahr vor der Konkurseröffnung zurückbezahlt hat; dieser Gesellschafter ist der GmbH zur Erstattung des zurückgewährten Betrages verpflichtet; die Forderung wird aber durch den Umfang und den Wert der Sicherheit begrenzt. Ist das Darlehen durch einen Gesellschafter gegeben worden, sehen §§ 32a Konkursordnung und 3b Anfechtungsgesetz ein Anfechtungsrecht vor, wenn dem Gesellschafter Sicherung oder Befriedigung gewährt wurde.

---

[157] BGHZ 15, 328, anders allerdings das Schrifttum
[158] BGHZ 75, 334, 336
[159] Vgl. BGHZ 76, 326, 330

Die Rechtsprechung hat über diese Vorschriften hinaus ihre Interpretation der §§ 30 und 31 GmbH-Gesetz aufrecht erhalten. Da die §§ 32a und b GmbH-Gesetz nur in seltenen Ausnahmefällen greifen, hat sich an der Vorreiterrolle der Rechtsprechung bei der Einschränkung der Praxis zu den kapitalersetzenden Gesellschafterdarlehen nichts geändert. Den Erstattungsanspruch, den die Gesellschaft nach § 31 Abs. 1 GmbH-Gesetz erwirbt, weil ein Darlehen entgegen § 30 Abs. 1 GmbH-Gesetz vor der Eröffnung des Konkursverfahrens an den Gesellschafter-Darlehensgläubiger zurückbezahlt wurde, kann ein Gläubiger pfänden. Damit wird aber nur der Fall der Unterkapitalisierung erfaßt, in dem das Vermögen der Gesellschaft unter ihr Stammkapital fällt. Eine angemessene Kapitalausstattung der GmbH ist damit in keiner Weise sichergestellt.

7. Gesellschafterwechsel

Die Geschäftsanteile an der GmbH sind nach § 15 Abs. 1 GmbH-Gesetz veräußerlich und vererblich. Neben dem Erfordernis der notariellen Beurkundung der Abtretung und des dazugehörigen Verpflichtungsvertrages (§ 15 Abs. 3 GmbH-Gesetz) kann die Satzung der GmbH zusätzliche Voraussetzungen aufstellen. Sie kann die Veräußerung an die Zustimmung der übrigen Gesellschafter binden (Vinkulierung der Geschäftsanteile). Dies geschieht bei Familiengesellschaften nicht selten (vgl. § 15 Abs. 5 GmbH-Gesetz).

Nach § 16 GmbH-Gesetz muß der Erwerber den Übergang bei der Gesellschaft anmelden. Nach § 17 GmbH-Gesetz kann ein Geschäftsanteil mit Genehmigung der Gesellschaft auch geteilt werden. Steht ein Geschäftsanteil mehreren Mitberechtigten ungeteilt zu, so können die Rechte nur gemeinschaftlich ausgeübt werden (§ 18 GmbH-Gesetz). Die Rechtsprechung gewährt GmbH-Gesellschaftern das Recht, die Mitgliedschaft aus wichtigem Grund zu kündigen, wenn ihnen die Fortsetzung des Gesellschaftsverhältnisses nicht zuzumuten ist.[160] Dieses Kündigungsrecht ist dann wichtig, wenn der wichtige Grund nicht bei der Gesellschaft, sondern bei dem kündigenden Gesellschafter eingetreten ist.

Der Gesellschafterwechsel kann auch unfreiwillig sein, etwa wenn ein Geschäftsanteil nach § 34 GmbH-Gesetz eingezogen (amortisiert) wird. Ohne Zustimmung des Anteilsberechtigten ist die Amortisation nur möglich, wenn die Voraussetzungen hierfür vor dem Zeitpunkt des Erwerbs durch den Berechtigten im Gesellschaftsvertrag festgesetzt waren (§ 34 Abs. 2 GmbH-Gesetz).

Darüber hinaus läßt die Rechtsprechung den Ausschluß eines Gesellschafters aus wichtigem Grund zu, obwohl auch dies nicht im GmbH-Gesetz geregelt ist. Die §§ 737 BGB und 140 HGB, welche für die Personengesellschaften gelten, werden hier analog angewendet. Die Gesellschaft ist aber hier an die Treuepflicht gebunden, welche in der GmbH stärker als in der AG zu beachten ist; der Ausschluß darf nur das letzte und äußerste Mittel sein.[161] Voraussetzung für den Ausschluß ist eine Klage, für welche § 140 HGB analog angewendet wird. Zur Klageerhebung ist ein Gesellschafterbeschluß notwendig; hierbei hat der betroffene Gesellschafter nach § 47 Abs. 4 GmbH-Gesetz kein Stimmrecht. Also kann auch ein Mehrheitsgesellschafter ausgeschlossen werden, wenn das Gericht den wichtigen Grund anerkennt. Die Gesellschaft besteht stets unter den übrigen Gesellschaftern weiter.

---

[160] Vgl. RGZ 128, 1

[161] BGHZ 16, 317, 322

8. Beendigung

Nach § 60 GmbH-Gesetz wird die Gesellschaft in fünf Fällen aufgelöst:

1. durch Zeitablauf
2. durch Gesellschafterbeschluß mit der erforderlichen Dreiviertelmehrheit
3. durch gerichtliches Urteil oder Entscheidung der Verwaltungsbehörde
4. durch Eröffnung des Konkursverfahrens
5. durch rechtskräftige Verfügung des Registergerichts, wenn ein zur Nichtigkeit führender Satzungsmangel vorliegt oder Verpflichtungen nach § 19 Abs. 4 GmbH-Gesetz nicht eingehalten wurden.

Hinzu kommt die Löschung im Handelsregister wegen Vermögenslosigkeit der Gesellschaft oder ein sonstiger Grund, der im Gesellschaftsvertrag festgelegt werden kann (vgl. § 60 Abs. 2 GmbH-Gesetz).

Die Auflösung muß im Handelsregister eingetragen werden (§ 65 GmbH-Gesetz). Erfolgt sie nicht durch Konkurs, so wird die Gesellschaft durch die Geschäftsführer liquidiert; durch den Gesellschaftsvertrag oder durch Beschluß der Gesellschafter können auch andere Personen als Liquidatoren festgesetzt werden (§ 66 Abs. 1 GmbH-Gesetz). Auf Antrag von Gesellschaftern, deren Geschäftsanteile zusammen mindestens ein Zehntel des Stammkapitals ausmachen, kann aus wichtigem Grund die Bestellung von Liquidatoren durch das zuständige Gericht verlangt werden (§ 66 Abs. 2 GmbH-Gesetz). Entsprechend können die Liquidatoren auch abberufen werden.

Die Liquidatoren beendigen die laufenden Geschäfte, erfüllen die Verpflichtungen der aufgelösten Gesellschaft, ziehen ihre Forderungen ein und setzen das Vermögen der Gesellschaft in Geld um. Zu Beginn der Liquidation erstellen sie eine Eröffnungsbilanz und einen entsprechenden Bericht (§ 71 Abs. 1 GmbH-Gesetz). Während der Liquidation erstellen sie Jahresabschlüsse und Lageberichte. Den Liquidationserlös verteilen sie nach dem Verhältnis der Geschäftsanteile. Nach § 73 GmbH-Gesetz müssen sie allerdings ein Sperrjahr einhalten, das dem Gläubigerschutz dient. Im wesentlichen folgt die Liquidation dem Aktienrecht.

Die Geschäftsführer müssen spätestens drei Wochen nach Eintritt der Zahlungsunfähigkeit oder der Überschuldung der Gesellschaft den Antrag auf Eröffnung des Konkurs- oder Vergleichsverfahrens stellen. Verzögern sie den Antrag schuldhaft (Konkursverschleppung), so haften sie der Gesellschaft nach § 64 Abs. 2 GmbH-Gesetz; sie sind zum Ersatz von Zahlungen verpflichtet, die nach Eintritt der Zahlungsunfähigkeit der Gesellschaft oder nach Feststellung ihrer Überschuldung geleistet werden, es sei denn, sie sind mit der Sorgfalt eines ordentlichen Geschäftsmanns vereinbar. Gläubiger des Ersatzanspruchs ist die GmbH, interessiert an seiner Geltendmachung sind die Gläubiger. Es handelt sich um einen Fall der Drittschadensliquidation. § 64 Abs. 1 GmbH-Gesetz ist ein Schutzgesetz im Sinne von § 823 Abs. 2 BGB zugunsten aller Gläubiger. Sie sollen dagegen geschützt werden, daß infolge der Konkursverschleppung die Masse weiter ausgehöhlt wird. Ersetzt wird ihnen aber nur der sogenannte Quotenschaden, d.h. der zusätzliche Nachteil, den sie an der Höhe ihrer Konkursquote wegen der Verschleppung der Antragstellung erlitten haben.[162] Der BGH will den sogenannten Neugläubigern, die

[162] BGHZ 29, 100; 100, 19, 23

ihre Forderung im Zeitraum der Verschleppung begründet haben, den vollen Schadensersatz zubilligen.[163] Die Frage liegt derzeit dem gemeinsamen Senat der obersten Gerichtshöfe des Bundes zur Entscheidung vor.

9. GmbH & Co. KG

a) Begriff und Erscheinungsformen

Im Jahr 1912 entschied das Bayerische Oberste Landesgericht,[164] daß die GmbH & Co. KG, bei der die Funktion des Komplementärs einer KG durch eine GmbH, also eine Kapitalgesellschaft, ausgefüllt wurde, gesellschaftsrechtlich zulässig sei. Das Reichsgericht bestätigte diese Rechtsprechung im Jahr 1922.[165] Das Reichsgericht erklärte es für legitim, wenn die Gesellschafter die Haftung beschränken und Steuern vermeiden wollten. Das Argument, die GmbH & Co. KG sei konkursanfällig und daher eine Konstruktion zur Benachteiligung der Gläubiger, wies es zurück. Die anfangs heftigen Auseinandersetzungen um die Zulässigkeit der GmbH & Co. KG sind inzwischen ausgefochten. Die Gesetzgebung hat die Zulässigkeit der GmbH & Co. KG in einer Reihe von Gesetzesnovellen anerkannt. Sie schränkt allerdings die Regelungsmöglichkeiten der Gesellschafter ein, indem sie Sonderregelungen für die Firma, die Gesellschafterhaftung und die Beziehungen zwischen den Gesellschaftern schafft. Das Recht der GmbH & Co. KG ist dadurch so kompliziert geworden, daß tausende von Wirtschaftsprüfern und Steuerberatern damit ihr Brot verdienen. Schon beim Abschluß des Gesellschaftsvertrages müssen sie darauf achten, daß für die Komplementärin, die GmbH, die Regelungen des GmbH-Gesetzes gelten, während für die gesamte Gesellschaft, die KG, das Recht der Personalgesellschaften OHG und KG im HGB anzuwenden sind. Daher müssen höchst unterschiedliche Regelungen z.B. über die Veräußerung und Vererbung der Gesellschaftsanteile (nach § 15 Abs. 1 GmbH-Gesetz zulässig, bei der KG ist für den Tod des Kommanditisten eine Fortsetzungsklausel im Gesellschaftsvertrag notwendig, wenn die Gesellschaft nicht aufgelöst werden soll) miteinander abzugleichen. So ist der Konkurs eines Gesellschafters für die KG ein gesetzlicher Auflösungsgrund, während bei der GmbH der Anteil in die Konkursmasse fällt. Ferner muß geklärt werden, ob die zulässige Kündigung der KG zugleich die Auflösung der GmbH zur Folge haben soll. Ähnliche Probleme ergeben sich bei der Zwangsvollstreckung durch Privatgläubiger, bei der Ausschließung von Gesellschaftern und bei der Auflösung der Gesellschaft. Bereits die Gründung der GmbH & Co. KG ist ein komplizierter Vorgang, weil mehrere Gesellschaften hintereinander gegründet und miteinander verflochten werden müssen (vgl. unten). Der Gesetzgeber kennt zwar keine umfassende Regelung des Rechts der GmbH & Co. KG, hat aber Sonderregelungen für solche Kommanditgesellschaften geschaffen, in denen kein persönlich haftender Gesellschafter eine natürliche Person ist, und damit die GmbH & Co. KG kontrolliert.[166]

Die Rechtsprechung behandelt die GmbH & Co. KG als Kapitalgesellschaft. Schon 1968 stellte das Bundesverfassungsgericht fest, daß die generelle Haftungsbegrenzung die GmbH & Co. KG in die Nähe der Kapitalgesellschaft rücke.[167] Im Jahr 1974 stellte der

[163] Vgl. BGH ZIP 1993, 763; DB 1993, 2277
[164] OLG-Rechtsprechung 27, 331
[165] RGZ 105, 101
[166] Vgl. §§ 19 Abs. 5, 125a, 130a, 172 Abs. 6, 172a und 177a HGB
[167] BVerfGE 24, 174, 182

BGH[168] fest, daß die GmbH & Co. KG nur der Form nach eine Personengesellschaft sei, sachlich aber eine Gesellschaft mit beschränkter Haftung, die der GmbH oder AG näher stehe als einer normalen OHG oder KG. Es fehle die persönliche Haftung natürlicher Personen als wesentliches gläubigerschützendes Element.

Nach wie vor sind es im wesentlichen zwei Gründe, welche die Gesellschafter zur Gründung dieser Mischform aus KG und GmbH bewegen. Zum einen können sie ihre persönliche Haftung ausschließen und ihr Risiko auf die Einlage begrenzen, zum andern können sie Steuern sparen. Der steuerliche Vorteil der GmbH & Co. KG existiert auch nach dem Fortfall der sogenannten Doppelbesteuerung im Jahr 1977 weiter. Zum einen wird die nach wie vor bestehende Doppelbesteuerung von Kapitalgesellschaft und Gesellschaftern bei der Vermögensteuer vermieden, zum andern können die Gesellschafter den Vorteil der Progression bei der Einkommensteuer in Anspruch nehmen, während die GmbH für die Körperschaftsteuer einen einheitlichen Satz bezahlen muß (vgl. unten).

Die Erscheinungsformen der GmbH und & Co. KG sind vielfältig. Häufig beteiligen sich alle Gesellschafter sowohl an der Komplementär-GmbH wie auch an der KG. Man spricht hier von der personengleichen GmbH & Co. KG. Bei ihr sind auch die Beteiligungsverhältnisse in der GmbH und in der KG meist gleich.

Bei der sogenannten Abschreibungsgesellschaft sind die Initiatoren die Gesellschafter der GmbH, während die Investoren zu Kommanditisten werden sollen. Die Investoren haben meist kein unternehmerisches Interesse; sie bringen das Kapital nur ein, um Steuern zu sparen, indem sie Abschreibungen von ihrem Einkommen durch Verluste der Gesellschaft vornehmen können.

Bei der sogenannten Einheitsgesellschaft erwirbt die KG alle Anteile an der GmbH. Dadurch wird zwar der Prozeß der Willensbildung vereinfacht, aber der Gläubigerschutz noch stärker zurückgedrängt als schon bei der normalen GmbH & Co. KG. Deshalb wurde durch die GmbH-Novelle von 1980 § 172 Abs. 6 in das HGB eingefügt. Die Einlage eines Kommanditisten gilt dem Gläubigern gegenüber als nicht geleistet, soweit sie in Anteilen an der Komplementär-GmbH bewirkt wird. Dadurch wird verhindert, daß eine Leistung in das Gesellschaftsvermögen sowohl bei der GmbH als auch bei der KG zum Nachteil der Gläubiger haftungsmindernd geltend gemacht werden kann.

Schließlich gibt es die "Ein-Mann-GmbH & Co. KG", bei der ein und dieselbe Person einziger Gesellschafter der GmbH und einziger Kommanditist der mit ihr als Komplementär gebildeten KG ist. Da der Ein-Mann-Gesellschafter häufig auch einziger Geschäftsführer der Komplementärs-GmbH ist, muß er im Gesellschaftsvertrag vom Verbot des Selbstkontrahierens (§ 181 BGB) freigestellt werden. Andernfalls fällt er unter das Verbot des § 35 Abs. 4, der durch die GmbH-Novelle von 1980 eingefügt wurde.

Früher war die mehrstufige GmbH & Co. KG relativ häufig, bei der eine GmbH & Co. KG Komplementärin einer KG ist. Die Komplementärgesellschaft wird auch "kleine GmbH & Co. KG" genannt, während die Gesamt-GmbH & Co. KG als "große GmbH & Co. KG" bezeichnet wird. Der Gründungsvorgang, der hier in mehreren Stufen erfolgen muß, ist äußerst kompliziert. Die steuerlichen Überlegungen, die früher hierfür maßgeblich waren, sind heute entfallen. Nach dem früheren Wortlaut des Kapitalverkehrssteuergesetzes war lediglich die Beteiligung im Rahmen der klassischen GmbH & Co. KG

---

[168] BGHZ 62, 216, 227

steuerpflichtig; wurde dagegen die Stellung der Komplementärin innerhalb der GmbH & Co. KG nicht einer GmbH, sondern einer GmbH & Co. KG eingeräumt, war die persönlich haftende Gesellschafterin keine Kapitalgesellschaft, Kapitalverkehrsteuer fiel deshalb in der zweiten Stufe nicht mehr, in der ersten Stufe bei entsprechenden Beteiligungsverhältnissen nur in geringem Umfang an. Der Gesetzgeber verstopfte dieses Schlupfloch, indem er für das Kapitalverkehrsteuerrecht die GmbH & Co. KG als Kapitalgesellschaft behandelte.[169] Die Bedeutung der mehrstufigen GmbH & Co. KG hat seither erheblich abgenommen.

Neben der GmbH & Co. KG gibt es die sogenannte Doppelgesellschaft, hier wird durch Unternehmensaufspaltung auch rechtlich zwischen einer Besitzpersonen- und Betriebskapitalgesellschaft oder einer Betriebspersonen- und Vertriebskapitalgesellschaft getrennt. Die Gesellschaften sind voneinander rechtlich getrennt. Die Verknüpfung findet gesellschaftsrechtlich durch die Personen statt, die in beiden Gesellschaften Anteile halten.

Schließlich ist noch auf die Mischform der GmbH & Still hinzuweisen, bei der sich Gesellschafter einer GmbH oder außenstehende Dritte als stille Gesellschafter an der GmbH beteiligen. Die stille Gesellschaft kann immer nur zwei Gesellschafter haben, deshalb bilden mehrere GmbH-Gesellschafter, die sich an der GmbH still beteiligen, auch mehrere Gesellschaften "GmbH & Still" (vgl. oben). Während der Kommanditist nach §§ 171 f. mit seiner Einlage haftet, kann der stille Gesellschafter seinen Anspruch auf Einlagenrückgewähr als Forderung geltend machen, wenn die Gesellschaft in Konkurs fällt. Der stille Gesellschafter kann seine Verlustbeteiligung ausschließen, der Kommanditist nur seine persönliche Haftung (vgl. § 171 Abs. 1 und § 231 Abs. 2 HGB).

b) Gründung

Vertragspartner der GmbH & Co. KG sind die GmbH als Komplementärin und die Kommanditisten. Die Gesellschafter der GmbH sind häufig mit den Kommanditisten identisch. Dies muß aber nicht so sein. Die Gründung verläuft in zwei Stufen. Zuerst wird die GmbH gegründet. Nach ihrer Eintragung im Handelsregister und damit ihrem Entstehen als juristische Person schließt sie mit den Kommanditisten den Vertrag zur Gründung der KG. Die GmbH kann auch später als Komplementärin in eine bereits bestehende KG eintreten. Dies geschieht insbesondere in Familiengesellschaften, wenn die als Komplementärin fungierende natürliche Person stirbt oder die persönliche Haftung nicht mehr tragen will.

Da bei der personengleichen GmbH & Co. KG die Gesellschafter der GmbH und die Kommanditisten ein und dieselben Personen sind und häufig einer der Gesellschafter darüber hinaus Geschäftsführer der GmbH ist, muß das Verbot des Selbstkontrahierens in § 181 BGB beachtet werden. Schon bei der Gründung der GmbH & Co. KG ist es zweckmäßig, den Geschäftsführern der GmbH das Kontrahieren mit sich selbst als Kommanditisten der KG zu gestatten. Danach ist es insbesondere wichtig, Geschäfte der GmbH mit der GmbH & Co. KG zuzulassen, bei denen die Geschäftsführer einerseits als Vertreter der GmbH, andererseits als Vertreter des Komplementärs der KG handeln.

Nach § 4 GmbH-Gesetz firmiert die GmbH unter einer Sachfirma oder einer Personenfirma. Nach § 19 HGB firmiert die KG unter einer Personenfirma mit dem Namen we-

---

[169] Vgl. Klunzinger, Gesellschaftsrecht, S. 311

nigstens eines der Komplementäre. Für die GmbH & Co. KG gilt nach § 19 Abs. 5 HGB, daß sie den Namen der Komplementärs-GmbH mit einem Zusatz führen muß, der das Bestehen der Kommanditgesellschaft verdeutlicht. Hierbei muß die Unterscheidung zwischen der Komplementärs-GmbH und der GmbH & Co. KG ermöglicht werden. Der bloße Zusatz "KG" reicht als Unterscheidungsmerkmal nicht aus; nach § 30 HGB muß sich jede Firma von allen an demselben Ort oder in derselben Gemeinde bereits bestehenden und in das Handelsregister oder das Genossenschaftsregister eingetragenen Firmen deutlich unterscheiden. Lautet daher der Name der Komplementärin "Emil Schulze GmbH", dann muß die KG mit "Stahlbau Emil Schulze GmbH & Co. KG" firmieren. Die bloße Firma "Emil Schulze GmbH & Co. KG" würde sich von der Firma der GmbH nicht genügend unterscheiden (vgl. § 30 HGB).

Wie jede KG muß auch die GmbH & Co. KG nach § 162 HGB zur Eintragung in das Handelsregister angemeldet werden. Die Anmeldung der GmbH erfolgt durch ihre Geschäftsführer, die Anmeldung der KG muß hingegen durch alle Gesellschafter, also auch die Kommanditisten, erfolgen.

Zwar unterliegen die Gesellschaftsverträge in der Regel keiner Inhaltskontrolle. Die Rechtsprechung macht hiervon aber eine Ausnahme, wenn sogenannte Publikumsgesellschaften gegründet werden, bei denen die vielen Kommanditisten im Normalfall untereinander keinen Kontakt haben. Hier ist die Parallele zu den Formularverträgen zu beachten, für die das Recht der allgemeinen Geschäftsbedingungen gilt. Die Vertragsbedingungen werden nicht im einzelnen unter den Gesellschaftern ausgehandelt, sondern bereits im voraus von den Gründern festgelegt. Deshalb hat es der BGH einem Kommanditisten einer Publikums-KG, der Opfer einer arglistigen Täuschung geworden war, gestattet, seine Schadensersatzforderung aus culpa in contrahendo unmittelbar gegen den persönlich haftenden Gesellschafter der KG geltend zu machen, der mit ihm verhandelt hatte.[170] Fungieren die Initiatoren der Publikums-KG als Geschäftsführer der Komplementär-GmbH, so haften sie aus Verschulden bei Vertragsschluß für die Vollständigkeit und Richtigkeit der mit ihrem Wissen und Willen in Verkehr gebrachten Werbeprospekte.[171] Der geschädigte Kommanditist kann den Gesellschaftsvertrag nicht wegen arglistiger Täuschung nach § 123 BGB mit der Wirkung der rückwirkenden Beseitigung (§ 142 Abs. 1 BGB) anfechten, sondern nur Auflösungsklage nach § 133 HGB für die Zukunft erheben. Für die Publikums-KG gestattet die Rechtsprechung, daß der getäuschte Kommanditist sein Mitgliedschaftsverhältnis gegenüber der KG formlos kündigen und damit aus der im übrigen fortbestehenden Gesellschaft ausscheiden kann.[172]

c) Geschäftsführung, Vertretung und Haftung

Die Geschäfte der GmbH & Co. KG werden in der Regel durch die Komplementärs-GmbH geführt, für die ihre Geschäftsführer handeln. Der Ausnahmefall, wonach Kommanditisten Geschäftsführungsbefugnisse halten, kommt in der Praxis kaum vor. Von der Vertretung der GmbH & Co. KG sind die Kommanditisten nach § 170 HGB ausgeschlossen. Aber auch hier ist rechtsgeschäftliche Vertretungsmacht des Kommanditisten möglich. Insofern gelten die allgemeinen Regeln des Rechts der KG. Die Vertretung der GmbH & Co. KG scheitert in der Praxis häufig an § 181 BGB, wenn nicht im Gesellschaftsvertrag vom Verbot des Selbstkontrahierens befreit wurde.

---

170 Vgl. BGH NJW 1973, 1604
171 BGHZ 71, 284, 287
172 BGHZ 63, 338, 345

Die Haftung der GmbH & Co. KG richtet sich nach dem Recht der KG. Die persönliche Haftung des Komplementärs übernimmt eine GmbH, in der die persönliche Haftung ihrer Gesellschafter wiederum nach GmbH-Recht ausgeschlossen ist. Die Kommanditisten haften persönlich nur, soweit sie ihre Einlage nicht geleistet haben (§ 171 Abs. 1 HGB). Da die Konstruktion der GmbH & Co. KG de facto zur Haftungsbeschränkung aller führt, können sich die Gläubiger nur an das Gesellschaftsvermögen der KG, und wenn dieses erschöpft ist, nach § 128 HGB an das der GmbH halten. Hinzu kommt nach § 171 Abs. 1 HGB die persönliche Haftung der Kommanditisten, die ihre Einlage nicht geleistet haben.

Besondere Vorschriften gelten, wenn die Einlage eines Kommanditisten zurückgewährt wird und wenn die Gesellschaft in Konkurs fällt.

Gewinn und Verlust können so zwischen der Komplementärs-GmbH und den Kommanditisten aufgeteilt werden, daß die GmbH keine Gewinne erhält, während sie nach § 128 HGB für die Verbindlichkeiten der KG haftet. Wenn die GmbH keine angemessene Abgeltung für das Haftungsrisiko sowie ihren Einsatz von Kapital und Arbeit erhält, liegt allerdings steuerrechtlich eine verdeckte Gewinnausschüttung vor (vgl. unten).

d) Finanzordnung

Das praktische Hauptproblem der GmbH & Co. KG ist ihre mangelnde Kreditwürdigkeit und Konkursanfälligkeit. Da keine Mindestvorschriften für ihre Kapitalausstattung existieren, ist auch die GmbH & Co. KG chronisch unterkapitalisiert. Die Rechtsprechung hat die Aufnahme von Fremdkapital über die Gesellschafter der GmbH & Co. KG mit Recht dem Rechtsgedanken der §§ 30 und 31 GmbH-Gesetz unterstellt, der zunächst das Kapital der GmbH schützt, aber auch den Schutz der GmbH & Co. KG bezweckt. Zahlungen aus dem Vermögen der KG an einen Kommanditisten, der zugleich Gesellschafter der GmbH ist, sind unzulässig, wenn sie zur Folge haben, daß das Vermögen der GmbH unter dem Nennwert ihres Stammkapitals absinkt.[173] Den Erstattungsanspruch der GmbH & Co. KG kann jeder Kommanditist im Wege der actio pro socio geltend machen, auch wenn er nicht an der Komplementär-GmbH beteiligt ist.

Zahlungen aus dem Vermögen der KG an einen zugleich an der GmbH beteiligten Kommanditisten sind auch dann verboten, wenn das Vermögen der GmbH schon aufgezehrt und die KG überschuldet ist. Dieser Fall wird zwar von den §§ 30 und 31 GmbH-Gesetz nicht unmittelbar erfaßt. Die Vorschriften werden aber analog angewendet, weil der BGH einen Ausgleich für die fehlende "Bremsfunktion" schaffen will, die von der unbeschränkten Haftung einer natürlichen Person ausgeht. Wer mit seinem ganzen Privatvermögen einstehen muß, wird den Entnahmewünschen des Kommanditisten im eigenen Interesse entgegenstehen.[174]

Wird einem Kommanditisten der GmbH & Co. KG seine Einlage zurückgewährt, so verstößt dies ebenfalls gegen die §§ 30 und 31 GmbH-Gesetz.[175] Voraussetzung ist, daß der Kommanditist gleichzeitig Gesellschafter der GmbH ist. Die Unterscheidung von Kommanditeinlage und Haftsumme für die GmbH & Co. KG scheint in der Rechtsprechung des BGH keine Rolle mehr zu spielen; andernfalls hätte er die einfachere Regel

[173] BGHZ 60, 324, 328
[174] BGHZ 60, 324, 332
[175] BGHZ 69, 274, 279

des § 171 Abs. 4 HGB anziehen können, wonach der Kommanditist nach der Rückgewähr der Einlage wieder persönlich haftet.

Nach §§ 129a und 172a HGB werden die §§ 32a und 32b GmbH-Gesetz analog angewendet, wenn Gesellschafterdarlehen zur Abwendung der Zahlungsunfähigkeit oder Überschuldung der GmbH & Co. KG gewährt wurden. Auch diese Vorschriften gelten nur parallel zu der Rechtsprechung, die zu §§ 30 und 31 GmbH-Gesetz entwickelt wurde.

Heute ist allgemein davon auszugehen, daß GmbH und GmbH & Co. KG gleich behandelt werden, wenn sie unterkapitalisiert sind.

e) Mitbestimmung

Das Mitbestimmungsgesetz von 1976 erfaßt auch die GmbH & Co. KG. Nach § 4 werden die Arbeitnehmer der Kommanditgesellschaft als Arbeitnehmer des persönlich haftenden Gesellschafters, also der GmbH, behandelt. Nach § 4 Abs. 1 Satz 2 wird auch die doppelstöckige GmbH & Co. KG erfaßt. In § 4 Abs. 2 MitbG wird festgelegt, daß die GmbH nicht von der Führung der Geschäfte der KG ausgeschlossen werden kann. Die Regel gilt nicht nur für die GmbH & Co. KG, sondern für jede Konstruktion, in der eine Kapitalgesellschaft die Komplementärin einer KG ist. § 4 erfordert allerdings, daß die Mehrheit der Kommanditisten auch eine Mehrheit an der Komplementärgesellschaft hält; die mittelbare Beteiligung genügt; § 4 ist also auch auf die sogenannte Einheitsgesellschaft anzuwenden. Ferner darf die Komplementärgesellschaft keinen eigenen Geschäftsbetrieb mit mehr als 500 Arbeitnehmern haben. Der Hintergedanke ist, daß hier die Mitbestimmung nach dem Betriebsverfassungsgesetz von 1952 angewendet werden soll. Die Konsequenz, dies aber negativ auf die Anwendung des Mitbestimmungsgesetzes von 1976 anzurechnen, ist falsch. Es soll nicht von der Aufteilung der einzelnen Betriebe des Unternehmens zwischen KG und Komplementärsgesellschaft abhängen, welche Mitbestimmungsregeln gelten.[176]

Auch die Konstruktion des § 4 MitbG, wonach die Arbeitnehmer der GmbH & Co. KG als Arbeitnehmer der Komplementärgesellschaft behandelt werden, reicht für die Praxis nicht aus, denn nach § 164 HGB könnten die persönlich haftenden Gesellschafter und damit die Komplementär-GmbH im Innenverhältnis den Anweisungen der Kommanditisten unterworfen werden; die Vorschrift ist ja abdingbares Recht. Um eine derartige Umgehung der Unternehmensmitbestimmung zu verhindern, wird nach § 4 Abs. 2 MitbG verboten, die Komplementärgesellschaft von der Führung der Geschäfte der KG auszuschließen. Es bleibt aber nach wie vor möglich, einige oder alle Kommanditisten zusätzlich an der Geschäftsführung zu beteiligen; damit wird jedenfalls eine Abschwächung der Mitbestimmung ermöglicht.

10. Zusammenfassung

Die GmbH ist Kapitalgesellschaft und als juristische Person gegenüber ihren Mitgliedern verselbständigt (§ 13 Abs. 1 GmbH-Gesetz). Den Gläubigern haftet nur das Gesellschaftsvermögen (§ 13 Abs. 2 GmbH-Gesetz). Die Begriffe des GmbH-Gesetzes differie-

[176] Vgl. Kübler, Gesellschaftsrecht, S. 394, § 32 IV.3.a.

ren von denen des Aktiengesetzes. Dem Grundkapital der AG entspricht das Stammkapital der GmbH. Dem Vorstand der AG entsprechen die Geschäftsführer der GmbH. Da die GmbH anders als die AG auf einen kleineren und beständigeren Gesellschafterkreis zugeschnitten ist, wird der innere Aufbau der GmbH weitgehend dem Gesellschaftsvertrag überlassen (§ 45 GmbH-Gesetz). Die Geschäftsanteile der GmbH sind zwar veräußerlich und vererblich (§ 15 Abs. 1 GmbH-Gesetz). Die Übertragung bedarf jedoch der notariellen Beurkundung. Daher ist die GmbH nicht börsenfähig. Der Geschäftsanteil ist kein Wertpapier. Nach § 15 Abs. 5 GmbH-Gesetz kann die Übertragung des Geschäftsanteils durch den Gesellschaftsvertrag auch an die Zustimmung der Gesellschaft geknüpft, d.h. vinkuliert werden.

Die Gründung der GmbH erfolgt durch den Abschluß des Gesellschaftsvertrages (§§ 2 und 3 GmbH-Gesetz) und die Übernahme der Stammeinlagen, die Bestellung der Geschäftsführer (§ 6 GmbH-Gesetz), die Einzahlung eines Teils der Stammeinlagen (§ 7 Abs. 2 GmbH-Gesetz), die Anmeldung und die Eintragung in das Handelsregister (§§ 7-11 GmbH-Gesetz). Die Stammeinlagen werden in der Regel als Bareinlagen übernommen (§ 5 GmbH-Gesetz). Sachgründungen sind zwar nach § 5 Abs. 4 GmbH-Gesetz zulässig. Einlagefähig sind jedoch nur solche Gegenstände, die einen faßbaren Vermögenswert besitzen und zur freien Verfügung der GmbH gelangen können. Wird eine Einlage, die in Wirklichkeit eine Sacheinlage ist, als Bareinlage bezeichnet, so kann die Gesellschaft die Leistung der Einlage nachfordern. Dies wird insbesondere beim Konkurs der Gesellschaft bedeutsam, weil dann die unzulässig gezahlte Sacheinlage nur im Rahmen der Konkursquote zurückverlangt werden kann, während die Bareinlage nach wie vor voll erbracht werden muß.

Notwendige Organe der GmbH sind der oder die Geschäftsführer (§ 6 GmbH-Gesetz) und die Gesamtheit der Gesellschafter, meist in der Gesellschafterversammlung (§§ 45 ff. GmbH-Gesetz). Es gilt der Grundsatz der Fremdorganschaft, d.h. die Geschäftsführer müssen nicht Gesellschafter sein. Die Geschäftsführer vertreten die GmbH (§ 35 GmbH-Gesetz). Ihre Vertretungsmacht nach außen ist unbeschränkt und unbeschränkbar (§ 37 Abs. 2 GmbH-Gesetz). Im Innenverhältnis sind sie jedoch an die Beschränkungen gebunden, die sich aus dem Gesellschaftsvertrag oder den Beschlüssen der Gesellschafter ergeben (§ 37 Abs. 1 GmbH-Gesetz). Demnach ist die Geschäftsführungsbefugnis ähnlich wie in der OHG beschränkt. Die Gesellschafter können auch durch Einzelweisung in die Geschäfte eingreifen. Die strikte Trennung von Geschäftsführungs- und Kontrollbefugnis, wie sie das Aktiengesetz vorsieht, ist im Recht der GmbH also nicht verwirklicht. Allerdings kann nach § 52 GmbH-Gesetz ein Aufsichtsrat fakultativ eingerichtet werden. Für ihn gelten dann im wesentlichen die Kontrollrechte des Aufsichtsrats einer AG. Eine GmbH mit mehr als 500 Beschäftigten unterliegt den Mitbestimmungsgesetzen. Sie muß einen Aufsichtsrat einrichten. Hat die Gesellschaft mehr als 2.000 Beschäftigte, so unterliegt sie dem Mitbestimmungsgesetz von 1976. In diesem Fall werden die Vorstandsmitglieder nach § 33 MitbG durch den Aufsichtsrat bestellt, an dem die Mitbestimmungsrechte der Arbeitnehmerseite ansetzen. Für die Kontrollbefugnisse des Aufsichtsrats gelten nach § 25 Abs. 1 Nr. 2 MitbG im wesentlichen die Regeln des Aktiengesetzes. Für Gesellschaften mit mehr als 500 bis zu 2.000 Beschäftigten gilt die Unternehmensmitbestimmung nach dem in den anderen Teilen inzwischen außer Kraft getretenen Betriebsverfassungsgesetz von 1952 weiter. Danach haben die Arbeitnehmer nur eine Drittelbeteiligung im Aufsichtsrat. Auch werden die Geschäftsführer nicht vom Aufsichtsrat, sondern von den Gesellschaftern bestimmt. Was die Kontrollbefugnis des

Aufsichtsrats anbelangt, gelten aber im wesentlichen die Regeln des Aktiengesetzes (vgl. § 77 Abs. 1 BetrVG 1952).

Das zur Erhaltung des Stammkapitals erforderliche Vermögen darf nicht an die Gesellschafter ausgezahlt werden (§ 30 Abs. 1 GmbH-Gesetz). Damit wird zum Schutz der Gläubiger eine Mindestkapitalausstattung der GmbH gesichert. Verbotswidrig erfolgte Zahlungen müssen vom Empfänger an die GmbH zurückerstattet werden (§ 31 Abs. 1 GmbH-Gesetz). Die übrigen Gesellschafter trifft eine Ausfallhaftung, wenn der Betrag zur Befriedigung der Gläubiger der GmbH benötigt wird (§ 31 Abs. 3 GmbH-Gesetz). Die zusätzlichen Sicherungen der Gläubiger im Konkurs der GmbH, die durch die Novelle zum GmbH-Gesetz von 1980 in den §§ 32a und 32b eingefügt wurden, treten in ihrer praktischen Bedeutung hinter die von der Rechtsprechung nach wie vor angewendeten §§ 30 und 31 GmbH-Gesetz zurück.

Seit der Novelle von 1980 ist auch die Gründung einer GmbH durch eine Person möglich (Ein-Mann-GmbH, § 1 GmbH-Gesetz). Ist der Alleingesellschafter zugleich Geschäftsführer, so gilt für ihn in besonderem Maße das Verbot des Selbstkontrahierens nach § 181 BGB. Von diesem Verbot kann er im Gesellschaftsvertrag befreit werden (§ 35 Abs. 4 GmbH-Gesetz).

Die GmbH kann auch Komplementärin einer GmbH & Co. KG sein. Die Mitglieder der GmbH können hierbei zugleich Kommanditisten der KG sein (personengleiche GmbH & Co. KG). Es ist auch möglich, eine Ein-Mann-GmbH zur Komplementärin einer GmbH & Co. KG zu machen, bei der der Alleingesellschafter der GmbH einziger Kommanditist ist. Die GmbH & Co. KG wird im wesentlichen aus steuerlichen und Haftungsgründen gebildet. Die Gründung kann dadurch erfolgen, daß zuerst eine GmbH und dann mit ihr als Komplementärin eine KG gegründet wird. Die GmbH kann auch nachträglich in eine bestehende KG eintreten, welche die volle persönliche Haftung des Komplementärs im Ergebnis beseitigen will.

Häufig wird die GmbH & Co. KG als Publikumsgesellschaft gegründet. Die Rechtsprechung nimmt hier eine Inhaltskontrolle der Vertragsklauseln vor, da sie nicht davon ausgehen kann, daß bei den vorformulierten Vertragsbedingungen die Interessen aller Beteiligten hinreichend berücksichtigt sind.

Was die Kapitalerhaltung anbetrifft, stellt die Rechtsprechung durch sinngemäße Anwendung der §§ 30 und 31 GmbH-Gesetz die GmbH & Co. KG weitgehend der GmbH gleich.

11. Übungsfälle

a) A ist Gesellschafter der A-GmbH. Im Gesellschaftsvertrag ist eine Einlage des A von DM 20.000,-- vereinbart. Kurz nach der Gründung der GmbH veräußert A Waren an sie zum Kaufpreis von DM 15.000,--. Auf seine Einlageschuld hat er in bar DM 5.000,-- an die GmbH bezahlt. Die GmbH rechnet in Höhe von DM 15.000,-- mit ihrer Einlageforderung gegen die Kaufpreisforderung des A auf. Vier Jahre danach fällt die GmbH in Konkurs. Der Konkursverwalter verlangt von A die Bezahlung der noch ausstehenden Einlage in Höhe von DM 15.000,--.

Der Konkursverwalter könnte von A DM 15.000,-- als noch ausstehende Bareinlage verlangen, wenn die Aufrechung der GmbH mit ihrer restlichen Einlageforderung in Höhe von DM 15.000,-- gegen die Kaufpreisforderung des A unwirksam ist. Nach § 19 Abs. 2 Satz 2 GmbH-Gesetz ist nur die Aufrechnung des Gesellschafters gegen den Anspruch der Gesellschaft auf Leistung der Einlage nicht zulässig. Hier hat die Gesellschaft gegen eine Forderung des Gesellschafters aufgerechnet. Es geht jedoch nicht an, sich auf den Wortlaut der Vorschrift zu berufen und die Tatsache außer acht zu lassen, daß auch bei Aufrechnungen der Gesellschaft der Grundsatz der vollständigen Kapitalaufbringung zu beachten ist. Sinn und Zweck des § 19 Abs. 2 Satz 2 läßt es daher notwendig erscheinen, die Aufrechnung der Gesellschaft nur dann zuzulassen, wenn sie wirtschaftlich zur vollen Einbringung der Einlage führt. Die Gegenforderung muß deshalb vollwertig, fällig und liquide sein.[177]

Die Vollwertigkeit der Gegenforderung des A hängt davon ab, ob der Kaufpreis für die Waren angemessen ist, oder ob A durch eine überhöhte Festlegung des Kaufpreises verdeckt seine Einlage verringern wollte bzw. die Gesellschaft ihm die Einlage verdeckt erlassen wollte. Der Sachverhalt bietet keinen Anlaß für die Annahme, daß der Kaufpreis überhöht sei. Deswegen ist die Forderung nicht nur fällig und liquide, sondern auch vollwertig. Die Gesellschaft kann wirksam mit der Einlageforderung gegen die Kaufpreisforderung des A aufrechnen. Der Konkursverwalter kann die Bezahlung der DM 15.000,-- an die Gesellschaft nicht verlangen.

b) Auf der Gesellschafterversammlung der X-Städter Marzipan-GmbH am 1. März wirft B, einer der Minderheitsgesellschafter, dem Mehrheitsgesellschafter und alleinigen Geschäftsführer A vor, mehrfach bewußt Geschäfte zum Nachteil der GmbH mit Freunden abgeschlossen zu haben, die überhöhte Preise für Warenlieferungen an die GmbH forderten. Darauf beschließen die übrigen Gesellschafter, A sei als Gesellschafter und Geschäftsführer auszuschließen. Sie bestellen B zum alleinigen Geschäftsführer. Den A lassen sie bei dem Beschluß nicht mitstimmen. Vor Gericht stellen sich die Vorwürfe des B als haltlos heraus. Die Ausschlußklage der Mitgesellschafter wird am 15. April abgewiesen.

Sind die Verträge, die B zwischen dem 1. März und dem 15. April für die GmbH abgeschlossen hat, wirksam? Wie ist die rechtliche Position des A zu beurteilen?

Hier ist zwischen zwei getrennten Beschlüssen zu unterscheiden, zum einen der Abberufung als Geschäftsführer, zum anderen der Erhebung der Ausschlußklage, die sich auf die Gesellschafterstellung des A bezieht.

Nach § 38 Abs. 1 GmbH-Gesetz ist die Bestellung zum Geschäftsführer jederzeit widerruflich. Über eine mögliche Einschränkung der freien Widerrufbarkeit sagt der Sachverhalt nichts aus. Den Abberufungsbeschluß faßt eine Gesellschafterversammlung, bei der die Mitgesellschafter ihren Mehrheitsgesellschafter A an der Beschlußfassung hindern. Dies ist auch richtig, wenn A in diesem Fall nach § 47 Abs. 4 GmbH-Gesetz einem Stimmverbot unterliegt. Es geht hier nach § 47 Abs. 4 Satz 2 um die Vornahme eines Rechtsgeschäfts, das den Gesellschafter in seiner Funktion als Geschäftsführer betrifft. A unterliegt hier einer Interessenkollision. Das Stimmverbot kann aber nicht soweit gehen, daß A an der Beschlußfassung über den Widerruf seiner Geschäftsführerstellung stets gehindert wäre. Eine so weitgehende Interpretation des § 47 Abs. 4 GmbH-Gesetz hätte

---

[177] Vgl. BGHZ 15, 52; 42, 93; 90, 370

zur Folge, daß A, gerade weil er Mehrheitsgesellschafter ist, von jeder Zufallsmehrheit der Minderheitsgesellschafter aus seiner Stellung als Alleingeschäftsführer vertrieben werden könnte. Anders ist die Interessenkollision zu beurteilen, wenn die übrigen Gesellschafter einen wichtigen Grund geltend machen. Hier muß das Stimmrecht des A ausgeschlossen sein, weil § 47 Abs. 4 GmbH-Gesetz nicht zulassen will, daß er Maßnahmen verhindert, die sich aus wichtigem Grund gegen ihn richten.[178]

Fraglich ist, ob A seine Geschäftsführerstellung sofort verliert oder ob erst durch ein Feststellungsurteil des zuständigen Gerichts über das Vorliegen des wichtigen Grundes zu befinden ist. Das Problem ist im GmbH-Gesetz nicht geregelt. In § 84 Abs. 3 Satz 4 AktG ist für den Vorstand einer Aktiengesellschaft bestimmt, daß der Widerruf wirksam ist, bis seine Unwirksamkeit rechtskräftig festgestellt ist. Der Widerruf ist nach § 84 Abs. 3 Satz 1 AktG nur aus wichtigem Grund möglich. Für eine analoge Anwendung dieser Vorschrift auf die GmbH spricht, daß auch die GmbH nach dem Grundsatz der Fremdorganschaft organisiert ist und daß die Rechtssicherheit durch eine sofortige Wirksamkeit der Abberufung gewährleistet ist. Gegen eine entsprechende Anwendung von § 84 Abs. 3 Satz 4 AktG spricht allerdings, daß nicht der Aufsichtsrat sondern die Mitgesellschafter die Abberufung aussprechen. Und die erforderliche Mehrheit der Gesellschafterversammlung kommt nur zustande, weil A als Mehrheitsgesellschafter vom Stimmrecht ausgeschlossen ist. Deshalb ist von dem Grundsatz der sofortigen Wirksamkeit der Abberufung zumindest dann eine Ausnahme zu machen, wenn der abzuberufende Gesellschafter-Geschäftsführer gleichzeitig Mehrheitsgesellschafter ist. Um nicht die Minderheitsgesellschafter zu einer Ausschaltung des Mehrheitsgesellschafters zu provozieren, ist die Unsicherheit über die Wirksamkeit des Abberufungsbeschlusses bis zur Rechtskraft der gerichtlichen Entscheidung hinzunehmen.[179]

Die gleiche Interessenlage gilt für die Bestellung des B als neuen Alleingeschäftsführer. Die Voraussetzungen, unter denen das Stimmrecht des A bei diesem Beschluß ausgeschlossen sein könnte (vgl. § 47 Abs. 4 GmbH-Gesetz), sind insofern nicht im einzelnen zu prüfen, weil A bei dieser Beschlußfassung jedenfalls nicht schlechter gestellt werden kann als bei der zuvor durchgeführten Abstimmung über den Widerruf seiner Geschäftsführerstellung. Die zweite Abstimmung ist überhaupt nur sinnvoll, wenn die erste Abstimmung vorläufig wirksam ist. Der zweite Beschluß ist daher unwirksam, weil er die Mitwirkungsrechte des Mehrheitsgesellschafters A jedenfalls solange verletzt, wie das zuständige Gericht noch nicht rechtskräftig über die Wirksamkeit des Widerrufs seiner Geschäftsführerstellung entschieden hat.

Da B nicht wirksam zum Geschäftsführer bestellt wurde, sind seine Vertretungshandlungen zwischen dem 1. März und dem 15. April unwirksam. Im übrigen würde B vom Registerrichter nicht als Geschäftsführer der GmbH in das Handelsregister eingetragen; es entfallen daher auch die Voraussetzungen für eine Haftung, die an dem Rechtsschein des Handelsregisters anknüpft.

Die Mitgesellschafter könnten durch ihren Beschluß den Anstellungsvertrag mit A aus wichtigem Grund gekündigt haben. Nach der Rechtsprechung ist eine solche Kündigung möglich. Ihre Wirksamkeit ist nach § 626 BGB im Wege einer Interessenabwägung zu beurteilen, die im Ergebnis zugunsten des A ausfallen wird, da die Vorwürfe unbegründet sind. Es wäre auch nicht sinnvoll, die fristlose Kündigung eines Mehrheitsgesell-

---

[178] Vgl. Baumbach/Hueck/Zöllner, § 47 Rz. 53

[179] Vgl. Scholz/U.H. Schneider, § 38 Rz. 67

schafter-Geschäftsführers durch die Minderheitsgesellschafter mit sofortiger Wirkung zuzulassen, während noch über die Wirksamkeit des Widerrufs der Bestellung zum Geschäftsführer gestritten wird. Der Anstellungsvertrag mit A ist deshalb solange weiter wirksam, bis auch die gerichtliche Entscheidung über die Wirksamkeit der fristlosen Kündigung nach § 626 BGB vorliegt.

Schließlich ist die Frage zu klären, ob A als Gesellschafter durch seine Mitgesellschafter ausgeschlossen werden konnte. Das GmbH-Gesetz sagt hierüber nichts aus. Die Rechtsprechung läßt jedoch eine Ausschlußklage in analoger Anwendung der §§ 133 und 140 HGB zu. Voraussetzung ist ein wichtiger Grund, insbesondere grobe Pflichtverletzung und Unfähigkeit zur ordnungsgemäßen Geschäftsführung. Die Wirksamkeit des Ausschlusses wird durch das Gericht mit der Entscheidung über die Klage festgestellt. Das Gericht hält den wichtigen Grund nicht für gegeben. A bleibt deshalb Gesellschafter.

A ist Gesellschafter und Geschäftsführer geblieben. Das Intermezzo mit der Bestellung des B zum Geschäftsführer durch Beschluß der Minderheitsgesellschafter entfaltet keine rechtlichen Wirkungen, da der Einsetzungsbeschluß wegen unzulässiger Nichtbeteiligung des A unwirksam ist.

c) A ist Gesellschafter der A-GmbH. Sein Gläubiger G pfändet, weil A seine Schulden nicht bezahlen kann, dessen Geschäftsanteil an der GmbH. Hierauf beschließt die GmbH auf einer außerordentlichen Gesellschafterversammlung, den Geschäftsanteil einzuziehen. Die Abfindung des A wird mit DM 100.000,-- angesetzt. Der Firmenwert wird nicht berücksichtigt. G schätzt ihn auf DM 40.000,--.

In der Satzung der GmbH steht u.a.:
Geschäftsanteile können von der Gesellschaft ohne Zustimmung des Gesellschafters dann eingezogen werden, wenn er aus wichtigem Grund aus der Gesellschaft ausgeschlossen wird, wenn die Zwangsvollstreckung in seinen Geschäftsanteil betrieben oder über sein Vermögen das Konkurs- oder Vergleichsverfahren eröffnet wird. Bei dem Beschluß der Gsellschafterversammlung über die Einziehung des Geschäftsanteils ist der betroffene Gesellschafter nicht stimmberechtigt.

Der Gesellschafter, dessen Anteil eingezogen wird, hat Anspruch auf ein dem Wert seines Anteils entsprechendes Entgelt. Eine Bewertung des Firmenwertes erfolgt nicht.

G hat von der Gesellschaft DM 100.000,-- erhalten. Er verlangt weitere DM 40.000,-- für den Firmenwert. Die intern vereinbarte Herabsetzung der Abfindung sei für ihn nicht maßgeblich.

Nach § 15 GmbH-Gesetz, der die Abtretung des Geschäftsanteils regelt, kann die Gesellschaft die Abtretung an weitere Voraussetzungen knüpfen (§ 15 Abs. 5). Bei einer Pfändung des Geschäftsanteils durch Gesellschaftergläubiger kann die Satzung der Gesellschaft anordnen, daß der Anteil nach § 34 GmbH-Gesetz eingezogen wird (Kaduzierung). Um eine Benachteiligung des Gläubigers zu vermeiden, muß die Einziehung entgeltlich sein. Fraglich ist, ob das Entgelt vollwertig sein muß. Der BGH[180] läßt es zu, daß ein nicht vollwertiges Entgelt bezahlt wird, wenn die Berechnungsmodalitäten nicht nur für die Pfändung, sondern auch für andere Fälle wie z.B. die Ausschließung aus wichtigem Grund geregelt werden. Der BGH läßt es zu, daß der Firmenwert nicht be-

---

[180] BGHZ 65, 22

rücksichtigt wird. In anderen Entscheidungen wird es zugelassen, die stillen Reserven nicht zu berücksichtigen,[181] den Nennwert des Geschäftsanteils[182] oder die letzte Steuerbilanz für maßgeblich zu erklären.[183] Es ist fraglich, ob derartig weitgehende Einschränkungen der Position des Gesellschaftergläubigers zulässig sein können, nur weil sie auch beim Ausschluß des Gesellschafters aus wichtigem Grund in der Satzung verankert sind. Hinzu kommt die Frage, ob derartig weitgehende Einschränkungen der Gesellschafterrechte beim Ausschluß aus wichtigem Grund möglich sein sollen. Eine Klärung der Frage durch die Rechtsprechung steht aus. Es erscheint erforderlich, eine gerichtliche Billigkeitskontrolle zur Angemessenheit der Abfindung zuzulassen. Schließt die Satzung lediglich die Anrechnung des Firmenwerts aus, so liegt darin noch keine unbillige Benachteiligung des aus wichtigem Grund ausgeschlossenen Gesellschafters oder des Gesellschaftergläubigers, der ein Pfändungspfandrecht an dessen Geschäftsanteil erworben hat. Die Beschränkung des G auf die Zahlung von DM 100.000,-- Abfindung dafür, daß er mit der Einziehung des Geschäftsanteils sein Pfändungspfandrecht verloren hat, ist daher zulässig.

Zur Vertiefung: *K. Schmidt*, GR, S. 817-1039, *Kübler*, S. 213-239, *Th. Raiser*, Recht der Kapitalgesellschaften, S. 247-507

[181] Vgl. OLG Hamburg, ZIP 1982, 1327
[182] OLG Celle, ZIP 1985, 1393
[183] OLG Frankfurt, NJW 1978, 328

VIII. Die Genossenschaft

1. Grundbegriffe und Erscheinungsformen

Die eingetragene Genossenschaft ist nach § 1 Abs. 1 GenG eine "Gesellschaft von nicht geschlossener Mitgliederzahl, welche die Förderung des Erwerbs oder der Wirtschaft ihrer Mitglieder mittels gemeinschaftlichen Geschäftsbetriebes bezweckt". Der freie Wechsel der Mitglieder unterscheidet die Genossenschaft von den Personengesellschaften, die Offenheit in bezug auf neue Gesellschafter unterscheidet sie von der GmbH, die Offenheit der Kapitalstruktur unterscheidet sie von der AG, deren Grundkapital fixiert ist.

Der gemeinsame Geschäftsbetrieb kann durch Aktivgeschäfte seine Mitglieder fördern, indem er z.B. Darlehen an die Genossen gewährt. Er kann den Gesellschaftszweck auch durch Passivgeschäfte fördern, indem er z.B. die Beschaffung von Vorprodukten für die Mitglieder zu günstigen Bedingungen organisiert.

Die Genossenschaft ist nach § 17 Abs. 1 GenG juristische Person, hat also ihre eigenen Rechte und Pflichten. Sie ist Kaufmann kraft Rechtsform (§ 17 Abs. 2 GenG), aber keine Handelsgesellschaft, weil die Genossen kein gemeinsames Unternehmen betreiben, sondern die Genossenschaft nur als Hilfsmittel zur Förderung ihres eigenen Erwerbs und ihrer eigenen Wirtschaft nutzen (Vgl. § 1 GenG).

Nach § 18 S. 2 ist das Genossenschaftsgesetz zwingendes Recht. Das Statut, d.h. die Satzung der Genossenschaft, kann vom Gesetz nur insoweit abweichen, als dies ausdrücklich für zulässig erklärt ist (§ 18 S. 2 GenG). Die daraus resultierende Rigidität des Genossenschaftsrechts hat der Gesetzgeber nur zögernd aufgelockert. So kann heute ein Genosse mehrere Geschäftsanteile halten (§ 15b GenG), die Geschäftsguthaben werden verzinst (§ 21a GenG), der Vorstand kann auch zur Einzelvertretung ermächtigt werden (§ 25 Abs. 1 Satz 2 GenG), und es können Prokura und Handlungsvollmacht erteilt werden (§ 42 GenG).

Die Genossenschaft ist offen für den Beitritt neuer Mitglieder. Sie entspricht in ihrer Struktur jedenfalls in diesem Punkt mehr dem Verein als einer Handelsgesellschaft. Nach § 9 Abs. 2 GenG können nur Genossen in den Vorstand oder Aufsichtsrat gewählt werden. Diese Grundregel wird lediglich durch § 33 Abs. 1 MitbG 1976 durchbrochen, wonach der Arbeitsdirektor bei Genossenschaften mit mehr als 2.000 Arbeitnehmern kein Genosse zu sein braucht (§ 33 Abs. 3 GenG).

Es gibt heute über 12.000 Genossenschaften mit mehr als 10 Mio. Mitgliedern insgesamt. Besondere Bedeutung haben die Genossenschaftsbanken. Sie stellen neben den Geschäftsbanken und den Sparkassen eine der drei Säulen des deutschen Bankensystems dar. Die sogenannten Kreditgenossenschaften können als Volksbanken, Raiffeisenbanken, Gewerbebanken, Vereinsbanken und Beamtenbanken die Interessen ihrer Genossen verfolgen. Sie fallen als Banken unter das Gesetz über das Kreditwesen (KWG), ihre Geschäftsaufnahme muß also genehmigt werden (§ 32 Abs. 1 KWG).

Daneben gibt es Einkaufsgenossenschaften des Einzelhandels, des Handwerks und der Landwirtschaft. Diese Unternehmen können im Großhandel tätig sein oder den Direktankauf für ihre Genossen organisieren. In einzelnen Bereichen entfalten sie starke Nachfragemacht.

Absatzgenossenschaften können zum gemeinsamen Verkauf landwirtschaftlicher oder gewerblicher Erzeugnisse organisiert werden, man denke nur an die Molkerei- und Winzergenossenschaften.

Produktivgenossenschaften organisieren die Betätigung ihrer Genossen zur Herstellung von bestimmten Produkten und zu ihrem Absatz. Sie gehen über den Bereich der Absatzgenossenschaften hinaus, weil sie auch die Herstellung der Produkte auf gemeinsame Rechnung in den Gesellschaftszweck einbeziehen. Viele Winzergenossenschaften sind auch Produktivgenossenschaften. Die Bedeutung dieser Art von Genossenschaften könnte wachsen, wenn sie die Probleme der Fremdfinanzierung und der Anpassung ihrer Beschäftigten an die Absatzmöglichkeiten besser bewältigen könnten; die Beschäftigten sind ja gleichzeitig Genossen.

Schließlich sind noch die Verbrauchergenossenschaften (Konsumverein) zu erwähnen, deren Bedeutung in den letzten Jahren allerdings zurückgegangen ist. Dazu kommen die Werk- oder Nutzungsgenossenschaften, welche der gemeinschaftlichen Anschaffung und Nutzung von landwirtschaftlichen oder gewerblichen Betriebsgegenständen dienen. Hinzu kommen noch die Wohnungsbaugenossenschaften, welche den Mitgliedern durch arbeitsteiligen Selbsthilfeeinsatz zu einem Eigenheim bei geringstem Kapitalaufwand verhelfen sollen.

Alle diese Typen von Genossenschaften sind im Gesetz genannt (§ 1 Abs. 1 Nr. 1-7). Nach §§ 1 Abs. 2 und 9 GenG können sich Genossenschaften zu Zentralgenossenschaften zusammenschließen und dadurch die Marktmacht von Großunternehmen gegenüber ihren Lieferanten und Abnehmern entfalten. Bedeutsam sind diese Zentralgenossenschaften insbesondere im Bereich des Lebensmitteleinzelhandels (EDEKA und REWE). Nicht zu verwechseln mit den Zentralgenossenschaften sind die sogenannten Genossenschaftsverbände, die in erster Linie Prüfungszwecken dienen, aber zugleich die politische Repräsentation des Genossenschaftsbereichs organisieren. Die organisatorische Spitze nimmt der deutsche Genossenschafts- und Raiffeisenverband ein.

2. Organisation

Die eingetragene Genossenschaft hat drei Organe, Vorstand, Aufsichtsrat und Generalversammlung. Es gilt der Grundsatz der Selbstorganschaft, d.h. mit Ausnahme des Arbeitsdirektors in mitbestimmten Großunternehmen können nur Genossen Vorstandsmitglieder werden (§ 9 Abs. 2 GenG). Um zu verhindern, daß der Sachverstand dieser Vorstände für die Bewältigung der zum Teil komplizierten Aufgaben der Wirtschaft nicht ausreicht, werden die Genossenschaften regelmäßig durch ihren Prüfungsverband geprüft.

Der Vorstand, der aus mindestens zwei Mitgliedern besteht, wird von der Generalversammlung bestellt, wenn das Statut nichts anderes vorsieht (§ 24 Abs. 2 GenG). Die Bestellung kann jederzeit widerrufen werden (§ 24 Abs. 2 Satz 2 GenG). Die Vorstandstätigkeit kann entgeltlich, aber auch unentgeltlich ausgeübt werden (§ 24 Abs. 3 Satz 1 GenG). Hierin manifestiert sich ein antikapitalistischer Grundzug des Genossenschaftsrechts, es soll verhindert werden, daß die Genossenschaft ausschließlich der Gewinnerzielung dient.

Auch die Mitglieder des Aufsichtsrats müssen Genossen sein (§ 9 Abs. 2 GenG). Die Vorschrift muß allerdings durch das Mitbestimmungsgesetz von 1976 bzw. das Betriebsverfassungsgesetz von 1952 ergänzt werden. Nach dem fortgeltenden § 77 Abs. 3 des BetrVG von 1952 gilt für Genossenschaften mit mehr als 500 Arbeitnehmern die Drittelbeteiligung im Aufsichtsrat; insofern ist die Genossenschaft wie die AG und die GmbH zu behandeln. Nach dem Mitbestimmungsgesetz von 1976 gilt die leicht unterparitätische Mitbestimmung, wenn die Genossenschaft mehr als 2.000 Arbeitnehmer beschäftigt.

Die Organstellung von Vorstand und Aufsichtsrat entspricht weitgehend dem Aktienrecht. Der Vorstand führt die Geschäfte der Genossenschaft und vertritt sie nach außen. Vom Grundsatz der Gesamtvertretung (§ 25 Abs. 1 GenG) kann im Statut abgewichen werden, es kann Einzelvertretungsmacht oder unechte Gesamtvertretung festgelegt werden (§ 25 Abs. 2). Die Vertretungsmacht des Vorstandes ist nach außen unbeschränkt und unbeschränkbar (§ 27 Abs. 2 GenG). Im Innenverhältnis hat der Vorstand die Beschränkungen durch das Statut zu beachten (§ 27 Abs. 1 Satz 2 GenG).

Der Aufsichtsrat überwacht den Vorstand (§ 38 Abs. 1 GenG). Er vertritt die Genossenschaft beim Abschluß der Vorstandsverträge (§ 39 Abs. 1 GenG) und kann Vorstandsmitglieder vorläufig ihrer Geschäfte entheben (§ 40 GenG).

Höchstes Organ der Genossenschaft ist die Generalversammlung. Ihre Kompetenzen reichen weiter als die der Hauptversammlung in der Aktiengesellschaft. Die Generalversammlung wählt und entlastet den Aufsichtsrat (§§ 36 Abs. 1 und 48 Abs. 1 GenG), soweit die Wahl nicht durch die Arbeitnehmer nach den Mitbestimmungsgesetzen erfolgt. Die Generalversammlung ändert das Statut mit einer Mehrheit, die mindestens dreiviertel der abgegebenen Stimmen umfaßt (§ 16 GenG). Sie bestellt und entlastet den Vorstand (§§ 24 Abs. und 48 Abs. 1 Satz 2 GenG). Sie stellt den Jahresabschluß fest und entscheidet über die Verwendung des Ergebnisses oder die Deckung eines Fehlbetrages (§ 48 Abs. 1 GenG). Sie kann auch Weisungen an den Vorstand erteilen (§ 34 Abs. 4 GenG) und ähnelt damit der Gesellschafterversammlung der GmbH.

Die Genossenschaft ist nach § 17 GenG juristische Person. Für die Verbindlichkeiten haftet den Gläubigern nur das Vermögen der Genossenschaft (§ 2 GenG). Damit ist die persönliche Haftung der Genossen ausgeschlossen. Die Mindestzahl der Genossen muß 7 betragen (§ 4 GenG). Das Statut kann bestimmen, daß sich ein Genosse mit mehr als einem Geschäftsanteil beteiligen darf; es kann eine Höchstzahl festsetzen und weitere Voraussetzungen aufstellen (§ 7a GenG).

Alle Genossenschaften unterliegen einem Prüfungszwang. Es wird nicht nur überprüft, ob die Rechnungslegung in Ordnung ist, sondern es werden auch die wirtschaftlichen Verhältnisse und die Ordnungsmäßigkeit der Geschäftsführung festgestellt, ferner die Einrichtungen, die Vermögenslage sowie die Geschäftsführung der Genossenschaft zumindest in jedem zweiten Geschäftsjahr überprüft (§ 53 Abs. 1 Satz 1 GenG). Für größere Genossenschaften ist eine jährliche Prüfung vorgeschrieben (§ 53 Abs. 1 Satz 2 GenG). Die Prüfung erfolgt durch einen Prüfungsverband (§ 55 Abs. 1 GenG), dem die Prüfungsbefugnis durch die zuständige Landesbehörde verliehen wurde (§§ 63 und 63a GenG). Mitglieder des Prüfungsverbandes können nur eingetragene Genossenschaften und von ihnen beherrschte Handelsgesellschaften sein (§ 63b Abs. 2 GenG). Jede Genossenschaft gehört nach § 54 Abs. 1 GenG einem zugelassenen Prüfungsverband an, der alle zu seinen Mitgliedern zählenden Genossenschaften und Unternehmen überprüft.

Dieser Beitrittszwang ist nicht ganz unproblematisch; der Eingriff in die Vereinigungsfreiheit des Art. 9 GG ist aber dadurch gerechtfertigt, daß nicht nur außenstehende Dritte, sondern auch die Mitglieder selbst durch die Prüfung geschützt werden sollen; deshalb ist auch der Beitrittszwang notwendig und zweckmäßig.[184] Für Genossenschaften mit mehr als 3.000 Genossen wird die Generalversammlung durch eine Vertreterversammlung ersetzt (§ 43a Abs. 1 GenG). Die Vertreter werden in allgemeiner, unmittelbarer, gleicher und geheimer Wahl gewählt (§ 43a Abs. 4 Satz 1 GenG), der BGH hat dies für unvereinbar mit einem Wahlrecht nach Listen und dem Grundsatz der Mehrheitswahl erklärt.[185]

3. Rechtsstellung der Genossen

Die Genossen üben ihre Mitgliedschafts- und Vermögensrechte wie in jeder anderen Körperschaft aus. Am ehesten entspricht das Genossenschaftsrecht dem Vereinsrecht. Bei Abstimmungen in der Generalversammlung hat jeder Genosse in der Regel nur eine Stimme. Die Satzung kann jedoch "verdienten Genossen" ein Mehrstimmrecht zubilligen (§ 43 Abs. 3 Satz 2 GenG); keinem Genossen dürfen jedoch mehr als drei Stimmen eingeräumt werden (§ 43 Abs. 3 Satz 5 GenG). Verlangt das Gesetz für einen Beschluß die Mehrheit von dreivierteln der abgegebenen Stimmen - dies gilt z.B. für Änderungen des Statuts (§ 16 Abs. 2 GenG), den Widerruf der Bestellung eines Aufsichtsratsmitglieds (§ 36 Abs. 3 GenG), die Auflösung der Genossenschaft (§ 78 Abs. 1 GenG) und die Festlegung weiterer Zahlungspflichten zur Abwendung des Konkurses (§ 87a Abs. 1 GenG) -, dann hat jeder Genosse ohne Rücksicht auf Mehrstimmrechte nur eine Stimme (§ 43 Abs. 3 Satz 6 GenG). Anders ist die Regelung nur im Recht der Zentralgenossenschaften, für die nach § 43 Abs. 3 Satz 7 ein Abstimmungsgewicht nach Kapitalanteilen festgelegt werden kann.

Die Genossen haben einen Anspruch auf den Gewinn, der sich aus dem Jahresabschluß ergibt und nach § 19 Abs. 1 Satz 1 GenG auf die Mitglieder verteilt werden muß. Für das erste Geschäftsjahr wird der Gewinn nach dem Verhältnis der von den Genossen auf den Geschäftsanteil geleisteten Einzahlungen verteilt. Für jedes folgende Geschäftsjahr wird die Verteilung nach dem Verhältnis der durch die Zuschreibung von Gewinn oder die Abschreibung von Verlust zum Schluß des vorausgegangenen Geschäftsjahres ermittelten Geschäftsguthaben der Genossen vorgenommen (§ 19 Abs. 1 Satz 2 GenG). Das Statut kann andere Maßstäbe für die Verteilung aufstellen. Es kann auch festlegen, daß der Gewinn nicht verteilt, sondern der gesetzlichen Rücklage und anderen Ergebnisrücklagen zugeführt wird (§ 20 GenG).

Nach § 22 Abs. 4 GenG darf einem Genossen sein Geschäftsguthaben nicht vor seinem Ausscheiden ausbezahlt werden. Nach § 19 Abs. 2 Satz 2 müssen außerdem Gewinne dem Geschäftsanteil zugeschrieben werden, wenn das Guthaben durch Verluste vermindert wurde. Diese Grundsätze dienen der Kapitalerhaltung der Genossenschaft. Sie tragen zusammen mit einer überwiegend konservativen Wirtschaftsführung dazu bei, daß die Genossenschaft weit weniger konkursanfällig als die GmbH oder die GmbH & Co. KG ist.

---

[184] Vgl. Kübler, Gesellschaftsrecht,§ 13 II 6 b, S. 140

[185] BGHZ 83, 228

Im Statut muß festgelegt werden, ob die Genossen im Konkurs der Genossenschaft zur Befriedigung der Konkursgläubiger Nachschüsse an die Konkursmasse leisten müssen (§ 6 Nr. 3 GenG). Die summenmäßige Beschränkung dieser Nachschußpflicht wird landläufig als Haftsumme bezeichnet, die Verbindlichkeit insgesamt als Haftpflicht. In Wirklichkeit haftet den Gläubigern aber nur das Genossenschaftsvermögen (§ 2 GenG). Nachschußpflichten begründen lediglich Forderungen der Genossenschaften gegen ihre Mitglieder, welche vom Konkursverwalter geltend gemacht werden (§ 109 Abs. 1 GenG). Die Nachschußpflicht kann im Statut auch beschränkt werden, dann muß sich jeder Genosse nur auf eine bestimmte Höchstsumme einrichten, die im Konkurs fällig werden kann. Schließlich kann die Nachschußpflicht ausgeschlossen werden (vgl. § 6 Nr. 3 GenG). Diese Möglichkeit wurde durch die Novelle von 1973 eingefügt. Damit soll die Genossenschaft gegenüber der GmbH als Rechtsform attraktiver werden.

Da die Genossenschaft die Interessen ihrer Mitglieder fördern soll, erwerben diese auch einen entsprechenden Förderanspruch, je nachdem, zu welchem Zweck die Genossenschaft gebildet wurde (z.B. gemeinsamer Einkauf oder Verkauf). Je nach Geschäftsbetrieb können diesen Rechten bestimmte Pflichten korrespondieren, etwa die Pflicht, die gesamte Produktion bei der Genossenschaft abzuliefern (z.B. Winzergenossenschaft).

Der Genosse erwirbt die Mitgliedschaft entweder, indem er sich an der Gründung der Genossenschaft beteiligt (vgl. § 11 Abs. 2 Nr. 2 GenG), oder indem er nachträglich durch schriftliche Erklärung seinen Beitritt erklärt (§ 15 Abs. 1 GenG). Die Beitrittserklärung ist, wenn der Genosse aufgenommen wurde, vom Vorstand an das Registergericht zu geben, damit dort die Liste der Genossen ergänzt werden kann (§ 15 Abs. 2 GenG). Die Eintragung ist für die Mitgliedschaft konstitutiv (§ 15 Abs. 3 GenG).

Die Mitgliedschaft ist vererbbar (§ 77 Abs. 2 GenG). Sie endet, wenn nicht ihre unbeschränkte Fortsetzung im Statut vereinbart ist (§ 77 Abs. 2 GenG), mit Ablauf des Geschäftsjahres. Der Genosse kann auch austreten, indem er seine Mitgliedschaft aufkündigt (§ 65 GenG); er muß hierbei allerdings eine Mindestfrist von 3 Monaten zum Ende des Geschäftsjahres einhalten. Wird das Statut wesentlich geändert, so hat der Genosse nach § 67a GenG ein außerordentliches Kündigungsrecht zum Ende des Geschäftsjahres. Schließlich gibt es noch die Möglichkeit der Kündigung durch den Gläubiger (§ 66 GenG) und der Kündigung bei Wohnsitzwechsel (§ 67 GenG).

Überträgt ein Genosse sein Geschäftsguthaben auf einen Erwerber, der Genosse ist oder Genosse wird, so kann er unter den Voraussetzungen des § 76 GenG seine Mitgliedschaft beenden. Neben der freiwilligen Beendigung der Mitgliedschaft ist auch der Ausschluß durch Vorstandsbeschluß (§ 68 GenG) möglich, wenn der Genosse sich an einer konkurrierenden Genossenschaft beteiligt oder einen sonstigen im Statut festgelegten Ausschlußgrund erfüllt.

4. Beendigung

Während das Ausscheiden eines Genossen nur zur Auseinandersetzung zwischen ihm und der Genossenschaft (§ 73 Abs. 1 GenG) führt, führt die Auflösung der Genossenschaft durch Beschluß der Generalversammlung zur Liquidation der Genossenschaft nach §§ 83 f. GenG.

Der Auflösungsbeschluß bedarf einer Dreiviertelmehrheit (§ 78 Abs. 1 GenG). Die Auflösung kann auch durch Zeitablauf eintreten, wenn dies im Statut festgelegt ist (§ 79 Abs. 1 GenG). Das Registergericht kann die Genossenschaft auflösen, wenn die Zahl der Genossen unter 7 sinkt (§ 80 Abs. 1 GenG). Die Auflösung kann wegen gesetzwidriger Handlungen durch die zuständige Behörde erfolgen (§ 81 GenG). Dasselbe gilt, wenn die Genossenschaft sich keinem Prüfungsverband anschließt. Schließlich kann die Genossenschaft im Register wegen Vermögenslosigkeit gelöscht werden, wenn der Prüfungsverband dies beantragt, oder das Ende der Genossenschaft kann durch Verschmelzung oder Konkurs eintreten.

Wird die Genossenschaft aufgelöst, so wird sie nach §§ 83 f. GenG liquidiert. Wenn nichts anderes bestimmt wird, erfolgt die Liquidation durch den Vorstand (§ 83 Abs. 1 GenG).

Für den Konkurs einer Genossenschaft gelten einige Besonderheiten, die sie von den Kapitalgesellschaften unterscheiden. Zum ersten ist nur die Zahlungsunfähigkeit, nicht auch die Überschuldung Konkursgrund. Dies hängt damit zusammen, daß die Genossen durch einen Nachschuß den Gläubigern zusätzliche Sicherheiten leisten können. Bei Genossenschaften ohne Nachschußpflicht oder mit beschränkter Nachschußpflicht ist auch die Überschuldung Konkursgrund (§ 98 Abs. 1 Ziffer 2 und 3 GenG). Bei Genossenschaften mit beschränkter Nachschußpflicht gilt dies allerdings nur, wenn die Überschuldung ein Viertel des Betrages aller Haftsummen übersteigt.

Sind im Statut Nachschußpflichten festgelegt, so sind die Nachschüsse im Zweifel nach Köpfen zu leisten. Jeder Genosse unterliegt einer Ausfallhaftung, die ähnlich wie im Fall der Nachschußpflicht bei der GmbH festgelegt ist (§ 105 Abs. 3 GenG). Der Gläubiger kann sich aber nicht direkt an den Genossen wenden, sondern muß darauf warten, daß der Konkursverwalter die Nachschüsse einfordert.

Zur Vertiefung: *K. Schmidt*, GR, S. 1041-1052, *Kübler*, S. 134-146

IX. Die Umwandlung

1. Vorüberlegungen

In der heutigen Zeit der Flexibilisierung von Unternehmensstrukturen und der Vernetzung von Unternehmen ist es an der Tagesordnung, daß Unternehmen miteinander fusioniert werden, daß Kapitalgesellschaften in Personalgesellschaften umgewandelt werden (und umgekehrt) oder daß Unternehmensteile in eigene Gesellschaften ausgegliedert werden, die unter Umständen als Gemeinschaftsunternehmen zusammen mit anderen interessierten Gesellschaften betrieben werden.

Gäbe es keine besonderen Vorschriften über derartige Verschmelzungen, Ausgründungen, Umgründungen und Spaltungen, so müßten zur Erfüllung eines entsprechenden Verpflichtungsvertrages etwa bei der Umwandlung einer OHG in eine GmbH alle Vermögensgegenstände der alten in die neue Gesellschaft übertragen werden. Grundstücke müßten aufgelassen werden (§§ 873, 925 BGB), andere dingliche Rechte müßten ebenfalls durch Einigung und Eintragung ins Grundbuch übertragen werden (§ 873 BGB). Schließlich müßten die stillen Reserven der alten Gesellschaft aufgelöst und versteuert werden, ganz zu schweigen von den anfallenden Notargebühren und sonstigen Kosten. Noch problematischer ist die Aufspaltung einer Gesellschaft zu sehen, bei der Teile ihres Vermögens auf einen bestehenden oder neuen Rechtsträger übertragen werden sollen. Hier müßten nicht nur die Vermögensgegenstände einzeln übertragen und die stillen Reserven offengelegt werden, sondern auch gleichzeitig Gesellschafter- und Gläubigerinteressen befriedigt werden, wobei auch die Arbeitnehmer der ursprünglichen Gesellschaft erheblich betroffen sind.

Um diese hier nur skizzierten Probleme zu bewältigen, ermöglicht der Gesetzgeber bereits seit mehr als 50 Jahren eine Umwandlung bestehender Gesellschaften in Gesellschaften anderer Rechtsform und eine Verschmelzung mehrerer Gesellschaften. Die Rechtsänderung vollzieht sich jeweils im Wege der Gesamtrechtsnachfolge. Es sind keine sachenrechtlichen Einzelübertragungen notwendig. Stille Reserven der alten Gesellschaften müssen nicht aufgelöst und versteuert werden. Man faßt diese Rechtsvorgänge heute unter dem Oberbegriff der Umwandlung zusammen.

Hatte das Umwandlungsgesetz von 1934 noch zum Ziel, die Umwandlung von Kapital- in Personalgesellschaften zu fördern und damit die Abkehr von den in der nationalsozialistischen Ideologie unerwünschten Kapitalgesellschaften zu fördern, so veränderte sich die gesetzgeberische Absicht durch Novellierungen nach dem 2. Weltkrieg dahin, daß die Anpassung der Unternehmensstrukturen und die Wahl der zweckmäßigen Rechtsform erleichtert werden sollten. Im vierten Buch des Aktiengesetzes von 1965 wurde das Recht der Verschmelzung, der Vermögensübertragung und der Umwandlung einheitlich für den Fall geregelt, daß eine AG als alte oder neue Gesellschaft beteiligt war (§§ 339-393 des Aktiengesetzes von 1965). Die Umwandlung einer AG in eine Personalgesellschaft blieb aber im Umwandlungsgesetz geregelt, das 1969 nach einer Novelle auch auf die umgekehrte Umwandlung einer Personengesellschaft in eine Kapitalgesellschaft ausgeweitet wurde. Durch die §§ 19-37a des Gesetzes über die Kapitalerhöhung aus Gesellschaftsmitteln und über die Verschmelzung von Gesellschaften mit beschränkter Haftung wurde 1981 das GmbH-Recht im wesentlichen an das Verschmelzungsrecht der AG angepaßt. Weiterer Handlungsbedarf des Gesetzgebers ergab sich aus zwei Richtlinien der EG. Die dritte Richtlinie wurde durch das Verschmelzungsrichtliniengesetz von 1982 umgesetzt. Die sechste gesellschaftsrechtliche Richtlinie vom 17.12.1982 (ABlEG Nr. L

378, 47), die sich mit der Unternehmensspaltung befaßt, nahm der Gesetzgeber zum Anlaß, das gesamte Umwandlungsrecht in einem einheitlichen Umwandlungsgesetz zusammenzufassen. Im Umwandlungsgesetz von 1994 ist dementsprechend das Recht der Verschmelzung, der Spaltung, der Vermögensübertragung und des Formwechsels unter dem einheitlichen Begriff der Umwandlung für alle Rechtsformen zusammengefaßt.[186]

2. Verschmelzung

Nach § 2 Umwandlungsgesetz können Rechtsträger unter Auflösung ohne Abwicklung verschmolzen werden, wenn

1. das Vermögen eines Rechtsträgers oder mehrerer Rechtsträger (übertragende Rechtsträger) als Ganzes auf einen anderen bestehenden Rechtsträger (übernehmender Rechtsträger) im Wege der Aufnahme übertragen wird (Verschmelzung durch Aufnahme) oder
2. das Vermögen zweier oder mehrerer Rechtsträger (übertragende Rechtsträger) im Wege der Neugründung jeweils als Ganzes auf einen neuen von ihnen dadurch gegründeten Rechtsträger übertragen wird. (Verschmelzung durch Neubildung).

Verschmelzungsfähige Rechtsträger sind Personenhandelsgesellschaften (OHG und KG), Kapitalgesellschaften (AG, KGaA und GmbH), eingetragene Genossenschaften, eingetragene Vereine, genossenschaftliche Prüfungsverbände und Versicherungsvereine auf Gegenseitigkeit (§ 3 Abs. 1 Umwandlungsgesetz). An einer Verschmelzung können auch wirtschaftliche Vereine als übertragende Rechtsträger und natürliche Personen beteiligt sein, die als Alleingesellschafter einer Kapitalgesellschaft deren Vermögen übernehmen (§ 3 Abs. 2 Umwandlungsgesetz). An einer Verschmelzung können Rechtsträger der gleichen Rechtsform und Rechtsträger anderer Rechtsformen teilnehmen (§ 3 Abs. 4 Umwandlungsgesetz).

Der Verschmelzungsvertrag bedarf der notariellen Beurkundung (§ 6 Umwandlungsgesetz). Er muß u.a. das Umtauschverhältnis der Anteile und gegebenenfalls die Höhe der baren Zuzahlung oder Angaben über die Mitgliedschaft bei dem übernehmenden Rechtsträger enthalten; hinzu kommt eine Auflistung der Rechte, die der übernehmende Rechtsträger einzelnen Anteilsinhabern sowie den Inhabern besonderer Rechte wie Anteile ohne Stimmrecht, Vorzugsaktien, Mehrstimmrechtsaktien, Schuldverschreibungen und Genußrechte gewährt, oder die für diese Personen vorgesehenen Maßnahmen; auch müssen die Folgen der Verschmelzung für die Arbeitnehmer und ihre Vertretungen sowie die insoweit vorgesehenen Maßnahmen aufgeführt sein (vgl. § 5 Abs. 1 Nr. 3, 7 und 9 Umwandlungsgesetz). Nach § 8 des Gesetzes ist ein Verschmelzungsbericht aller beteiligten Rechtsträger erforderlich, in dem die Verschmelzung, der Verschmelzungsvertrag oder sein Entwurf im einzelnen und insbesondere das Umtauschverhältnis der Anteile oder die Angaben über die Mitgliedschaft bei dem übernehmenden Rechtsträger sowie die Höhe einer anzubietenden Barabfindung rechtlich und wirtschaftlich erläutert und begründet werden. Dieser Bericht ist nach § 9 durch einen oder mehrere Verschmelzungsprüfer zu prüfen. Der Verschmelzungsvertrag muß in einer Versammlung der Anteilseigner beschlossen werden (§ 13 Abs. 1). Mit Eintragung und Bekanntmachung der Verschmelzung erlöschen die übertragenen Rechtsträger; ihr Vermögen geht mit den Verbindlichkeiten auf den übernehmenden Rechtsträger über (§ 20 Abs. 1). Die Gläubi-

[186] Das Gesetz befindet sich gegenwärtig noch im Vermittlungsausschuß; mit seiner Verabschiedung ist zu rechnen.

ger der Altgesellschaften werden dadurch geschützt, daß sie nach § 22 Sicherheitsleistung verlangen können. Die Vertretungs- und Aufsichtsorgane der übertragenden Rechtsträger sind ersatzpflichtig, wenn den Rechtsträgern, den Anteilseignern oder ihren Gläubigern durch die Verschmelzung Schäden entstehen (§ 25 Abs. 1). Im Verschmelzungsvertrag muß eine angemessene Barabfindung angeboten werden (§ 29). Die Angemessenheit kann gerichtlich nachgeprüft werden (§ 34). Die Vorschriften gelten entsprechend auch für die Verschmelzung durch Neugründung (§ 36).

Der Verschmelzungsbeschluß der Gesellschafterversammlung einer OHG oder KG bedarf der Zustimmung aller anwesenden Gesellschafter; ihm müssen auch die nicht erschienenen Gesellschafter zustimmen. Ist im Gesellschaftsvertrag eine Mehrheitsentscheidung der Gesellschafter vorgesehen, so muß die Mehrheit mindestens dreiviertel der Stimmen der Gesellschafter betragen. Widerspricht ein unbeschränkt haftender Gesellschafter der Verschmelzung, so ist ihm in der übernehmenden oder der neuen OHG oder KG die Stellung eines Kommanditisten zu gewähren (§ 43). Im Falle der GmbH muß der Verschmelzungsbeschluß ebenfalls mit Dreiviertelmehrheit der abgegebenen Stimmen gefaßt werden. Der Gesellschaftsvertrag der GmbH kann eine größere Mehrheit und weitere Erfordernisse bestimmen (§ 50 Abs. 1). Werden Minderheitsrechte eines Gesellschafters durch die Verschmelzung beeinträchtigt, so muß dieser zustimmen (§ 50 Abs. 2). Der Verschmelzungsbeschluß der Hauptversammlung einer AG bedarf einer Mehrheit, die mindestens dreiviertel des bei der Beschlußfassung vertretenen Grundkapitals umfaßt. Die Satzung kann wie bei der GmbH eine größere Kapitalmehrheit und weitere Erfordernisse bestimmen (§ 65 Abs. 1). Sind mehrere Gattungen von Aktien vorhanden, so bedarf der Beschluß der Hauptversammlung zu seiner Wirksamkeit der Zustimmung der Aktionäre jeder Gattung (§ 65 Abs. 2). In einer KGaA müssen auch die persönlich haftenden Gesellschafter zustimmen, wenn dies in der Satzung bestimmt ist genügt eine Mehrheitsentscheidung (§ 78). Kapitalgesellschaften können auch mit dem Vermögen ihres Alleingesellschafters verschmolzen werden (§ 120).

Ist eine Verschmelzung mit einer Erhöhung des Grundkapitals der übernehmenden Gesellschaft verbunden, so muß diese Erhöhung im Handelsregister eingetragen werden (§§ 55 und 69).

3. Spaltung

Das Gesetz unterscheidet drei Arten der Unternehmensspaltung, die Aufspaltung, die Abspaltung und die Ausgliederung (§ 123). Die Aufspaltung kann dadurch erfolgen, daß Teile des Vermögens in ihrer Gesamtheit auf einen übernehmenden Rechtsträger übertragen werden; die Übertragung kann auch an einen neugegründeten Rechtsträger erfolgen. Es handelt sich um die Umkehr der Verschmelzung durch Neubildung. Die bestehende Gesellschaft verteilt ihr Vermögen an mindestens zwei schon bestehende oder neugegründete Gesellschaften. Die Anteilseigner der sich spaltenden Gesellschaft erhalten die Anteile an diesen übernehmenden Gesellschaften.

Die Abspaltung ist die Umkehr der Verschmelzung durch Aufnahme. Die sich spaltende Gesellschaft bleibt bestehen. Sie überträgt einen Teil ihres Vermögens auf eine schon bestehende oder neugegründete Gesellschaft. Die neuen Anteile gehen an die Gesellschafter der ursprünglichen Gesellschaft.

Ein Rechtsträger kann auch aus seinem Vermögen einen Teil oder mehrere Teile ausgliedern, ohne daß er die Anteile an der erwerbenden Gesellschaft auf seine Gesellschafter verteilt; diese sollen vielmehr bei der übertragenden Gesellschaft verbleiben. Für eine derartige Ausgliederung hat der BGH im Fall Holzmüller bereits entschieden, daß sie einer Zustimmung der Gesellschafterversammlung der übertragenden Gesellschaft mit satzungsändernder Mehrheit bedarf.[187] Vor Inkrafttreten des neuen Umwandlungsgesetzes war der Vorstand aber nur im Innenverhältnis verpflichtet, die Zustimmung der Hauptversammlung einzuholen; eine ohne diese Zustimmung vorgenommene Ausgliederung war wirksam und verpflichtete den Vorstand nur zum Schadensersatz.

Jetzt gelten für die Spaltung entsprechend die Vorschriften über die Verschmelzung. Bei OHG und KG bedeutet dies im Grundsatz Zustimmung aller Gesellschafter, bei GmbH und AG Dreiviertelmehrheit in der Anteilseignerversammlung (vgl. Oben). Die Zahl der spaltungsfähigen Rechtsträger wird in § 124 Abs. 1 sogar noch ausgeweitet. Dem Verschmelzungsvertrag entspricht der Spaltungs- und Übernahmevertrag (§ 126), dem Verschmelzungsbericht der Spaltungsbericht (§ 127) auch an den Gläubigerschutz ist gedacht (§§ 133 und 134).

Ein Vorläufer der Regelung ist das Gesetz über die Spaltung der von der Treuhandanstalt verwalteten Unternehmen vom 5.4.1991 (BGBl. I, 854), durch welches eine Rechtsgrundlage für die Spaltung der von der Treuhandanstalt in der ehemaligen DDR verwalteten Unternehmen geschaffen wurde. Ein entsprechendes Gesetz existiert für die Landwirtschaft.

4. Vermögensübertragung

In einem vierten Buch ermöglicht das Umwandlungsgesetz die Vermögensübertragung eines Rechtsträgers als Ganzes auf einen bestehenden Rechtsträger (Vollübertragung) oder eine Übertragung von Vermögensteilen, wobei eine Gegenleistung an die Anteilseigner des übertragenen Rechtsträgers vorgesehen wird. Dies ist allerdings nur in relativ wenigen Fällen möglich. Hierzu gehört die Übertragung des Vermögens einer Kapitalgesellschaft auf die öffentliche Hand; hierauf sind die Verschmelzungsvorschriften bei der Vollübertragung (§ 176) und die Spaltungsvorschriften bei der Teilübertragung (§ 177) anzuwenden. Weiter ist eine Vermögensübertragung von einer AG auf einen Versicherungsverein auf Gegenseitigkeit oder ein öffentlich-rechtliches Versicherungsunternehmen möglich (§§ 178 und 179). Hierbei sind wiederum die Verschmelzungs- und Spaltungsvorschriften entsprechend anzuwenden. Auch der umgekehrte Vorgang ist möglich. Die AG ist dann aufnehmender Vertragsteil. Die Gegenleistung muß jeweils angemessen sein, eine Kontrolle durch die Gerichte ist möglich (vgl. § 181).

5. Formwechsel

Der häufigste Fall der Umwandlung ist der Formwechsel; ein Rechtsträger erhält eine andere Rechtsform. Das Gesetz faßt in § 191 als mögliche Akteure die Personenhandelsgesellschaften, die Kapitalgesellschaften, die eingetragenen Genossenschaften, die rechtsfähigen Vereine, die Versicherungsvereine auf Gegenseitigkeit und die Körperschaften und Anstalten des öffentlichen Rechts zusammen. Rechtsträger der neuen

[187] BGH 83, 122

Rechtsform können BGB-Gesellschaften, Personenhandelsgesellschaften, Kapitalgesellschaften und eingetragene Genossenschaften sein.

Nach § 192 muß das Vertretungsorgan des formwechselnden Rechtsträgers einen ausführlichen Umwandlungsbericht erstatten, in dem der Formwechsel und insbesondere die künftige Beteiligung der Anteilseigner an dem Rechtsträger rechtlich und wirtschaftlich erläutert und begründet werden. Für den Umwandlungsbeschluß des formwechselnden Rechtsträgers gelten nach § 194 zwingende Mindestinhalte, die im wesentlichen den Erfordernissen des Verschmelzungsbeschlusses entsprechen. Innerhalb eines Monats kann Klage gegen die Wirksamkeit des Beschlusses erhoben werden (§ 195 Abs. 1). Die Klage kann nicht darauf gestützt werden, daß die in dem Beschluß bestimmten Anteile an dem Rechtsträger neuer Rechtsform zu niedrig bemessen sind oder daß die Mitgliedschaft kein ausreichender Gegenwert für die Anteile oder die Mitgliedschaft bei dem formwechselnden Rechtsträger ist (§ 195 Abs. 2). In diesem Fall kann vielmehr ein Ausgleich durch bare Zuzahlung verlangt werden (§ 196).

Was die erforderlichen Mehrheiten anbelangt, ergeben sich einige Abweichungen vom Verschmelzungsrecht. Wenn die formwechselnde Gesellschaft die Rechtsform einer BGB-Gesellschaft oder einer OHG erlangen soll, müssen alle anwesenden Gesellschafter oder Aktionäre zustimmen; auch die nicht erschienenen Anteilsinhaber müssen zustimmen (§ 233 Abs. 1). Wird in eine KG umgewandelt, so muß mindestens eine Dreiviertelmehrheit in der Gesellschafterversammlung einer GmbH oder der Hauptversammlung einer AG zustimmen. Wer in der neuen KG die Stellung eines persönlich haftenden Gesellschafters erhalten soll, muß in jedem Fall zustimmen (§ 233 Abs. 2). Dem Formwechsel einer KGaA müssen ferner deren persönlich haftende Gesellschafter zustimmen; die Satzung der formwechselnden Gesellschaft kann für den Fall des Formwechsels in eine KG eine Mehrheitsentscheidung dieser Gesellschafter vorsehen; jeder dieser Gesellschafter kann sein Ausscheiden aus dem Rechtsträger für den Zeitpunkt erklären, in dem der Formwechsel wirksam wird (§ 233 Abs. 3). In zusätzlichen Vorschriften für besondere Fälle wird ebenfalls der Grundsatz der Dreiviertelmehrheit aufgestellt (vgl. §§ 240-242).

Die Lesbarkeit der Vorschriften zum Formwechsel leidet darunter, daß beständig auf vorangegangene Vorschriften verwiesen wird, die in einem anderen Sinnzusammenhang stehen.

Bei einer Gesamtwürdigung entpuppt sich das Gesetz als eine Verflechtung von Verweisungen, mit denen die für die Verschmelzung aufgestellten Grundsätze der satzungsändernden Mehrheiten in den Gesellschafterversammlungen, des Gläubigerschutzes, der Publizität und des Arbeitnehmerschutzes aufrechterhalten werden sollen.

Da das Gesetz im siebten Buch mit Strafvorschriften und Zwangsgeldern bewehrt ist (§§ 313 f.), ist mit einer gesetzeskonformen Praxis zu rechnen. Die Lücken die das Gesetz läßt, werden von der Kautelarjurisprudenz sicher aufgefunden werden.

X. Der Konzern

1. Begriff und Erscheinungsformen

Über dreiviertel aller Aktiengesellschaften in Deutschland sind konzernverbunden. Wenn man die Unternehmen betrachtet, welche den Mitbestimmungsgesetzen unterliegen, kann man die Faustformel aufstellen, das Normalunternehmen sei heute konzernverbunden. Konzernverbindung bedeutet, daß rechtlich selbständige Unternehmen wirtschaftlich vereinheitlicht sind, wobei diese Einheit durch Vertrag vermittelt oder faktisch hergestellt sein kann. Die wirtschaftliche Einheit kann in einer straffen Führungsorganisation des Konzerns verkörpert sein, die Organisation kann aber auch flexibel sein und den einzelnen Konzernunternehmen große Entscheidungsspielräume überlassen.

Im dritten Buch des Aktiengesetzes ist das Recht der verbundenen Unternehmen geregelt, das abgekürzt als Konzernrecht bezeichnet wird. Das Verständnis des Konzernrechts, das vor allem auch der Sicherung der Gläubiger, der sogenannten außenstehenden Aktionäre und der Minderheitsaktionäre der Konzernuntergesellschaften dient, erschließt sich erst, wenn die Definitionen in den §§ 15-19 AktG und damit die Begrifflichkeit des Konzernrechts und die wirtschaftliche Bedeutung der Konzernverflechtungen betrachtet werden.

In den §§ 15 ff. unterscheidet das Aktiengesetz im wesentlichen zwischen verbundenen Unternehmen, in Mehrheitsbesitz stehenden und mit Mehrheit beteiligten Unternehmen, abhängigen und herrschenden Unternehmen, Konzernunternehmen und wechselseitig beteiligten Unternehmen. Die Definition gilt nicht nur für Aktiengesellschaften, sondern für alle Unternehmen, also auch für das Konzernrecht der GmbH und der Personengesellschaften (vgl. unten). Besonders wichtige Begriffe sind die Mehrheitsbeteiligung in § 16 AktG, die Abhängigkeit in § 17 AktG und der eigentliche Begriff des Konzerns in § 18 AktG.

Nach § 16 Abs. 1-3 AktG spricht man von einer *Mehrheitsbeteiligung*, wenn die Mehrheit der Anteile eines rechtlich selbständigen Unternehmens einem anderen Unternehmen gehört oder diesem die Mehrheit der Stimmrechte zusteht. Die Zurechnungsvorschrift des § 16 Abs. 4 AktG bestimmt im einzelnen, daß auch mittelbar gehaltene Anteile dem herrschenden Unternehmen zugerechnet werden. An die Mehrheitsbeteiligung des § 16 AktG knüpft § 17 Abs. 2 AktG die Vermutung, daß das in Mehrheitsbesitz stehende Unternehmen von dem an ihm mit Mehrheit beteiligten Unternehmen abhängig ist. Diese Vermutung ist widerlegbar; sie kann z.B. durch den Nachweis ausgeräumt werden, daß die Kapitalmehrheit infolge eines Stimmbindungsvertrages keine Mehrheit der Stimmen gewährt.

Die *Abhängigkeit* wird nach § 17 Abs. 1 AktG in der Weise definiert, daß das herrschende Unternehmen auf das abhängige Unternehmen unmittelbar oder mittelbar einen beherrschenden Einfluß ausüben kann. Es muß von dieser Beeinflussungsmöglichkeit keinen Gebrauch machen, es genügen also die Einflußpotentiale. Im Normalfall wird die Mehrheitsbeteiligung zu einem solchen Einflußpotential führen. Im Ausnahmefall kann die Beherrschungsvermutung des § 17 Abs. 2 widerlegt werden. Beherrschender Einfluß kann auch deshalb vorliegen, weil sich mehrere Gesellschafter durch einen Stimmbindungsvertrag (Pool) zusammengeschlossen haben. Auch Minderheitsbeteiligungen können einen beherrschenden Einfluß vermitteln, etwa wenn in einer Publikumsgesellschaft ein großer Teil der Aktien nicht auf der Hauptversammlung vertreten wird. Allerdings greift nicht die Vermutung des § 17 Abs. 2 zugunsten einer solchen Minderheitsbeteiligung, sie muß vielmehr im konkreten Fall nachgewiesen werden.

Wird ein Gemeinschaftsunternehmen von mehreren Müttern gegründet, so ist es von diesen abhängig, wenn sie ihren Einfluß ständig koordinieren, etwa indem sie eine Arbeitsgemeinschaft in Form einer BGB-Gesellschaft zur Leitung des Gemeinschaftsunternehmens betreiben.[188]

Die Abhängigkeit begründet nach § 18 Abs. 1 Satz 3 AktG die widerlegbare Vermutung, daß das abhängige Unternehmen unter der einheitlichen Leitung des herrschenden steht und deshalb ein Konzern vorliegt. Aus der Mehrheitsbeteiligung folgt also durch die doppelten Vermutungen der §§ 17, 18 AktG die Konzernabhängigkeit.

In § 18 wird der *Konzernbegriff* so definiert, daß ein herrschendes und ein oder mehrere abhängige Unternehmen unter der einheitlichen Leitung des herrschenden Unternehmens zusammengefaßt sind (*Unterordnungskonzern*, § 18 Abs. 1 Satz 1) oder, daß rechtlich selbständige Unternehmen, ohne daß das eine vom andern abhängig ist, unter einheitlicher Leitung zusammengefaßt sind (*Gleichordnungskonzern*. § 18 Abs. 2).

Wenn zwischen mehreren Unternehmen ein *Beherrschungsvertrag* (§ 291 AktG) besteht oder das eine in das andere *eingegliedert* ist (§ 319 AktG), sind sie unwiderlegbar als unter einheitlicher Leitung zusammengefaßt anzusehen und bilden einen Konzern. Die derart vertraglich geschaffene Abhängigkeit wird vom Gesetzgeber stets als einheitliche Leitung anerkannt. Welche sonstigen organisatorischen Verknüpfungen als einheitliche Leitung zu betrachten sind, wird im Gesetz nicht ausgeführt. Neben der vertraglichen kann auch die faktische einheitliche Leitung im Sinne von § 18 AktG ausreichen. Ein Indiz für die faktische einheitliche Leitung kann auch die personelle Verflechtung über Vorstände und Aufsichtsräte sein.

An die Abhängigkeit nach § 17 AktG knüpft der Schutz von Minderheiten und Gläubigern in den §§ 311-318 AktG an, der u.a. zu einem Nachteilsausgleich führen kann (vgl. unten). Die Rechtswissenschaft spricht hier vom faktischen Konzern, genauer müßte man von der faktischen Abhängigkeit und ihren Rechtsfolgen sprechen.

An die Abhängigkeit, die durch einen Beherrschungsvertrag vermittelt wird, knüpfen die Schutzvorschriften der §§ 308 ff. AktG an, welche die Untergesellschaften insbesondere durch die präzise Festlegung von Weisungsrechten der Obergesellschaft und Verantwortlichkeiten der gesetzlichen Vertreter der Obergesellschaften schützen. Hinzu kommt bei Vorliegen eines Beherrschungsvertrages oder Gewinnabführungsvertrages eine Sicherung der Untergesellschaft und der Gläubiger durch eine gesetzliche Rücklage (§ 300 AktG), durch einen Höchstbetrag der Gewinnabführung (§ 301 AktG), durch eine Verlustübernahme zum Jahresende (§ 302 AktG) und durch den Gläubigerschutz des § 303 AktG. Insgesamt bezeichnet man diese Sicherungsrechte und Verantwortlichkeiten als das Recht des Vertragskonzerns.

Schließlich regelt das Aktiengesetz die Probleme *wechselseitig beteiligter Unternehmen*, wobei es Minderheits- und Mehrheitsbeteiligungen erfaßt (§ 19 AktG). Bei wechselseitiger Mehrheitsbeteiligung oder Abhängigkeit gelten beide Gesellschaften als herrschend und abhängig (§ 19 Abs. 3 AktG).

---

[188] Vgl. BGHZ 74, 359, 366

Erwerb und Veräußerung maßgeblicher Beteiligungen durch Unternehmen sind nach §§ 20-22 AktG der davon betroffenen Gesellschaft mitzuteilen. Hierdurch soll ermöglicht werden, daß die konzernrechtlichen Schutzvorschriften durchgesetzt werden. Außerdem sollen die Gläubiger und die Öffentlichkeit über die Möglichkeiten und Gefahren der Konzernbildung informiert werden. Da die Kleinaktionäre bei einer Konzernbildung u.U. erhebliche Wertverluste zu erwarten haben, ist die Publizität für sie sehr wichtig. Die Mitteilungspflichten setzen immer noch bei einem Erwerb von mehr als 25 % der Aktien oder Anteile an (§§ 20 und 21 AktG). Für börsennotierte Gesellschaften gilt nach § 21 des Wertpapierhandelsgesetzes von 1994 (vgl. dazu die 9. EG-Richtlinie zur Angleichung des Gesellschaftsrechts, ABlEG Nr. L 348 v. 17.12.1988, S. 62), daß der Erwerb von Beteiligungen mitgeteilt werden muß, wenn die Schwellen von 5 %, 10 %, 25 %, 50 % und 75 % überschritten werden.

Die Konzernbildung bringt wirtschaftliche Vorteile und Gefahren mit sich. Vorteilhaft ist es, daß kleinere unternehmerische Einheiten erhalten bleiben und dennoch ein ökonomischer Verbund hergestellt wird. Das unternehmerische Haftungsrisiko kann auf mehrere Schultern verteilt werden. Es kann von der Produkt-, Produktions- oder Marktseite her diversifiziert werden (Mischkonzern) und eine flexible Organisationsstruktur erreicht werden, die bei einem durch Vollfusion entstehenden Großunternehmen nicht oder nicht so leicht möglich wäre. Der Nachteil der Konzernbildung besteht in der Vermachtung und Monopolisierung der Wirtschaft. Wettbewerb wird ausgeschaltet. Aufgabe der Rechtsordnung ist, einerseits die Vorzüge der Konzernbildung und Konzernbetätigung zuzulassen, andererseits die Gefahren der Konzernierung schon bei der Bildung des Konzerns zu minimieren oder mißbräuchliches Konzernverhalten zu korrigieren.

In den letzten Jahren hat sich die Konzernbildung und Verflechtung der Wirtschaft beschleunigt. Die Märkte internationalisieren sich. Durch die Entwicklung der Informations- und Kommunikationstechnologien werden auch die Arbeitsplätze miteinander vernetzt und in immer komplexere technische Systeme eingebunden. Dieser Prozeß der Internationalisierung, Verflechtung und datentechnischen Vernetzung führt zu einer widersprüchlichen Entwicklung bei der Organisation von Unternehmen und Konzernen. Einerseits werden die operativen Entscheidungen dezentralisiert, es werden z.B. Profitcenter gebildet, denen die Kosten und Erträge zugeordnet werden können. Andererseits werden die strategischen Entscheidungen vielfach bei den Konzernspitzen zentalisiert. Diese müssen angesichts der Risiken bei der Entwicklung neuer Märkte und dem fortschreitend höheren Kapitaleinsatz pro Arbeitsplatz die Aktivitäten der Konzernunternehmen koordinieren und an den strategischen Zielen des Gesamtkonzerns ausrichten.[189]

Die Rechtsordnung hat die Aufgabe, wettbewerbspolitisch unerwünschte Konzernbildungen von vornherein zu verhindern. Diesem Ziel dient die Fusionskontrolle nach der EG-Verordnung Nr. 4064/89 vom 21.12.1989[190] und nach § 24 des deutschen Gesetzes gegen Wettbewerbsbeschränkungen (GWB). Auf diese Normen des Wettbewerbs- und Kartellrechts und ihre (geringen) Wirkungen soll in einer eigenen Darstellung eingegangen werden. Das Konzernrecht befaßt sich demgegenüber mit den jeweiligen schutzbedürftigen und schutzwürdigen Personen bei Konzernbildung und Konzernbetätigung. Es geht um Minderheitsaktionäre bei den Konzernunter- und obergesellschaften, um Gläubiger und um die Öffentlichkeit, welche über die Machtverhältnisse in den Konzernen informiert werden soll.

[189] Vgl. Nagel/Riess/Theis, Neue Konzernstrukturen und Mitbestimmung, 1994, S. 16-32
[190] ABlEG 1989 L 395

Zulieferer und Absatzmittler werden durch neue Vertragsgestaltungen wie Just-in-Time-Lieferverträge und Franchising zunehmend in die Konzernorganisation einbezogen. Sie werden in das Informations- und Kommunikationssystem des Konzerns integriert. Sie werden auch organisatorisch so eng mit dem Herstellerkonzern verflochten, daß sie ihre Zulieferung oder Absatzmittlung möglichst rasch auf neue Entwicklungen am Markt und im Produktionsbereich des Herstellers einstellen können. Es fragt sich, inwieweit diese Vernetzungen mit konzernrechtlichen Normen bewältigt werden können. Um derart weitreichende Fragen beantworten zu können, muß man aber erst die Grundbegriffe und konzepte des Konzernrechts analysiert haben.

Schaubild 6

Verbundene Unternehmen (Begriffe)

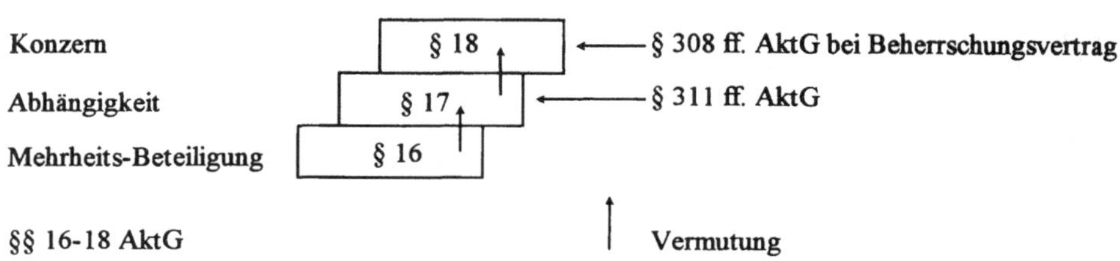

2. Vertragskonzern

Bei der Schaffung des Aktiengesetzes von 1965 sollte ein Anreiz zum Vertragskonzern geschaffen werden. Der Gesetzgeber wollte die Unternehmen dazu bringen, einen Unternehmensvertrag nach §§ 291, 292 AktG abzuschließen oder die Eingliederung nach § 319 AktG zu beschließen. In diesen Unternehmensverträgen sollte ein besonderer Schutz für Gläubiger und Minderheitsaktionäre der abhängigen Gesellschaft geschaffen werden. Andererseits sollte die herrschende Gesellschaft nach § 308 AktG das Recht erhalten, bei Bestehen eines Beherrschungsvertrages der abhängigen Gesellschaft Weisungen zu erteilen. Zum Schutz der abhängigen Gesellschaft sollte nach § 302 AktG die Verlustausgleichspflicht der herrschenden Gesellschaft dienen.

Demgegenüber sollte bei Fehlen eines Beherrschungsvertrages ein herrschendes Unternehmen gegenüber einem abhängigen Unternehmen nach § 311 AktG verpflichtet sein, dessen Nachteile auszugleichen. Ein Weisungsrecht nach § 308 AktG sollte es nicht erhalten. Der Gesetzgeber wollte damit die bloße Mehrheitsbeteiligung und die daraus resultierende Abhängigkeit schlechter als den Vertragskonzern stellen.

Dieses Konzept mußte schon deshalb scheitern, weil als Untergesellschaft auch eine GmbH gewählt werden kann. In diesem Fall kann die Obergesellschaft ihre Weisungen dadurch erteilen, daß sie in der Gesellschafterversammlung der Untergesellschaft entsprechende Beschlüsse faßt, an die sich die Geschäftsführer der Untergesellschaft (GmbH!) halten müssen. Auch konnte bei der Gesetzgebung zu § 311 AktG nicht durchgesetzt werden, daß die Nachteile sofort ausgeglichen werden müssen, weshalb der Ausgleich in der Praxis vielfach unterbleibt. Vor allem hat es sich als fast unmöglich erwiesen, den Nachteil exakt zu beziffern. Prozesse oder zumindest konkret bezifferte Ausgleichsansprüche von abhängigen Gesellschaften gibt es in der Praxis kaum. Deshalb sind die Vertragskonzerne gegenüber den faktischen Konzernen in der Minderheit geblieben. Schätzungsweise dreiviertel aller Konzerne sind faktische Konzerne.

Ein Anreiz zur Bildung eines Vertragskonzerns liegt in der steuerrechtlichen Privilegierung der sogenannten Organschaft nach §§ 14 f. KStG. Das Einkommen der Organgesellschaft (Konzernuntergesellschaft) wird dem Organträger (Konzernobergesellschaft) zugerechnet. Dadurch wird zunächst die körperschaftsteuerliche Mehrfachbelastung innerhalb des Konzernverhältnisses aufgehoben. Die Wirkungen gehen aber über die des Anrechnungsverfahrens hinaus, weil durch die Einkommenszurechnung zugleich ein Gewinn- und Verlustausgleich zwischen den beteiligten Konzerngesellschaften stattfindet.

Voraussetzung der Organschaft ist ein Gewinnabführungsvertrag nach § 291 Abs. 1 AktG, durch den sich die "Organgesellschaft" zur Abführung ihres ganzen Gewinnes an den "Organträger" verpflichtet (§ 14 KStG). Die Organgesellschaft muß finanziell, wirtschaftlich und organisatorisch in den Organträger eingegliedert sein. Die Unternehmensplanung sowie die Leitung und Überwachung der Geschäftstätigkeit müssen beim Organträger liegen. Dies ist stets dann der Fall, wenn der Organträger einen Beherrschungsvertrag nach § 291 Abs. 1 AktG mit der Organgesellschaft abgeschlossen hat oder sie nach §§ 319 f. AktG eingegliedert hat. Der Anreiz der Organschaft zur Bildung von Vertragskonzernen ist der Ausgleich von Gewinnen und Verlusten bei den Konzerngesellschaften; Voraussetzung ist also, daß eines der Unternehmen Verluste und das andere Gewinne macht, d.h. daß die Vertragsparteien langfristig mit einer solchen Entwicklung rechnen.

Das Aktiengesetz unterscheidet zwischen dem *Beherrschungsvertrag* und dem *Gewinnabführungsvertrag* einerseits (§ 291 AktG) und den anderen Unternehmensverträgen andererseits (§ 292 AktG). Zwar gelten die Vorschriften über den Abschluß, die Änderung und Beendigung der Unternehmensverträge (§§ 293-299 AktG) für alle gleichermaßen, die §§ 300-310 und damit z.B. der Verlustausgleich nach § 302 und das Weisungsrecht des herrschenden Unternehmens nach § 308 gelten aber nur für den Beherrschungsvertrag und den Gewinnabführungsvertrag. Beim Verlustausgleich kann noch der Betriebspacht- und Betriebsüberlassungsvertrag hinzukommen (vgl. § 302 Abs. 2 AktG).

Beim Beherrschungsvertrag nach § 291 Abs. 1 Satz 1, bei dem eine AG oder KG auf Aktien die Leitung ihrer Gesellschaft einem anderen Unternehmen unterstellt, handelt es sich nicht um einen schuldrechtlichen Austauschvertrag, sondern um einen gesellschaftsrechtlichen Organisationsvertrag, der die Beziehungen zwischen den vertragsschließenden Gesellschaften und den Gesellschaftern unmittelbar gestaltet.[191] Im Zusammenhang mit § 308 AktG folgt aus der Beherrschung durch die Obergesellschaft, daß der Vorstand der beherrschten Untergesellschaft die Geschäfte nicht mehr unter eigener Verantwortung (§ 76 Abs. 1 AktG), sondern in erster Linie entsprechend den ihm erteilten Weisungen führen muß (§ 308 Abs. 1 und 2 AktG). Auch nachteilige Weisungen der Obergesell-

[191] BGHZ 105, 324, 331 - Supermarkt

schaft müssen ausgeführt werden, solange sie den Konzerninteressen dienen (vgl. § 308 Abs. 1 Satz 2 AktG). Dienen sie diesen Interessen offensichtlich nicht, so darf der Vorstand der Untergesellschaft ihnen widersprechen (§ 308 Abs. 2 Satz 2 AktG). Da der Beherrschungsvertrag nach § 291 Abs. 3 AktG auch zur Abführung der von der Untergesellschaft erzielten Gewinne an das herrschende Unternehmen berechtigt, ist es nach § 308 Abs. 2 Satz 2 auch zulässig, schwächere Mittel der Beherrschung wie überhöhte Konzernverrechnungspreise, unentgeltliche Lieferung von Know how und Dienstleistungen vorzusehen. Das notwendige Gegengewicht wird durch § 302 AktG geschaffen. Zum Jahresende müssen die Verluste der beherrschten Untergesellschaft ausgeglichen werden. Auch die sonstigen Sicherungsrechte insbesondere in §§ 300 und 301 AktG zielen nicht auf eine Begrenzung der Weisungsbefugnis, sondern lediglich auf eine nachträgliche Korrektur durch Interessenausgleich.

Der *Beherrschungsvertrag* bedarf wie jeder andere Unternehmensvertrag der Schriftform (§ 293 Abs. 3 Satz 1 AktG). Die Hauptversammlung der beherrschenden wie der beherrschten Gesellschaft muß dem Vertrag mit der für grundlegende Änderungen der Satzung vorgeschriebenen qualifizierten Mehrheit zustimmen (§ 293 Abs. 1 AktG). Die Mehrheit muß mindestens dreiviertel des bei der Beschlußfassung vertretenen Grundkapitals umfassen, die Satzung kann eine größere Mehrheit verlangen (§ 293 Abs. 1 Satz 2 und 3 AktG).

Ist die Konzernobergesellschaft keine AG, so gelten die Vorschriften des Aktiengesetzes zwar auch für den mit ihr abgeschlossenen Beherrschungsvertrag, die bei ihr erforderliche Mehrheit zur Änderung der Satzung oder des Gesellschaftsvertrages richtet sich aber nach den rechtsformspezifischen Normen der Obergesellschaft. Der Beherrschungsvertrag wird wie jeder andere Unternehmensvertrag wirksam, wenn er in das Handelsregister eingetragen wird (§ 294 AktG). Wie der Abschluß des Vertrages sind auch dessen Änderungen zu behandeln (§ 295 Abs. 1 verweist auf die §§ 293 und 294 AktG). Eine fristlose Kündigung ist aus wichtigem Grund zulässig (§ 297 Abs. 1 AktG). Eine ordentliche Kündigung ist nur möglich, wenn sie im Vertrag besonders vorgesehen wird.

Dieselben Vorschriften gelten auch für die anderen Unternehmensverträge, soweit dort nichts besonderes ausgeführt ist.

Der *Gewinnabführungsvertrag* (§ 291 Abs. 1 Satz 1) hat zum Inhalt, daß sich eine AG oder KG auf Aktien verpflichtet, ihren ganzen Gewinn an ein anderes Unternehmen abzuführen. Dem Gewinnabführungsvertrag gleichgestellt ist ein Geschäftsführungsvertrag nach § 291 Abs. 1 Satz 2, durch den die Gesellschaft es übernimmt, ihr Unternehmen für Rechnung des anderen Unternehmens zu führen. Für die Ermittlung des Gewinns sehen die §§ 300 und 301 AktG besondere Rücklagen und Höchstbeträge vor. Der Gewinnabführungsvertrag kommt in der Praxis meist zusammen mit dem Beherrschungsvertrag vor, weil die beteiligten Gesellschaften die Privilegierung durch die Organschaft (vgl. oben) erreichen wollen. Tritt er ohne Beherrschungsvertrag auf, so muß das herrschende Unternehmen nach § 311 AktG der abhängigen AG oder KG auf Aktien Nachteile ausgleichen, das Privileg der Weisungen nach § 308 AktG kann die herrschende Gesellschaft beim Gewinnabführungsvertrag nicht in Anspruch nehmen.

In der *Gewinngemeinschaft* verpflichtet sich eine AG oder KG auf Aktien, ihren Gewinn ganz oder teilweise mit dem Gewinn anderer Unternehmen zusammenzulegen, um einen gemeinschaftlichen Gewinn zu bilden und aufzuteilen (§ 292 Abs. 1 Nr. 1 AktG). Die

Gewinngemeinschaft führt vielfach zu einer Koordinierung der Geschäftsführung, sie heißt dann Verwaltungsgemeinschaft. Wird eine Gewinngemeinschaft oder Verwaltungsgemeinschaft einheitlich geleitet, so kann ein Gleichordnungskonzern nach § 18 Abs. 2 AktG vorliegen. Die Gewinngemeinschaft ist kein Organisationsvertrag, sondern ein schuldrechtlicher Austauschvertrag, für den aber ebenfalls die Wirksamkeitsvoraussetzungen der §§ 293-299 AktG gelten. Während die Vorschriften über die Rückgewähr der Einlage, die Verwendung des Jahresüberschusses und die Gewinnverteilung in den §§ 57, 58 und 60 AktG für Beherrschungs- und Gewinnabführungsverträge nicht gelten (§ 291 Abs. 3 AktG), gilt diese Ausnahme nicht für die Gewinngemeinschaft. Dies folgt daraus, daß § 292 Abs. 3, der die Ausnahme für den Betriebspacht- oder Betriebsüberlassungsvertrag regelt, die Gewinngemeinschaft nicht erwähnt. Also darf die Gegenleistung die einer an der Gewinngemeinschaft beteiligten AG eingeräumt wird, nicht unangemessen niedrig sein.

Ein Sonderfall des Gewinnabführungsvertrages ist der *Teilgewinnabführungsvertrag*, durch den sich die AG oder KG auf Aktien verpflichtet, einen Teil ihres Gewinnes oder den Gewinn einzelner ihrer Betriebe ganz oder zum Teil an einen anderen abzuführen (§ 292 Abs. 1 Nr. 2 AktG). Auch er ist schuldrechtlicher Austauschvertrag, bei dem die §§ 57, 58 und 60 AktG zu beachten sind. Beim Teilgewinnabführungsvertrag ist demnach eine angemessene Gegenleistung der Obergesellschaft notwendig, die Regelung entspricht der Gewinngemeinschaft. Ist die Gegenleistung unangemessen oder fehlt sie völlig, ist der Vertrag gesetzeswidrig und nach § 134 BGB nichtig. Dadurch wird eine Umgehung der Schutzvorschriften vermieden, die für den Gewinnabführungsvertrag gelten. Ein Teilgewinnabführungsvertrag kann auch mit einem Privatmann abgeschlossen werden ("Abführung an einen anderen"). Damit sind aber nicht Tantiemen von Vorstands- oder Aufsichtsratsmitgliedern gemeint (§ 192 Abs. 2 AktG).

Schließlich gehören auch der *Betriebspacht-* und der *Betriebsüberlassungsvertrag* zu den Unternehmensverträgen, die nicht Organisationsverträge, sondern nur schuldrechtliche Austauschverträge sind. Es geht hier um die Verpachtung oder sonstige Überlassung des Betriebes einer AG oder KG auf Aktien auf andere. Für den Vertrag kommt Pachtrecht nach § 581 f. BGB zur Anwendung. Der Pächter braucht kein Unternehmen zu sein. Ist der Pächter Aktionär, so brauchen die §§ 57, 58 und 60 AktG nicht beachtet zu werden (§ 292 Abs. 3 AktG), es genügt wie bei jedem Unternehmensvertrag die Zustimmung der Hauptversammlung mit qualifizierter Mehrheit (vgl. oben). Allerdings können andere Aktionäre wegen eines solchen Verstoßes nach § 243 Abs. 1 AktG den Beschluß der Hauptversammlung anfechten (§ 293 Abs. 3 Satz 2 AktG). Die Anfechtung ist begründet, wenn der Vertrag mit einem Dritten zu besseren Konditionen abgeschlossen worden wäre.

Hat eine abhängige Gesellschaft den Betrieb ihres Unternehmens dem herrschenden Unternehmen verpachtet oder sonst überlassen, so ist nach § 302 Abs. 2 AktG ein Verlustausgleich durch das herrschende Unternehmen notwendig, soweit die vereinbarte Gegenleistung (Pachtzins oder sonstige Leistung für eine Überlassung) nicht angemessen ist. Nachteile müssen nach § 311 AktG ausgeglichen werden.

Dem Gläubigerschutz bei Beherrschungs- und Gewinnabführungsverträgen dienen in erster Linie drei Mittel, die Rücklage nach § 300 AktG, die Höchstgrenze für abzuführende Gewinne nach § 301 AktG und die Verlustausgleichspflicht nach § 302 AktG. Wird der Beherrschungs- oder Gewinnabführungsvertrag beendet, so haben die Gläubiger Anspruch auf eine Sicherheitsleistung nach § 303 AktG. Ist die abhängige Gesellschaft vermögenslos und kann sie daher die Verpflichtung aus der Sicherheitsleistung später nicht erfüllen, so verwandelt sich dieser Anspruch in einen Zahlungsanspruch.[192]

Der Schutz der sogenannten außenstehenden Aktionäre der Konzernuntergesellschaft dient vor allem dem Ziel, Vermögensverschiebungen zugunsten der Aktionärsmehrheit und damit des herrschenden Unternehmens auszugleichen oder abzumildern. Nach § 304 Abs. 1 Satz 1 und 2 muß der Unternehmensvertrag zugunsten der außenstehenden Aktionäre einen angemessenen Ausgleich vorsehen. Beim Gewinnabführungsvertrag erhalten sie eine auf die Aktiennennbeträge bezogene wiederkehrende Geldleistung (§ 304 Abs. 1 Satz 1 AktG), also eine feste Ausgleichszahlung. Ist auch das herrschende Unternehmen in der Rechtsform der AG organisiert, kann der auszugleichende Betrag an dessen Dividende gekoppelt werden (§ 304 Abs. 2 Satz 2 AktG), man spricht dann vom sogenannten variablen Ausgleich. Ist ein Beherrschungsvertrag nicht mit einer Gewinnabführung verknüpft, so muß nach § 304 Abs. 1 Satz 2 AktG eine Dividendengarantie in Höhe der Ausgleichszahlung gewährt werden.

Ein Unternehmensvertrag, der keinen Ausgleich vorsieht, ist nichtig (§ 304 Abs. 3 Satz 1 AktG). Wer geltend macht, daß der Ausgleich unangemessen sei, kann nach § 304 Abs. 3 Satz 3 AktG durch das Landgericht einen angemessenen Ausgleich bestimmen lassen (§ 306 AktG).

Nach § 305 Abs. 1 AktG muß sich das herrschende Unternehmen dazu verpflichten, die Aktien eines außenstehenden Aktionärs auf dessen Verlangen zu erwerben. Es muß hierfür eine angemessene Abfindung bezahlen, deren Höhe im Vertrag festzulegen ist. Ist die Obergesellschaft eine AG, muß sie als Abfindung eigene Aktien gewähren (§ 305 Abs. 2 Nr. 1 AktG). Ist sie ihrerseits wieder von einer anderen AG oder KGaA abhängig, so muß sie Aktien der herrschenden Gesellschaft oder Barabfindung anbieten (§ 305 Abs. 2 Nr. 2 AktG). In anderen Fällen muß der Vertrag Barabfindung vorsehen (§ 305 Abs. 2 Nr. 3 AktG). Fehlt die Abfindung oder ist sie zu gering, bestimmt das zuständige Landgericht die Höhe der Abfindung nach § 305 Abs. 5, 306 AktG.

Auch die *Eingliederung* nach §§ 319 f. AktG ist ein Unternehmensvertrag. Er ist aber in den §§ 291 und 292 AktG nicht genannt, da er einer Vollfusion nahe kommt. Durch die Eingliederung erwirbt die Hauptgesellschaft die unbeschränkte Leitungsmacht über die eingegliederte AG (§ 323 AktG). Da die AG wirtschaftlich völlig in die Hauptgesellschaft integriert wird, stehen ihre Gläubiger vor der Gefahr, daß ihre Forderungen durch nachteilige Weisungen der Hauptgesellschaft gefährdet werden. Deshalb ordnet § 322 Abs. 1 AktG die gesamtschuldnerische Mithaftung der Hauptgesellschaft für alle Verbindlichkeiten der eingegliederten Gesellschaft an, die nach der Eingliederung begründet werden. Hinzu kommt, daß die Gläubiger der eingegliederten Gesellschaft Sicherheiten verlangen können (§ 321 AktG).

Die Eingliederung ist nur unter engen Voraussetzungen zulässig: Die spätere Hauptgesellschaft muß an der einzugliedernden Gesellschaft mit mindestens 95 % der Aktien beteiligt sein, wobei beide Gesellschaften die Rechtsform der AG haben müssen (§ 320 Abs. 1 AktG). Hinzu muß ein Beschluß der zukünftigen Hauptgesellschaft kommen, der mindestens dreiviertel des bei der Beschlußfassung vertretenen Grundkapitals umfaßt (§ 319 Abs. 2 Satz 2 AktG). Mit der Eintragung gehen die Aktien der außenstehenden

---

[192] Vgl. BGHZ 95, 330, 347; 105, 168, 183; 115, 187, 200

Aktionäre auf die Hauptgesellschaft über (§ 320 Abs. 5 AktG). Diese scheiden aus der eingegliederten AG aus und müssen nach § 320 Abs. 5 angemessen abgefunden werden, in der Regel in eigenen Aktien der Hauptgesellschaft (§ 320 Abs. 5 Satz 2); wenn die Hauptgesellschaft eine abhängige Gesellschaft ist, können sie eine Abfindung verlangen (§ 320 Abs. 5 Satz 3).

Gehören der zukünftigen Hauptgesellschaft alle Aktien der einzugliedernden Gesellschaft, so vereinfacht sich das Verfahren: Nach § 319 Abs. 1 AktG müssen die Hauptversammlungen der Tochter und nach § 319 Abs. 2 der Mutter (mit qualifizierter Mehrheit) zustimmen.

In jedem Fall muß die Eingliederung in das Handelsregister eingetragen werden (§ 319 Abs. 4 AktG).

Die eingegliederte Gesellschaft bleibt formalrechtlich selbständig. Stille Reserven müssen nicht aufgelöst und versteuert werden. Aufsichtsratsmandate und Vorstandspositionen bleiben erhalten. Der good will der Firma der eingegliederten Gesellschaft kann weiter genutzt werden.

3. Faktischer Konzern

Der Begriff des faktischen Konzerns wird im Aktiengesetz nicht verwendet. Die §§ 311-318 AktG werden mißverständlich als Schutzvorschriften für den faktischen Konzern bezeichnet. In Wirklichkeit knüpfen sie am Fehlen eines Beherrschungsvertrages und am Tatbestand der Abhängigkeit nach § 17 AktG an; sie gelten auch, wenn diese Unternehmen durch andere Unternehmensverträge als Beherrschungsverträge miteinander verbunden sind. Insofern gilt die Regelung des § 311 AktG, welche zum Nachteilsausgleich zugunsten des abhängigen Unternehmens verpflichtet, auch im Vertragskonzern, wenn kein Beherrschungsvertrag vorliegt. Der Ausgleich hat innerhalb eines Jahres zu erfolgen, andernfalls wandelt er sich in einen Schadensersatzanspruch. Die Obergesellschaft kann wählen, wie sie den Ausgleich vornimmt. Die Vorschrift hat für die Praxis keine Bedeutung. Die Ermittlung des Nachteils gestaltet sich schwierig. Hierbei müssen nicht nur die geltend gemachten Nachteile bewertet, sondern auch eventuelle Vorteile saldiert werden, welche das herrschende Unternehmen der abhängigen Gesellschaft zugeführt hat. Zur Sicherung des Nachteilsausgleichs hat die abhängige Gesellschaft einen jährlichen Abhängigkeitsbericht zu erstellen, in dem sie über die Beziehungen zu dem herrschenden Unternehmen berichtet (§§ 312-316 AktG). In diesem Bericht sind alle Rechtsgeschäfte und Maßnahmen, Leistungen und Gegenleistungen, Vorteile und Nachteile zwischen den beiden Unternehmen anzugeben. Schließlich muß der Vorstand der abhängigen Gesellschaft erklären, ob und wie die Nachteile ausgeglichen wurden (§ 312 Abs. 1 AktG). Die Abschlußprüfer der abhängigen Gesellschaft müssen den Bericht nach § 313 AktG prüfen; deren Bericht muß wiederum der Aufsichtsrat nach § 314 AktG prüfen.

Jeder Aktionär der abhängigen Gesellschaft kann nach § 315 AktG eine Sonderprüfung verlangen, wenn der Vorstand erklärt hat, daß Nachteile entstanden und nicht ausgeglichen wurden, der Bestätigungsvermerk nicht oder nur eingeschränkt erteilt wurde, oder der Aufsichtsrat Einwendungen gegen die Erklärung des Vorstandes erhoben hat. Meistens zeigen sich die Aktionäre mehr an Abfindungen oder an Aktien des herrschenden

Unternehmens interessiert als an derartigen Sonderprüfungen. Auch die §§ 317 und 318 AktG, die der abhängigen Gesellschaft und ihren Aktionären Schadensersatzansprüche einräumen, laufen in der Praxis leer, wenn der Nachteilsausgleich nach §§ 311 Abs. 1 und 2 AktG nicht durchgeführt wird. Nach § 317 Abs. 2 AktG tritt zum einen die Ersatzpflicht nicht ein, wenn auch ein ordentlicher und gewissenhafter Geschäftsleiter einer unabhängigen Gesellschaft die Maßnahme getroffen hätte. Zudem ergeben sich Beweisprobleme.

Die Voraussetzungen für die Ersatzpflicht nach § 317 Abs. 2 AktG stimmen nicht mit dem Begriff des Nachteils in § 311 Abs. 1 AktG überein. Fügt der Vorstand des herrschenden Unternehmens der abhängigen Gesellschaft einen Nachteil zu, so ist er nicht ersatzpflichtig, wenn auch ein ordentlicher und gewissenhafter Geschäftsleiter einer unabhängigen Gesellschaft dieselbe Maßnahme getroffen hätte. Andererseits wird der Nachteil vermutet, wenn die abhängige Gesellschaft vom herrschenden Unternehmen angewiesen wurde. Hier zeigt sich wieder das Ziel des Gesetzgebers von 1965, die Ausübung von Herrschaftsmacht bei Vorliegen eines Beherrschungsvertrages zu privilegieren (§ 308 AktG). Aber auch mit den Verantwortlichkeiten und Ersatzpflichten des § 317 AktG kann dieses Ziel nicht erreicht werden, da das herrschende Unternehmen die abhängige Gesellschaft ebensogut in der Rechtsform der GmbH wie in der der AG organisieren kann; in der GmbH kann sie mit ihrer Mehrheit in der Gesellschafterversammlung Weisungen an die Geschäftsführer erteilen, ohne sich irgendwelchen Nachteilen konzernrechtlicher Art auszusetzen. Auch die Verantwortlichkeit der Vorstandsmitglieder der abhängigen Gesellschaft nach § 318 AktG, die zusammen mit den Vertretern des herrschenden Unternehmens (§ 317 AktG) als Gesamtschuldner haften, wenn sie über das nachteilige Geschäft nicht ordnungsgemäß informiert haben, verstärkt nicht den Anreiz zur Geltendmachung von Nachteilen gegenüber dem herrschenden Unternehmen. Vielmehr sitzen alle in einem Boot, wenn es um die konkrete Aushandelung der Maßnahmen geht.

Alle Seiten sind bestrebt, die Maßnahmen in einer Grauzone zu belassen, bei der Art und Umfang der möglichen Nachteile nicht oder zumindest nicht deutlich sichtbar sind. Dies ist insbesondere in den Fällen der einfachen Abhängigkeit nach § 17 AktG nicht schwer, in denen keine einheitliche Leitung und damit kein Konzern nach § 18 AktG besteht. Hier liegt auch der Schlüssel zum Verständnis der §§ 311 ff. AktG. Es geht nicht um die Regulierung faktischer Konzerne, sondern um den Schutz abhängiger Unternehmen, wenn kein Beherrschungsvertrag, ja noch nicht einmal eine einheitliche Leitung durch das herrschende Unternehmen vorliegt. Welcher Schutz notwendig ist, wenn das abhängige Unternehmen unter der einheitlichen Leitung des herrschenden Unternehmens steht, ist in §§ 311 ff. AktG nicht geregelt. Die Gesetzeslücke bietet Raum für eine analoge Anwendung der Vorschriften über den Vertragskonzern, genauer gesagt, der §§ 300-307 AktG, welche für den Beherrschungsvertrag und den Gewinnabführungsvertrag, teilweise aber auch für andere Unternehmensverträge geschaffen wurden. Die Entwicklung des Aktienkonzernrechts ist hierbei nicht unbeeinflußt durch die Rechtsprechung zum GmbH-Konzern verlaufen, für den es im GmbH-Gesetz keine Rechtsgrundlage gibt, der aber - vielleicht gerade deshalb - als Konzernform sehr beliebt ist.

4. GmbH-Konzern

Konzernuntergesellschaften werden nicht nur deshalb gern in der Rechtsform der GmbH gegründet, weil die Obergesellschaft über ihre Mehrheit in der Gesellschafterversammlung der Untergesellschaft Weisungen an deren Geschäftsführer erteilen kann, sondern auch deshalb, weil die Rigidität des Aktienrechts bei Satzungsänderungen und Gesellschafterversammlungen der Untergesellschaft nicht beachtet werden muß. Dies gilt vor allem dann, wenn die Obergesellschaft alle Geschäftsanteile der Untergesellschaft hält und unnötigen Aufwand für Formalien bei Gesellschafterversammlungen und Weisungen vermeiden will. Die Gründung und Leitung der Untergesellschaft in der Rechtsform der GmbH kann aber auch dazu benutzt werden, Gläubiger und Minderheitsgesellschafter der Untergesellschaft wie der Obergesellschaft zu benachteiligen. Beim Gläubigerschutz ist zu berücksichtigen, daß die Gesellschaft nicht nur vertragliche Verpflichtungen schlecht erfüllen kann, sondern auch bei der Erfüllung deliktischer Ersatzpflichten z.B. im Bereich des Straßenverkehrs oder der Produkthaftung schon von ihrer konzernrechtlichen Konstruktion her für die sogenannten Zwangsgläubiger nachteilig sein kann.

Der Unternehmer A beherrscht 7 GmbHs, die er dazu veranlaßt, jeweils mehrere Autokräne zu leasen. Als der Leasinggeber L die Gebühren nicht erhält, verlangt er von A Bezahlung. A habe die Haftungsbegrenzung der GmbH zu Unrecht in Anspruch genommen. In Wirklichkeit habe er die 7 GmbHs von Anfang an einheitlich und lückenlos geleitet. Dringt L gegen A durch?

Der BGH hat dem Leasinggeber im Ergebnis recht gegeben.[193] Er hätte die Möglichkeit gehabt, den Durchgriff auf den Alleingesellschafter der GmbH und dessen persönliche Haftung mit einem Mißbrauch der Rechtsform der GmbH zu begründen. Es geht hier nicht um den sogenannten Zurechnungsdurchgriff, bei welchem dem Hintermann bestimmte Kenntnisse, Eigenschaften und Fähigkeiten zugerechnet werden,[194] sondern um den Haftungsdurchgriff. Den direkten Haftungsdurchgriff hat die Rechtsprechung für die Vermögensvermischung und die Unterkapitalisierung bejaht, aber nur in extremen Fällen. Wer das Vermögen der Gesellschaft mit seinem Privatvermögen so vermischt, daß beides nicht voneinander zu trennen ist, kann sich nicht auf die Haftungsbeschränkung berufen.[195] Wer einer unterkapitalisierten GmbH ein Darlehen gibt, anstatt das Eigenkapital aufzustocken, muß die zurückgezahlte Darlehenssumme unter bestimmten Voraussetzungen der GmbH zurückerstatten (vgl. die Rechtsprechung zu §§ 30, 31 GmbH-Gesetz). Aus culpa in contrahendo haftet, wer als Mehrheitsgesellschafter und alleiniger Geschäftsführer einer GmbH, die von einem Lieferanten laufend auf Kredit beliefert wurde, diesem Lieferanten falsche Auskünfte über die wirtschaftliche Lage der GmbH erteilt hat.[196] Der BGH wählte hier einen anderen Lösungsweg. Er betrachtete A als Konzernmutterunternehmen und bejahte seine Haftung nach §§ 303, 322 Abs. 2 AktG analog. Angesichts der einheitlichen Leitung und der lückenlosen Zentralisierung des Konzerns seien hier die Grundsätze über den Vertragskonzern "in vorsichtiger Weise" anzuwenden. A haftet als Gesamtschuldner für die Schulden seiner Tochtergesellschaften mit. Hätte er eine Holding dazwischengeschaltet, so müßte er nicht mit seinem vollen persön-

193 BGHZ 95, 330 - Autokran
194 Vgl. z.B. BGH NJW 1969, 184 für die Sachmängelhaftung
195 Vgl. BGHZ 22, 226, 230
196 BGHZ 87, 27 f.

lichen Vermögen haften. Auch ist zu fragen, warum L in Kenntnis der schwachen Kapitalbasis der GmbHs die Leasingverträge abgeschlossen hat.[197]

Der BGH ist hier dem eigentlichen Problem aus dem Weg gegangen, das in der Haftungssegmentierung und Unterkapitalisierung als unternehmenspolitischer Strategie liegt. Zu fragen ist, wie weit ein Unternehmer bei der Aufspaltung von Risiken durch Gründung von selbständigen Kapitalgesellschaften als Konzernuntergesellschaften gehen kann. Die Frage soll am Ende des folgenden Abschnitts zum qualifiziert faktischen Konzern wieder aufgenommen werden.

Die X-AG ist Mehrheitsgesellschafter der Y-GmbH. Die Obergesellschaft sorgt in der Gesellschafterversammlung der Y-GmbH dafür, daß diese Dienstleistungsvertäge mit ihr abschließt, in denen ihr für ihre Leistung keine gleichwertigen Gegenleistungen durch die Obergesellschaft gewährt werden. Ein Minderheitsgesellschafter der Y-GmbH klagt gegen die X-AG auf Rückzahlung der zuviel bezahlten Beträge an die GmbH. Dringt er durch?

Der BGH gab der Klage in einem ähnlich gelagerten Fall statt.[198] Er begründete die Entscheidung nicht konzernrechtlich, sondern stützte sich auf die gesellschaftsrechtliche Treuepflicht innerhalb der GmbH. Auch im Konzern dürfe die Gesellschaftermehrheit durch Einflußnahme auf die Geschäftsführung die gesellschaftsbezogenen Interessen der Mitgesellschafter nicht unbillig beeinträchtigen. Andernfalls habe die Minderheit einen direkten Anspruch gegen die Mehrheit auf Rückzahlung der verdeckten Gewinnausschüttung.

Der BGH hätte versuchen können, §§ 311 ff. AktG analog auf den faktischen GmbH-Konzern anzuwenden. Er hat dies entgegen einiger Stimmen in der Literatur zu Recht nicht getan, weil er dann die besondere Situation zwischen den Gesellschaftern einer GmbH vernachlässigt hätte, die der einer Personalgesellschaft vergleichbar ist. Auch hätte § 311 ff. nur einen Anspruch auf Nachteilsausgleich, nicht aber einen Rückzahlungsanspruch gewährt. Die Interessenlage der §§ 311 ff., bei denen ein herrschendes Unternehmen ein abhängiges Unternehmen zu nachteiligen Geschäften veranlaßt, ohne Weisungsrechte in der Hauptversammlung des abhängigen Unternehmens ausüben zu können, ist mit der in der GmbH nicht vergleichbar. Deshalb sind §§ 311 ff. AktG auf den GmbH-Konzern nicht analog anwendbar.

Beherrschungsverträge und Gewinnabführungsverträge, mit denen die steuerlichen Vergünstigungen der Organschaft erreicht werden sollen (vgl. oben), sind auch zulässig, wenn die Untergesellschaft eine GmbH ist (§ 17 KStG). Allerdings hängt die Vergünstigung, d.h. die Saldierbarkeit von Gewinnen und Verlusten der beiden Gesellschaften, davon ab, daß im Gewinnabführungsvertrag ein Verlustausgleich nach § 302 AktG vereinbart wurde (vgl. § 17 Nr. 3 KStG). Die Weisungsrechte des § 308 AktG werden im GmbH-Konzern nicht benötigt, da die Obergesellschaft hier mit ihrer Mehrheit in der Gesellschafterversammlung der GmbH-Untergesellschaft Weisungen an deren Geschäftsführer erteilen kann. Auch §§ 304 und 305 AktG sind nicht entsprechend anwendbar, vielmehr werden verdeckte Gewinnausschüttungen an die Obergesellschaft über direkte

[197] Vgl. Kübler, Gesellschaftsrecht, S.363, § 30 III.3, bb
[198] BGHZ 65, 15 - ITT

Klagen der Minderheitsgesellschafter der GmbH-Untergesellschafter rückgängig gemacht.[199]

Ob für die erforderlichen Mehrheiten für Unternehmensverträge mit GmbH-Untergesellschaften nach § 293 Abs. 1 AktG analog Dreiviertelmehrheit verlangt werden soll, oder ob sogar Einstimmigkeit erforderlich ist, hängt von der Satzung der GmbH ab. Gibt es Sonderrechte von Gesellschaftern, so dürfen diese bei der Beschlußfassung nicht übergangen werden; ansonsten reicht die Dreiviertelmehrheit aus.[200]

5. Qualifiziert faktischer Konzern

Die X-AG übernimmt eine Mehrheitsbeteiligung bei der Y-GmbH, die sich in finanziellen Schwierigkeiten befindet. Die Y-GmbH führt mehr und mehr Bauvorhaben für die Tochtergesellschaft der X-AG durch. Ihre finanziellen Schwierigkeiten verstärken sich. Schließlich fällt die Y-GmbH in Konkurs. Der Konkursverwalter verlangt von der X-AG, daß sie die Verluste der Y-GmbH ausgleicht.

Im Gegensatz zum Fall ITT (vgl. oben) klagt hier nicht der Minderheitsgesellschafter der abhängigen GmbH, sondern die Gesellschaft selbst. Eine direkte Anspruchsgrundlage ist nicht erkennbar. Der BGH wendet § 302 Abs. 1 AktG analog an.[201] Die Verlustausgleichspflicht gilt im Aktienkonzernrecht, wenn ein Beherrschungs- oder Gewinnabführungsvertrag abgeschlossen wurde. Außerdem gilt sie für den Betriebspacht- oder Überlassungsvertrag, wenn die vereinbarte Gegenleistung unangemessen ist (§ 302 Abs. 2 AktG). Die analoge Anwendung auf das Recht der GmbH sieht der BGH als gerechtfertigt an, wenn das herrschende Unternehmen die abhängige GmbH laufend nachteilig beeinflußt hat. Hierbei darf eine Isolierung von schädigenden Einzeleingriffen nicht mehr möglich sein, weil die Einflußnahme des herrschenden Unternehmens breitflächig ist und es die Geschäftsführung der abhängigen GmbH in einem oder mehreren zentralen Unternehmensbereichen dauernd und umfassend an sich gezogen hat. Bei der herrschenden AG handelte es sich um eine Ein-Mann-Gesellschaft, ein herrschender Unternehmer hatte also mehrere Gesellschaften einheitlich gesteuert. Rechtsprechung und Lehre sprechen hier vom sogenannten qualifiziert(en) faktischen Konzern. Ein solcher Konzern kommt auch zustande, wenn der Vorstand des herrschenden Unternehmens und die Geschäftsführer der abhängigen GmbH identisch sind.[202] Ferner kann eine einheitliche Gesellschaft in eine reiche Vermögens- und eine arme Produktionsgesellschaft aufgespalten werden.[203] Schließlich kann auch durch ein einheitliches Management die Liquidität der abhängigen GmbH so eingeschränkt werden, daß sie in den Konkurs getrieben wird.[204]

Die Rechtsprechung des BGH ist zu begrüßen. Allerdings müßte sie stärker darauf abstellen, daß die faktische Beherrschung der GmbH als Konzernuntergesellschaft der Beherrschung einer AG durch Beherrschungsvertrag oder Gewinnabführungsvertrag äquivalent sein muß. Es geht meist weniger um eine Abhängigkeit durch personelle Einflußnahmen als um eine organisatorische Verflechtung, die soweit führen kann, daß die

---

199 BGHZ 65, 15 f. - ITT

200 Umstritten; die h.M. fordert Einstimmigkeit, hierauf kann m.E. im voraus verzichtet werden; vgl. Kübler, S. 354, § 29 V 3b und Karsten Schmidt, GR, S. 989

201 BGHZ 107, 7-Tiefbau

202 OLG Köln ZIP 1990, 1078; a.A. Altmeppen, ZIP 1990, 1079

203 Vgl. Baumbach/Hueck/Zöllner, GmbH-Gesetz, 15. Aufl. 1988, Konzernrecht - Anhang Rz. 25

204 Decher, DB 1989, 965

GmbH wie eine unselbständige Betriebsabteilung der Obergesellschaft geführt wird (Zustands- statt Handlungshaftung). Bei personellen Verflechtungen ist darauf abzustellen, ob die Organe der Obergesellschaft über die Organe der Untergesellschaft Einfluß ausüben können. Es muß reichen, wenn der Vorstand der Obergesellschaft laufend Weisungen über die Gesellschafterversammlung der Untergesellschaft erteilt.

A ist Alleingesellschafter und Geschäftsführer der X-Video-GmbH, welche Videofilme vertreibt. Der Gläubiger G versucht, von der GmbH Forderungen einzutreiben, scheitert aber damit. Schließlich beruft er sich darauf, daß die GmbH nach § 302 AktG analog Verlustausgleich von A verlangen könne, der auch als Einzelkaufmann in anderen Geschäftsgebieten unternehmerisch tätig sei.

Der BGH ließ in diesem Fall den A nach den Regeln des qualifiziert faktischen Konzerns haften.[205] Da er noch anderweitig unternehmerisch tätig sei, müsse A als herrschendes Unternehmen im faktischen Konzern und die von ihm beherrschte Video-GmbH als Konzernuntergesellschaft behandelt werden. Nach §§ 302 und 303 Abs. 1 AktG, der analog auf den qualifiziert faktischen GmbH-Konzern angewendet werden müsse, sei der Gläubiger berechtigt, unmittelbar von dem Rechtsträger des herrschenden Unternehmens Zahlung zu verlangen, wenn er mit seiner Forderung gegen die beherrschte Gesellschaft ausfalle. Also könne G von A Zahlung der Schulden verlangen, die die Video-GmbH bei G gemacht habe.

Diese Entscheidung verursachte einen regelrechten Aufruhr im Schrifttum. Dem BGH wurde vorgeworfen, die Haftungsbeschränkung des GmbH-Rechts zu unterlaufen und den Alleingesellschafter einer GmbH im Ergebnis persönlich haftbar zu machen.[206]

Eine Verfassungsbeschwerde, die auf die Verletzung des Grundrechts der allgemeinen Handlungsfreiheit im Zusammenhang mit dem Rechtsstaatsprinzip (Art. 2 Abs. 1 und 20 Abs. 3 GG) gestützt wurde, wurde abgewiesen, da die Rechtsprechung des BGH keine grundsätzlichen Fragen zur verfassungsrechtlichen Bindung des Richters an Gesetz und Recht aufwerfe.[207]

Der BGH sah sich aber genötigt, seine Rechtsprechung zu revidieren. Er nahm hierzu folgenden Fall, der hier verkürzt dargestellt wird, zum Anlaß:

A ist als Einzelkaufmann in der Wirtschafts- und Finanzberatung und daneben als Mehrheitsgesellschafter einer GmbH tätig. Die GmbH fällt in Konkurs. Der Gläubiger G nimmt entsprechend dem Video-Urteil des BGH den A nach §§ 302, 303 Abs. 1 AktG analog in Anspruch. A sei herrschendes Unternehmen in einem qualifiziert faktischen Konzern, dessen Untergesellschaft Ansprüche gegen ihn auf Verlustausgleich erworben habe.

Der BGH[208] hielt zwar grundsätzlich an seiner Rechtsprechung aus dem Video-Urteil fest. Der herrschende Gesellschafter einer GmbH, der gleichzeitig als Einzelkaufmann andere Geschäfte betreibt, wird als herrschendes Unternehmen im GmbH-Konzern behandelt und haftet nach §§ 302, 303 AktG analog, wenn er die Konzernleitungsmacht in

[205] BGHZ 115, 187 - Video
[206] Vgl. Flume, DB 1992, 25, Schöppen, DB 1993, 969 und Versteegen, DB 1993, 1225
[207] BVerfG DB 1993, 1917 f.
[208] BGH DB 1993, 825-TBB

einer Weise ausübt, die keine angemessene Rücksicht auf die eigenen Belange der abhängigen Gesellschaft nimmt, ohne daß sich der ihr insgesamt zugefügte Nachteil durch Einzelausgleichsmaßnahmen kompensieren ließe. Allerdings verlangt der BGH nun vom Gläubiger G, daß er die Umstände darlegt und beweist, aus denen sich die mangelnde Rücksichtnahme des A ableiten läßt. Da er keinen Einblick in die internen Geschäftsvorgänge des herrschenden Unternehmens, also des A hat, kann der Gläubiger G nach den von der Rechtsprechung entwickelten Grundsätzen der Beweisführung Erleichterungen erhalten. Dann muß A, der die maßgebenden Tatsachen kennt, nähere Angaben machen, aus denen die Widerlegung des Vorwurfs mangelnder Rücksichtnahme abgeleitet werden kann.[209]

Der BGH stellt klar, daß der Haftungsgrund nicht die dauernde und umfassende Leitung der abhängigen GmbH durch A, sondern die Beeinträchtigung ihrer Interessen durch mangelnde Rücksichtnahme bei Ausübung der Konzernleitungsmacht ist. Damit ändert sich die Rechtsprechung zum qualifiziert faktischen Konzern von der Zustandshaftung zu einer Mißbrauchshaftung. Der Einzelkaufmann als Konzernherr haftet nur noch, wenn er nicht angemessen Rücksicht auf die Interessen der Untergesellschaft genommen hat. Im Prozeß muß er entlastende Umstände selbst darlegen, grundsätzlich bleibt die Beweislast aber beim Gläubiger G.

Das Problem der Haftungssegmentierung und der Unterkapitalisierung von abhängigen Gesellschaften mit beschränkter Haftung ist damit nicht gelöst. Es ist mehr und mehr üblich geworden, hohe Haftungsrisiken bei Gesellschaften zu konzentrieren, die mit unzureichender Kapitalausstattung geradezu auf Konkurs angelegt sind. In Fällen der Produkt- und Umwelthaftung sind die Zwangsgläubiger, die deliktisch geschädigt wurden, fast rechtlos gestellt, wenn dem herrschenden Unternehmen nicht mangelnde Rücksichtnahme bei der Beeinflussung der Geschäfte der Untergesellschaften vorgeworfen werden kann. Die Haftungssegmentierung sollte daher zumindest insofern unbeachtlich sein, als noch Kapitalgesellschaften als unmittelbare oder mittelbare Konzernobergesellschaften zahlungskräftig sind oder das Gesamtsystem aus Kapitalgesellschaften solidarisch für den entstandenen Schaden einstehen kann. Inwieweit es dem BGH gelingt, diese Rechtsfolge aus dem bestehenden Aktienkonzernrecht abzuleiten, bleibt abzuwarten. Als letztes Mittel muß der Durchgriff auf den sogenannten Hintermann in den Fällen der Vermögensvermischung und des Mißbrauchs offen bleiben.[210]

Schon heute aber ist möglich, die Regeln über den qualifiziert faktischen Konzern auf den Aktienkonzern anzuwenden. Hat das herrschende Unternehmen von seiner Leitungsmacht dauernd und umfassend Gebrauch gemacht, hat es also insbesondere in einem zentralen unternehmerischen Bereich die Leitung vollständig an sich gezogen,[211] so haftet es nach § 302 AktG auf Verlustausgleich auch dann, wenn kein Beherrschungs- oder Gewinnabführungsvertrag vorliegt. Es ist zwar leichter, eine abhängige GmbH ohne Beherrschungsvertrag dauernd und umfassend zu leiten. Über personelle Verflechtungen, Vorstandsdoppelmandate und sonstige Organverflechtungen ist es aber auch möglich, den Vorstand einer abhängigen Aktiengesellschaft durch Vertreter des herrschenden Unternehmens so zu majorisieren, daß sich einzelne Weisungen und deren Wirkung nicht

---

[209] Vgl. auch BGH NJW 1994, 446 f. m. Anm. Karsten Schmidt und zum ganzen Kübler, Gesellschaftsrecht, S. 362-365, § 30 III 3

[210] Vgl. Lehmann, GmbH-Rundschau 1992, 200-206, der eine Durchgriffshaftung bei unangemessener Kapitalausstattung vorschlägt.

[211] Vgl. BGHZ 95, 330 - Autokran

mehr isolieren lassen, so daß im Ergebnis dieselbe Abhängigkeit wie bei der beherrschten GmbH entsteht.[212]

In jedem Fall muß ein qualifiziert faktischer Konzern dann vorliegen, wenn das herrschende Unternehmen die abhängige Aktiengesellschaft wie eine völlig unselbständige Betriebsabteilung behandeln kann.[213]

Nicht abschließend geklärt ist ferner, inwieweit bereits die Bildung eines qualifiziert faktischen Konzerns an bestimmte Formvorschriften gebunden oder gar unzulässig sein soll. In der Entscheidung Holzmüller[214] hat der BGH den Vorstand für verpflichtet erklärt, die Zustimmung der Hauptversammlung einzuholen, wenn er einen Betrieb, der den wertvollsten Teil des Gesellschaftsvermögens ausmacht, auf eine hierzu errichtete Tochtergesellschaft überträgt. Er dürfe vernünftigerweise nicht annehmen, daß er die Maßnahme in ausschließlich eigener Verantwortung ohne Beteiligung der Hauptversammlung treffen könne. Es fragt sich, ob die ungeschriebene Zustimmungskompetenz der Hauptversammlung sich nicht auch auf solche Fälle erstrecken muß, in denen die Untergesellschaften offensichtlich zum Zweck der Haftungssegmentierung errichtet werden, um Risiken von der Konzernobergesellschaft wegzunehmen. Letztlich bedürfen die Probleme der Haftungssegmentierung und Unterkapitalisierung einer Klärung durch den Gesetzgeber; die Rechtsprechung kann immer nur Randkorrekturen anbringen und offensichtliche Mißbräuche abstellen.

Fraglich ist, wieweit derartige Korrekturen durch die Rechtsprechung schon im geltenden Unternehmens- und Konzernrecht gehen können. Schon lange bejaht die Rechtsprechung eine persönliche Haftung von Gesellschaftern einer GmbH, wenn sie die Gesellschaft nicht getrennt von ihrem sonstigen Vermögen führen, wenn also der Haftungsfonds der GmbH nicht unterscheidbar vom persönlichen Vermögensfonds ist.[215] Werden die Gläubiger durch eine eindeutige Unterkapitalisierung der Gesellschaft geschädigt, so haftet der Gesellschafter nach der Rechtsprechung bisher nur unter den Voraussetzungen des § 826 BGB, d.h. bei vorsätzlicher sittenwidriger Schädigung.[216] Nun handelt es sich aber bei den Fällen, in denen der BGH einen qualifiziert faktischen Konzern annimmt, um nichts anderes als um Sonderfälle einer Unterkapitalisierung. In den Fällen Video und TBB erscheint die konzernrechtliche Begründung etwas gequält; in Wirklichkeit greift der BGH zu einer Durchgriffshaftung bei mißbräuchlicher Unterkapitalisierung.

Dieselbe Durchgriffshaftung gibt es auch in den angelsächsischen Ländern. Aus den USA ist ein Fall eines großen Taxiunternehmens bekannt geworden, das sich als Konzern in der Weise organisiert hatte, daß je zwei Taxis in einer gesonderten Gesellschaft zusammengefaßt waren. Als ein Taxifahrer einen Verkehrsunfall verursachte, war die betroffene Gesellschaft nicht in der Lage, den Schaden zu begleichen. Ferner stellte es sich heraus, daß sie ihre Taxis auch nicht ausreichend versichert hatte. Die Konzernobergesellschaft der Taxiunternehmen wurde mit der Begründung zum Schadensersatz verur-

[212] Vgl. Ebenroth, AG, 1990, 188, 190; Säcker, ZHR, 151 - 1987 -, 59, jetzt auch Kropff, AG, 1993, 485; anders noch Lutter, AG, 1990, 179, 183 und Karsten Schmidt, § 31 IV.4b

[213] Vgl. BGHZ 95, 330 - Autokran

[214] BGHZ 83, 122

[215] BGH WM 1985, 54

[216] BGH NJW 1979, 2104

teilt, daß in der künstlichen Verselbständigung kleiner Unternehmensteile ein Mißbrauch der Rechtsform der Aktiengesellschaft zu sehen sei.[217]

In Deutschland würde die Rechtsprechung versuchen, den Sachverhalt über das Institut des qualifiziert faktischen Konzerns zu erfassen. Das Ergebnis bleibt bei beiden Lösungswegen gleich. Im deutschen Recht wird der Sachverhalt vertikal als Unterordnungskonzern erfaßt, im us-amerikanischen Recht horizontal als Durchgriffsfall (vgl. Schaubild 7).

Betrachtet man beide Lösungen vom Ergebnis her, so erkennt man eine Risikozuweisung an den, der das Privileg der Gründung mehrerer Unternehmen für sich in Anspruch nimmt. Der Fehler des BGH liegt darin, daß er zur Begründung in Fällen wie Video und TBB auf eine Gesetzesanalogie zu § 302 AktG zurückgreift. Richtig wäre es, die Pflicht zum Verlustausgleich nach § 302 AktG als eine gesetzgeberische Risikozuweisung im Gegenzug zum Privileg der Gründung von Vertragskonzernen anzusehen. Das Rechtsinstitut des qualifiziert faktischen Konzerns ist in Wirklichkeit eine Rechtsanalogie zur Verlustausgleichspflicht im Aktienkonzern. Beide Institute rechtfertigen sich aus dem übergreifenden Gedanken der Risikozuweisung als Preis für in Anspruch genommene Freiheiten. Eine solche Rechtsanalogie ist nur in eng begrenzten Ausnahmefällen zulässig; die Eingrenzung über Beweislasten erscheint im Fall TBB gelungen.

Die richterliche Rechtsfortbildung im Institut des qualifiziert faktischen Konzerns erscheint auch unter dem Gesichtspunkt der ökonomischen Analyse des Rechts richtig. Sie weist volkswirtschaftliche Kosten demjenigen zu, der sie am besten minimieren kann. Kein anderer als der Geschäftsführer einer GmbH, insbesondere kein außenstehender Gläubiger, kann es genauer und kostengünstiger abschätzen, welche geschäftlichen Risiken durch die Ausübung seiner Leitungsmacht auf eine GmbH zukommen und von dieser bewältigt werden müssen. Deswegen ist es auch von ihm zu entscheiden, welche angemessene Kapitalausstattung für die GmbH notwendig ist. Er ist der „cheapest risk avoider".[218] Es ist allerdings sehr schwierig, diese Idee in einen funktionsfähigen Haftungstatbestand umzusetzen, da es kaum präzise wirtschaftliche Kriterien gibt, um den individuellen Eigenkapitalbedarf eines Unternehmens zu bestimmen.[219]

---

[217] Vgl. Mull v. Colt Co., 31 F.R.D. 154 (S.D.N.Y. 1962); dazu "Piercing the taxi medallion", 19. N.Y.U. Intra. L. Rev. 1 (1963)

[218] Vgl. Lehmann, GmbH-Rundschau 1992, 200, 204

[219] Vgl. Roth, Handels- und Gesellschaftsrecht, S. 216/217

Schaubild 7

Haftungsdurchgriff nach us-amerikanischem und deutschem Aktienrecht

Fall: Der Eigentümer (E) von 100 Taxis gründet 50 Kapitagesellschaften, denen je 2 Taxis gehören sollen. Eine Gesellschaft kann Ersatzansprüche von X nicht befriedigen. Kann X auf E "durchgreifen"?

US-Recht: Piercing the corporate veil

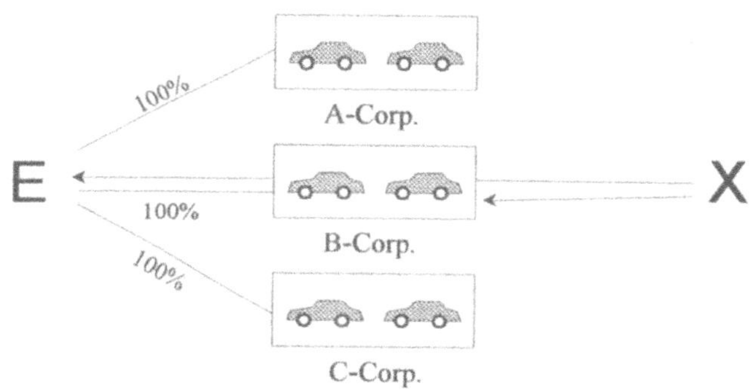

Deutsches Recht: Verlustausgleichspflicht des E als Konzernherrn

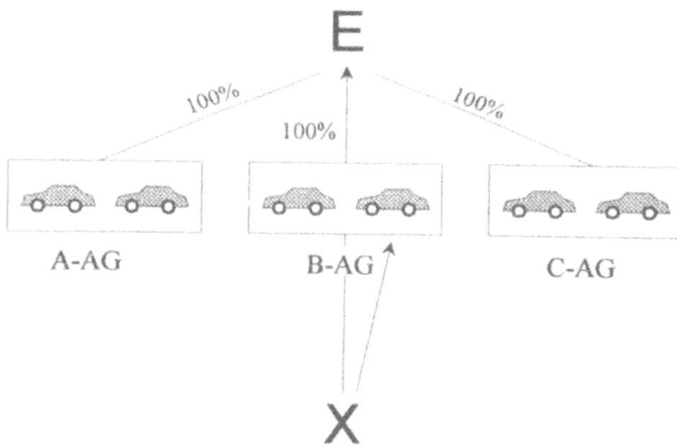

6. Konzernrecht für Personalgesellschaften

Die X-AG schließt mit der Y-GmbH & Co. KG einen Vertrag, wonach die X-AG die Geschäftsanteile der GmbH übernimmt und ihr dafür das Recht eingeräumt wird, zwei Geschäftsführer mit Alleinvertretungsmacht zu bestellen. Außerdem übernimmt die AG einen Kommanditanteil in der KG. Weiter wird vereinbart, daß der Betrieb der KG organisatorisch so in den Bereich der AG eingegliedert wird, als ob es sich im Innenverhältnis um ein Werk der AG handeln würde. Ein Arbeitnehmer der AG wird Betriebsleiter der KG; er soll nach dem Vertrag funktionell ausschließlich der KG verantwortlich sein. Die AG liefert der KG verdorbene Butter, so daß die Kochkäseproduktion der KG nicht mehr absetzbar ist. Sie zieht ihre Geschäftsführer aus der Komplementärs-GmbH der KG zurück und kündigt ihre Beteiligung als Kommanditistin. Außerdem kündigt sie Kredite, die sie der KG gewährt hat. Die Y-GmbH & Co. KG verlangt von der X-AG Schadensersatz wegen der Lieferung der verdorbenen Butter und Verlustausgleich, da es sich bei dem Vertrag um einen Beherrschungsvertrag gehandelt habe.

Der BGH verneinte zunächst, daß die X-AG der Schadensersatzforderung der Y-GmbH wegen Lieferung der verdorbenen Butter entgegenhalten könne, sie hafte nach § 708 BGB als Gesellschafterin nur für die Sorgfalt, die sie in eigenen Angelegenheiten aufzuwenden pflege. Die strengeren Haftungsvorschriften greifen schon deshalb ein, weil die AG mit dem Beherrschungsvertrag und der Eingliederung der Y-GmbH besondere, über das Gesellschaftsverhältnis hinausgehende Verpflichtungen übernommen hat und hierbei auch für das Verschulden ihrer Erfüllungshilfen nach § 278 voll einzustehen hat. Außerdem spricht der BGH den Verlustausgleich nach § 302 AktG analog zu, weil er die Eingliederung der GmbH in der Weise, daß sie im Innenverhältnis nur die Stellung einer unselbständigen Betriebsabteilung der AG hat, als Beherrschungsvertrag ansieht. Die analoge Anwendung von § 302 AktG rechtfertigt sich, weil auch dieser Vertrag wie der Beherrschungsvertrag über eine AG die Voraussetzungen dafür schafft, daß unkontrollierbar in die Vermögenssubstanz des abhängigen Unternehmens eingegriffen werden und dessen Existenz gefährdet werden kann. Die Y-GmbH & Co. KG kann von der X-AG Verlustausgleich verlangen.[220]

Es ist nichts dagegen einzuwenden, die Haftung für Verlustausgleich auch zugunsten einer beherrschten GmbH & Co. KG eingreifen zu lassen. Faktisch handelt es sich hier ohnehin um eine beherrschte Kapitalgesellschaft, lediglich der Form nach ist das Recht der KG anzuwenden. Dieses Recht ist jedenfalls nach der herrschenden Rechtsprechung so flexibel, daß die Beherrschung der KG über die Mehrheit in der Gesellschafterversammlung der Komplementärs-GmbH gesichert werden kann. Wenn die Rechtsprechung eine Beherrschung der KG durch eine Obergesellschaft in der Intensität zuläßt, von der § 302 AktG bei der beherrschten AG ausgeht, so muß sie auch äquivalente Rechtsfolgen bereitstellen, also den Verlustausgleich gewähren.

Fraglich ist, ob nicht auch die Herrschaftsverhältnisse in einer unabhängigen GmbH & Co. KG nach den Regeln des Konzernrechts erfaßbar sind. Hat z.B. eine sogenannte Besitz-KG Produktion und Vertrieb auf eine GmbH ausgegliedert, so muß sich dies nicht nur als horizontale Verschränkung von GmbH und KG darstellen, sondern kann auch vertikal als Konzernabhängigkeit angesehen werden. Ist eine Abhängigkeit nach § 17 AktG nachgewiesen, wobei bereits die Mehrheitsbeteiligung der Besitz-KG eine Vermu-

---

[220] BGHZ NJW 1980, 231 - Gervais/Danone

tung hierfür schafft, so haftet die KG der GmbH nach den Regeln des faktischen Konzerns (§ 311 f. AktG) analog. Beruht die Abhängigkeit allein oder zusätzlich auf vertraglichen Regelungen, so kommt auch die Anwendung der Regeln über den Vertragskonzern in Frage. Ist die Abhängigkeit der GmbH so stark, daß von einem qualifiziert faktischen Konzern gesprochen werden kann, so können auch §§ 302 und 303 AktG analog angewendet werden.

Personalgesellschaften werden nicht selten als Obergesellschaften für Konzerne verwendet, wenn Unternehmerfamilien die Mitbestimmung nach dem Gesetz von 1976 bei ihrer Konzernobergesellschaft vermeiden wollen. Die Holding kann in der Rechtsform einer BGB-Gesellschaft, einer OHG oder KG betrieben werden. Sofern sie nicht nur die Besitzanteile hält, sondern selbst unternehmerisch tätig ist, kann auch eine derartige Holding der Konzernhaftung unterliegen. Voraussetzung ist aber, daß die eng gefaßten Voraussetzungen der Rechtsprechung erfüllt sind.

Die Gesellschafter einer Personalgesellschaft müssen bei der Bildung eines Konzerns besonders geschützt werden. Soll die Personalgesellschaft Untergesellschaft im Konzern werden, sind ihre Vermögensinteressen gefährdet. Deshalb ist die Konzernbildung in der Regel nur bei einstimmigem Beschluß der Gesellschafterversammlung zulässig. Soll ausnahmsweise doch die Mehrheit genügen, dann müssen die später überstimmten Gesellschafter bei Abschluß des Gesellschaftsvertrages in Kenntnis der Tragweite mit der Preisgabe ihrer Rechtsposition einverstanden gewesen sein. Auch ein Vertrag, durch den die Personengesellschaft zur Konzernobergesellschaft wird, muß im Grundsatz einstimmig abgeschlossen werden, da sich die Minderheitsgesellschafter erheblichen Haftungsrisiken aussetzen.

7. Finanzierung

Das geltende Recht betrachtet die Finanzierung im Konzern als Problem der einzelnen Konzernunternehmen. Wirtschaftlich betrachtet werden die Finanzierungsstrategien aber konzerneinheitlich verfolgt, unabhängig davon, ob die Ziele mit mehr zentralen oder dezentralen Mitteln der Konzernsteuerung verfolgt werden. Voraussetzung für diese einheitliche Konzernfinanzierung ist eine finanzbezogene Berichterstattung. Diese wird zum einen durch Richtlinien des Konzerns sichergestellt. Zum andern kann die Konzernspitze aber auch auf den einheitlichen Konzernabschluß zurückgreifen. Er besteht nach § 297 Abs. 1 HGB aus Konzernbilanz, Konzern-, Gewinn- und Verlustrechnung und Konzernanhang. Nach § 297 Abs. 3 HGB ist die Vermögens-, Finanz- und Ertragslage der einbezogenen Unternehmen so darzustellen, als ob diese insgesamt ein einziges Unternehmen wären. Dies bedeutet, daß Kapital (§ 301 f. HGB), Schulden (§ 303 HGB) und Ergebnis (§ 304 f. HGB) zu konsolidieren sind. Konzerninterne Vorgänge sind zu neutralisieren. Hinzu kommt, daß die abhängige AG jährlich einen Abhängigkeitsbericht aufstellen muß, in dem sie über die Beziehungen zum herrschenden Unternehmen berichtet (§§ 312-316 AktG). Diese Regelungen sind unbefriedigend. Zum einen hängen die Personen, die an dem Berichts- und Prüfungsverfahren beteiligt sind, d.h. Vorstand, Abschlußprüfer und Aufsichtsrat, fast immer vom Vertrauen des herrschenden Unternehmens ab. Sie werden ihre Berichterstattung darauf einstellen. Zum andern arbeitet das HGB mit einem Konzernbegriff, der nicht mit dem des Aktiengesetzes übereinstimmt. Einen Konzern im Sinne des HGB bilden nur solche Unternehmen, zwischen denen ein Mutter-Tochter-Verhältnis nach § 290 HGB vorliegt und bei denen die Untergesellschaft in den Konzernabschluß des Mutterunternehmens im Rahmen der Vollkonsolidierung einzubeziehen ist, auch wenn die Aufstellung unterbleibt (§ 271 Abs. 2 HGB). Dies gilt auch für den Tatbestand, daß das Mutterunternehmen einen befreienden Konzernabschluß nach § 291 HGB oder nach einer nach § 292 HGB erlassenen Rechtsverordnung aufstellt oder aufstellen könnte. Kein Konzern im Sinn des HGB sind verbundene Unternehmen, bei denen nur eine Mehrheitsbeteiligung, eine mittelbare Beherrschungsmöglichkeit, eine einheitliche Leitung im Gleichordnungskonzern, eine Unterordnung im Konzern ohne Kapitalbeteiligung, eine wechselseitige Minderheitsbeteiligung oder ein Unternehmensvertrag mit Ausnahme eines Beherrschungsvertrages vorliegt.

Das Hauptproblem bei der Konzernfinanzierung ist aber, daß die Konzernspitze bei der Finanzierung viel höhere Risiken als ein unverbundenes Unternehmen eingehen kann. Hierbei ist zwischen der Innenfinanzierung, der konzerninternen und der konzernexternen Außenfinanzierung zu unterscheiden. Bei der konzerninternen Außenfinanzierung wird das eingesetzte Kapital der Konzernobergesellschaft im Konzernkreis mehrfach erfaßt. Hierbei kann sich das Kapitalvolumen vervielfachen, es entsteht ein Rentabilitäts-, aber auch ein Risikohebel. Wenn eine Konzernobergesellschaft über knappe Mehrheitsbeteiligungen bis zu den Enkel-Unternehmen "durchregiert", wird auf Kosten der Minderheitsgesellschafter in den Untergesellschaften ein "Verschachtelungsvorteil" der Obergesellschaft erzielt. Hierdurch entsteht ein erheblich höheres Kapitalstrukturrisiko als im autonomen Unternehmen, da weder die ausgewiesene Verschuldung der einzelnen Konzernunternehmen noch der konsolidierte Konzernverschuldungsgrad die verschuldungsbedingte Risikoposition des Konzerns, genauer der Obergesellschaft, hinreichend widerspiegeln.[221]

Der Konzern kann auch verdeckt über Verrechnungspreise finanziert werden. Z.B. können Preise für Waren und Dienstleistungen vom Markt abweichen, Kreditzinsen nicht dem Marktzins entsprechen, Sacheinlagen abweichend vom Verkehrswert bewertet werden und Mietzinsen oder Leasinggebühren zu nicht marktkonformen Konditionen vereinbart werden. Zum Teil ist es sehr schwierig, derartige Verrechnungspreise zu neutralisieren. Trotzdem sollte der Gesetzgeber Grundsätze ordnungsmäßiger Konzernfinanzierung, und zwar für jedes einzelne verbundene Unternehmen, für die konzerninterne und die externe Finanzierung, aufstellen. Durch konzerndimensionale Ausschüttungssperren müßte aus der Sicht des Gesamtkonzerns ein Mindestkapital gesichert werden. Es müßte also auch der Gewinn konsolidiert und den Interessen der Minderheitsgesellschafter in den Untergesellschaften durch Ausgleichszahlung Rechnung getragen werden.[222]

---

[221] Vgl. Schierenbeck, Pyramiden-Effekt, 1980, S. 253; Theisen, Der Konzern, 1992, S. 322

[222] Vgl. Theisen, Der Konzern, S. 349-351

Schaubild 8

Mehrfacherfassung des Kapitals im verschachtelten Konzern

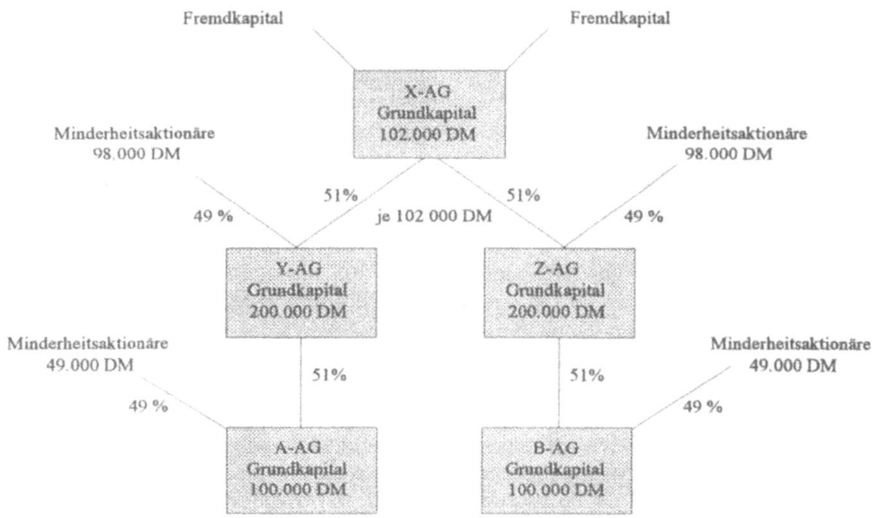

Umsatzmultiplikator
Rentabilität-/Risikohebel

8. Mitbestimmung

Noch gibt es kein Konzernverfassungsrecht. Der Konzern besitzt keine eigenen gesellschaftsrechtlichen Organe. Er muß sich der Organe der Konzernunternehmen, insbesondere des herrschenden Unternehmens, bedienen. Durch die Anrechnungsvorschrift des § 5 MitbG 1976 wird der sogenannte Unterordnungskonzern (§ 18 Abs. 1 AktG) erfaßt. Die Arbeitnehmer der konzernabhängigen Unternehmen gelten als Arbeitnehmer des herrschenden Unternehmens und sind deshalb berechtigt, dessen Aufsichtsrat mitzuwählen. Durch diese Anrechnung wird insbesondere auch die sogenannte Managementholding erfaßt, welche die eigentliche Produktion und damit auch die Einstellung von Arbeitnehmern ihren Tochtergesellschaften überläßt, selbst aber die strategischen Grundentscheidungen des Konzerns trifft. Sie muß aber in einer Rechtsform organisiert sein, die § 1 MitbG 1976 erfaßt. Fällt die Konzernspitze nicht unter das Mitbestimmungsgesetz, so trifft dessen § 5 Abs. 3 die Regelung, daß die Arbeitnehmer der Enkel-Gesellschaften dem Unternehmen zuzuordnen sind, das in der Konzernhierarchie der Spitze am nächsten steht. Damit werden auch Konzerne erfaßt, deren Spitze im Ausland sitzt, die aber eine Unterkonzernspitze im Inland eingerichtet haben. Nicht geklärt hat das Gesetz die Frage, ob die Arbeitnehmer der Enkel-Gesellschaften zusätzlich bei der Unterkonzernspitze wahlberechtigt sind, wenn auch die Obergesellschaft mitbestimmt ist. Da auch die Unterkonzernspitze herrschendes Unternehmen nach § 18 Abs. 1 AktG sein kann, müßte die Frage bejaht werden. Legt man hingegen § 5 Abs. 3 MitbG eng aus, so würde die Zurechnung nur für die dort genannten beiden Fälle gelten. Richtig ist es, vom Sinn und Zweck des Mitbestimmungsgesetzes auszugehen, das die Arbeitnehmer bei grundsätzlichen Fragen der Unternehmens- und Konzernpolitik beteiligen will. Hat auch die Unterkonzernspitze einen eigenen Entscheidungsspielraum, so steht ihnen auch dort ein Mitbestimmungsrecht zu.[223]

Schließlich regelt § 5 Abs. 1 Satz 2 und Abs. 2 MitbG die Einbeziehung der Arbeitnehmer einer KG, bei der eine AG oder GmbH Komplementär ist, in die Zahl der wahlberechtigten Arbeitnehmer der herrschenden AG oder GmbH.

Nach § 32 Abs. 1 MitbG werden die Beteiligungsrechte eines mitbestimmten Unternehmens an einem anderen mitbestimmten Unternehmen in wichtigen Fällen einerseits an die Zustimmung des Aufsichtsrats gebunden, andererseits genügt zur Beschlußfassung die Mehrheit der Anteilseignervertreter. Die Vorschrift ist verfehlt, da sie unterstellt, daß Beteiligungen an anderen Unternehmen nur im Interesse der Anteilseigner ausgeübt würden. Außerdem wird die alleinige Leitungsmacht des Vorstandes in der AG systemwidrig durchbrochen.

9. Übungsfälle

a) 1973 erwarb die Bundesrepublik Deutschland die Mehrheit an der Gelsenberg-AG und übertrug ihre Anteile anschließend auf die VEBA-AG, an der sie 43,7 % der Aktien hielt. Nachdem die VEBA-AG durch ein Umtauschangebot mehr als 95 % der Aktien bei der Gelsenberg-AG erworben hatte, schloß sie mit dieser einen Eingliederungsvertrag nach § 320 AktG ab. Den ausscheidenden Aktionären bot sie eine Abfindung im Verhältnis von zwei VEBA-Aktien für drei Gelsenberg-Aktien an. Kleinaktionär A erklärte gegen den Eingliederungsbeschluß der Hauptversammlung der Gelsenberg-AG Widerspruch zur Niederschrift. Sodann erhob er Anfechtungsklage nach § 243 Abs. 1 AktG. Der Eingliederungsbeschluß sei nichtig, da den ausgeschiedenen Kleinaktionären nicht auch eine Barabfindung angeboten worden sei.

Die Anfechtungsklage nach § 243 Abs. 1 AktG dringt durch, wenn das Gesetz verletzt wurde. Nach § 320 Abs. 5 Satz 3 muß eine Hauptgesellschaft, die selbst eine abhängige Gesellschaft ist, den ausgeschiedenen Aktionären nach deren Wahl eigene Aktien der Hauptgesellschaft oder eine angemessene Barabfindung gewähren. Nach § 220 Abs. 2 Nr. 2 muß die Bekanntmachung der Eingliederung als Gegenstand der Tagesordnung der Hauptversammlung der Gelsenberg-AG die Erklärung der VEBA-AG als zukünftiger Hauptgesellschaft enthalten, in der diese auch eine Barabfindung anbietet (§ 320 Abs. 2 Satz 1 Nr. 2 AktG). Voraussetzung ist, daß die VEBA-AG, an der der Bund 43,7 % der Aktien hält, eine abhängige Gesellschaft ist. Das Landgericht Essen[224] und der BGH[225] haben die Unternehmenseigenschaft der Bundesrepublik bejaht. Mit seiner Beteiligung an der VEBA-AG betätige sich der Bund unternehmerisch. Die Beteiligung verfolge nicht ausschließlich öffentliche Zwecke. Der Bund sei auch dem Wohl des Unternehmens verpflichtet. Damit sei er auch dem Konzernrecht unterworfen. Er sei als herrschendes Unternehmen der VEBA-AG zu behandeln. Diese hätte nach § 320 Abs. 2 Satz

[223] Vgl. OLG Düsseldorf, DB 1979, 699; OLG Zweibrücken, DB 1984, 107; LG Nürnberg-Fürth, Die AG 1984, 54; LG Frankfurt v. 19.12.1985 - unveröffentlicht -; dazu Kittner/Fuchs/Zachert/Köstler, Arbeitnehmervertreter im Aufsichtsrat, 4. Aufl. 1991, Band 1 Rz. 201

[224] NJW 1976, 1897

[225] NJW 1978, 104

1 Nr. 2 AktG neben der Abfindung in eigenen Aktien auch eine Barabfindung anbieten müssen. Der Beschluß der Hauptversammlung der Gelsenberg-AG sei nichtig. Die Anfechtungsklage des A dringt durch. Es ist hinzuzufügen, daß die VEBA-AG eine Publikumsgesellschaft ist, in der kaum jemals mehr als 80 % des Aktienkapitals auf der Hauptversammlung vertreten sind. Deshalb werteten die beiden Gerichte die Beteiligung des Bundes zu Recht als eine solche, die einen beherrschenden Einfluß nach § 17 Abs. 1 AktG begründet. Auch die Unternehmenseigenschaft des Bundes wurde zu Recht angenommen, da eine Privilegierung der öffentlichen Hand den Minderheitenschutz und die Gläubigerinteressen in den abhängigen Gesellschaften verletzen würde.

b) A ist Minderheitsgesellschafter in der Werbeagentur Heumann GmbH & Co. KG, wobei er 20 % am Stammkapital der Komplementärs-GmbH und 20 % der Kommanditanteile der KG hält. 80 % der Anteile sowohl der GmbH wie auch der KG hält die Ogilvy-AG. Diese gründet zwei weitere Werbeagenturen, mit denen sie der Heumann-GmbH & Co. KG Konkurrenz macht. A verlangt Schadensersatz nach § 113 HGB, weil die AG ein Wettbewerbsverbot verletzt habe.

Der Anspruch nach § 113 HGB greift durch, wenn ein OHG-Gesellschafter oder ein Komplementär einer KG (§§ 165, 161 Abs. 2, 112 Abs. 1 HGB) ohne Einwilligung der anderen Gesellschafter im Handelszweig der Gesellschaft Geschäfte macht. Die AG ist nicht selbst Komplementär sondern nur Mehrheitsgesellschafter der Komplementärs-GmbH. Sinngemäß ist § 112 HGB aber auch auf diese Gesellschafterstellung anzuwenden. Die AG beherrscht die GmbH & Co. KG als Mehrheitsgesellschafter. Für die KG entsteht eine besondere Gefährdungslage, wenn die AG außerhalb der Gesellschaft unternehmerisch tätig wird. Als Mehrheitsgesellschafterin der Komplementärs-GmbH kann die AG ihren Willen in der KG durchsetzen. Jedenfalls begründet ihre Gesellschafterstellung nach der Lebenserfahrung eine tatsächliche Vermutung dafür, daß sie von ihren Einflußmöglichkeiten auch Gebrauch macht. Diese Vermutung hat die AG nicht widerlegt, sie haftet daher der KG nach §§ 113, 112 HGB auf Schadensersatz. Den Anspruch kann A mit der actio pro socio für die Gesellschaft geltend machen.[226]

Zur Vertiefung: *K. Schmidt*, S. 784-810, 1006-1019; *Kübler*, S. 335-367; *Theisen*, Der Konzern, 1991; *Emmerich/Sonnenschein*, Konzernrecht, 5. Aufl. 1993; *G. Theis*, Neue Konzernstrategien und einheitliche Leitung im faktischen Konzern, Stuttgart 1992

[226] BGHZ 89, 162

XI. Rechnungslegung und Besteuerung

1. Buchführung und Jahresabschluß

Die Vorschriften zur Buchführung und zum Jahresabschluß sind im dritten Buch des HGB (§§ 238 f., Handelsbücher) für alle Kaufleute geregelt, wobei für die Kapitalgesellschaften ergänzende Vorschriften gelten (§§ 264 f. HGB). Bis zum Bilanzrichtliniengesetz vom 19.12.1985, in dem diese Systematik eingeführt wurde, waren die Vorschriften über die Handelsbücher in §§ 38 f. HGB untergebracht und spezielle Vorschriften vor allem im Aktiengesetz geregelt. Der Gesetzgeber zog es 1985 vor, eine einheitliche Regelung für alle Kaufleute im HGB unterzubringen; er machte sich hierbei den Umstand zunutze, daß durch die Ausgliederung des Aktienrechts in einem eigenen Gesetz Raum im HGB freigeworden war, den der Gesetzgeber nutzen konnte, indem er das Recht der stillen Gesellschaft von §§ 335-342 auf §§ 230-237 HGB nach vorn verlegte. Im Jahr 1990 wurden zusätzlich die §§ 340-340o HGB für Kreditinstitute eingefügt; dies geschah durch das Bankbilanzrichtlinie-Gesetz vom 30.11.1990.

Zunächst geht das Gesetz in § 238 HGB davon aus, daß der Kaufmann die Geschäftsvorfälle fortlaufend ordnungsgemäß aufzeichnen muß. Hinzu kommt eine Abrechnung über die wirtschaftliche Lage und den wirtschaftlichen Erfolg in regelmäßigen Abständen. Schließlich muß er die Kontrolle der Aufzeichnungen ermöglichen, indem er Unterlagen eine bestimmte Zeit lang aufbewahrt (§ 257 HGB).

In diesen Grundnormen spiegelt sich die jahrhundertelange Entwicklung der doppelten Buchführung wider, ohne die ein modernes Wirtschaften nicht mehr denkbar ist. Für jeden Geschäftsvorfall sind zwei Buchungen in verschiedenen Konten notwendig, so z.B. für die Auszahlung von Löhnen eine Buchung auf dem Lohnkonto (auf der Sollseite) und auf dem Kassenkonto (Habenseite). Auf den sogenannten Erfolgskonten erscheinen Aufwendungen im Soll und Erträge im Haben, auf den sogenannten Bestandskonten erscheinen Vermögenszuwächse im Soll und Vermögensabschlüsse oder Schuldenzuwächse im Haben. Die Technik der Kontenführung und die Nutzung von Datenträgern regelt § 239 Abs. 4 HGB.

Nach § 242 Abs. 1 HGB muß der Kaufmann zur Geschäftseröffnung und zum Schluß jedes Geschäftsjahres eine Bilanz aufstellen. Die Gliederung der Bilanz, die in § 266 HGB für die Kapitalgesellschaft vorgeschrieben wird, gilt faktisch auch für alle übrigen Unternehmen. Danach wird die Bilanz in Kontoform aufgestellt. Die linke Seite enthält die Aktiva, d.h. die Vermögenswerte. Zum Anlagevermögen gehören insbesondere die Grundstücke und Gebäude sowie die Maschinen. Zum Umlaufvermögen gehören die Vorräte, die Forderungen, die Wertpapiere, Bankguthaben und Kassenbestände. Die Passiva auf der rechten Seite der Bilanz umfassen das Eigenkapital einschließlich der Gewinnrücklagen, die Rückstellungen und Verbindlichkeiten sowie den Jahresüberschuß. Was aus dem Jahresüberschuß nicht in die Gewinnrücklagen eingestellt wird, wird am Ende als Bilanzgewinn ausgewiesen. Ein eventueller Bilanzverlust, der größer ist als das Eigenkapital, muß rechnerisch auf der Aktiva-Seite untergebracht werden, damit die Bilanz ausgeglichen ist (§ 268 Abs. 3 HGB).

Die Gewinn- und Verlustrechnung besteht nach § 242 Abs. 2 HGB in der Gegenüberstellung von Aufwendungen und Erträgen des Geschäftsjahres. Mit der Bilanz zusammen bildet sie den Jahresabschluß (§ 242 Abs. 3 HGB).

Die Gewinn- und Verlustrechnung muß bei Kapitalgesellschaften nach § 275 HGB in Staffelform erstellt werden. Diese Darstellung hat sich auch für die anderen Unternehmen eingebürgert. Sie kann sowohl nach dem Gesamtkostenverfahren als auch nach dem Umsatzkostenverfahren ausgewiesen werden (§ 275 Abs. 2 und 3 HGB). Bei der Darstellung der Aufwendungen und Erträge geht es um die Periodisierung von Ausgaben und Einnahmen nach wirtschaftlichen Gesichtspunkten, so werden z.B. Aufwendungen anteilig auf die mutmaßliche Nutzungsdauer eines Guts verteilt (Abschreibungen) und zukünftige Zahlungen schon im voraus durch Rückstellungen berücksichtigt (z.B. Pensionszahlungen).

Für die Bilanz gilt der Grundsatz der Bilanzkontinuität (§ 252 Abs. 1 Nr. 1 HGB). Ein und dieselbe Bilanz setzt den Schlußpunkt für das gesamte abgelaufene Geschäftsjahr. Dieser ist gleichzeitig der Ausgangspunkt für das nächste Geschäftsjahr. Demgegenüber schlagen sich in der Gewinn- und Verlustrechnung Wertveränderungen nieder, welche sich auf die in der Bilanz verzeichneten Aktiv- und Passivpositionen beziehen. Der Saldo am Ende der Gewinn- und Verlustrechnung wird als Gewinn oder Verlust in die Bilanz übertragen.

Der Jahresabschluß soll ferner dem Grundsatz der Bilanzwahrheit entsprechen. Inwieweit eine Bilanz sich diesem Idealbild annähert, hängt von den Bewertungen ab, die bei den verschiedenen Gütern vorgenommen werden. Diese Werte schwanken stark. Sie hängen z.B. auch davon ab, ob das Unternehmen fortgeführt oder liquidiert werden soll. Das Gesetz verlangt eine vorsichtige Bewertung (§ 252 Abs. 1 Nr. 4 HGB). Abschreibungen sind nach dem niedrigsten Wert anzusetzen, der sich aus einem Börsen- oder Marktpreis am Abschlußstichtag ergibt (§ 252 Abs. 3 Satz 1 HGB). Wertsteigerungen über die Anschaffungskosten hinaus (z.B. bei Grundstücken) sowie immaterielle Vermögensgegenstände des Anlagevermögens, die nicht entgeltlich erworben wurden (§ 248 Abs. 2 HGB), dürfen nicht aktiviert werden. Deshalb kann das Unternehmen auch ohne eigenes Zutun stille Reserven bilden. Für die Kapitalgesellschaft gilt allerdings nach § 264 Abs. 2 HGB, daß der Jahresabschluß ein den tatsächlichen Verhältnissen entsprechendes Bild der Vermögens-, Finanz- und Ertragslage vermitteln muß. Für sie gibt es auch ein Wertaufholungsgebot (§ 280 HGB) und auch sonst eine Verschärfung der Bewertungsgrundsätze, welche für die übrigen Unternehmen gelten (§ 279 HGB).

Sondervorschriften für die Kapitalgesellschaften erfordern einen Anhang; außerdem ist stets ein Lagebericht nach § 264 HGB erforderlich. Im Anhang sind bestimmte Erläuterungen zum Jahresabschluß und weitere Informationen zu geben (§§ 284 f. HGB); im Lagebericht sind der Geschäftsverlauf und die Lage des Unternehmens unter Einbeziehung von Zukunftsprognosen allgemein verständlich zu schildern (§ 289 HGB).

Stehen in einem Konzern die Unternehmen unter der einheitlichen Leitung einer Kapitalgesellschaft (Mutterunternehmen) und ist auch sonst der Konzernbegriff des HGB erfüllt (vgl. oben X.7.), so muß für den gesamten Konzern ein konsolidierter Abschluß und dazu ein Lagebericht erstellt werden (§ 290 HGB). Diese Konzernabschlüsse und Konzernlageberichte müssen auch alle Tochtergesellschaften umfassen; es gilt das Weltabschlußprinzip ohne Rücksicht auf den Sitz der Gesellschaft (§ 294 HGB). Der Abschluß einer in der EU tätigen Konzernobergesellschaft befreit die Unterkonzernspitze nach § 291 HGB, wenn die Voraussetzungen erfüllt sind, welche die europäische Union für Abschlüsse von internationalen Konzernen aufstellt.

Jede Bilanz und jede Gewinn- und Verlustrechnung bedürfen einer sorgfältigen Analyse. Hierbei spielt nicht nur die unmittelbare Liquidität (Kassenbestand, liquide Bankguthaben, sonstige sichere und fällige Forderungen), sondern auch die Zusammensetzung des Fremdkapitals und sein Verhältnis zum Eigenkapital eine Rolle. Bei Großunternehmen ist wichtig, daß Jahresabschlüsse öffentlich diskutiert werden können.

2. Publizität

Die Publizität der Kapitalgesellschaften dient nicht nur dem Schutz der Gläubiger und der Gesellschafter, sondern auch dem der Arbeitnehmer und der interessierten Öffentlichkeit. Die Publizität hat zwei Rechtsgrundlagen, das HGB und das Publizitätsgesetz von 1969, das heute noch für Unternehmen in der Rechtsform eines Einzelkaufmanns, einer Personenhandelsgesellschaft und für bestimmte andere Unternehmen weitergilt.

Bei den Kapitalgesellschaften stellt das HGB auf drei verschiedene Größenklassen ab, kleine, mittelgroße und große Kapitalgesellschaften. Diese Unterscheidung ist wichtig, wenn es darum geht, wie detailliert die Bilanz, die Gewinn- und Verlustrechnung und der Anhang darzustellen sind und welche Vorschriften für die Prüfung und Veröffentlichung des Jahresabschlusses gelten.

Kleine Kapitalgesellschaften sind nach § 267 HGB solche, die mindestens zwei der drei nachfolgenden Merkmale nicht überschreiten:

- 3,9 Mio. DM Bilanzsumme (nach Abzug eines auf der Aktivseite ausgewiesenen Fehlbetrags)
- 8 Mio. DM Umsatzerlöse (im Jahr vor dem Abschlußstichtag) und
- 50 Arbeitnehmer im Jahresdurchschnitt.

Mittelgroße Kapitalgesellschaften sind solche, die mindestens zwei der drei für kleine Kapitalgesellschaften geltenden Merkmale überschreiten und jeweils mindestens zwei der drei nachstehenden Merkmale nicht überschreiten:

- 15,5 Mio. DM Bilanzsumme
- 32 Mio DM Umsatzerlöse und
- 250 Arbeitnehmer im Jahresdurchschnitt.

Große Kapitalgesellschaften überschreiten mindestens zwei der drei für mittelgroße Kapitalgesellschaften bezeichneten Merkmale. Nach § 267 Abs. 3 Satz 2 HGB gelten börsennotierte Kapitalgesellschaften stets als große Kapitalgesellschaften. Nach § 340a HGB gelten für Kreditinstitute, auch wenn sie nicht in der Rechtsform einer Kapitalgesellschaft betrieben werden oder die Größenkriterien des § 267 HGB erfüllen, in weitem Umfang die Vorschriften über große Kapitalgesellschaften.

Kleine Kapitalgesellschaften reichen eine inhaltlich verkürzte Bilanz (vgl. § 266 Abs. 1 Satz 3 HGB) sowie die Erläuterungen und die Angaben über die Verwendung des Ergebnisses (Gewinnverwendung) zum Handelsregister ein (§§ 325, 326 HGB); nicht erforderlich ist die Einreichung der Gewinn- und Verlustrechnung und eine weitergehende Veröffentlichung.

Mittelgroße Kapitalgesellschaften reichen eine etwas weniger gekürzte Bilanz ein; hinzu kommt die Gewinn- und Verlustrechnung, die aber nur das Rohergebnis ausweisen muß (§ 276 HGB), ferner der Anhang und der Lagebericht (§ 327 HGB).

Große Kapitalgesellschaften müssen den vollständigen Jahresabschluß und den Lagebericht erst im Bundesanzeiger veröffentlichen und dann zum Handelsregister einreichen. Hierzu gehört mit Einschränkungen auch der Vorschlag und der Beschluß über die Ergebnisverwendung (§ 325 Abs. 1 und 2 HGB).

Nach §§ 1, 9 Publizitätsgesetz sind die dort erfaßten Großunternehmen den großen Kapitalgesellschaften gleichgestellt, müssen aber nicht die Daten der Gewinn- und Verlustrechnung und der Ergebnisverwendung offenlegen, sondern nur bestimmte Angaben daraus.

Jeder Gesellschafter der Kapitalgesellschaft kann in den Jahresabschluß, Lagebericht und andere Unterlagen nach §§ 175 Abs. 2 AktG und 46 Nr. 1 GmbH-Gesetz Einblick nehmen. Neben den Gesellschaftern können auch die Gläubiger oder der Gesamtbetriebsrat nach § 335 HGB verlangen, daß die Einhaltung der Publizitätspflichten durch das Registergericht mit einem Zwangsgeld durchgesetzt wird. Wird die Publizitätspflicht drei Jahre lang nicht beachtet, so kann eine Gesellschaft nach § 2 Abs. 1 Satz 2 des Löschungsgesetzes im Handelsregister gelöscht und damit aufgelöst werden; die Offenlegung des Jahresabschlusses kann aber noch 6 Monate nach Mitteilung der gerichtlichen Löschungsabsicht nachgeholt werden (§ 2 Abs. 1 Satz 2 Löschungsgesetz).

Gegen die Publizitätspflichten wird vielfach verstoßen. Eine Kontrolle findet kaum statt. Hierbei übersehen die Unternehmen vielfach, daß die Publizität ihre Kreditwürdigkeit erhöhen kann. Im übrigen werden die Interna von mittleren und größeren Unternehmen ohnehin in den Wirtschaftsteilen der Tageszeitungen ausgebreitet.

Zum Teil werden über die finanziellen und wirtschaftlichen Daten hinaus Sozialberichte über Belegschaftsstärke, Verdienstspannen, Aus- und Weiterbildung, Altersversorgung und ähnliches veröffentlicht. Es gibt aber keine gesetzliche Pflicht zur Erstellung derartiger Sozialbilanzen.

3. Grundzüge der Besteuerung des Unternehmens

Nicht nur die Wahl der Rechtsform sondern auch andere Entscheidungen des Unternehmens werden durch das Steuerrecht beeinflußt. Vor allem bei der Wahl der Rechtsform sind oft steuerliche Gründe maßgeblich, man denke nur an die Schaffung der GmbH & Co. KG, mit der die damalige Doppelbesteuerung vermieden werden sollte. Auch das Institut der Organschaft, mit der Gewinne und Verluste zwischen Konzernunternehmen saldiert werden können, hat sich am Recht vorbei entwickelt und wurde nach und nach von den Behörden und vom Gesetzgeber anerkannt. Das Steuerrecht ist auch maßgeblich für die Ausgestaltung von Gesellschaftsformen, man denke nur an die Publikums-KG. Bei ihr kommt es darauf an, daß der Gesellschafter Mitunternehmer ist, deshalb wird die Rechtsform der KG und nicht der GmbH oder AG gewählt, bei denen das Prinzip der Fremdorganschaft maßgeblich ist.

Im folgenden kann nur auf die Grundzüge der Unternehmensbesteuerung eingegangen werden. Sie ist nach Rechtsformen unterschiedlich. Eine einheitliche Unternehmensbesteuerung scheitert in der Praxis daran, daß bei Publikumsgesellschaften die vielen Gesellschafter nicht zur Abgabe einer Steuererklärung über die Tätigkeiten des weitverzweigten Unternehmens gezwungen werden können. Knüpft man hingegen die Einkommensteuer am Unternehmen an, so bleiben die unterschiedlichen finanziellen Verhältnisse der Gesellschafter unberücksichtigt. Die rechtsformunabhängige Ertragsbesteuerung des Unternehmens ist schwer zu verwirklichen. Wenn man eine Progression in den Steuersatz einbaut, kommt man für die Publikumskapitalgesellschaften zu unangemessenen Ergebnissen. Baut man keine Progression ein, ergeben sich ungerechtfertigte Verwerfungen zur Besteuerung nicht gewerblich tätiger natürlicher Personen. Deshalb wird es auf absehbare Zeit bei der rechtsformspezifischen Steuer bleiben, insbesondere auch deshalb, weil die Doppelbesteuerung des Einkommens in der Kapitalgesellschaft durch die Reform der Körperschaftssteuer im Jahr 1977 im Ergebnis beseitigt wurde.

Im folgenden soll auf die Einkommen- und Körperschaftsteuer, die Gewerbesteuer und die Vermögenssteuer eingegangen werden; sie werden zu den Steuern auf das Einkommen gezählt, obwohl die Vermögensteuer streng genommen nicht dazu gehört, da sie an der Substanz des Vermögens ansetzt. Hiervon zu unterscheiden sind die Steuern auf die Einkommensverwendung, wie z.B. die Umsatzsteuer, die Grunderwerbsteuer und die Verbrauchsteuern. Auf sie wird im folgenden nicht weiter eingegangen.

Die Steuern auf das Einkommen knüpfen an der Rechnungslegung und am Gewinn an. Maßgeblich ist zuerst die Handelsbilanz (vgl. § 5 Abs. 1 EStG). Enthält die Handelsbilanz Ansätze oder Beträge, die den besonderen steuerlichen Vorschriften nicht entsprechen, wird sie nach § 60 Abs. 2 der Einkommensteuer-Durchführungsverordnung korrigiert. Der Steuerpflichtige kann die Handelsbilanz durch Zusätze und Anmerkungen den Anforderungen des Steuerrechts anpassen, er kann aber auch eine einheitliche Steuerbilanz vorlegen, die den Vorschriften des Steuerrechts entspricht. Stille Reserven (vgl. oben) muß er nur angeben, wenn sie auch realisiert wurden. Deshalb ist die Umwandlung von Unternehmen nach den Grundsätzen der Gesamtrechtsnachfolge so wichtig; eine Übertragung durch einzelne Übertragungsakte nach dem Spezialitätsgrundsatz des Sachenrechts müßte zur Aufdeckung der stillen Reserven führen, weil die Gewinne realisiert werden.

Steuersubjekt ist bei der Einkommensteuer die natürliche Person, bei der Körperschaftsteuer die inländische Körperschaft, Personenvereinigung und Vermögensmasse (§ 1 Abs. 1 KStG), bei der Gewerbesteuer der Unternehmer (natürliche oder juristische Person) und bei der Vermögensteuer wiederum die natürliche und juristische Person, Personenvereinigung oder Vermögensmasse.

Die Kapitalgesellschaft war ursprünglich gegenüber den Personalgesellschaften durch die steuerliche Doppelbelastung benachteiligt, die sowohl beim Einkommen als auch beim Vermögen zu einer Besteuerung der Gesellschaft und der Gesellschafter führte. 1977 fiel durch ein Anrechnungsverfahren die steuerliche Doppelbelastung beim Einkommen fort (vgl. unten), während sie beim Vermögen erhalten blieb.

Früher bestehende Kapitalverkehrsteuern, die Gesellschaftsteuer und die Börsenumsatzsteuer, sind inzwischen weggefallen.

4. Einkommen- und Körperschaftsteuer

Nach § 15 Abs. 1 Einkommensteuergesetz (EStG) müssen Einzelkaufleute, Gesellschafter einer OHG, einer KG und einer anderen Gesellschaft, bei der der Gesellschafter als Unternehmer (Mitunternehmer) anzusehen ist, die Gewinne aus unternehmerischer Tätigkeit als Einkünfte aus Gewerbebetrieb versteuern. Dazu zählen auch die Vergütungen, die der Gesellschafter von der Gesellschaft für seine Tätigkeit im Dienst der Gesellschaft, für die Hingabe von Darlehen oder für die Überlastung von Wirtschaftsgütern bezogen hat. Für die Klassifizierung als Gewerbebetrieb ist die gemeinsame Betätigung der Gesellschafter mit der Absicht der Gewinnerzielung maßgeblich. Die Besteuerung setzt schon ein, wenn die Gewinne festgestellt sind, sie müssen nicht von der Gesellschaft an die Gesellschafter ausgeschüttet worden sein. Verluste aus ihrer gewerblichen Tätigkeit können die Gesellschafter von Personengesellschaften mit Einkünften aus anderen Quellen saldieren.

Der Steuersatz ist progressiv gestaffelt. Mit der Steuerreform von 1990 wurde die Spitzenbelastung von 56 % auf 53 % abgesenkt. Mit dem Standortsicherungsgesetz von 1993 (BGBl. I 1569) wurde der Spitzensatz für gewerbliche Einkünfte auf 47 % beschränkt (§ 32c EStG). Da die gewerblichen Einkünfte nur eine von sieben Einkunftsarten darstellen, ist die Berechnung dieser Sonderentlastung, die einen Systembruch mit dem bisherigen Einkommensteuerrecht darstellt, kompliziert. Das Ergebnis läßt sich vereinfacht so darstellen: Für die gewerblichen Einkünfte eines Ledigen über ca. DM 100.000,-- bleibt der Einkommensteuersatz auf 47 % stehen, währen er für alle übrigen Einkünfte auf den Spitzensteuersatz von 53 % ansteigt. Da DM 100.000,-- Gewinn aus Gewerbebetrieb unter dem Gesichtspunkt der Leistungsfähigkeit ebensoviel wert wie DM 100.000,-- Gewinn aus selbständiger Arbeit sind, verstößt diese Privilegierung gegen das Leistungsfähigkeitsprinzip. Auch die Standortsicherung, die der Gesetzgeber zur Privilegierung der Einkünfte aus Gewerbebetrieb heranzieht, liefert keine Begründung dafür, warum Unternehmer mit hohen Gewinnen gegenüber Unternehmern mit niedrigen Gewinnen oder mit Verlusten begünstigt werden sollen. Im übrigen dürfte für die meisten der Begünstigten eine Abwanderung ins Ausland nicht in Frage kommen. Es spricht daher vieles dafür, daß die Privilegierung in § 32c EStG für Einkünfte aus Gewerbebetrieb gegen den Gleichbehandlungsgrundsatz des Art. 3 Abs. 1 GG verstößt und verfassungswidrig ist.[227]

Die Kapitalgesellschaften unterliegen nach § 1 Abs. 1 Nr. 1 KStG der Körperschaftsteuer. Sie setzt am Bilanzgewinn bzw. Reingewinn an. Einheitlicher Steuersatz ist ab 1994 für einbehaltene (thesaurierte) Gewinne der Satz von 45 %, für ausgeschüttete Gewinne ein Satz von 30 % (§ 54 Abs. 10a KStG). Wirtschaftlich gesehen stellt die Körperschaftsteuer nichts weiter als eine vorab bezahlte Einkommensteuer dar. Wenn der durchschnittliche Einkommensteuersatz der natürlichen Personen über 30 % liegt, handelt es sich wirtschaftlich um eine Steuerstundung. Vor dem Standortsicherungsgesetz von 1993 hatte die Belastung von ausgeschütteten Gewinnen noch bei 36 % gelegen. Für Ausländer ist die Ausschüttungsbelastung definitiv, die Senkung auf 30 % ist also ein Anreiz, in Deutschland zu investieren.

---

[227] Vgl. Gorski, Von der Begünstigung der Unternehmer bei der Einkommensteuer - Anmerkungen zum Standortsicherungsgesetz -, DStZ 1993, 613-620

Die Anrechnung der bezahlten Körperschaftsteuer auf die Einkommensteuer läßt sich durch folgende Rechnung darstellen:

Ausschüttende Körperschaft - Gewinn vor Steuern	DM 100.000,--
Belastung mit Körperschaftsteuer	-DM 30.000,--
Dividende	DM 70.000,--
Kapitalertragsteuer (25 % der Dividende)	-DM 17.500,--
Barausschüttung	DM 52.500,--

Aus der Sicht des Anteilseigners:

Steuerpflichtige Dividende (§ 20 Abs. 1 Nr. 1 EStG)	DM 70.000,--
+ anrechenbare Körperschaftsteuer- 3/7 der Dividende	DM 30.000,--
zu versteuern	DM 100.000,--

Einkommensteuer (angenommen 45 %)	DM 45.000,--
- anzurechnende Körperschaftsteuer	-DM 30.000,--
- anzurechnende Kapitalertragssteuer	-DM 17.500,--
Einkommensteuer-Erstattung	-DM 2.500,--

Im Ergebnis wird der Effekt der steuerlichen Stundung also dadurch vermieden, daß auf die Dividende selbst noch eine Kapitalertragssteuer in Höhe von 25 % erhoben wird. So kommt es in vielen Fällen doch noch zu einer Einkommensteuererstattung.

Vorteilhaft für die Kapitalgesellschaft wirkt sich auch aus, daß sie Geschäftsführergehälter oder Vorstandsbezüge, Darlehens- und Mietzinsen von der Körperschaftsteuer absetzen kann und mit steuerlicher Wirkung Pensionsrückstellungen bilden kann.

Ab 1.1.1995 wird ein Solidaritätszuschlag von 7,5 % auf die Einkommen- bzw. Körperschaftsteuerschuld eingeführt, der im Unterschied zum Solidaritätszuschlag von 1990/91 eine „Null-Zone" für Kleinverdiener enthält, deren Einkommen sich in der Nähe des Existenzminimums bewegt.

5. Gewerbesteuer

Die Gewerbesteuer, die den Gemeinden zusteht, setzt am stehenden Gewerbebetrieb (§ 2 Gewerbesteuergesetz) an und erfaßt alle Unternehmer (vgl. oben). Die Tätigkeit von Kapitalgesellschaften und Genossenschaften gilt stets als Gewerbebetrieb (§ 2 Abs. 3 Gerwerbesteuergesetz). Die Bemessung ist kompliziert: Faktoren sind nicht nur der Gewerbeertrag, sondern auch das Gewerbekapital. Durch diese doppelte Anknüpfung soll das Steueraufkommen der Gemeinden gegen konjunkturelle Schwankungen abgesichert werden. Andererseits wird eine in der Rezession wünschenswerte steuerliche Entlastung der Unternehmer verhindert. In den neuen Bundesländern ist die Gewerbekapitalsteuer bis Ende 1995 ausgesetzt (vgl. § 37 GewStG).

Zum Gewinn als Grundlage des Gewerbeertrages fügt das Gewerbesteuergesetz bestimmte Posten hinzu (§ 8) und setzt andere Posten ab (§ 9). Als Gewerbekapital gilt der Einheitswert des gewerblichen Betriebs, vermehrt und vermindert um die Hinzurechnungen und Kürzungen nach §§ 12 Abs. 2 und Abs. 3 Gewerbesteuergesetz. Durch die Anwendung der Steuermeßzahl auf den Gewerbeertrag und das Gewerbekapital erhält man den Steuermeßbetrag, aus dem die Gemeinden mit ihrem Hebesatz die Steuer ermitteln. Die Steuermeßzahl beträgt, von Ausnahmen abgesehen, für die Gewerbeertragssteuer 5 %, für die Gewerbekapitalsteuer 2 Promille. Personengesellschaften werden gegenüber den Kapitalgesellschaften bei der Gewerbeertragssteuer bevorzugt; der Steuersatz unterliegt bei ihnen einer Progression; nach Abzug eines Freibetrags von DM 48.000,-- (§ 11 Abs. 1 Satz 2) erreicht er erst mit DM 96.000,-- den Satz von 5 %, der für die Kapitalgesellschaften einheitlich gilt. Damit soll ein Ausgleich dafür geschaffen werden, daß Gehälter, Darlehens- und Mietzinsen sowie Pensionsrückstellungen für Gesellschafter-Geschäftsführer nicht von der Einkommensteuer der Gesellschafter einer Personengesellschaft absetzbar sind.

6. Vermögensteuer

Die Vermögensteuer ist eine Substanzsteuer. Sie wird unabhängig davon erhoben, ob der Besteuerungsgegenstand einen Ertrag abwirft. Steuersubjekte sind alle natürlichen Personen, ferner Personenvereinigungen und Vermögensmassen. Das Vermögen einer Kapitalgesellschaft wird doppelt besteuert: Einmal das Vermögen der Gesellschaft als solches, einmal der Wert des Kapitalanteils des Gesellschafters. Der Steuersatz, der bisher für natürliche Personen 0,5 % und für Körperschaften 0,6 % beträgt (§ 10 Abs. 1 VStG), soll ab 1.1.1995 für natürliche Personen 1 % betragen. Für Betriebsvermögen und Anteile an Kapitalgesellschaften ermäßigt er sich auf 0,5 %. Hinzu kommen Freibeträge und Begünstigungen bei der Ermittlung des Betriebsvermögens. Die effektive Belastung der Gesellschafter von Personengesellschaften ist niedriger als die von Kapitalgesellschaften, da sie nicht nur den niedrigeren Steuersatz, sondern auch den Vorteil haben, nicht der Doppelbesteuerung zu unterliegen. In den neuen Bundesländern ist die Vermögensteuer bis Ende 1995 ausgesetzt (§ 24c VStG).

7. Gesamteinschätzung

In der Gesamtbetrachtung ergibt sich für die Wahl der Gesellschaftsform ein widersprüchliches Bild. Vor- und Nachteile halten sich bei Personen- und Kapitalgesellschaften in etwa die Waage. Durch die Senkung des Spitzensteuersatzes für gewerbliche Einkünfte bei der Einkommensteuer auf 47 % haben sich aber die Vorteile der Kapitalgesellschaft verringert. Hatte der Abstand zwischen dem Satz für thesaurierte Gewinne bisher 3 Prozentpunkte betragen (50 % bei der Kapitalgesellschaft, 53 % in der Spitze bei der Personengesellschaft), beträgt er jetzt nur noch 2 Punkte (45 % bei der Kapitalgesellschaft, 47 % bei den gewerblichen Einkünften von Personengesellschaften). Es ist möglich, daß KG und OHG als Gesellschaftsformen gegenüber der GmbH attraktiver werden.[228] Zumindest ist es notwendig, Rechtsformentscheidungen kritisch zu überdenken, die vor 1993 vorwiegend unter steuerlichen Gesichtspunkten getroffen wurden.

Zur Vertiefung: Beck'scher Bilanz-Kommentar (*Budde/Klemm/Pankow/Sarx*), 2. Aufl., München 1990; *Coenenberg*, A.G., Jahresabschluß und Jahresabschlußanalyse, 13. Aufl., Landsberg a.L. 1991; *Raiser*, Recht der Kapitalgesellschaften, S. 203-214.

---

[228] Vgl. sehr pointiert Flick, DB 1994, 64

XII. Mitbestimmung

1. Mitbestimmung in den Systemen der Arbeits- und Unternehmensverfassung

In der bisherigen Darstellung taucht die Unternehmensmitbestimmung jeweils als Randphänomen von Aktiengesellschaft und GmbH auf. Diese Betrachtungsweise wird ihrer Bedeutung nicht gerecht. Die Mitbestimmung hat sich seit der Novemberrevolution von 1918 über die Betriebsräte und die Arbeitnehmervertreter im Aufsichtsrat aus dem Arbeitsrecht in die Unternehmensverfassung hinein entwickelt. Sie ist heute Teil der Arbeitsverfassung und der Unternehmensverfassung. Ihre Bedeutung erschließt sich, wenn auch die Rolle der Gewerkschaften betrachtet wird.

Die Arbeitsverfassung der Bundesrepublik Deutschland ruht heute auf zwei Fundamenten, dem Tarifsystem und der Mitbestimmung. Die Mitbestimmung wiederum wird aufgeteilt in die betriebliche und die Unternehmensmitbestimmung. Die beiden Fundamente, das Tarifvertrags- und das Mitbestimmungssystem, sind miteinander verknüpft, da Gewerkschaftsvertreter im Aufsichtsrat von mitbestimmungspflichtigen Gesellschaften vertreten sind und umgekehrt Betriebsräte in den gewerkschaftlichen Tarifkommissionen für Flächentarifverträge mitarbeiten.[229] Die Repräsentation der Gewerkschaftsvertreter im Aufsichtsrat ist an einen Wahlgang der Belegschaften gebunden, die zwischen mehreren Gewerkschaftsvorschlägen auswählen können. Das ursprüngliche Montanmitbestimmungsgesetz von 1951 (vgl. unten) hatte noch ein Entsendungsrecht der Gewerkschaften für den außerbetrieblichen Teil der Arbeitnehmervertreter im Aufsichtsrat enthalten, das inzwischen weggefallen ist. In den klassischen Industrien wie dem Bergbau, der Automobilindustrie, der chemischen Industrie, dem Maschinenbau, der Nahrungs- und Genußmittelindustrie, auch in der Energiewirtschaft sind die Betriebsräte ganz überwiegend Mitglieder einer DGB-Gewerkschaft. Sie werden zum Teil durch gewerkschaftliche oder betriebliche Vertrauensleute unterstützt und kontrolliert. Da die Gewerkschaften nach dem Industriegewerkschaftsprinzip als Einheitsgewerkschaften aufgebaut sind (ein Betrieb eine Gewerkschaft), kommt es innerhalb der Unternehmen kaum zu Überschneidungen in der Gewerkschaftsarbeit. Bei komplexen Konzernverbindungen kann dies anders sein, aber auch dann ist noch zu berücksichtigen, daß die Gewerkschaften im Deutschen Gewerkschaftsbund, einer einheitlichen Dachorganisation, verknüpft sind. Da im Rahmen der Unternehmensmitbestimmung sowohl betriebliche Arbeitnehmervertreter als auch Gewerkschaftsvertreter auf der Arbeitnehmerbank des Aufsichtsrats vertreten sind und die betrieblichen Arbeitnehmervertreter überwiegend als Betriebsräte nicht nur betriebliche Mitbestimmungsarbeit leisten, sondern auch in den gewerkschaftlichen Tarifkommissionen vertreten sind, besteht eine Verflechtung zwischen Tarifsystem und Mitbestimmungssystem.

Dieses System der zwei Fundamente wird als sehr stabil angesehen. Es wird behauptet, daß es auch in Krisensituationen dafür sorge, daß die Arbeitsbeziehungen, ohne die Interessen der Arbeitgeber- oder Arbeitnehmerseite allzusehr zu beeinträchtigen, an Änderungen der ökonomischen, politischen und gesellschaftlichen Rahmenbedingungen angepaßt werden können. Jedenfalls legen jüngste Erfahrungen diesen Schluß nahe.

---

[229] Vgl. Nagel, Paritätische Mitbestimmung und Grundgesetz, Anhang 2: Gewerkschaftsvertreter im Aufsichtsrat, S. 264 f., 278/279

Aus der Sicht der Unternehmensverfassung ist der Aufsichtsrat die Schnittstelle zur Betriebsverfassung, aber auch zum Tarifsystem, da dieselben Menschen in ihrer Funktion als Betriebsräte, Gewerkschaftsfunktionäre und Aufsichtsratsmitglieder in den Unternehmensorganen tätig sind. Zwar sind die Rechtsgebiete noch strikt getrennt: Die betriebliche Mitbestimmung ist Teil der Betriebsverfassung und damit des Arbeitsrechts, während die Unternehmensmitbestimmung Teil des Unternehmensrechts ist. Die Bedeutung der Mitbestimmung kann aber nur einheitlich erfaßt werden, und nur aus dieser einheitlichen Erfassung erschließt sich die Bedeutung der Mitbestimmung für das Unternehmensrecht.

2. Betriebliche Mitbestimmung

a) Historische Entwicklung

Nachdem sich in der zweiten Hälfte des 19. Jahrhunderts auf freiwilliger Basis sogenannte Arbeiterausschüsse entwickelt hatten, deren Errichtung allerdings im Ermessen der Arbeitgeber stand, wurden im Jahr 1905 durch eine Novelle des preußischen allgemeinen Berggesetzes freie und geheim gewählte Arbeiterausschüsse für den preußischen Bergbau eingeführt; Ausgangspunkt waren massive Streiks gewesen. Während des Ersten Weltkriegs wurden im Gegenzug zu einer Zwangsverpflichtung der Belegschaften durch das Gesetz über den vaterländischen Hilfsdienst vom 5.12.1916 Arbeiter- und Angestelltenausschüsse im Bereich der gesamten Wirtschaft des deutschen Reichs eingeführt.[230] Sie hatten aber nur beschränkte Mitspracherechte.

Erst nach der Novemberrevolution von 1918 führte die sogenannte Rätebewegung dazu, daß durch das Betriebsrätegesetz vom 4.2.1920 Betriebsräte im Bereich der personellen und sozialen Angelegenheiten eingeführt wurden. Der Betriebsrat hatte zwar auch Beratungs- und Informationsrechte in wirtschaftlichen Angelegenheiten, diese blieben in der Praxis aber weitgehend bedeutungslos.

Nach der Machtübernahme der Nationalsozialisten wurde das Betriebsrätegesetz abgeschafft und durch das Gesetz zur Ordnung der nationalen Arbeit vom 1.1.1934 ersetzt. Auch dort gab es aber einen Vertrauensrat, der Beratungsrechte im Dienste des Betriebsganzen hatte. Die Herrschaft kam allerdings ausschließlich dem "Betriebsführer", d.h. dem Arbeitgeber, zu.

Nach dem Zusammenbruch von 1945 schuf das alliierte Kontrollratsgesetz Nr. 22 die Möglichkeit für Betriebsrätegesetze der Länder. Durch diese Gesetze, vor allem in Hessen und Südbaden, konnte die Mitbestimmung in den Bereich der wirtschaftlichen Angelegenheiten hinein ausgeweitet werden.[231]

Nach der Gründung der Bundesrepublik Deutschland wurde das Betriebsverfassungsgesetz vom 11.10.1952 verabschiedet, das im Bereich der personellen und sozialen Angelegenheiten im wesentlichen die Reichweite des Betriebsrätegesetzes von 1920 wiederherstellte. Insgesamt wurde das Gesetz jedoch als Rückschritt angesehen, da es nicht gelungen war, darin die paritätische Mitbestimmung im Aufsichtsrat und damit die Montanmitbestimmung (vgl. unten) zu verankern.

230 Vgl. Zachert, Betriebliche Mitbestimmung, 1979, S. 22 f.
231 Vgl. Nagel, Unternehmensmitbestimmung, 1980, S. 30 f.

In den darauffolgenden Jahren wurde vor allem um die Reichweite der Unternehmensmitbestimmung, d.h. die Absicherung des Montanmitbestimmungsgesetzes von 1951 (vgl. unten), gestritten. Erst die im Jahr 1969 gebildete soziallliberale Koalition von SPD und FDP nahm die Ausgestaltung der Betriebsverfassung wieder in ihr Programm auf. Nach heftigen politischen Auseinandersetzungen wurde das Betriebsverfassungsgesetz vom 15.1.1972 verabschiedet, das in der Tat eine Ausweitung der Mitbestimmungsrechte für die Betriebsräte brachte; es sah insbesondere auch die zwingende Einrichtung von Wirtschaftsausschüssen und Gesamtbetriebsräten auf Unternehmensebene vor. Das Gesetz wurde im Jahre 1988 von der christlich-liberalen Koalition novelliert; insbesondere wurden die Minderheitsrechte ausgeweitet; daneben wurde ein eigenes Gesetz über Sprecherausschüsse für leitende Angestellte eingeführt.

b) Kompetenzen des Betriebsrats

Das Betriebsverfassungsgesetz geht davon aus, daß arbeitsorganisatorisch geschlossene Einheiten auch interessenpolitisch einheitlich vertreten werden sollen. Der Betrieb markiert die Grenze der arbeitsorganisatorischen Einheit. Diese Grenze gilt auch für die Kompetenzen des Betriebsrats. Die nächsthöhere Einheit ist der Gesamtbetriebsrat, der für das Unternehmen als rechtliche und wirtschaftliche Einheit zuständig ist. Schließlich gibt es mit Kompetenzen, die der Gesetzgeber nur rudimentär geregelt hat, den Konzernbetriebsrat; er wird auf freiwilliger Basis gebildet und ist für die wirtschaftlich voneinander abhängigen Unternehmen eines Konzerns (§§ 17, 18 AktG) zuständig.

Das wichtigste Organ der Betriebsverfassung ist der Betriebsrat. Gesamtbetriebsrat und Konzernbetriebsrat sind ihm nicht übergeordnet, sondern haben lediglich ergänzende Zuständigkeiten für übergreifende Probleme. Man spricht von der horizontalen Struktur der Betriebsverfassung im Gegensatz zur vertikalen unternehmensverfassungsrechtlichen Struktur des Unterordnungskonzerns (vgl. oben).

Die Einwirkungsmöglichkeiten des Betriebsrats auf die Entscheidungen der Betriebsleitung sind unterschiedlich. Die stärkste Einwirkungsmöglichkeit verschaffen ihm die Mitbestimmungsrechte, z.B. nach § 87 Betriebsverfassungsgesetz (BetrVG), bei denen im Fall der Nichteinigung mit dem Arbeitgeber die paritätisch besetzte Einigungsstelle mit neutralem Vorsitzenden (§ 76 BetrVG) entscheidet. Nach § 87 Abs. 1 Nr. 6 BetrVG kann der Betriebsrat dieses Mitbestimmungsrecht z.B. geltend machen, wenn technische Einrichtungen eingeführt und angewendet werden, die dazu bestimmt sind, das Verhalten oder die Leistung der Arbeitnehmer zu überwachen. Ein weiteres Mitbestimmungsrecht gewährt § 91 BetrVG: Werden die Arbeitnehmer durch Änderungen der Arbeitsplätze, des Arbeitsablaufs oder der Arbeitsumgebung, die den gesicherten arbeitswissenschaftlichen Erkenntnissen über die menschengerechte Gestaltung der Arbeit offensichtlich widersprechen, in besonderer Weise belastet, so kann der Betriebsrat angemessene Maßnahmen zur Abwendung, Milderung oder zum Ausgleich der Belastung verlangen.

In anderen Fällen kann der Betriebsrat unter bestimmten Voraussetzungen Widerspruch einlegen. Dies gilt nach § 99 BetrVG für personelle Einzelmaßnahmen. Noch schwächer sind die Mitwirkungsmöglichkeiten des Betriebsrats, wenn der Arbeitgeber lediglich Beratungspflichten hat wie z.B. nach § 92 BetrVG bei der Personalplanung. In einigen Fällen muß der Betriebsrat lediglich informiert werden, wie z.B. nach § 105 BetrVG bei der beabsichtigten Einstellung oder personellen Veränderung von leitenden Angestellten.

Bei einer Kündigung des Arbeitnehmers ist der Betriebsrat zu hören (§ 102 Abs. 1 BetrVG). Sein Widerspruch hindert den Arbeitgeber nicht an der Kündigung, sondern führt nur unter bestimmten Voraussetzungen zur Weiterbeschäftigung des Arbeitnehmers während des Kündigungsschutzprozesses (vgl. § 102 Abs. 3 und 5 BetrVG). Ein Widerspruch des Betriebsrats, der sich gegen die unternehmerische Entscheidung selbst - z.B. eine Betriebsstillegung - oder auch gegen die Berechtigung der Kündigung als solche - z.B. die soziale Rechtfertigung nach § 1 Abs. 2 Satz 1 des Kündigungsschutzgesetzes - wenden würde, wäre nicht ordnungsgemäß; er würde deshalb auch keinen Weiterbeschäftigungsanspruch des Arbeitnehmers für die Dauer des eventuellen Kündigungsschutzprozesses nach § 102 Abs. 5 BetrVG auslösen.

In allgemeinen Personalangelegenheiten (z.B. bei der Personalplanung, bei Auswahlrichtlinien und bei der Berufsbildung) sieht das Betriebsverfassungsgesetz unterschiedlich intensive Beteiligungsformen vor (vgl. §§ 92-98 BetrVG). Lediglich auf ein Beratungsrecht läuft die mit dem Betriebsverfassungsgesetz von 1972 neu geschaffene Einschaltung des Betriebsrats bei der Gestaltung von Arbeitsplatz, Arbeitsablauf und Arbeitsumgebung hinaus (vgl. §§ 90 und 91 BetrVG). Weiter reicht die Beteiligung in den sogenannten sozialen Angelegenheiten, bei der Ordnung des Betriebes (z.B. Betriebsbußen, Überstunden, Lohngestaltung). Nach § 87 BetrVG entscheidet hier im Nichteinigungsfall wie oben ausgeführt die Einigungsstelle. In bestimmten Fällen hat der Betriebsrat ein Recht zur Initiative. Kommt es zu erheblichen Änderungen der Betriebsorganisation (Betriebsänderungen), kann der Betriebsrat unter bestimmten Voraussetzungen einen Sozialplan verlangen, über dessen Höhe im Streitfall die Einigungsstelle entscheidet (§§ 111 f. BetrVG).

Die Regelungen, die der Betriebsrat mit der Geschäftsleitung aushandelt, werden, wenn sie nicht nur Einzelfälle betreffen, meist in Form von Betriebsvereinbarungen schriftlich festgehalten. Auch freiwillige Betriebsvereinbarungen sind möglich; § 88 BetrVG führt einige Beispiele an.

Die Beteiligungsrechte des Betriebsrats stehen unter dem sogenannten Tarifvorbehalt des § 77 Abs. 3 BetrVG. Wenn die gleiche Regelungsmaterie in einem Tarifvertrag erfaßt ist, so genießt dieser den Vorrang. Nach § 2 Abs. 1 BetrVG sind die Betriebsräte zur Zusammenarbeit mit den Gewerkschaften verpflichtet. Schließlich wird die Arbeit des Betriebsrats durch Regelungen über Kosten, Kündigungsschutz und Freistellungen seiner Mitglieder geschützt.

Durch Tarifvertrag können die Gewerkschaften vereinbaren, bestehende Mitbestimmungsrechte der Betriebsräte zu erweitern und neue Rechte zu schaffen. Es können auch unmittelbar gewerkschaftliche Mitbestimmungsrechte begründet werden. Nach § 3 Nr. 2 BetrVG kann z.B. durch Tarifvertrag eine andere Vertretung geschaffen werden, wenn der Errichtung von Betriebsräten besondere Schwierigkeiten entgegenstehen. Hiervon ist z.B. im Baugewerbe häufig Gebrauch gemacht worden; es gibt hier ständige Vertretungen, in welche jeweils Baustellendelegierte entsandt werden.

c) Gesamtbetriebsrat und Wirtschaftsausschuß

Die meisten Unternehmen bestehen aus mehreren Betrieben. Sind auch mehrere Betriebsräte eingerichtet, so ist die Errichtung eines zusätzlichen Gesamtbetriebsrats obligatorisch (§ 47 Abs. 1 BetrVG). Der Gesamtbetriebsrat ist auf Unternehmensebene für die

Behandlung von Angelegenheiten zuständig, die das Gesamtunternehmen oder mehrere Betriebe betreffen und nicht durch die einzelnen Betriebsräte innerhalb ihrer Betriebe geregelt werden können (§ 50 Abs. 1 Satz 1 BetrVG). Andere Angelegenheiten können die Einzelbetriebsräte dem Gesamtbetriebsrat zur Behandlung und auch zur Entscheidung übertragen (fakultative Zuständigkeit nach § 50 Abs. 2 BetrVG). Gesamtbetriebsräte werden zunehmend wichtiger, da viele Dinge wie Pensionskassen, Urlaubsgelder und Überstundenausgleich vorzugsweise betriebsübergreifend auf Unternehmensebene geregelt werden.

Jeder Betriebsrat der einzelnen Betriebe entsendet zwei seiner Mitglieder in den Gesamtbetriebsrat, sofern ihm Vertreter beider Gruppen, der Arbeiter und der Angestellten, angehören; ansonsten entsendet er nur ein Mitglied. Die Stimmenzahl eines Gesamtbetriebsratsmitglieds richtet sich bei einer Abstimmung nach der Zahl der wahlberechtigten Arbeitnehmer (Gruppen), die es vertritt (§ 47 Abs. 7 BetrVG).

Ebenfalls auf Unternehmensebene wird der Wirtschaftsausschuß eingerichtet, und zwar nach § 106 Abs. 1 BetrVG dann, wenn das Unternehmen mehr als 100 Beschäftigte hat. Der Wirtschaftsausschuß hat umfassende Informationsrechte zu allen wirtschaftlichen Angelegenheiten des Unternehmens, die in § 106 Abs. 3 BetrVG beispielhaft ausgeführt sind. Die Mitglieder des Wirtschaftsausschusses werden nach § 107 Abs. 2 Satz 1 BetrVG vom Betriebsrat oder Gesamtbetriebsrat bestimmt. Die Aufgaben des Wirtschaftsausschusses können auch einem Ausschuß des Betriebsrats übertragen werden (§ 107 Abs. 3 BetrVG).

d) Konzernbetriebsrat

Eine Folge der zunehmenden Unternehmenskonzentration und Verflechtung ist, daß aus mehreren rechtlich selbständigen Unternehmen wirtschaftliche Einheiten, d.h. Konzerne, gebildet werden. Ausgangspunkt für das zunehmend wichtiger werdende Konzernrecht ist die wirtschaftliche Abhängigkeit nach § 17 AktG (vgl. oben). Mit einer gewissen Zeitverzögerung vollzieht die betriebliche Mitbestimmung diese Entwicklung nach. Es werden mehr und mehr Konzernbetriebsräte gebildet. Vorauszuschicken ist, daß die Bildung des Konzernbetriebsrats fakultativ ist (§ 54 Abs. 1 BetrVG). Ein Konzernbetriebsrat kann eingerichtet werden, wenn sich hierfür die Gesamtbetriebsräte der Konzernunternehmen aussprechen, in denen insgesamt mindestens 75 % aller Arbeitnehmer des Konzerns beschäftigt sind (§ 54 Abs. 1 Satz 2 BetrVG). Der Konzernbetriebsrat hat die Aufgabe, die Arbeitnehmer auf Konzernebene zu repräsentieren. Er ist für die Behandlung von Angelegenheiten zuständig, die den Konzern als Ganzes oder mehrere Konzernunternehmen betreffen und nicht durch die einzelnen Gesamtbetriebsräte in ihren Unternehmen geregelt werden können (§ 58 Abs. 1 Satz 1 und Abs. 2 BetrVG). Der Konzernbetriebsrat hat keine Weisungsrechte gegenüber den Gesamtbetriebsräten und Betriebsräten. Seine faktische Machtposition entsteht aus der Legitimationskette, die er zu den örtlichen Interessenvertretungen knüpfen kann. Nach § 58 Abs. 2 BetrVG kann ein Gesamtbetriebsrat den Konzernbetriebsrat beauftragen, eine Angelegenheit für ihn zu behandeln; zu dem Verhandlungsmandat kann er ihm auch ein Entscheidungsmandat übertragen.

In den letzten Jahren konnte zunehmend festgestellt werden, daß die Vorsitzenden von Konzernbetriebsräten in der Öffentlichkeit auftreten und der Konzernbetriebsrat oder sein Ausschuß, der Konzernbetriebsausschuß, operativ tätig wird. Zum Teil mündet dies dahin, daß Konzernbetriebsvereinbarungen abgeschlossen werden, zum Teil ist der Konzernbetriebsrat Verhandlungspartner der Konzernspitze.[232]

Immer noch nicht verabschiedet ist ein Richtlinienvorschlag der EG-Kommission über die Einrichtung von europäischen Betriebsräten, bei dem es um Informationsrechte in europaweit agierenden Unternehmen und Konzernen geht.[233]

Schaubild 9

Die Betriebsverfassung als Teil der Unternehmens- und Konzernverfassung

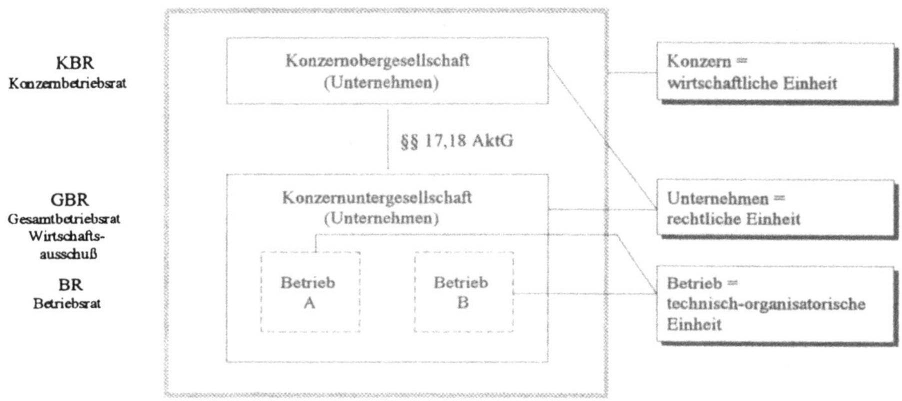

3. Unternehmensmitbestimmung

a) Historische Entwicklung

Die Ergänzung der betrieblichen Mitbestimmung durch eine Repräsentanz der Arbeitnehmerseite in den Unternehmensorganen hat sich nach bescheidenen Anfängen in der Weimarer Republik nach dem Zweiten Weltkrieg zu einer Pyramide von insgesamt vier Mitbestimmungsgesetzen entwickelt, von den die sogenannte Montanmitbestimmung nach dem Gesetz von 1951 für den Bereich von Eisen, Stahl und Kohle eine paritätische Mitbestimmung in den Aufsichtsräten und im Vorstand die Position des Arbeitsdirektors bringt, der nicht gegen die Stimmen der Mehrheit der Arbeitnehmervertreter im Aufsichtsrat gewählt werden kann. Für Konzernobergesellschaften, die selbst nicht überwiegend in diesem Bereich tätig sind, bringt das Mitbestimmungsergänzungsgesetz von 1956, das 1988 zuletzt novelliert wurde, eine abgeschwächte Mitbestimmungsposition; der Arbeitsdirektor kann gegen die Mehrheit der Arbeitnehmervertreter gewählt werden, auch das Wahlverfahren ist gegenüber dem Gesetz von 1951 geändert. Es bleibt aber die Parität im Aufsichtsrat. Für die Masse der großen Kapitalgesellschaften mit mehr als

[232] Vgl. Nagel/Riess/Theis, Neue Konzernstrukturen und Mitbestimmung, Baden-Baden 1994, S. 183-190, 194-196

[233] Vgl. ABlEG Nr. C 39 vom 15.2..1991, S. 91; geändert durch ABlEG Nr. C 336 vom 31.12.1991; erneut geändert durch Kommissionsvorschlag vom 13.4.1994, der nicht für Großbritannien gelten soll; die Richtlinie würde nach dem Protokoll von Maastricht nur für 11 der 12 EG-Mitgliedsstaaten gelten.

2.000 Beschäftigten gilt das Mitbestimmungsgesetz von 1976, das bei der Besetzung des Aufsichtsrats unterhalb der Parität stehen bleibt und über die Besetzung des Aufsichtsratsvorsitzenden ein leichtes Übergewicht der Anteilseignerseite schafft, das bei der Bestellung aller Vorstandsmitglieder durchschlägt. Für kleinere Kapitalgesellschaften gilt das Betriebsverfassungsgesetz von 1952, das in seinen sonstigen Teilen durch das Betriebsverfassungsgesetz von 1972 ersetzt ist, als Unternehmensmitbestimmungsgesetz weiter. Es bringt jedoch nur eine Drittelbeteiligung der Arbeitnehmerseite im Aufsichtsrat.

Diesem Ist-Zustand ist eine lange historische Entwicklung vorausgegangen: Durch Gesetz vom 15.2.1922 wurde bereits bestimmt, daß der Betriebsrat ein bis zwei Mitglieder in den Aufsichtsrat des Unternehmens delegieren konnte. Diese Arbeitnehmervertreter waren jedoch bis zum Ende der Weimarer Republik eine Minderheit, sie wurden als Mitglieder minderen Rechts behandelt.

Nach dem Zweiten Weltkrieg entwickelte sich die Unternehmensmitbestimmung in der britischen Besatzungszone. Auch die Briten hatten sich wie die anderen alliierten Besatzungsmächte zum Ziel gesetzt, die Großkonzerne, insbesondere die Grundstoffindustrie, die Chemie und den Bankenbereich, zu zerschlagen. Gleichzeitig sollten die Fabrikeinrichtungen zum Teil demontiert und in den Gebrauch der Siegermächte überführt werden. Da sich die Unternehmer durch die Unterstützung Adolf Hitlers in den Augen einer breiten Mehrheit diskreditiert hatten, billigten mehrere Landesverfassungen, zum Teil durch Volksabstimmung unterstützt, die Vergesellschaftung der Eisen- und Stahlindustrie sowie des Bergbaus. Vor allem die amerikanische Besatzungsmacht verhinderte aber, daß derartige Vorstellungen in die Praxis umgesetzt werden konnten.

In dieser Lage boten einige Industrielle von sich aus der Arbeitnehmerseite eine paritätische Vertretung in den Aufsichtsräten der Unternehmen an, und zwar gerade in der Eisen- und Stahlindustrie.[234] Es kam dann in den beschlagnahmten Eisen- und Stahlunternehmen der britischen Besatzungszone im Einvernehmen zwischen Unternehmern, Gewerkschaften und Besatzungsmacht zu einer Unternehmensmitbestimmung, die neben einer paritätischen Besetzung der Aufsichtsräte auch das Recht der Arbeitnehmerseite zum Inhalt hatte, ein Vorstandsmitglied, den Arbeitsdirektor, vorzuschlagen.

Nach Gründung der Bundesrepublik Deutschland im Jahre 1949 wurden die Besatzungsrecht allmählich abgebaut. Zu den ersten Schritten gehörten die Wiederherstellung der Rechte der Aktionäre und Gesellschafter in den beschlagnahmten Gesellschaften. Hierbei mußte man sich mit der bereits eingeführten Unternehmensmitbestimmung in der Eisen- und Stahlindustrie der britischen Zone befassen. Nach heftigen politischen Auseinandersetzungen und unter dem Druck von Streiks wurde zwischen den Vertretern der Montanindustrie, auch des Bergbaus, und den Gewerkschaften bei Bundeskanzler Adenauer eine Einigung erzielt, auf deren Grundlage das Montanmitbestimmungsgesetz im Bundestag eingebracht und am 18.4.1951 gegen die Stimmen der FDP verabschiedet wurde. Eine weitere Ausdehnung dieser qualifizierten Mitbestimmung auf andere Wirtschaftszweige gelang nicht mehr. Im Betriebsverfassungsgesetz vom 11.10.1952 war eine wesentlich schwächere Beteiligung der Arbeitnehmer im Aufsichtsrat vorgesehen, die Drittelbeteiligung, die noch heute für Aktiengesellschaften und GmbHs mit 500 bis 2.000 Beschäftigten gilt. Die Novelle von 1994 hat die Untergrenze von 500 Beschäftigten für die AG eingeführt. Bisher waren nur sog. Familienaktiengesellschaften von der Unternehmens-

[234] Vgl. Gloria Müller, Strukturwandel und Arbeitnehmerrechte, 1991, S. 49-109

mitbestimmung ausgenommen. Für bestehende, mitbestimmte AGs gibt es einen Bestandsschutz.

In den folgenden Jahren kam es zu einer Rekonzentration der Wirtschaft auch und gerade im Montanbereich. Durch das Mitbestimmungsergänzungsgesetz vom 7.8.1956 wurde abgesichert, daß für Konzernobergesellschaften, die in einem sogenannten Montankonzern (über 50 % der Umsätze im Bereich von Eisen, Stahl und Kohle) tätig sind, ebenfalls die qualifizierte Mitbestimmung gilt.

Die Bedeutung des Aufsichtsrats wurde im Aktiengesetz von 1965 dadurch abgeschwächt, daß nach § 111 Abs. 4 der Vorstand gegen eine Entscheidung des Aufsichtsrats die Hauptversammlung anrufen kann, welche mit Dreiviertelmehrheit ein Aufsichtsratsveto überspielen kann (vgl. oben). Ursprünglich galt das Gesetz nur für Vertragskonzerne, in denen eine sogenannte Organschaft (vgl. oben) gebildet wurde. Durch die Novelle von 1988 ist die Montaneinstiegsschwelle (50 % Montananteil für neu in das Gesetz fallende Konzerne) und die Montanaustiegsschwelle (weder 20 % Montananteil des Konzerns noch mehr als 2.000 Arbeitnehmer in einem montangeprägten Konzernunternehmen) gespreizt worden. Damit sollte verhindert werden, daß im Zuge einer umfangreichen Akquisitionspolitik immer mehr Konzerne aus der Montanmitbestimmung herausfallen. Das Bundesverfassungsgericht hat gegenwärtig auf Vorlage des OLG Düsseldorf zu entscheiden, ob diese Spreizung verfassungswidrig ist.

In Kapitalgesellschaften mit mehr als 2.000 Arbeitnehmern wird nach dem Mitbestimmungsgesetz von 1976 der Aufsichtsrat zur Hälfte mit Vertretern der Kapitaleigner und zur anderen Hälfte mit Arbeitnehmervertretern besetzt. Es gelten die Grundsätze der Gruppenwahl (Arbeiter und Angestellte) und der Verhältniswahl. Innerhalb der Gruppe der Angestellten können die leitenden Angestellten mehrheitlich einen Kandidaten aus ihrer Mitte zur Wahl vorschlagen. Die Arbeitnehmerbank besteht aus sieben betrieblichen und drei Gewerkschaftsvertretern. In Konzernen wählen die Arbeitnehmer aller konzernverbundenen Unternehmen bei der Aufsichtsratswahl des herrschenden Unternehmens mit. Im Aufsichtsrat wird mit Stimmenmehrheit entschieden. Im Falle eines Abstimmungspatts hat der Aufsichtsratsvorsitzende einen zweite Stimme. Die Anteilseignervertreter im Aufsichtsrat können, wenn es bei der Wahl des Aufsichtsratsvorsitzenden zu keiner Zweidrittelmehrheit kommt, diesen allein bestellen. Entsprechend bestellen dann die Arbeitnehmervertreter den stellvertretenden Aufsichtsratsvorsitzenden; diesem steht im Fall eines Abstimmungspatts aber kein Doppelstimmrecht zu. Der Arbeitsdirektor, der dem gesetzlichen Vertretungsorgan der Gesellschaft angehören muß, wird wie jedes andere Vorstandsmitglied mit einfacher Mehrheit gewählt. Im Konfliktfall setzt sich die Anteilseignerseite durch, notfalls mit Hilfe der Zweitstimme des Aufsichtsratsvorsitzenden.

Die bisherigen Wahlen nach dem Mitbestimmungsgesetz brachten den DGB-Gewerkschaften einen gleichbleibend hohen Wahlerfolg.[235]

---

[235] Vgl. Wendeling-Schröder in Kittner, Gewerkschaftsjahrbuch 1990, S. 401

b) Montanmitbestimmung

Das Montanmitbestimmungsgesetz von 1951 gilt für Kapitalgesellschaften des Bergbaus, der Eisen- und Stahlerzeugung mit mehr als 1.000 Arbeitnehmern. Der Aufsichtsrat dieser Unternehmen setzt sich aus der gleichen Anzahl von Vertretern der Anteilseigner und der Arbeitnehmer sowie einem weiteren Mitglied (sogenannter Neutraler) zusammen. Auf der Arbeitnehmerbank sind die betrieblichen Arbeitnehmer und die Vertreter der Gewerkschaften in gleicher Anzahl vertreten. Hinzu kommt ein weiteres Mitglied, das nicht mit dem sogenannten neutralen zu verwechseln ist. Ein solches Mitglied gibt es auch auf der Seite der Anteilseigner. Die Arbeitnehmervertreter werden von den Betriebsräten des Unternehmens gewählt. Ebenso werden die Gewerkschaftsvertreter und das "weitere Mitglied" auf Vorschlag der Spitzenorganisationen der Gewerkschaften gewählt. Formal erfolgt die Wahl durch die Gesellschafterversammlung (Hauptversammlung), die jedoch an die Vorschläge der Betriebsräte gebunden ist. Dem Vorstand gehört ein Arbeitsdirektor an, der nicht gegen die Mehrheit der Arbeitnehmervertreter im Aufsichtsrat bestellt oder abberufen werden kann. Das Montanmitbestimmungsgesetz gilt nur für Unternehmen, die selbst überwiegend im Montanbereich tätig sind.

Für Obergesellschaften, die selbst nicht überwiegend im Montanbereich tätig sind, jedoch einen sogenannten Montankonzern beherrschen, gilt das Mitbestimmungsergänzungsgesetz von 1956, zuletzt novelliert im Jahr 1988. Die sogenannte Montaneinstiegsschwelle ist nach wie vor ein Montananteil von 50 % des gesamten Konzerns. Die Montanausstiegsschwelle ist jetzt das Unterschreiten entweder eines 20 prozentigen Montananteils im Gesamtkonzern oder die Tatsache, daß kein überwiegend im Montanbereich tätiges Konzernunternehmen mehr als 2.000 Arbeitnehmer beschäftigt. Der Aufsichtsrat der Obergesellschaft wird zwar paritätisch besetzt, d.h. es besteht eine gleiche Anzahl von Anteilseigner- und Arbeitnehmervertretern; hinzu kommt ein neutrales Mitglied. Auf der Arbeitnehmerbank sitzen aber weniger Gewerkschaftsvertreter als betriebliche Arbeitnehmervertreter; außerdem werden die Arbeitnehmervertreter durch Delegierte gewählt, nicht durch die Betriebsräte. Der Arbeitsdirektor kann auch gegen die Mehrheit der Arbeitnehmervertreter im Aufsichtsrat mit einfacher Mehrheit bestellt werden.

Ende 1992 waren 47 Unternehmen nach den beiden Gesetzen mitbestimmt, davon 18 Unternehmen in den neuen Bundesländern.[236]

c) Mitbestimmungsgesetz 1976

aa) Wahlverfahren

In den Kapitalgesellschaften mit mehr als 2.000 Arbeitnehmern, für die das Mitbestimmungsgesetz von 1976 nach dessen § 1 anwendbar ist, wird der Aufsichtsrat zur Hälfte mit Vertretern der Anteilseigner besetzt, zur anderen Hälfte mit Arbeitnehmervertretern, die in Urwahl oder in mittelbarer Wahl gewählt werden. In Unternehmen mit mehr als 8.000 Arbeitnehmern ist die mittelbare Wahl die Regel, in kleineren Unternehmen die Urwahl, es sei denn, die Arbeitnehmer entscheiden in mehrheitlicher Abstimmung anders (§ 9 MitbG). Ohne Rücksicht auf die Unternehmensgröße findet die Wahl der unternehmensangehörigen Arbeitnehmervertreter in getrennten Wahlkörpern der Arbeiter und der Angestellten statt, auf Mehrheitsbeschluß in beiden Gruppen erfolgt gemeinsame Wahl (§ 15 MitbG). Im Grundmodell der Mitbestimmung von 1976 haben die Arbeitnehmer

---

[236] Vgl. WSI-Mitbestimmungsbericht 1992, in WSI-Mitteilungen, 1994, S. 24, 25

sieben betriebliche Vertreter und drei Gewerkschaftsvertreter im Aufsichtsrat, wobei unter den betrieblichen Vertretern ein leitender Angestellter sein muß, der der Gruppe der Angestellten zugeordnet wird. Es gilt Verhältniswahl.

Nach dem Mitbestimmungsgesetz von 1976 wählen in Konzernen die Arbeitnehmer aller konzernverbundenen Unternehmen den Aufsichtsrat des herrschenden Unternehmens (§ 5 MitbG). nach richtiger Auffassung wählen sie zusätzlich beim Aufsichtsrat der Unterkonzernspitze mit, wenn dieses Unternehmen im Konzern einen eigenen Entscheidungsspielraum hat (vgl. oben). Befindet sich die Konzernspitze im Ausland, so endet die Konzernzurechnung in bezug auf die Aufsichtsratswahl bei der ranghöchsten Unterkonzernspitze im Inland (§ 5 Abs. 3 MitbG).

Während in der GmbH & Co. KG die Beschäftigten des Gesamtunternehmens der Komplementärs-GmbH zugerechnet werden (§ 4 MitbG), werden für eine GmbH & Co. KG, die selbst Konzernspitze ist, alle Arbeitnehmer des Konzerns auf die Komplementärs-GmbH angerechnet (§ 5 Abs. 2 MitbG).

bb) Kompetenzen des Aufsichtsrats

Nach § 25 MitbG gelten für die Kompetenzen des Aufsichtsrats in der AG und in der GmbH die Vorschriften des Aktiengesetzes, ansonsten die des Genossenschaftsgesetzes. Nach dem Aktiengesetz stehen dem Aufsichtsrat erhebliche Kontrollrechte zu. Zum einen muß der Vorstand ihm nach § 90 AktG in regelmäßigen Abständen und aus besonderen Anlässen berichten (vgl. oben); erstattet der Vorstand den Bericht nicht, so kann nach § 90 Abs. 3 Satz 2 AktG auch ein einzelnes Aufsichtsratsmitglied eine Berichterstattung an den Aufsichtsrat verlangen; lehnt der Vorstand dies ab, so kann der Antragsteller sein Verlangen mit Hilfe eines zweiten Aufsichtsratsmitglieds durchsetzen.

Nach § 77 Abs. 2 AktG kann der Aufsichtsrat auch eine Geschäftsordnung für den Vorstand erlassen. Schließlich bestellt er die Vorstandsmitglieder (§ 84 AktG) und vertritt die Gesellschaft gegenüber den Vorstandsmitgliedern (§ 112 AktG). Nach § 111 Abs. 4 Satz 2 kann sich der Aufsichtsrat die Zustimmung für bestimmte Arten von Geschäften vorbehalten. Es kann auch in der Satzung ein Katalog von zustimmungsbedürftigen Geschäften festgelegt sein. Am häufigsten sind derartige Zustimmungserfordernisse bei Beteiligungen, in Grundstücksangelegenheiten, in bezug auf Zweigniederlassungen, Anleihen, Kredite, die Erteilung und den Widerruf von Prokura und Handlungsvollmacht sowie bei der Gründung und Veräußerung von Tochtergesellschaften zu finden.[237]

In all diesen Fragen, auch in unternehmens- und konzernpolitischen Grundsatzfragen, kann der Vorstand allerdings nach § 111 Abs. 4 Satz 3 verlangen, daß die Hauptversammlung über die Zustimmung beschließt. Sie kann mit Dreiviertelmehrheit eine Zustimmungsverweigerung des Aufsichtsrats überstimmen (§ 111 Abs. 4 Satz 4 AktG).

cc) Arbeitsdirektor

Bei der Bestellung des Arbeitsdirektors setzt sich in der Regel ebenso wie bei der Bestellung jedes anderen Vorstandsmitglieds die Anteilseignerseite durch, da sie mit Hilfe der zweiten Stimme des Aufsichtsratsvorsitzenden ein eventuelles Abstimmungspatt zugunsten ihres Personalvorschlags auflösen kann. Da die Arbeitnehmervertreter dies wissen,

---

[237] Vgl. Gerum/Steinmann/Fees, Der mitbestimmte Aufsichtsrat, Stuttgart 1988, S. 78

finden bereits vor der Wahl Aushandelungsprozesse statt. Ihre Zustimmung oder ihr Stillhalten bei der Abstimmung läßt sich die Arbeitnehmerseite gewöhnlich mit Zugeständnissen auf anderen Gebieten "abkaufen". Auch die Anteilseignerseite hat ein Interesse daran, daß die Wahl ohne großes Aufsehen über die Bühne geht.[238]

Von seiner Herkunft her ist der Arbeitsdirektor demnach überwiegend ein Mann des Personalmanagements. Dies bedeutet aber nicht, daß er nicht der Arbeitnehmerseite in wichtigen Punkten entgegenkommen könnte. Je nach Einschätzung und Unternehmenspraxis erreicht er mit einer Konsensstrategie mehr als mit konfliktorischen Verhaltensweisen.

dd) praktische Bedeutung

Das Mitbestimmungsgesetz 1976 regelt den Kernbereich der Unternehmen, die unter die Unternehmensmitbestimmung fallen. Ende 1992 waren dies insgesamt 709 Unternehmen, 102 davon in Ostdeutschland. Die Rechtsform war bei 413 von ihnen die AG, bei 270 die GmbH, bei 6 die KGaA, bei 12 die GmbH & Co. KG und bei 8 die Genossenschaft. Gegenüber der ersten Runde der Mitbestimmungswahlen, die Mitte 1978 im wesentlichen abgeschlossen war, hat sich die Zahl von 472 Unternehmen ausgehend erheblich erhöht. Hauptursache dafür ist die Zunahme von Großunternehmen und Konzernen durch externes Wachstum.[239] Schon bei Inkrafttreten des Mitbestimmungsgesetzes von 1976 entzogen sich allerdings eine Reihe von Unternehmen durch Wechsel der Rechtsform dem Geltungsbereich des Mitbestimmungsgesetzes; dies ging bis hin zur Gründung einer GmbH & Co. OHG.[240]

Eine wesentliche Lücke des Gesetzes besteht darin, daß es auf sogenannte Tendenzunternehmen nicht anwendbar ist (§ 1 Abs. 4 MitbG). Hierbei handelt es sich um Unternehmen, die unmittelbar und überwiegend politischen, koalitionspolitischen (auch gewerkschaftlichen), konfessionellen, karitativen, erzieherischen, wissenschaftlichen oder künstlerischen Bestimmungen oder Zwecken der Berichterstattung oder Meinungsäußerung dienen. Besonders im Pressebereich, in dem tiefgreifende technische Umwälzungen und eine starke Konzentrationsbewegung zu einem Rückgang der Arbeitsplätze und zu anderen gravierenden Auswirkungen bei den Beschäftigten geführt haben, läßt sich der Gedanke des Tendenzschutzes, der letztlich auf die persönliche Pressefreiheit des Verleger-Unternehmers zurückgreift, politisch nicht mehr durchhalten.

Nach wie vor spielt bei der Wahl der Rechtsform von Großunternehmen die Mitbestimmung eine Rolle. So werden z.B. Konzernuntergesellschaften nicht nur deshalb gern in der Rechtsform der GmbH gegründet, weil sich in ihnen die Obergesellschaft über die Weisungsrechte in der Gesellschafterversammlung leichter durchsetzen kann als in der AG (vgl. oben), sondern auch weil diese Weisungsrechte zu einer weniger starken Abhängigkeit des Vorstandes vom (mitbestimmten) Aufsichtsrat führen.

Im Aufsichtsrat wird mit Stimmenmehrheit entschieden. Im Fall eines Abstimmungspatts hat der Aufsichtsratsvorsitzende jedoch eine zweite Stimme; der Vorsitzende wird, wenn bei seiner Wahl keine Zweidrittelmehrheit zustande kommt, von der Anteilseignerseite im Aufsichtsrat allein gewählt (§ 27 MitbG). Das Übergewicht der Anteilseignerseite

---

[238] Vgl. Nagel/Riess/Theis, Neue Konzernstrukturen und Mitbestimmung, S. 200
[239] Vgl. WSI-Mitbestimmungsbericht 1992, in: WSI-Mitteilungen 1994, S. 24-29
[240] Vgl. Nagel, Unternehmensmitbestimmung, 1980, S. 114-116

wird noch dadurch abgesichert, daß dem stellvertretenden Aufsichtsratsvorsitzenden, der im Konfliktfall von der Mehrheit der Arbeitnehmerbank gewählt wird, im Fall eines Abstimmungspatts die zweite Stimme nicht zusteht (§ 29 Abs. 2 Satz 2 MitbG). Bei Abstimmungen setzt sich daher im Konfliktfall die Anteilseignerseite durch. Darüber hinaus ist durch die Position des leitenden Angestellten, der der Arbeitnehmerbank zugehört, aber von der Gruppe der Angestellten auf mehrheitlichen Vorschlag der leitenden Angestellten gewählt werden muß (§ 15 Abs. 4 Nr. 3 MitbG), eine heterogene Zusammensetzung der Arbeitnehmerseite garantiert.

Dem gesetzlichen Vertretungsorgan der Gesellschaft (Vorstand, Geschäftsführer) muß nach § 33 MitbG ein Arbeitsdirektor angehören. Dieser kann aber ebenso wie die anderen Vorstands- bzw. Geschäftsführungsmitglieder mit einfacher Aufsichtsratsmehrheit bestellt werden. Auch hier setzt sich im Konfliktfall die Anteilseignerseite mit Hilfe der zweiten Stimme des Aufsichtsratsvorsitzenden durch.

d) Betriebsverfassungsgesetz 1952

Unterhalb der Eingangsschwelle des Mitbestimmungsgesetzes von 1976 (mehr als 2.000 Arbeitnehmer) gelten die §§ 76, 77 und 77a des Betriebsverfassungsgesetzes von 1952 weiter. Sie sehen für die Arbeitnehmer einer AG, GmbH und Genossenschaft eine Drittelbeteiligung in den Aufsichtsräten vor. Die Arbeitnehmervertreter werden in Urwahl gewählt. Außerbetriebliche Arbeitnehmervertreter müssen nicht vertreten sein. Die Arbeitnehmerbank operiert im Aufsichtsrat aus einer eindeutigen Minderheitsposition heraus; ihr Einfluß ist zwar nicht stets, aber doch in den meisten Fällen erheblich schwächer als nach dem Mitbestimmungsgesetz von 1976.

Über die genaue Zahl der Unternehmen, die nach dem Betriebsverfassungsgesetz von 1952 mitbestimmt sind, gibt es keine Angaben. Nach sehr groben Schätzungen sind es etwa 5.000.

4. Mitbestimmung und Tarifvertrag

In den letzten Jahren ist die Bedeutung des klassischen Flächentarifvertrages zurückgegangen. Mehr und mehr Regelungen werden auf Unternehmens- und Konzernebene getroffen. Betroffen ist nicht in erster Linie der Lohn- und Gehaltstarifvertrag, obwohl auch hier zunehmend Ausnahmen auf die Unternehmens- und Konzernebene erstreckt werden. Betroffen sind aber vor allem die vielen Mantel- und Rahmentarifverträge. Unternehmens- und konzernweite Betriebsvereinbarungen verdrängen hier die tariflichen Regelungen vor allem in Fällen, in denen eine neue Arbeits- und Unternehmensorganisation eingeführt wird. Nach dem Betriebsverfassungsgesetz müßte eigentlich der Vorrang des Tarifvertrages sichergestellt sein (vgl. § 77 Abs. 3 BetrVG). In der Praxis gibt es aber viele Grauzonen, in denen nicht klar ist, ob oder inwieweit sie durch einen Tarifvertrag erfaßt sind. Die Betriebsräte haben vielfach keine andere Wahl, als zu dem Instrumentarium der Betriebsvereinbarung, der Gesamtbetriebsvereinbarung oder der Konzernbetriebsvereinbarung zu greifen, da sie nicht warten können, bis es in neuen Problemfeldern zu einheitlichen tariflichen Regelungen kommt. Es sind betriebssyndikalistische Tendenzen erkennbar. Klassische Aufgaben der Gewerkschaften, die bisher in Form von Tarifverträgen gelöst wurden, werden von ihnen nicht mehr erfüllt. Die Betriebsräte springen zum Teil als Ersatzleute ein. Über den Umfang dieser Tendenzen ist noch keine klare Aussage möglich, da statt ausformulierter Betriebsvereinbarungen häufig informelle Absprachen getroffen werden, eine Methode, bei der die Konkurrenz den Flächentarifverträgen nicht deutlich wird.

Damit verwischen sich die Grenzen zwischen der "klassischen" Aufteilung von rechtsförmig geregelten Tätigkeitsfeldern des Betriebsrats und freien Handlungsmöglichkeiten der Tarifparteien. Auch die Betriebsräte, insbesondere auch die Gesamt- und Konzernbetriebsräte, gehen zunehmend in den "freien" Bereich hinein, weil sie strategisch mitdenken müssen und weil die Mitbestimmung gegenüber den Rationalisierungsmaßnahmen des Unternehmens und Konzerns nachziehen muß.

Schon bisher werden Betriebsräte durch Tarifvertrag sehr häufig mit zusätzlichen Kompetenzen betraut, sie dienen damit der Durchsetzung tarifvertraglicher Zielsetzungen. Die Rechtsprechung läßt eine derartige Erweiterung der betriebsverfassungsrechtlichen Kompetenzen zu.[241] Insbesondere wird es auch für zulässig angesehen, daß dem Betriebsrat ein volles Mitbestimmungsrecht bei Einstellungen und Beförderungen durch Tarifvertrag zuerkannt wird.[242] Dieser Rechtsprechung ist schon aus verfassungsrechtlichen Gründen zuzustimmen. Da sich die tarifliche Regelungsbefugnis grundsätzlich auf den gesamten Bereich der Arbeits- und Wirtschaftsbedingungen erstreckt (vgl. Art. 9 Abs. 3 GG), müßte eine Einschränkung der tariflichen Ausweitbarkeit von Betriebsratsrechten gesetzlich geregelt werden. Eine derartige Gesetzesregelung gibt es nicht. Hinzu kommt, daß im Verhältnis zwischen arbeitnehmerschützenden Normen und Tarifverträgen grundsätzlich das Günstigkeitsprinzip gilt. Ein davon abweichendes, nach beiden Seiten zwingendes Gesetz müßte eine entsprechende Regelungsabsicht deutlich zum Ausdruck bringen. Der Gesetzgeber in den Jahren 1952 und 1972 wußte, daß tarifliche Regelungen zur Ausweitung der betrieblichen Mitbestimmung existierten und daß ihre Zulässigkeit im Schrifttum umstritten war; hätte er die Ausweitbarkeit dieser Mitbestimmungsrechte ausschließen wollen, so hätte er dies zum Ausdruck bringen müssen.[243]

Anders als bei der betrieblichen Mitbestimmung gilt bei der Unternehmensmitbestimmung der Grundsatz, daß die gesetzlichen Regelungen nicht durch Tarifvertrag verändert werden können. Ein unter das Mitbestimmungsgesetz von 1976 fallendes Unternehmen kann sich also nicht verpflichten, vom nächsten Jahr an die Montanmitbestimmung zu praktizieren. Im Gesetzgebungsverfahren war zwar die sogenannte Tariföffnungsklausel für die Unternehmensmitbestimmung gefordert worden, die Forderung wurde jedoch nicht in den Gesetzestext übernommen.

Dennoch gibt es Möglichkeiten, die Unternehmensmitbestimmung auszuweiten. So will es eine Mindermeinung zulassen, daß eine AG oder GmbH sich tarifvertraglich zu einer Satzungsänderung verpflichtet, mit der sie die Mitbestimmung ausweitet. Aber auch wer dies ablehnt, kann außertarifliche sogenannte Stimmbindungsverträge für zulässig erklären, wonach die Aktionäre sich verpflichten, sich unter bestimmten Voraussetzungen in ihrem Verhalten an die Arbeitnehmerbank zu binden. So kann z.B. im voraus darauf verzichtet werden, vom sogenannten Doppelstimmrecht des Aufsichtsratsvorsitzenden Gebrauch zu machen. Praktisch sind derartige Überlegungen bisher nur im öffentlichen

[241] Vgl. BAG DB 1986, 231
[242] BAG NZA 1988, 699
[243] Vgl. Däubler, Tarifvertragsrecht, 3. Aufl. 1993, Rz. 1053-1082

Dienst geworden. Hier gibt es Stimmbindungsverträge auf kommunaler Ebene. Diese werden in der Literatur zum Teil ohne überzeugende Gründe für unzulässig erklärt.[244]

5. Mitbestimmung als Co-Management

In jüngster Zeit kam es vermehrt zu Erklärungen von Gesamtbetriebsrats- oder Konzernbetriebsratsvorsitzenden, in denen es um den Sinn oder Unsinn von Betriebsstillegungen ging. Zum Teil wurden Investoren auch aufgefordert, ihr Engagement in bestimmten Konzernen zu erhöhen. Die Öffentlichkeitsarbeit wird zum Teil der Betriebsratstätigkeit. Auch Arbeitnehmervertreter im Aufsichtsrat geben in zunehmendem Umfang nach kritischen Sitzungen Interviews, in denen sie sich zur Unternehmens- und Konzernstrategie äußern. Soweit die Verschwiegenheitspflichten der §§ 79 BetrVG und 93, 116 AktG beachtet sind, ist gegen eine derartige Öffentlichkeitsarbeit nichts einzuwenden. Es ist aber doch zu fragen, inwiefern die Mitbestimmungsträger lediglich "inneres Korrektiv" des Managements sein sollen und inwiefern sie als "äußeres Korrektiv" an die Öffentlichkeit gehen sollen.

Betrachtet man die Tagesabläufe der Mitbestimmungsträger, so wird zweierlei deutlich: Erstens liegt der Schwerpunkt der Mitbestimmung nach wie vor auf der Betriebsratstätigkeit. Demgegenüber nehmen Gesamtbetriebsräte, Konzernbetriebsräte und Arbeitnehmervertreter in den Aufsichtsräten ergänzende und koordinierende Funktionen wahr. Zweitens bewegen sich die Betriebsräte auf allen Ebenen mehr und mehr von der Wahrnehmung bestimmter, klar eingegrenzter gesetzlicher Schutzrechte weg und erarbeiten zumindest im Bereich des Personalmanagements eigene Konzepte. Es finden dann regelrechte Aushandelungsprozesse zwischen dem traditionellen Personalmanagement und den Betriebsräten statt. Eine Art von "Konfliktpartnerschaft" deutet sich an.[245] Die Betriebsräte, Gesamt- und Konzernbetriebsräte werden als eingebauter Oppositionsmechanismus in das Managementhandeln einbezogen. Hinzu kommt, daß es neben den divergierenden Interessen der Arbeitgeber- und Arbeitnehmerseite Felder gibt, die durch gemeinsame Interessen gekennzeichnet sind und gemeinsame Gestaltungschancen bieten. Es besteht allerdings die Gefahr, daß die Betriebsräte hierbei für neue Unternehmenskonzepte funktionalisiert werden, die zu erheblichen Nachteilen bei den Beschäftigten führen und die Legitimationsbasis der betrieblichen Mitbestimmung untergraben.

Zum Teil gelingt es den Betriebsräten, durch sogenanntes log-rolling Mitsprachepositionen auch auf Feldern zu erstreiten, in denen ihnen keine Mitbestimmungsrechte zustehen; sie machen hierbei die Zustimmung zu Maßnahmen, die der Mitbestimmung unterliegen, von Konzessionen auf anderen Gebieten abhängig. Umgekehrt kann z.B. bei der Wahl des Arbeitsdirektors das Management daran interessiert sein, sich durch Konzessionen auf anderen Gebieten bereits im Vorfeld der Wahl ein Stillhalten der Arbeitnehmerseite gegenüber den Personalvorschlägen der Anteilseignerbank zu sichern (vgl. oben).

Zum Teil ergreifen Gesamt- und Konzernbetriebsräte strategische Initiativen, die weit über ihren eigentlichen Tätigkeitsbereich hinausgehen, im Bereich der Produktpolitik, der Umwelt und Verkehrspolitik. Ausgangspunkt ist hierbei meist das Ziel, langfristig Beschäftigung zu sichern. Bei der Verfolgung dieses Ziels werden sie vom Management

---

[244] Vgl. im einzelnen Däubler, Das Arbeitsrecht, Band 1, 7. Aufl. 1985, S. 587/588 m.w.N.

[245] Vgl. Müller-Jentsch (Hrsg.), Konfliktpartnerschaft, München 1991

als Verhandlungspartner anerkannt. Hierbei kann eine sogenannte double-bind-Situation entstehen: Die Betriebsräte werden gleichzeitig zur Problemlösung herangezogen und als Vertreter der "anderen Seite" wieder abgestoßen. Hinzu kommt, daß sie sich gegenüber der Belegschaft rechtfertigen müssen; vielfach geraten sie in den Verdacht, die Probleme zu sehr aus der Sicht des Managements zu betrachten und lösen zu wollen.

Zum Teil wird der politische Druck dadurch entschärft, daß die Betriebsratsarbeit jedenfalls in Großunternehmen professionalisiert wird. Zum einen werden Betriebsräte in größeren Unternehmen freigestellt (vgl. § 38 BetrVG). Zum anderen finanziert die Geschäftsleitung zusätzlich Stäbe von angestellten Mitarbeitern, die ausschließlich den Betriebsräten zuarbeiten. Auch wenn die Mitbestimmungskulturen in den verschiedenen Unternehmen und Branchen nach wie vor unterschiedlich ausgeprägt sind, läßt sich doch eine Tendenz erkennen, wonach die Betriebsräte im Bereich des Personalwesens in die Rolle eines Co-Managements hineinwachsen, die vom traditionellen Management auch geduldet, wenn nicht sogar gefördert wird.

Auch die Unternehmensleitung versucht, die Mitbestimmungsträger für ihre Zwecke zu nutzen. Da diese über ein dichtes Informationsnetz von der Konzernspitze bis auf die örtliche Ebene verfügen, benutzt die Unternehmensleitung sie als doppeltes Controlling. Sie versorgen Unternehmen und Konzern mit Informationen über die Umsetzung der Planung und die Erfüllung der Zielsetzungen, bewerten diese Informationen und beraten das Management bei der Weiterentwicklung der Unternehmenspolitik. Mitunter nutzen die Betriebsräte ihre Informationsmöglichkeiten auf allen Ebenen eines Konzerns auch dazu, um Druck auf die Geschäftsleitung vor Ort auszuüben. Als Fazit läßt sich ein Entwicklungsansatz beschreiben, wonach die kluge Geschäftsleitung die Mitbestimmungsträger - hierzu gehören ergänzend auch die Arbeitnehmervertreter im Aufsichtsrat - als doppeltes Controlling nutzt, um Informationslücken in der eigenen Organisation aufzudecken. Die Mitbestimmungsträger lassen dies zu, um daraus Vorteile für die eigene Verhandlungsposition als Teil-Co-Management zu ziehen.[246]

Was die Funktion der Unternehmensmitbestimmung in diesem komplizierten Beziehungsgeflecht anbelangt, so bieten die Vorbereitungssitzungen zu Aufsichtsratstagungen die Gelegenheit, Interessengegensätze innerhalb der Arbeitnehmerbank abzugleichen. Die Gewerkschaftsvertreter haben hierbei eine andere Stellung als die betrieblichen Arbeitnehmervertreter im Aufsichtsrat. Sie sind selbst nicht unmittelbar an den betrieblichen Konflikten beteiligt und können, ohne persönliche Risiken zu laufen, unbequeme Verhandlungspositionen gegenüber der Anteilseignerseite vertreten. Andererseits sind sie in der Lage, Kompromisse zwischen unterschiedlichen betrieblichen Positionen innerhalb eines Unternehmens und Konzerns zu vermitteln. Das Aufgabenfeld erweitert sich noch, wenn in heterogenen Konzernen, für die mehrere Gewerkschaften zuständig sind, Interessenunterschiede zwischen Konzernteilen aus unterschiedlichen Branchen abgeglichen werden müssen.

So ist es nicht verwunderlich, daß auch Vorstandsmitglieder oder Vorstandsvorsitzende vielfach an Arbeitnehmervorbesprechungen teilnehmen. Die Unternehmensspitze hat ein großes Interesse daran, negative Öffentlichkeit zu vermeiden. Auch ständige Querelen mit Arbeitnehmervertretern werden als Indiz für schlechten Führungsstil und unzulängliche Unternehmensführung betrachtet. Daraus ergibt sich ein Interesse am Konsens, der im Gegensatz zu den konfliktorischen Ausgangspositionen steht.

---

[246] Vgl. Nagel/Riess/Theis, Neue Konzernstrukturen und Mitbestimmung, 1994, S. 194-196

Insgesamt zeigt sich die Polyvalenz der Mitbestimmung. Auf der einen Seite gewährt sie das Potential, mit dem sich Mitbestimmungsträger als "äußeres Korrektiv" von Betriebs- und Unternehmensentscheidungen betätigen. Dies führt bis hin zur Öffentlichkeitsarbeit, die durchaus konfliktorientiert sein kann. Auf der anderen Seite sind die Mitbestimmungsträger "inneres Korrektiv" des Managements, indem sie als doppeltes Controlling und gleichzeitig als Teil-Co-Managament Interessen und Positionen der Belegschaften mit den Zielsetzungen der Unternehmens- und Konzernspitze abgleichen.

Hinzu kommt im System der bundesrepublikanischen Arbeitsverfassung, das auf den beiden Fundamenten Mitbestimmung und Tarifvertrag ruht,[247] daß Betriebsräte und Arbeitnehmervertreter im Aufsichtsrat gleichzeitig in den gewerkschaftlichen Tarifkommissionen tätig sind. Aus der klassischen Sicht des antagonistischen Tarifvertragssystems bedeutet dies eine gewisse Beeinträchtigung der gewerkschaftlichen Verhandlungspositionen. Es ergibt sich aber auch eine umgekehrte Sekundärwirkung, der Arbeitnehmer- und Gewerkschaftseinfluß steigt durch die zusätzliche Repräsentanz von Gewerkschaftsvertretern in den Aufsichtsräten und durch die Verbindungen der Betriebsräte zum Management.

Konnte man bisher feststellen, daß die Mitbestimmungsträger "im Schatten des Rechts", d.h. ihrer gesetzlich festgelegten Kompetenzen, verhandeln, so zeigt sich neuerdings, daß die Verhandlungen zunehmend in den mitbestimmungsrechtlich nicht geregelten Raum übergreifen und durch eine Mitbestimmungskultur getragen werden, in der sich die geschilderten Polyvalenzen widerspiegeln. Dieses System gegenseitiger Verflechtungen ist anscheinend auch in Zeiten wirtschaftlicher Krisen funktionsfähig, wie jüngste Erfahrungen zeigen.

6. Mitbestimmung und Effizienz

Im Gegensatz zu diesen empirisch belegten Einschätzungen des komplexen Wirkungszusammenhangs von Mitbestimmung steht die Einschätzung vieler Ökonomen, jedenfalls der sogenannten Neoklassiker, die Mitbestimmung sei ineffizient. Mitbestimmung wird als Einschränkung von Verfügungsrechten angesehen und von vornherein als Hindernis auf dem Weg zur Herstellung effizienter Unternehmens- und Betriebsstrukturen betrachtet.[248]

Die Vertreter der neoklassischen Wirtschaftstheorie, die sich im Rahmen der sogenannten property rights doctrine mit der Mitbestimmung auseinandergesetzt haben, gehen von der altertümlichen Eigentumsauffassung der "absoluten Sachherrschaft" ab, wie sie noch den Schöpfern des BGB von 1900 vorschwebte. Sie betrachtet den Eigentumsschutz nicht mehr als eine Subjekt-Objektbeziehung zwischen Mensch und Sache, sondern als Aufteilung und Abgleichung von Sachen und Rechten zwischen verschiedenen Menschen. Man muß daher, wie dies die property rights doctrine tut, vom klassisch liberalen Eigentumsbegriff des § 903 BGB ("der Eigentümer einer Sache kann, soweit nicht das Gesetz oder Rechte Dritter entgegenstehen, mit der Sache nach Belieben verfahren und andere von jeder Einwirkung ausschließen") Abschied nehmen. Eigentum als eine Herr-

[247] Vgl. Nagel, Paritätische Mitbestimmung und Grundgesetz, S. 106 f., 278 f.

[248] Pejovich, S., Codertermination: A New Perspective for the West, in: ders. (Hrsg.), The Codetermination Movement in the West, 1978, 3 ff.; Jensen, M./Meckling, W., Rights and Production Functions: An Application to Labor - managed Firms and Codetermination. Journal of Business 52 (1979), 469 ff.

schaftsbeziehung zu einer Sache entspricht einer gesellschaftslosen Robinsonade und nicht der Realität einer Gesellschaft, in der Menschen durch ökonomische, rechtliche und andere Beziehungen vielfältig miteinander verknüpft sind. Eigentum beschreibt daher nicht die Beziehung zwischen Personen und Sachen, sondern vielmehr die Beziehung zwischen Personen in bezug auf diese Sachen.

Falsch wird die property rights doctrine aber dann, wenn sie moderne Großunternehmen und die für sie typische Trennung von Eigentum und Verfügungsmacht genauso wie das Eigentum an Grundstücken, Waren oder Wertpapieren betrachtet. Wie das Bundesverfassungsgericht in seinem Mitbestimmungsurteil aus dem Jahre 1979[249] mit Recht feststellt, steht das Eigentum an einem Unternehmen in einem sozialen Bezug und in einer sozialen Funktion. Der soziale Bezug äußert sich darin, daß Nutzung und Verfügung über das Eigentum die Belange anderer Menschen berühren, welche auf die Nutzung dieses Eigentums angewiesen sind, um ihr eigenes Leben zu gestalten und ihre eigene Freiheit zu sichern. Umgekehrt bedarf es zur Nutzung des Anteilseigentums an einem Unternehmen immer der Mitwirkung der Arbeitnehmer, andernfalls kann das Unternehmen nicht funktionieren; damit wäre eine systemgerechte Nutzung des Anteilseigentums nicht möglich.

Der Neoklassik in Gestalt der property rights doctrine ist entgegenzuhalten, daß man methodisch Eigentum nicht anhand eines unbeschränkten Eigentumsbegriffs untersuchen kann, der dann nachträglich durch Recht eingeschränkt wird. Man muß vielmehr beachten, daß der Eigentumsbegriff schon immer rechtlich und gesellschaftlich verfaßt war; in einem rechtlosen Zustand wäre auch Eigentum im klassisch liberalen Sinne nicht geschützt. Es geht daher nicht an, staatliche Aktivitäten zur Regelung und Beschränkung des Anteilseigentums an Großunternehmen und damit zur Einführung der Unternehmensmitbestimmung nur als Wohlstandsverschlechterung der Anteilseigner zu registrieren. Hier liegt nicht einfach eine "Verwässerung" von Eigentumsrechten vor, sondern eine unterschiedliche Spezifizierung und Verteilung dieser Rechte auf die verschiedenen Mitglieder im Unternehmen.[250]

Aus verfassungsrechtlicher Sicht handelt es sich ebensowenig um eine eindimensionale Einschränkung des Eigentums der Anteilseigner nach Art. 14 GG, sondern vielmehr um eine arbeitsteilige Grundrechtsausübung. Auch die Arbeitnehmer bringen ihren Bestand an Grundrechten in ihre Tätigkeit im Unternehmen ein, insbesondere ihre Berufsfreiheit, ihre Koalitionsfreiheit, aber auch ihre Eigentumsrechte aus betrieblichen Anwartschaften wie z.B. aus betrieblichen Pensionsansprüchen.[251] Das Bundesverfassungsgericht hielt im Jahr 1979 die Unternehmensmitbestimmung für verfassungsgemäß, wobei es insbesondere auch auf die Sozialpflichtigkeit des Eigentums abstellte. Betrachtet man das Unternehmen als Ort der Abgleichung von konkurrierenden Grundrechten der Anteilseigner und Arbeitnehmer, so erweitert man die Argumentation um eine Dimension. Man begreift das Zusammenwirken von Anteilseignern, Management und Arbeitnehmern als arbeitsteilige Grundrechtsausübung.

Im neoklassischen Unternehmensmodell werden nur die Rechte der Anteilseigner, nicht aber die Rechte der Arbeitnehmer geschützt. So kann z.B. das sogenannte Humankapital

---

[249] BVerfGE 50, 290, 340

[250] Vgl. dazu Eger/Nutzinger/Weise in Ott/Schäfer (Hrsg.): Ökonomische Analyse des Unternehmensrechts, Heidelberg 1993, S. 78-116

[251] Vgl. Nagel, Paritätische Mitbestimmung und Grundgesetz, Baden-Baden 1988, S. 56-84 und 89-116

der Arbeitnehmer durch Unternehmensentscheidungen wie Betriebsstillegungen entwertet werden. Zu fragen ist, wie hier Rechte der Arbeitnehmer zu schützen sind. Mit dieser Frage befassen sich die Neoklassiker nicht. Realitätstüchtig würde ihre Auffassung erst dann, wenn sie Arbeitsverfassung und Mitbestimmung als einen Versuch begreifen würden, die negativen externen Effekte hierarchischer Entscheidungsstrukturen zugunsten der betroffenen Arbeitnehmer durch Mitbestimmung und arbeitsrechtlichen Schutz zu begrenzen.

Es geht auch nicht an, wie es die Vertreter der Chicago-Schule mit Vorliebe tun, die Mitbestimmung mit dem Argument anzugreifen, daß sie, wenn sie effizient wäre, von vernünftigen Vertragsparteien im Betrieb und im Unternehmen längst freiwillig vereinbart worden wäre. Die Tatsche nämlich, daß die Arbeitnehmerbeteiligung und insbesondere die Mitbestimmung in der Regel nicht ohne einen gesetzlichen Rückhalt entstehen, bedeutet noch nicht, daß sie ineffizient sind. Auch das klassische, hierarchische Unternehmensmodell setzt gesetzliche Regelungen voraus, etwa den Eigentumsschutz der Anteilseigner, während demgegenüber die Rechte der Arbeitnehmer erheblich weniger geschützt sind. Der Übergang von einem hierarchischen zu einem mitbestimmten Unternehmensmodell ist nicht durch Vertrag möglich, weil in diesem Fall die Anteilseignerseite und das Management Verfügungsrechte aufgeben müßten, ohne sichere Vermögensvorteile für die Zukunft präsentiert zu bekommen. Außerdem kann die Einführung von Mitbestimmungsrechten ihre effizienzsteigernden Wirkungen erst dann entfalten, wenn die Beschäftigten spezifische Qualifikationen aufgebaut haben und das Management die erforderlichen neuen Führungstechniken erlernt hat. Deshalb ist es durchaus möglich oder sogar wahrscheinlich, daß sich klassisch-kapitalistische Eigentumsrechte, nichtspezifische, mobile Arbeitskräfte und rigide hierarchische Kontrollen über längere Zeiträume gegenseitig stabilisieren, auch wenn effizientere Zustände mit Mitbestimmungsrechten, spezifisch-qualifizierten, immobilen Arbeitskräften und partizipativem Führungsstil realisierbar wären.[252]

Wenn die Mitbestimmung aber durch Gesetz etabliert ist, dann können sich die Arbeitsbeziehungen "in the shadow of the law"[253] entwickeln und zu besseren Unternehmensergebnissen als die alte hierarchische Unternehmensverfassung führen. Bei einer Befragung von Konzernbetriebsräten konnte sogar festgestellt werden, daß im Rahmen einer fest verankerten Mitbestimmung moralische Normen entstehen können, die jedenfalls in Zeiten außerhalb von Wirtschaftskrisen zu partizipativen Arbeitsbeziehungen führen, in denen die Positionen der Arbeitnehmerseite nicht mehr auf den Bereich begrenzt sind, der durch gesetzliche Normen abgedeckt ist.[254]

Vergleicht man die Kosten einer mitbestimmten Unternehmensverfassung mit den Kosten einer Unternehmensverfassung ohne Mitbestimmung, so muß man jedenfalls die Alternativkosten fehlender oder andersartiger gesetzlicher Regelungen in Rechnung stellen, die sich in anderen Formen der Konfliktaustragung manifestieren können. Die Erfahrung zeigt, daß fehlende Mitbestimmungsnormen zu mehr Streiks und zu anderen Formen der Arbeitsverweigerung führen. Von daher geht es bei der Schaffung und Ausgestaltung der Unternehmensverfassung nicht darum, die Frage nach der unbeschränkten oder beschränkten unternehmerischen Dispositionsfreiheit zu beantworten, sondern dar-

---

[252] Vgl. Eger/Nutzinger/Weise a.a.O., S. 109 m.w.N.

[253] Mnookin-Kornhauser, Bargaining in the Shadow of the Law, the Case of Divorce, 88 Yale Law Journal 950, 1979

[254] Vgl. Nagel/Riess/Theis, Neue Konzernstrukturen und Mitbestimmung, S. 187 f., 204-206

um, das "wie" der rechtlichen und ökonomischen Beziehungen im Unternehmen sinnvoll auszugestalten.

Die Unternehmensverfassung muß die Positionen der Anteilseigner, der Manager und der Beschäftigten miteinander abgleichen. Jede Seite ist auf die anderen angewiesen. Ohne Kapital kann der Produktionsprozeß nicht anlaufen, ohne Management kann er nicht organisiert werden, ohne Beschäftigte kann nicht produziert werden. Die Beschäftigten schränken keineswegs eine betriebliche Position der Manager oder Anteilseigner ein, die ohne sie viel besser agieren und produzieren könnten. Sie sind vielmehr für den Produktionsprozeß notwendig. Daher haben in den letzten Jahren viele Unternehmen das sogenannte human resource management entwickelt und ausgestaltet. Sie betrachten es als wichtig, daß sich die Beschäftigten im Unternehmen wohl fühlen. Nur mit derart motivierten Beschäftigten können die komplizierten Produktions- und Entwicklungsprozesse z.B. der Lean Production bewältigt werden, um eine der neuesten Entwicklungen zu skizzieren.

Die Notwendigkeit der Abgleichung von unterschiedlichen Positionen in der Unternehmensverfassung läßt sich an einem Beispiel verdeutlichen: Wer in einer Großstadt am späten Nachmittag ein bestimmtes Ziel erreichen möchte, kommt nicht dann am besten vorwärts, wenn überhaupt keine Verkehrszeichen oder Verkehrsregelungen existieren (uneingeschränkte Verfügungsrechte). In diesem Fall würde das Durcheinander der Verkehrsteilnehmer rasch zum völligen Verkehrsstillstand führen. Vielmehr ist zur Entfaltung jedes Verkehrsteilnehmers eine Regelung des Verkehrs erforderlich. Genauso ist es mit den Regeln im Unternehmen, die das Zusammenwirken von Anteilseignern, Managern und Beschäftigten sicherstellen.

Zum Teil wird die existierende Mitbestimmung mit dem abgeschwächten Argument angegriffen, die verschiedenen gesetzlichen Normen und ihr Zusammenwirken seien zu kompliziert, um die Interaktion der Beteiligten im Betrieb und im Unternehmen angemessen zu regeln. Hieran ist sicherlich der Gedanke richtig, daß man komplizierte Gesetze vereinfachen kann und muß. Daraus folgt aber nicht die Notwendigkeit, Mitbestimmungsrechte einzuschränken. Vielmehr könnte durch eine breitere Fassung der Rechte die Kompliziertheit enger, ineinandergreifender Detailregelungen überwunden werden. Im übrigen bewegen sich die Mitbestimmungsträger ohnehin aus der reinen Anwendung von Rechtsnormen in den "freien" Bereich der betrieblichen Vereinbarungen hinein.

Nach dem bisher Gesagten ergeben sich viele Argumente, die für die Effizienz der bestehenden Mitbestimmung in Deutschland sprechen. Gegenpositionen werden zumeist von fehlerhaften theoretischen Grundpositionen her formuliert; auch fehlt meistens die empirische Absicherung. Sie vermögen die Indizien, die für die Effizienz der Mitbestimmung sprechen, nicht zu entkräften. Gleichwohl ist festzuhalten, daß es sich bei den Mitbestimmungsrechten um Organisationsnormen handelt, die durch praktisches Handeln ausgefüllt werden müssen. Entsprechende Mitbestimmungsnormen ermöglichen lediglich effizientes Handeln im Betrieb, Unternehmen und Konzern, stellen es aber keineswegs sicher. Wesentliche Funktionsbedingungen sind einerseits die bestehenden Gewerkschaftsstrukturen in Deutschland, andererseits ein gewisser Grundkonsens oder Minimalkonsens zwischen Arbeitgeber- und Arbeitnehmerseite, dessen Fortbestand keineswegs gesichert ist.

Schließlich fragt es sich, ob Fragen der Gesundheit und der ökologischen Umweltsicherung als externe Effekte aus der Unternehmensverfassung ausgegliedert bleiben und durch staatliche Aufsichts- und Haftungsnormen geschützt bleiben sollen. Es spricht vieles dafür, diesen Interessen, die weder durch Arbeitgeber noch durch Arbeitnehmer angemessen sichergestellt werden, durch spezifische Organisationsnormen im Rahmen der Unternehmensverfassung Rechnung zu tragen. Im Jahr 1988 kam es zu einem Diskussionsentwurf der Grünen, die u.a. einen "Sachwalter des Umweltinteresses" im Aufsichtsrat und einen "Umweltdirektor" im Vorstand vorsahen. Problematisch ist aber Wahl oder Kontrolle derartiger Sachwalter; praktikabel erscheint allein die Kooption durch Anteilseigner- und Arbeitnehmervertreter.

7. Mitbestimmung und Grundgesetz

Im Jahr 1979 hatte das Bundesverfassungsgericht über die Vereinbarkeit des Mitbestimmungsgesetzes von 1976 mit dem Grundgesetz zu entscheiden.[255] Das Gericht untersuchte insbesondere die Frage, ob das Gesetz gegen den Eigentumsschutz des Art. 14 GG verstoße. Das Gericht hatte sich nur mit der unterparitätischen Besetzung des Aufsichtsrats zu befassen, die das Gesetz von 1976 enthält. Es erkannte eine weitgehende Befugnis des Gesetzgebers an, Inhalt und Schranken des Eigentums zu bestimmen; diese Befugnis gehe umso weiter, je mehr das Eigentumsobjekt in einem sozialen Bezug und einer sozialen Funktion stehe.[256] Insbesondere bedürfe es zur Nutzung des Anteilseigentums immer der Mitwirkung der Arbeitnehmer, anders sei ein funktionierendes Unternehmen und damit eine systemgerechte Nutzung des Anteilseigentums nicht möglich. Im übrigen sei auch die Befugnis der anderen Anteilseigner zur Mitgestaltung des Unternehmens ein sozialer Bezug des Anteilseigentums. Art. 14 GG sei nicht verletzt (vgl. oben).

Mehr Mühe hatte das Gericht mit der Koalitionsfreiheit nach Art. 9 Abs. 3 GG. Es erkannte an, daß die Koalition der Arbeitgeber als Partner von Tarifverträgen unabhängig und gegnerfrei sein müsse. Dieser Schutz sei aber nicht absolut, sondern erstrecke sich nur auf den Kernbereich der Bildung und Betätigung der Koalition. Der Gesetzgeber könne die Unternehmensmitbestimmung zur Förderung der Arbeits- und Wirtschaftsbedingungen weiterentwickeln; die Grenze sei aber dort zu ziehen, wo die Tarifpartner die Interessen ihrer Mitglieder nach ihrer Gesamtstruktur nicht mehr vom Gegner unabhängig vertreten könnten. Bei einer Gesamtwürdigung sei aber die Zunahme der Gegnerabhängigkeit durch das neue Gesetz so gering, daß Art. 9 Abs. 3 GG nicht verletzt sei.[257]

Bei dieser Argumentation zu Art. 9 Abs. 3 wird übersehen, daß hier in erster Linie die Vereinigungsfreiheit der Arbeitnehmer zur Gestaltung der Arbeits- und Wirtschaftsbedingungen geschützt ist. Demgegenüber ist die Koalitionsfreiheit der Arbeitgeber lediglich akzessorisch. Vor allem muß aber auch bei der Auslegung von Art. 9 Abs. 3 beachtet werden, daß konkurrierende Grundrechte miteinander abzugleichen sind. Gerade die oben beschriebene Verzahnung der Unternehmensverfassung mit der Arbeitsverfassung im Rahmen der Aufsichtsratsmitbestimmung bedeutet, daß der Arbeitnehmer- und Gewerkschaftseinfluß einerseits durch die zusätzliche Repräsentanz von außerbetrieblichen Arbeitnehmervertretern steigt, andererseits aber auch durch zusätzliche Beeinflussungs-

[255] BVerfGE 50, 290
[256] BVerfGE 50, 290, 340
[257] BVerfGE 50, 290, 376

möglichkeiten der Anteilseignerseite und des Managements berührt wird. Entscheidend für die Einschätzung dieser gegenseitigen Beeinflussung ist die Tatsache, daß die Mitbestimmung auf die Bewältigung der jeweiligen Unternehmensprobleme abzielt, also auf eine Interessenabgleichung in den Entscheidungs- und Kontrollorganen des Unternehmens, während die Beeinflussung der tariflichen Handlungsmöglichkeiten nur eine (unvermeidliche) Nebenfolge darstellt. Dadurch verstärken sich die Argumente, die für die Vereinbarkeit des Mitbestimmungsgesetzes von 1976 mit Art. 9 Abs. 3 GG sprechen. Im übrigen hält das Bundesverfassungsgericht fest, daß die gesetzgeberische Prognose über die Wirkung der Mitbestimmung lediglich vertretbar sein müsse (BVerfGE 50, 290, 333). Es reiche, wenn der Gesetzgeber die ihm zugänglichen Erkenntnisquellen ausschöpfe, um die voraussichtlichen Auswirkungen seiner Regelung so zuverlässig wie möglich abschätzen zu können. Bestätigt sich die Prognose nicht, müsse er sie allerdings korrigieren.

Bezieht man die Argumente, die zur Effizienz der Mitbestimmung entwickelt wurden, in die Betrachtung der Verfassungsmäßigkeit mit ein, so bestätigt sich die Richtigkeit der Verfassungsgerichtsentscheidung. Das gegenwärtige Mitbestimmungssystem stellt sich als ein effizientes, in sich verflochtenes System der Interessenabgleichung dar, mit dem Arbeitsverfassung und Unternehmensverfassung verbunden werden. Es stellt einen wesentlichen Pfeiler der wirtschafts- und arbeitspolitischen Stabilität in der Bundesrepublik dar, der allerdings nicht auf Dauer gesichert ist (vgl. oben).

Letztlich muß die Interessenabgleichung zwischen Anteilseignern, Management und Arbeitnehmern als Problem der Selbstorganisation komplexer Systeme gesehen werden.[258] Hierbei geht es um die Ermöglichung von funktionierenden Beziehungen zwischen (von Menschen gemachten und gesteuerten) wirtschaftlichen Einheiten; das Recht soll hierzu angemessene Grundnormen bereithalten, kann aber keine Erfolgsgarantien abgeben.

Zur Vertiefung: vgl. Literaturverzeichnis 5. und 6. sowie *Nagel/Riess/Theis*, Der Lieferant on line, Just-in-Time-Produktion und Mitbestimmung in der Automobilindustrie, Baden-Baden 1990; *dies.*, Neue Konzernstrukturen und Mitbestimmung, Baden-Baden 1994

[258] Vgl. zur Einführung Lewin, Die Komplexitätstheorie, Hamburg 1994

XIII. Regulierung des Kapitalmarkts und des Markts für Unternehmen

1. Problemstellung

Wie das Beispiel des Eisenbahnbaus im 19. Jahrhundert zeigt, hat sich die Aktiengesellschaft vor allem als Vehikel zur Sammlung von Kapital entwickelt. Um den vielen kleinen Anlegern das Geld buchstäblich aus der Tasche zu ziehen, genügte anfangs das Versprechen märchenhafter Gewinne und die Beschränkung des finanziellen Risikos auf die Einlage. Nach dem sogenannten Gründungsschwindel und dem Zusammenbruch vieler unterkapitalisierter Aktiengesellschaften mußte bereits im Jahr 1874 der Gläubigerschutz und der Anlegerschutz im Aktienrecht verankert werden (vgl. oben). Heute gibt es bereits bei der Gründung der AG, aber auch bei der laufenden Geschäftspolitik einen ausdifferenzierten Schutz der Anleger, der Gläubiger und der Arbeitnehmer. Diese sogenannte Rigidität des Aktienrechts wird durch den Schutz des Aktienhandels (Effektenhandels) ergänzt. Effekten sind nach § 1 Abs. 1 des Depotgesetzes neben den Aktien auch andere massenhaft ausgegebene Wertpapiere des Kapitalmarkts. Der Anlegerschutz wird vor allem in § 38 Abs. 2 des Börsengesetzes sichergestellt. Danach muß, ehe ein Wertpapier an der Börse eingeführt wird, ein Prospekt veröffentlicht werden, der die für die Beurteilung wesentlichen Angaben enthält. Sind diese Angaben unrichtig, so haftet nicht nur das emittierende Unternehmen, sondern auch die Emissionsbank für unrichtige Angaben, die vorsätzlich oder grob fahrlässig gemacht wurden, nach § 45 Abs. 1 Börsengesetz.

Ausgehend von dieser gesetzlich geregelten Haftung hat die Rechtsprechung in den letzten Jahren eine allgemeine Prospekthaftung entwickelt, die zu Schadensersatzansprüchen von Anlegern führt, wenn Aufklärungs- und Beratungspflichten verletzt wurden.

Da viele Anleger das Risiko von Kursschwankungen scheuen, haben sich Kapitalanlagegesellschaften (Investmentfonds) entwickelt, die ihre Aktien und Wertpapieranlagen diversifizieren, dadurch das Risiko mischen und für das Geld der Anleger Investmentanteile ausgeben. Der Gesetzgeber hat im Jahr 1957 das Kapitalanlagegesellschaftengesetz erlassen, um die Möglichkeit von Mißbräuchen einzuschränken. Da dieses Gesetz nur inländische Investmentfonds erfaßt, mußte Mitte der sechziger Jahre, als ausländische Fonds ihre Anteile massenhaft in Deutschland zu vertreiben begannen, auch hier den Mißbrauchsmöglichkeiten Einhalt geboten werden. Dies geschah durch das Auslandsinvestmentgesetz im Jahr 1969, das der Gesetzgeber auch zur Novellierung des Kapitalanlagegesellschaftengesetzes (KAGG) nutzte.

Im Sommer 1994 wurde das zweite Finanzmarktförderungsgesetz verabschiedet, ein Artikelgesetz, in dem auch das neue Gesetz über den Wertpapierhandel enthalten ist. Darin soll der sogenannte Insider-Handel verboten werden, der insbesondere den US-Banken ein Dorn im Auge ist. Während es in den USA seit längerem ein Verbot des "Insidertrading" gibt, der eine Benachteiligung der Kapitalanleger in den USA durch Insider-Geschäfte verhindert, gab es bisher in Deutschland nur eine freiwillige Regelung, deren Wirksamkeit umstritten war.[259] Die deutschen Banken kommen über ihre Aufsichtsratsmandate an viele Insider-Informationen heran, was die amerikanischen Banken als Benachteiligung empfinden. Durch die EG-Richtlinie 592/89 vom 13.11.1989 wurde die

---

[259] Vgl. Kübler, S. 376 ff., § 31 IV

Bundesrepublik Deutschland verpflichtet, ein Verbot des Insider-Handels gesetzlich zu verankern.

In Vorbereitung befindet sich eine Richtlinie der EG zu einem Sonderproblem des Kapitalmarkts, das in den letzten Jahren immer bedeutsamer wurde. Es geht um die Übernahme der Mehrheit in Unternehmen, die zum Teil mit der Absicht verknüpft wird, die Kredite, die hierzu aufgenommen wurden, durch Verkauf von Teilen des Unternehmens zu finanzieren. In den USA gab es in den achtziger Jahren eine Reihe von spektakulären, durch sogenannte junk-bonds (wertlose Schuldverschreibungen) finanzierte Unternehmensübernahmen. Hierbei wurde ein öffentliches Übernahmeangebot für eine Gesellschaft zu einem Preis abgegeben, der meist erheblich über dem aktuellen Börsenkurs lag. Zur Finanzierung der Übernahme wurden junk-bonds verwendet, die oft mit dem Verkauf von Teilen des erworbenen Unternehmens wieder zurückgezahlt werden sollten. Die EG-Kommission plant eine Richtlinie, mit der sie eine Benachteiligung von sogenannten außenstehenden Anteilseignern verhindern oder durch Schadensersatzansprüche neutralisieren will.[260]

Bei den genannten Problembereichen handelt es sich um Teile des Kapitalmarktrechts, die für das Gesellschaftsrecht, insbesondere das Aktienrecht, bedeutsam sind. Sie sollen im folgenden skizziert werden.

2. Prospekthaftung

a) Ausgangspunkt: Börsengesetz

Die Prospekthaftung nach § 45 Börsengesetz trifft die, welche einen Prospekt erlassen haben, sowie die, von denen der Erlaß des Prospektes ausgeht (Prospektersteller und Emittent). Sie haften nach § 45 Abs. 1 Satz 1 Börsengesetz für unrichtige Angaben, wenn sie die Unrichtigkeit gekannt haben oder ohne grobes Verschulden hätten erkennen müssen. Daneben haften sie nach Satz 2 für die Unvollständigkeit des Prospektes, soweit sie auf böslichem Verschweigen oder auf der böslichen Unterlassung einer ausreichenden Prüfung beruht. Die Fehlerhaftigkeit kann auch darin liegen, daß wertende Aussagen über die Lage des Unternehmens oder seine künftige Entwicklung zu einem irreführenden Gesamteindruck führen.[261] Ferner muß die Unrichtigkeit oder Unvollständigkeit ursächlich für den Schaden des Anlegers sein.

Nach § 46 Börsengesetz erstreckt sich die Haftung nur auf diejenigen Stücke, welche aufgrund des Prospektes zugelassen worden sind. Maßgeblich ist der Gesamteindruck, den der Prospekt vermittelt.[262] Wer nach Prospektveröffentlichung Aktien kauft, die zuvor emittiert wurden, kann keinen Schadensersatz verlangen. Außerdem kann der Ersatzpflichtige statt Schadensersatz zu zahlen, wandeln; er kann die Effekten gegen Rückzahlung des vom Erwerber entrichteten Kaufpreises zurücknehmen (§ 46 Abs. 2 Börsengesetz). Wenn der Prospektersteller oder Emittent nicht böslich gehandelt hat, ist die Haftung ausgeschlossen, falls der Erwerber die Unrichtigkeit oder Unvollständigkeit kannte oder die Unrichtigkeit kennen mußte (§ 46 Abs. 3 Börsengesetz).

---

[260] Vgl. den geänderten Vorschlag für eine dreizehnte Richtlinie des Rates auf dem Gebiet des Gesellschaftsrechts über Übernahmeangebote, ABlEG 1990 C 240/7 f.

[261] Vgl. BGH WM 1982, 862-Beton- und Monierbau I

[262] Vgl. OLG Frankfurt/M., DB 1994, 416

Nach dem Vorbild des Börsengesetzes wurde die Prospekthaftung in § 12 des Auslandsinvestmentsgesetzes und § 20 des Kapitalanlagegesellschaftengesetzes geregelt.

b) Prospekthaftung nach allgemeinem Zivilrecht

Veranlaßt durch Mißstände bei den sogenannten Bauherrenmodellen und bei einer Reihe von Abschreibungsgesellschaften, die meist in der Rechtsform der GmbH & Co. KG betrieben wurden, hat die Rechtsprechung eine Prospekthaftung nach den Grundsätzen des allgemeinen Zivilrechts entwickelt. Sie ging davon aus, daß derjenige, welcher als Vertreter ein eigenes wirtschaftliches Interesse am Vertragsabschluß hat, welcher ferner für seine eigene Person Vertrauen in Anspruch genommen und dadurch die Vertragsverhandlungen beeinflußt hat, aus culpa in contrahendo für den Vertrauensschaden beim Anleger haftet.[263] Wer eine Prospektwerbung veröffentlicht, nimmt zwar kein persönliches Vertrauen in Anspruch, wohl aber ein typisiertes Vertrauen, das ordentlichen Geschäftsleuten in diesem Wirtschaftsbereich entgegengebracht werden darf.[264] Er haftet ebenfalls aus culpa in contrahendo. Bringt ein Anlageberater den Interessenten dazu, die Dienste einer Bank in Anspruch zu nehmen, so kann auch ein Beratungsvertrag zustandegekommen sein. Aus der Haftung für vorvertragliche Sorgfalts- und Rücksichtspflichten wird dann eine Vertragshaftung. Tritt bei der Veröffentlichung des Prospekts überhaupt keine Person in Erscheinung, so muß man die Haftung der Herausgeber des Prospekts aus kapitalmarktbezogenen Verkehrspflichten ableiten, die wie jede andere Verkehrssicherungspflicht nach § 823 Abs. 1 beurteilt werden müssen.[265]

Mit Recht erfaßt die Rechtsprechung neben den Geschäftsführern der Komplementärs-GmbH in der GmbH & Co. KG auch andere Initiatoren und Hintermänner, welche die Gesellschaft mitgestaltet und die Geschäfte mitbeeinflußt haben.[266] Hinzu kommen selbständige, gewerbliche Vermittler, welche als Vertreter beim Vertrieb einer steuerbegünstigten Kapitalanlage falsche Angaben gemacht oder einen falschen Werbeprospekt verwendet haben.[267] Auch Wirtschaftsprüfer und Rechtsanwälte, welche den Prospekt mitverfaßt haben, haften, wenn ihre Mitwirkung dem Empfänger erkennbar war.[268] In einem Fall hat der BGH den Treuhandkommanditisten haftbar gemacht, der die Kommanditisten gegenüber der KG vertreten hat.[269]

Den genannten Beteiligten fordert die Rechtsprechung eine umfassende Aufklärungspflicht ab; sie müssen die Gefahren und Risiken des jeweiligen Geschäfts berücksichtigen und auch auf die Bedeutung und Höhe von Prämien und Vermittlungsgebühren hinweisen.[270] Haben Anlageberater, Treuhänder oder Vermittler ihre Beratung auf einzelne Punkte beschränkt, so begrenzt der BGH die Haftung auf diesen Bereich.[271] Bei Options- und Termingeschäften wird sogar eine schriftliche Aufklärung verlangt.[272] Dadurch soll es möglich werden, daß der Anleger schwierige Zusammenhänge gründlich erfassen kann; bei einer mündlichen Information wäre dies angesichts der Kompliziertheit dieses

263 BGHZ 71, 284
264 BGHZ 83, 222 f.
265 Vgl. Münchner Kommentar/Mertens, § 823 Rz. 474
266 BGHZ 72, 382, 386
267 BGHZ 74, 103, 109
268 BGHZ 77, 172, 176 f.
269 BGHZ 84, 141 f.
270 BGH NJW 1992, 3296
271 BGHZ 116, 209
272 BGH NJW 1992, 3296 für Stillhalteroptionsgeschäfte; BGH NJW 1992, 1879 für Warentermindirektgeschäfte

Anlagegeschäfts nicht möglich. Ausgangspunkt ist § 53 Abs. 2 Börsengesetz, wonach über inländische Aktienoptionsgeschäfte schriftlich informiert werden muß.

Nach dem Alles oder Nichts-Prinzip des BGB muß stets der gesamte Schaden ersetzt werden. Bezogen sich die Aufklärungspflichten nur auf einzelne Punkte des Anlagegeschäfts, so muß nur der Schaden ersetzt werden, der diesem Punkt zugerechnet werden kann.[273] Ganz unwahrscheinliche und unerwartete Schäden müssen nach der Adäquanztheorie (vgl. WR II, S. 41) nicht ersetzt werden.

Die differenzierten Verschuldensmaßstäbe des Börsen- und Investmentrechts gelten nicht für die Prospekthaftung des allgemeinen Zivilrechts. Hier muß bereits für leichte Fahrlässigkeit gehaftet werden.[274]

3. Kapitalanlagegesellschaften

Kapitalanlagegesellschaften sind Unternehmen, deren Geschäftsbereich darauf gerichtet ist, bei ihnen eingelegtes Geld im eigenen Namen für gemeinschaftliche Rechnung der Einleger (Anteilsinhaber) nach dem Grundsatz der Risikomischung in Form von Wertpapier-, Beteiligungs- oder Grundstückssondervermögen getrennt vom eigenen Vermögen anzulegen und über die hieraus sich ergebenden Rechte der Einleger Urkunden (Anteilsscheine) auszustellen (§ 1 KAGG). Sie dürfen nur in der Rechtsform der AG oder der GmbH betrieben werden (§ 1 Abs. 2 KAGG). Ihr Mindestnennkapital muß 5 Mio. DM betragen. Sie unterliegen einer weitgehenden Überwachung durch die Bankenaufsicht (§ 2 KAGG). Die Aktien oder Geschäftsanteile der GmbH müssen vinkuliert sein (vgl. oben); auch in der Rechtsform der GmbH muß ein Aufsichtsrat eingerichtet werden (§§ 1 Abs. 2-4, 3 und 4 KAGG).

Die Gesellschaft muß das bei ihr gegen die Ausgabe von Anteilscheinen angelegte Geld, die damit angeschafften Wertpapiere und Bezugsrechte sowie alle Ansprüche, die daraus entstehen (z.B. Dividendenansprüche, Ansprüche aus dem Verkauf veräußerter Papiere) einem oder mehreren Sondervermögen zuführen, die von dem eigenen Vermögen der Gesellschaft strikt getrennt zu halten sind (§ 6 Abs. 1 KAGG). Mit der Verwahrung dieses Sondervermögens (Fonds) ist die sogenannte Depotbank zu beauftragen (§ 12 KAGG). Diese muß die zum Fonds gehörenden Wertpapiere in ein gesperrtes Depot nehmen und die dazugehörigen Geldbeträge auf einem gesperrten Konto verbuchen. Die Depotbank gibt die Anteilsscheine aus und nimmt sie zurück. Die Bankenaufsicht kann der Auswahl der Depotbank widersprechen und jederzeit ihren Wechsel verlangen (§ 12 Abs. 1 KAGG).

In der Praxis werden die Kapitalanlagegesellschaften von den Depotbanken gegründet und als Konzernuntergesellschaften betrieben. Hier haben sich die Großbanken ein neues Geschäftsfeld gesichert; die Absicht des Gesetzgebers, die Verwaltungsgesellschaft von der Gesellschaft, welche die Eigentumsrechte hält, zu trennen, wurde damit im wirtschaftlichen Ergebnis vereitelt.

Die Kapitalanlagegesellschaft, nicht die Depotbank, entscheidet darüber, wie das Geld der Kunden angelegt wird. Sie ist hierbei an Anlagevorschriften gebunden, die dem

[273] BGHZ 116, 209 f.

[274] Vgl. Kübler, S. 380, § 31 V 4c

Schutz der Anleger dienen sollen. So darf sie nach § 8 Abs. 4 KAGG nicht mehr als 5 % der Aktien bzw. Stimmrechte desselben Ausstellers erwerben. Damit soll auch ein beherrschender Einfluß auf andere Unternehmen verhindert werden. Bei den Wertpapierfonds ist eine Risikomischung vorgeschrieben (§ 8a KAGG). Eine Teilnahme an der Wertpapieranleihe ist seit 1994 erlaubt. Ausgeschlossen ist der Erwerb von Investmentanteilen. Die Kapitalanlagegesellschaft darf also nicht Anteile von gleichartigen Gesellschaften erwerben (§ 8 Abs. 6 KAGG); die Bildung von sogenannten "Dachfonds" ist unzulässig, da sie der Umgehung der übrigen Anlagevorschriften dienen würde und den Anleger mit mehrfachen Verwaltungsgebühren belasten würde. Nach § 8 Abs. 4 KAGG darf die Gesellschaft für alle von ihr verwalteten Fonds nicht mehr als 5 % der Aktien oder der Stimmrechte desselben Ausstellers erwerben. Damit soll verhindert werden, daß Investmentfondsgesellschaften andere Unternehmen beherrschen. Eine derartige Konstruktion von Konzernobergesellschaften würde auch dem Gedanken widersprechen, daß Kapitalanlagegesellschaften durch die Risikostreuung bei der Anlage das Kapitalsparen für Kleinanleger erleichtern.

Verwaltet die Gesellschaft ein Grundstückssondervermögen (Immobilienfonds) so gelten nach §§ 26 f. KAGG besondere Vorschriften. Unter anderem muß der Fonds aus mindestens 10 Grundstücken bestehen, von denen keines den Wert von 15 % des Fondswertes übersteigen darf (§ 27 KAGG).

Die Anteilsinhaber können durch Rechtsgeschäfte der Kapitalanlagegesellschaft nicht persönlich verpflichtet werden. Sie haften auch nicht persönlich für Ansprüche der Gesellschaft aus den Geschäften, die diese für die gemeinschaftliche Rechnung der Anteilsinhaber getätigt hat. Nach Maßgabe der Vertragsbedingungen kann der Anteilsinhaber gegen Rückgabe des Anteilscheins verlangen, daß ihm sein Anteil am Fonds ausbezahlt wird.

Beim Gesetz über die Kapitalanlagegesellschaften steht zwar der Individualschutz der Anleger im Vordergrund, daneben wird aber auch die Leistungsfähigkeit des Kapitalmarkts in diesem Bereich gesichert. Die institutionelle Sicherung liegt darin, daß der Zugang von Anbietern und Nachfragern, die Form der Anlage und die Aufnahmefähigkeit des Marktes geregelt wird. Die operative Funktionsfähigkeit des Marktes wird gesichert, indem der Gesetzgeber durch Publizitätsvorschriften die Transaktionskosten senkt und damit die Auswahl des kostengünstigsten Angebots beschleunigt.[275]

Die Tatsache, daß ausländische Investmentfonds zunehmend im Inland Anteile auf den Markt bringen, nahm der Gesetzgeber zum Anlaß, durch das Auslandsinvestmentgesetz von 1969 den Anlegerschutz und damit die Kontrolle auch auf diese Bereiche des Investmentrechts auszuweiten. Insbesondere sind auch die ausländischen Gesellschaften einem Prospektzwang unterworfen, an den nach § 12 des Gesetzes eine Prospekthaftung geknüpft wird; die maßgeblichen Vorschriften entsprechen §§ 18, 19 und 23 KAGG.

Nach beiden Gesetzen gibt es ein sogenanntes Widerrufsrecht des Käufers, der durch mündliche Verhandlungen außerhalb der ständigen Geschäftsräume des Verkäufers zum Erwerb der Anteilsscheine bestimmt wurde; es ist auf zwei Wochen beschränkt (vgl. § 23 KAGG und § 11 Auslandsinvestmentgesetz).

---

[275] Vgl. Kübler, S. 372, § 31 II 2

4. Insiderhandel

a) Wertpapierhandelsgesetz

Im Sommer 1994 wurde das zweite Finanzmarktförderungsgesetz verabschiedet, ein Artikelgesetz, das mit seinem Artikel 1 ein Gesetz über den Wertpapierhandel (Wertpapierhandelsgesetz - WpHG) schafft. Das Gesetz wendet sich gegen sogenannte Insidergeschäfte mit Wertpapieren. Nach § 14 WpHG ist es einem Insider verboten, unter Ausnutzung von Insidertatsachen Insiderwertpapiere für eigene oder fremde Rechnung zu erwerben oder zu veräußern oder die Insidertatsache einem Dritten mitzuteilen oder zugänglich zu machen.

Unter den Begriff des Insiders fallen nach § 13 WpHG nicht nur die sogenannten Primärinsider, d.h. Personen die unmittelbar in ihrem Beruf an Insiderinformation herankommen (§§ 13 Abs. 1, 14 Abs. 1 WpHG), sondern auch sogenannte Sekundärinsider, welche die Insiderinformation auf anderem Wege erlangen (§ 14 Abs. 2 WpHG). Danach kann jeder Insider sein, der aufgrund von Insiderinformationen in Wertpapieren handelt.[276] Der Insider wird also vom Ergebnis her definiert, d.h. vom Wertpapierhandel. In der EG-Richtlinie zur Koordinierung der Vorschriften betreffend Insidergeschäfte vom 13.11.1989[277] wird eine so weite Interpretation nicht verlangt; die Umsetzung der Richtlinie wäre ausreichend gewesen, wenn jeder erfaßt worden wäre, der mit Berufsbezug Insiderwissen erwirbt.

Nach § 2 WpHG muß es sich bei den Insiderpapieren um Wertpapiere handeln. Nach § 12 Abs. 1 WpHG wird verlangt, daß diese Wertpapiere auf einem Markt gehandelt werden können, der von staatlich anerkannten Stellen geregelt und überwacht wird, regelmäßig stattfindet und für das Publikum unmittelbar oder mittelbar zugänglich ist. Damit werden alle Papiere erfaßt, die an deutschen Wertpapierbörsen zum amtlichen Handel, zum geregelten Markt und zum Freiverkehr (§ 78 Börsengesetz) zugelassen sind. Der außerbörsliche Telefonverkehr ist ausgenommen.

Der Erwerb oder die Veräußerung der genannten Wertpapiere des von dieser Information betroffenen Emittenten ist nach § 14 WpHG verboten, wenn dies unter Ausnutzung seiner Kenntnis von einer Insidertatsache geschieht. Es spielt keine Rolle, ob der Erwerb auf eigene oder fremde Rechnung, direkt oder indirekt erfolgt. Das Gesetz verlangt nicht, daß ein Vorteil aus dem Insidergeschäft erzielt wird. Der subjektive Tatbestand von § 14 WpHG besteht lediglich darin, die Kenntnis von der Insidertatsache auszunutzen, nicht darin, einen eigenen Vorteil zu erzielen. Erfaßt sind alle wertpapierrechtlich relevanten Transaktionen, sofern sie nicht durch objektive Aufträge Dritter abgedeckt oder durch objektive Marktdaten gerechtfertigt sind. Wer gegen das Verbot verstößt, kann bis zu fünf Jahre Freiheitsstrafe oder Geldstrafe erhalten (§ 38 WpHG). Bei leichteren Verstößen drohen hohe Bußgelder in Höhe von bis zu 3 Mio. DM (§ 39 WpHG).

Unter die Position des Insiders können auch Personen fallen, die als Börsen- und Unternehmensjournalisten, Wertpapieranalysten und Anlageberater beruflich mit dem Aufspüren von Neuigkeiten des Kapitalmarkts befaßt sind. Sofern sie nicht berufstypische Kenntnisse von solchen Tatsachen erhalten, die nicht öffentlich bekannt sind (vgl. § 13

---

[276] Claussen, Das neue Insiderrecht, DB 1994, S. 27 f.; Assmann, AG 1994, S. 196-206 und 237-258

[277] ABlEG Nr. L 334 89/592

WpHG), unterfallen sie dem Gesetz. Sie sollten deshalb vermeiden, daß ihnen Informationen aus Kreditabteilungen der Banken, Vorstands- und Aufsichtsratsquellen zugehen. Es entwickelt sich hier ein Berufsrecht der Analysten, das auf eine Trennung der Informations- und der Beratungstätigkeit hinausläuft.

Zur Kontrolle des Insiderhandels wird ein Bundesaufsichtsamt für den Wertpapierhandel geschaffen (§§ 16 ff. WpHG). Es ist unrealistisch, von dem Gesetz zu erwarten, daß nach amerikanischem Vorbild Informationsblockaden eingeführt werden. Vielmehr wird eine Grauzone entstehen, weil erhebliche Beweisschwierigkeiten auftreten werden, wenn es um den Nachweis des Tatbestandsmerkmals "Ausnutzung dieser Kenntnis" (§ 14 WpHG) geht. Andererseits dürften die Sanktionsdrohungen (§§ 38 f. WpHG) doch abschreckend wirken.

b) Ökonomische Auswirkungen der Insider-Gesetzgebung

Die ökonomischen Auswirkungen der Insider-Gesetzgebung werden kontrovers diskutiert. Nach der einen Auffassung ist die gesetzliche Regelung zumindest fragwürdig, weil sie den Abbau von Unterschieden im Wissensstand der Marktbeteiligten verhindert oder zumindest erschwert.[278] Die andere Auffassung stellt darauf ab, daß Insiderhandel im großen und ganzen nachteilig ist, weil er die Funktionsfähigkeit des Kapitalmarkts beeinträchtigt und dem Management Anreize eröffnet, die Schwankungen des Unternehmenswertes aktiv zu betreiben, um sich die Wertdifferenzen zunutze zu machen.[279]

Zuerst zu dem Argument, die Ausnutzung von Insiderinformationen baue das Ungleichgewicht von Wissensständen ab und sei daher ökonomisch effizient. Dieses Argument wendet sich insbesondere gegen die verbreitete moralische Kritik an denen, welche Insiderinformationen ausnutzen. Daran soll jedenfalls die Unterstellung falsch sein, das Ausnutzen von Wissensvorsprüngen am Markt führe zur Schädigung anderer Marktteilnehmer. Hierzu ein Beispiel:[280]

Der Vorstand einer AG erfährt am 1.3., daß Erdölbohrungen, die bisher ein Grund für spekulative Käufe oder Nichtverkäufe waren, erfolglos geblieben sind. Er beschließt den Abbruch dieser Arbeiten. Der Börsenkurs am 1.3. soll 200 betragen. Würde das Wissen um die erfolglosen Bohrungen und der Entschluß, weitere Bohrungen einzustellen, sofort veröffentlicht, sänke der Kurs am 2.3. auf 100. Dies sei der "wahre" Wert der Aktie (der Begriff ist fragwürdig). Diese Kursentwicklung entspricht einer "strengen Informationseffizienz" im Sinne der Kapitalmarkttheorie. Bei einem strikten und durchgesetzten Verbot des Insiderhandels wird das Wissen nicht sofort ermöglicht. Es erreicht erst mit der nächsten Aktionärsmitteilung am 31.3. den Kapitalmarkt. Zur Vereinfachung wird angenommen, der Börsenkurs bleibt von 1. bis 31.3. auf 200 und sinkt an diesem Tag auf 100 ab.

Wer als Aktionär der Gesellschaft seine Aktien im März behält, wird durch den "zu hohen Kurs" nicht geschädigt. Die Aktie ist ab 1.3. "objektiv" nur noch 100 wert, obwohl

---

278 Vgl. Dieter Schneider, Ökonomische Theorie der Unternehmung, in: Ott/Schäfer, Ökonomische Analyse des Unternehmensrechts, 1993, S. 1-30, 18 f.; ähnlich in DB 1993, S. 1429-1435

279 Vgl. Ott/Schäfer, Ökonomische Auswirkungen der EG-Insider-Regulierung in Deutschland, ZBB 1991, S. 226-241; vgl. Auch die Beiträge in „Betriebswirtschaftliche Forschung und Praxis, Heft 2/1994, darin insbes. Hopt, S. 85-98

280 Vgl. Schneider, a.a.O., S. 20 f.

der Kurs noch 200 beträgt. "Geschädigt" werden die Käufer der Aktie bis zum 31.3., weil sie 200 bezahlen, während der "wahre" Wert der Aktie nur 100 beträgt.

Ist Insiderhandel zulässig, so kann der Vorstand die Aktien nach und nach verkaufen. Es ist anzunehmen, daß der Kurs ständig sinkt, und zwar bis 20.3. auf 150. Es ist ferner anzunehmen, daß das Börsenpublikum wegen der sinkenden Kurse Nachforschungen anstellt und die erfolglose Bohrpolitik am 21.3. erfährt, so daß der Kurs der Aktie auf 100 sinkt. Auch hier ist keiner der Aktionäre geschädigt. Mit Wegfall des bislang kurserhöhenden Sachverhalts, daß die Erdölbohrungen noch vielleicht erfolgreich werden können, sind alle Aktionäre "objektiv" ärmer geworden, und zwar bereits am 1.3. Geschädigt werden nur die Käufer bis zum 20.3., weil sie mehr als den "wahren" Wert der Aktie bezahlen. Aber ihre "Schädigung" ist wegen des fallenden Kurses geringer als bei striktem, eingehaltenem Verbot des Insiderhandels. Alle potentiellen Käufer, die zwischen dem 21. und 31.3. die Aktien zu 200 gekauft hätten, werden vor einer "Schädigung" bewahrt, weil durch den sinkenden Börsenkurs ein stärkeres Informationsinteresse ausgelöst wurde und das Wissen von den erfolglosen Bohrungen bekannt wurde. "Ungerechtfertigt bereichert" sind neben den Insidern nach wie vor die Verkäufer der Aktie bis zum 20.3., die kein Insiderwissen besaßen. Aber ihre "ungerechtfertigte Bereicherung" ist wegen des fallenden Kurses geringer als bei striktem, eingehaltenem Insiderhandelsverbot. Nicht "ungerechtfertigt bereichert" sind die potentiellen Verkäufer, welche zwischen dem 21. und dem 31.3. verkauft hätten.

Der Insiderhandel führt also nicht nur zu einer rascheren Anpassung des Preises an den wahren Wert der Aktie, sondern auch zu einer geringeren "Schädigung" und einer geringeren "ungerechtfertigten Bereicherung" anderer Teilnehmer am Kapitalmarkt.

Dem halten die "Interventionisten", welche den Insiderhandel verbieten wollen, folgendes entgegen:

Es gibt mehrere Voraussetzungen dafür, daß Insiderhandel erfolgreich ist. Der Wert eines Unternehmens muß nicht nur im Laufe der Zeit erheblich schwanken, sondern ein wesentlicher Teil dieser Schwankungen muß zweitens auch durch unternehmensspezifische Risiken verursacht werden. Bei allgemeinen Risiken kann sich kein Vorsprung durch Insiderwissen ergeben. Drittens dürfen sich die unternehmensspezifischen Risiken nicht gegenseitig aufheben, was vor allem bei größeren Unternehmen und bei Konzernen der Fall ist. Viertens muß die Zahl der Insider gering sein, andernfalls würde sich durch die Konkurrenz untereinander das Ausmaß ihres potentiellen Gewinnes zu sehr verringern. Schließlich darf das Handeln des Insiders nicht, zumindest nicht allzu rasch, den Schluß auf die Art seines Wissens zulassen. Sein Handeln muß also zumindest zeitweilig durch das "Hintergrundrauschen" auf dem Aktienmarkt verdeckt werden.[281] Je höher nun das unternehmensspezifische Risiko schwankt, um so größere Gewinne können die Insider realisieren. Je mehr Aktien eines Unternehmens von Außenstehenden gehandelt werden, um so größer ist das "Rauschen" des Marktes und um so mehr können Insider eigene Geschäfte tätigen, ohne aufzufallen. Wenn die Insider nun gleichzeitig Manager sind, werden sie versuchen, die Schwankungen des Unternehmenswerts zu erhöhen, um größere Gewinne aus Insidergeschäften realisieren zu können. Sie erhöhen das Aktivitätsniveau des Unternehmens über das optimale Aktivitätsniveau hinaus, weil dadurch die Gewinnschwankungen, die profitablen Insiderhandel ermöglichen, erhöht werden. Außerdem besteht für sie ein Anreiz, die risikoreichen Geschäfte (hohe Gewinnerwar-

[281] Vgl. Ott/Schäfer, a.a.O., S. 228/229

tungswerte und hohe Risiken) gegenüber den weniger riskanten Geschäften (niedrigere Gewinnerwartungswerte, aber erheblich geringere Risiken) zu bevorzugen. Dies führt bei den außenstehenden Aktionären, welche keine Insiderinformationen zur Verfügung haben, zu der Notwendigkeit, bei Unternehmen mit Insiderhandel einen Kursabschlag einzukalkulieren. Das Volumen dieses Kursabschlags wird durch das Volumen des zu erwartenden Insiderhandels und die Zuschläge für zu erwartende riskantere Investitionen des Managements bestimmt. Dieser Kursabschlag ist aus gesamtwirtschaftlicher Sicht unerwünscht, weil Kapitalanlagen unterbleiben, die ohne die Erwartung von Insiderhandel getätigt worden wären.

Beide Positionen müssen mit Modellen arbeiten, bei der jeweils Teile des realen Wertpapierhandels und Kapitalmarktgeschehens ausgeblendet werden. Dennoch scheint die zweite Ansicht realistischer zu sein. Sie bezieht in die Überlegungen mit ein, welche Anreize die Zulässigkeit des Insiderhandels für die Beteiligten schafft. Diese Wirkungen führen bei einem einigermaßen informierten Kapitalmarkt dazu, daß die Vorteile der schnelleren Anpassung des Aktienpreises an geänderte wirtschaftliche Verhältnisse durch die Nachteile der Spekulation auf schwankende Unternehmenswerte und der Abdiskontierung von Insider-Kursabschlägen aufgezehrt werden.

Damit ist noch nicht gesagt, daß das bestehende Insiderrecht das richtige ist. Zum einen läßt es sich noch nicht absehen, ob die Sanktionen durchsetzbar sein werden. Insbesondere bei Sekundärinsidern ist von einer hohen Dunkelziffer auszugehen, die nie entdeckt wird. Zum zweiten könnte es sein, daß die Regelung gerade die Unternehmen am wenigsten erfaßt, bei denen der Insiderhandel besonders profitabel ist, also die kleinen und mittleren Aktiengesellschaften. Bei den großen Gesellschaften könnte das Gesetz zu viel Leerlauf und zu unnötiger Selbstbeschränkung der Analysebüros führen, so daß Informationen nicht schnell genug zu den Kapitalanlegern durchdringen.

5. Übernahmeangebote

Ausgehend von den feindlichen Unternehmensübernahmen in den USA, die aber in den letzten Jahren erheblich zurückgegangen sind, strebt die EG-Kommission eine Regulierung der Übernahmeangebote an. Der letzte Vorschlag stammt aus dem Jahr 1990.[282] Es geht vor allem um die Information und die Gleichbehandlung der Aktionäre. Der Markt für Unternehmensübernahmen als ein Teil des Kapitalmarkts soll so geregelt werden, daß ungerechtfertigte Nachteile für die sogenannten außenstehenden Anteilseigner vermieden werden. Im Grund geht es um einen Konzerneingangsschutz, der bereits bei der Erlangung der Kontrolle über das Unternehmen durch den greifen soll, der das Übernahmeangebot abgegeben hat.[283]

Die Diskussion um derartige Unternehmensübernahmen wird bisher zu eng geführt. Auch wenn man davon ausgehen kann, daß nach einer Übernahme in der Regel die Kurse von Anteilen des Zielunternehmens deutlich sinken, bedeutet das noch nicht zwingend, daß die Anteilseigner, deren Wertpapiere nicht im Zuge eines Teilangebotes erworben wurden, eine Vermögensverminderung durch die Wertminderung bei den Papie-

[282] Vgl. den geänderten Vorschlag für eine 13. Richtlinie des Rates auf dem Gebiet des Gesellschaftsrechts über Übernahmeangebote, ABlEG 1990c 240/7 f.

[283] Vgl. schon Behrens, Rechtspolitische Grundsatzfragen zu einer europäischen Regelung für Übernahmeangebote, ZGR 1975, S. 438 f., 441

ren erleiden, die sie nach der Abgabe des Angebotes in der Hand halten. Die Fairneß gegenüber den Anteilseignern des Zielunternehmens kann nur ein Aspekt der Übernahme sein. Der andere, der in der Diskussion stets vernachlässigt wird, ist die Position der in dem Unternehmen Beschäftigten. Vor allem, wenn die Übernahme durch einen späteren Verkauf von Teilen des Unternehmens finanziert werden soll, wird der Wert, der in den gesammelten Qualifikationen der Beschäftigten eines Unternehmens liegt, meist mit Null oder jedenfalls zu gering angesetzt. In Deutschland ist diese Gefahr noch am geringsten, da Abfindungen bezahlt und Sozialpläne finanziert werden müssen. In den anderen EG-Staaten, in denen der Kündigungsschutz zum Teil wesentlich schwächer ausgeprägt ist, ist der Anreiz zum Teil wesentlich geringer, das Humankapital der Beschäftigten angemessen zu bewerten. Deshalb erscheint die Regulierung von Übernahmeangeboten auf EG-Ebene erst dann sinnvoll, wenn parallel dazu das Recht der Fusionskontrolle verstärkt wird. Auf der Ebene der EG besteht hier noch ein großer Nachholbedarf. Die gegenwärtige Verordnung zur Fusionskontrolle[284] ist hier nur ein schwacher Ansatzpunkt. Es kam bei ihrer Anwendung bisher nur zu einer einzigen Untersagung eines Unternehmenszusammenschlusses. Solange dieses Instrumentarium nicht verbessert wird, hängt eine EG-weite Regelung der Unternehmensübernahmen gewissermaßen in der Luft.

Zur Vertiefung: Vgl. Literaturverzeichnis 6. und *Kübler*, § 31 VI, S. 376 ff.

[284] Verordnung Nr. 4064/89 vom 21.12.1989, ABlEG Nr. L 395/1 vom 30.12.1989, berichtigte Fassung in ABl-EG L 257/13 vom 21.9.1990

XIV. Öffentliche Unternehmen

1. Begriffliche Abgrenzung und Erscheinungsformen

Öffentliche Unternehmen sind Unternehmen, deren Träger die öffentliche Hand ist. Sie können sehr unterschiedliche Formen der Verselbständigung gegenüber der öffentlichen Verwaltung aufweisen. Die geringste Eigenständigkeit wird dem sogenannten Bruttobetrieb zugestanden, der in Einnahmen und Ausgaben Teil des jeweiligen Haushalts der Gebietskörperschaft (Bund, Länder oder Gemeinden) ist. Demgegenüber ist der Eigenbetrieb insofern verselbständigt, als er trotz Bindung an die öffentliche Verwaltung eine eigene wirtschaftliche Betriebsführung und damit einen eigenen Handlungsspielraum besitzt. Als Eigenbetriebe werden vor allem Versorgungsbetriebe der Gemeinden geführt; an ihrer Spitze stehen Werkleiter, sie werden von sogenannten Werksausschüssen des jeweiligen Gemeinderats kontrolliert. Als Eigenbetriebe werden auch Sondervermögen auf Bundes- und Landesebene betrieben, bis vor kurzem gehörten die Deutsche Bundesbahn und die Deutsche Bundespost dazu (vgl. unten).

Öffentliche Unternehmen im engeren Sinne sind mit einer eigenen Rechtspersönlichkeit ausgestattet. Hierbei kann sich die öffentliche Hand der Rechtsformen des öffentlichen Rechts oder des Privatrechts bedienen. Im öffentlichen Recht gibt es rechtsfähige Körperschaften, für die in der Regel ein genossenschaftsartiges Mitgliedschaftsverhältnis charakteristisch ist; hierzu zählen z.B. die Sozialversicherungen. Daneben gibt es die öffentlich-rechtlichen Anstalten, deren Benutzer keine Mitglieder sind; hierzu zählen z.B. die Sparkassen. Die rechtsfähige Anstalt entsteht entweder durch ein Errichtungsgesetz oder durch einen Staatsakt aufgrund eines Gesetzes. Sie ist selbst Träger ihres Vermögens, genießt eine eigene Rechtspersönlichkeit, kann Rechte erwerben, Verbindlichkeiten eingehen, klagen und verklagt werden. Daneben gibt es noch rechtsfähige Stiftungen des öffentlichen Rechts, die ebenso wie die Stiftungen des Privatrechts (vgl. oben) ein Stiftungsvermögen, eine Zweckbindung und eine organisatorische Selbständigkeit aufweisen. Gegenüber den öffentlich-rechtlichen Anstalten unterscheiden sie sich dadurch, daß der Stiftungszweck vorgegeben und verbindlich ist.

In zunehmendem Maße bedient sich die öffentliche Hand, wenn sie ein Unternehmen betreibt, der Rechtsformen des Privatrechts. Sie erhofft sich hiervon eine wirtschaftlichere Unternehmensführung. Es werden die Rechtsformen der Aktiengesellschaft, der Gesellschaft mit beschränkter Haftung und der Genossenschaft benutzt. Die Entscheidung ergibt sich aus Zweckmäßigkeitsüberlegungen. So bietet z.B. die Rechtsform der AG bei der Lufthansa die Möglichkeit, Minderheitsanteile an interessierte Zulieferer, Reiseveranstalter, Verkehrsbetriebe und private Interessenten abzugeben. Auch eine Privatisierung über die Börse ist am leichtesten möglich, wenn die öffentliche Hand ihre Anteile in der Form von Aktien hält; diese können dann ohne große juristische Komplikationen veräußert werden.

Zum Teil übernimmt die öffentliche Hand Beteiligungen an Unternehmen, die in den Rechtsformen des Privatrechts organisiert sind. Sie kann damit Sanierungszwecke verfolgen. Die öffentliche Hand will hier nicht langfristig unternehmerisch tätig werden, sondern nur sicherstellen, daß nach einer Übergangszeit das sanierte Unternehmen wieder privatwirtschaftlich und rentabel betrieben wird. Es kann sein, daß mit der Produktion oder Dienstleistung, welche das Unternehmen verfolgt, keine öffentliche Aufgabe verbunden ist. Der Zweck der Beteiligung der öffentlichen Hand kann dann darin liegen, regionalpolitische Interessen, z.B. die Sicherung von Arbeitsplätzen, für eine Übergangszeit durch die Übernahme eines Kapitalanteils zu verfolgen.

Im folgenden soll auf einige öffentliche Unternehmen näher eingegangen werden. Sie verfolgen einerseits öffentliche Zwecke, sind aber andererseits gegenüber der allgemeinen Verwaltung rechtlich verselbständigt. Zuerst wird die Treuhandanstalt als öffentlich-rechtliche Anstalt untersucht; ihr Auftrag besteht darin, nach dem Untergang der DDR die von dort übernommene Staatswirtschaft umzubauen. Die Zielsetzung des Umbaus ist bereits umstritten; für die einen steht die Privatisierung im Vordergrund, für die anderen die wirtschaftliche Sanierung.

Danach werden die Bundesbahn und die Bundespost abgehandelt. Für beide galten früher besondere Gesetze, aufgrund derer sie als Sondervermögen des Bundes verselbständigt waren. Seit 1.1.1994 ist die Bundesbahn in der Rechtsform der Aktiengesellschaft organisiert; für das Eigentum am Schienennetz und für die Dienst- und Arbeitsverhältnisse der Beamten, Angestellten und Arbeiter gelten aber besondere Regelungen. Für die Bundespost wurden 1994 im Zuge einer Grundgesetzänderung die Voraussetzungen dafür geschaffen, daß die sogenannte Gelbe Post, die Telekom und die Postbank als Aktiengesellschaften verselbständigt werden können. Auch hier werden Sonderregelungen für die Beschäftigten getroffen, außerdem wird sichergestellt, daß der Infrastrukturauftrag der sogenannten Gelben Post und der Telekom erfüllt wird.

Während die Treuhandanstalt, die Bahn und die Post zumindest in Teilen ihrer Tätigkeit als Monopolisten arbeiten, sind die Sparkassen einem lebhaften Wettbewerb durch die Geschäftsbanken und die Genossenschaftsbanken ausgesetzt. Sie sind als öffentlich-rechtliche Anstalten organisiert. Ihre Träger sind zum Teil die Gemeinden, zum Teil die Kreise, zum Teil die Länder.

Bei allen genannten Unternehmen muß die Frage beantwortet werden, wie die Beschäftigten an den Unternehmensentscheidungen zu beteiligen sind. Die Mitbestimmungsregelungen sind höchst unterschiedlich ausgeprägt. Den geringsten Einfluß haben Vertreter der Arbeitnehmerseite in der Treuhandanstalt. Für Bahn, Post und Sparkassen existieren Regelungen der betrieblichen und der Unternehmensmitbestimmung.

2. Treuhandanstalt

Die Treuhandanstalt wurde noch zu Zeiten der Regierung Modrow am 1.3.1990 durch Beschluß des Ministerrats der DDR errichtet. Sie gliederte sich in eine Zentrale mit 15 Außenstellen entsprechend den 15 Bezirken der DDR. Sie bestand aus einem fünfköpfigen Direktorium und einem Verwaltungsrat. Ihr Auftrag war, das Volkseigentum für die Bürger der DDR zu sichern, aber gleichzeitig Investoren ins Land zu holen, um einen wirtschaftlichen Aufschwung einzuleiten. Den entstehenden Kapitalgesellschaften sollte der Grund und Boden nicht als Eigentum übertragen werden; damit fehlte ihnen ein Beleihungsobjekt; die Finanzierung der geplanten Investition wurde erschwert.[285]

Nach den Volkskammerwahlen vom 18. März 1990 und der Bildung der ersten demokratisch legitimierten Regierung der DDR unter Lothar de Maizière wurde der Treu-

---

[285] Vgl. Christa Luft, Treuhandreport, Weimar 1992

handbeschluß der Modrow-Regierung am 30.6.1990 außer Kraft gesetzt. Durch die Währungsunion vom 1.7.1990 wurden die DDR-Betriebe schlagartig dem internationalen Wettbewerb ausgesetzt. Der Aufgabenbereich der Treuhandanstalt wurde geändert. Sie sollte jetzt das volkseigene Vermögen privatisieren und reorganisieren; Rechtsgrundlage waren der Staatsvertrag vom 18.5.1990,[286] das Gesetz zur Privatisierung und Reorganisation des volkseigenen Vermögens (Treuhandgesetz),[287] das Statut der Treuhandanstalt[288] und die Leitlinien, die sich die Treuhandanstalt selbst aufstellte. Hinzu kam später der Einigungsvertrag vom 31.8.1990.[289]

Seit dieser Neudefinition ihrer Ziele war die Treuhandanstalt ein rechtliches und politisches Faszinosum, das durch möglichst rasche Veräußerung seiner Bestände seine Aufgabe und damit seine Existenz möglichst rasch zu Ende bringen sollte. Durch das Treuhandgesetz wurde das gesamte volkseigene Vermögen auf die Treuhandanstalt übertragen (§ 1 Abs. 4 Treuhandgesetz). Die Treuhandanstalt hat dieses Vermögen zu privatisieren oder in den gesetzlich geregelten Fällen zu kommunalisieren (§ 1 Abs. 1 Treuhandgesetz). Hierbei sind ihr als öffentlich-rechtliche Anstalt die Prinzipien der sozialen Marktwirtschaft vorgegeben (§ 2 Abs. 1 Treuhandgesetz). Ursprünglich war eine dezentrale Organisationsstruktur der Treuhandanstalt vorgesehen; die Anteile der Treuhand sollten nicht direkt gehalten werden, sondern auf vier Treuhandaktiengesellschaften übertragen werden, die mit mitbestimmten Aufsichtsräten arbeiten sollten. Diese sollten der Treuhandanstalt verantwortlich sein (§ 8 Abs. 1 und 2 Treuhandgesetz), aber grundsätzlich die gleichen Aufgaben wie die Zentrale ausüben dürfen. Der Vorstand der Treuhand weigerte sich, diese Aktiengesellschaften zu gründen. Statt dessen wurden die 15 Regionalniederlassungen beibehalten, die noch von der Regierung Modrow eingerichtet worden waren und von der Treuhandzentrale straff geführt werden konnten. Damit gab es keine Mitbestimmung in der Treuhandanstalt.

Durch Artikel 25 Abs. 2 des Einigungsvertrages wurde schließlich die Zahl der Mitglieder des Verwaltungsrats der Treuhandanstalt von 16 auf vorläufig 23 erhöht. In diesem Verwaltungsrat erhielten nicht nur die neugebildeten Länder auf dem Boden der ehemaligen DDR, sondern auch vier Gewerkschaftsvertreter Sitz und Stimme. Heute sitzen 11 Vertreter aus der privaten Wirtschaft (davon zwei aus dem westeuropäischen Ausland), vier Vertreter der Gewerkschaften und neun Vertreter aus dem Bereich der Politik, davon fünf aus den neuen Bundesländern und einer aus Berlin, im Verwaltungsrat der Treuhandanstalt. Durch Gesetz vom 22.3.1991[290] wurde der Auftrag, regionale Treuhand-Aktiengesellschaften zu gründen, zurückgenommen; damit besteht die zentralistische Struktur der Treuhandanstalt fort. Seit der Wiedervereinigung ist die Treuhandanstalt nach Artikel 25 Abs. 1 des Einigungsvertrages eine rechtsfähige bundesunmittelbare Anstalt des öffentlichen Rechts, deren Fach- und Rechtsaufsicht dem Bundesfinanzminister obliegt, der die jeweils zuständigen Fachminister zu beteiligen hat. Beteiligungen der Treuhandanstalt sind mittelbare Beteiligungen des Bundes.

War die Regierung der DDR ursprünglich davon ausgegangen, daß aus den Erträgen der Privatisierung zumindest die Arbeit der Treuhandanstalt gesichert und finanziert werden könne, so zeigte es sich bald, daß nicht nur wegen der schleppenden Privatisierung, sondern auch wegen des geringen Werts der übernommenen Anlagen von Anfang an eine

[286] Gesetzblatt der DDR I Nr. 34/1990, S. 331
[287] Gesetzblatt der DDR I Nr. 33/1990, S. 300
[288] Gesetzblatt der DDR I Nr. 46/1990, S. 809
[289] BGBl. II, S. 889
[290] Vgl. BGBl. I, S. 766

hohe Verschuldung der Treuhandanstalt bestand. Die sogenannte DM-Eröffnungsbilanz der Treuhandanstalt wies bereits einen Fehlbetrag von 209 Milliarden DM auf.[291] Da die ökonomische Aufgabe der Transformation von Anfang an unterschätzt wurde und die Anteilswerte der Treuhandanstalt überschätzt wurden, war die Ernüchterung umso größer, als die mehreren hundert Milliarden Schulden, welche die öffentliche Hand hier übernommen hatte, langsam sichtbar wurden.

Die Tätigkeit der Treuhandanstalt wird derzeit überwiegend negativ bewertet. Im Anfang kaprizierte sie sich auf die Privatisierung und ließ außer acht, daß sie nach Artikel 25 Abs. 1 des Einigungsvertrages auch die gleichrangige Aufgabe der wettbewerblichen Strukturierung für die früheren volkseigenen Betriebe zu erfüllen hatte. Wegen hoher Altschulden und ökologischer Altlasten sah sich die Treuhandanstalt von Anfang an kaum in der Lage, einen Bieterwettbewerb auf die zu privatisierenden Unternehmen zu veranstalten; sie mußte vielmehr durch Preisnachlässe und sonstige Zusagen Hilfen anbieten, damit sich überhaupt privates Kapital zur Übernahme der Betriebe bereitfand. In einzelnen Branchen war die Situation zwar günstiger, vor allem in der Nahrungs- und Genußmittelindustrie sowie im Handel. Ungünstig war aber die Situation in den meisten industriellen Kombinaten. Auf diese entfielen wiederum die meisten Beschäftigten.

Schließlich mußte im Frühjahr 1991 die Bundesregierung zusammen mit den Regierungen der neuen Länder darauf dringen, daß die Treuhandanstalt sich der Aufgabe der Sanierung zuwende. Sie hatte die sogenannten ABS-Gesellschaften (Gesellschaften zur Förderung von Arbeit, Beschäftigung und Strukturentwicklung) personell, sachlich und finanziell zu unterstützen. In den neuen Ländern sollte eine Dachgesellschaft für Arbeitsförderung gegründet werden, die dann im jeweiligen Land als Trägerin und Beraterin von Beschäftigungs- und Qualifizierungsgesellschaften fungieren sollte. Die Treuhandanstalt verfolgte hierbei defensive Sanierungsstrategien, die letztlich nur auf rasche Steigerungen der Produktivität abzielten, aber keine tragfähige regionalpolitische Entwicklung zustande brachten. Demgegenüber hätte eine Politik der aktiven Sanierung die mittelfristige Entwicklung neuer Produkte und neuer Märkte sowie den gezielten Einsatz von Forschungspotential und personellen Zusammenhängen bedeutet.[292]

Die allmähliche Hinwendung der Treuhandanstalt zu einer weniger zentralistischen und besser mit den neuen Bundesländern abgestimmten Politik der Sanierung als Voraussetzungen für die Privatisierung kann hier nicht im einzelnen beschrieben werden. Sie ist noch nicht abgeschlossen. Eine zuverlässige Bewertung wird erst möglich sein, wenn genaue Branchenanalysen vorliegen und die Ergebnisse des Vertrags-Controllings nach der Privatisierung bekannt sind. Ein Aspekt soll herausgegriffen werden: Es sollten sogenannte Management-KGs gebildet werden, die wie folgt konstruiert waren: Zuerst wurde eine GmbH gegründet, deren Gesellschafter und Geschäftsführer Treuhand-Manager waren. Diese GmbH wurde dann geschäftsführende Gesellschafterin einer Komplementärs-GmbH in einer GmbH & Co. KG. Einziger Kommanditist sollte die Treuhandanstalt sein, einziger Komplementär die GmbH, deren Geschäfte wiederum von einer GmbH geführt wurden. Die GmbH & Co. KG sollte als Sacheinlage der Treuhandanstalt Betriebe erhalten. Die Treuhand-Manager sollten über Tantiemen am Ergebnis beteiligt werden. Die Gewinne und Verluste sollten bei der Treuhandanstalt anfallen. Durch diese

[291] Vgl. THA Eröffnungsbilanz zum 1.7.1990, 1992, S. 13

[292] Vgl. zur Kritik Priewe/Hickel, Der Preis der Einheit, 1991, S. 171 f., 183 f. und aus der Sicht der Bundesregierung „Materialien zur Deutschen Einheit und zum Aufbau in den neuen Bundesländern“, BT-Drs. 12/6854, S. 120-124

Konstruktion sollte das Wissen und der Kenntnisstand von Managern für die Entwicklung und spätere Privatisierung von mittelgroßen Betrieben nutzbar gemacht werden. Jede Management-KG sollte etwa 10 bis 15 Treuhandbetriebe halten.

Hier ist bereits ein Instrument sichtbar, mit dem die Betreuung der noch nicht privatisierten Unternehmen nach dem Ende der Treuhandanstalt gesichert werden kann. Für alle Fälle hat der Gesetzgeber in § 28a des Einführungsgesetzes zum Aktiengesetz sichergestellt, daß die Vorschriften des Aktiengesetzes über herrschende Unternehmen auf die Treuhandanstalt nicht anzuwenden sind. Damit soll vermieden werden, daß die Treuhandanstalt und damit die öffentliche Hand nach der Rechtsprechung über den qualifiziert faktischen Konzern die Verluste von Untergesellschaften ausgleichen muß; die ehemals volkseigenen Betriebe hätten als solche Untergesellschaften angesehen werden können.

3. Bahn

Seit 1.1.1994 existiert die Deutsche Bahn Aktiengesellschaft. Sie übernimmt den Bahnbetrieb der Deutschen Bundesbahn und der Deutschen Reichsbahn. Durch das Gesetz zur Neuordnung des Eisenbahnwesens vom 27.12.1993[293] wurden die verfassungsmäßigen Voraussetzungen für die Neuordnung der Bahn geschaffen. Zum einen muß sie nicht mehr wie bisher nach Art. 87 GG als bundesunmittelbare Verwaltung geführt werden, zum andern wird ihre Organisation in fünf neuen Gesetzen geregelt, die das Eisenbahnneuordnungsgesetz als Artikelgesetz enthält. Das Gesetz zur Zusammenführung und Neugliederung der Bundeseisenbahnen enthält erstens Regelungen über die Zusammenführung der nicht rechtsfähigen Sondervermögen Deutsche Bundesbahn und Deutsche Reichsbahn zu einem einheitlichen nicht rechtsfähigen Sondervermögen unter dem Namen "Bundeseisenbahnvermögen" sowie über die Zuordnung von Vermögensgegenständen, die Übertragung von Liegenschaften und ähnliches auf die neu zu errichtende Deutsche Bahn Aktiengesellschaft. Das Gesetz stellt klar, daß der Bund für die Verbindlichkeiten des Bundeseisenbahnvermögens nur mit diesem Vermögen haftet.

Zweitens regelt das Gesetz über die Gründung einer Deutschen Bahn Aktiengesellschaft die Ausgliederung und Übertragung von Vermögensteilen des Bundeseisenbahnvermögens auf die neu geschaffene Aktiengesellschaft, die Überleitung des Personals auf die AG und die Übernahme von Altlasten des bisherigen Sondervermögens Deutsche Reichsbahn; hinzu kommt die Gliederung der AG in die Bereiche "Personenverkehr", "Güterverkehr" und "Fahrweg".

Drittens regelt das Gesetz über die Eisenbahnverkehrsverwaltung des Bundes die Kompetenzen des neu geschaffenen Eisenbahn-Bundesamtes als selbständige Bundesoberbehörde und die Übertragung hoheitlicher Aufgaben des Verwaltungsbereichs des Bundeseisenbahnvermögens.

Viertens regelt das Gesetz über den Bau und die Finanzierung der Schienenwege von Eisenbahnen des Bundes, wie die Investitionen in die Schienenwege geplant, finanziert und durchgeführt werden sollen.

---

[293] BGBl. I, S. 2378

Fünftens bestimmt das allgemeine Eisenbahngesetz, in welcher Weise die Eisenbahnaufsicht durch Erteilung, Versagung und Widerruf von Genehmigungen zu erfolgen hat. Hierbei geht es insbesondere um die Eisenbahnverkehrsleistungen und die Eisenbahninfrastruktur, um die Tarife, die Planfeststellung und die Enteignung bei Baumaßnahmen.

Das Gesetz schließt eine langjährige Reformdebatte ab, die vor dem Hintergrund von mehr als 70 Milliarden DM Altschulden der beiden Deutschen Bahnen geführt werden mußte. Hierbei wurden die regionalen Schienenwege in die Verantwortung der Länder gestellt. Die notwendigen Finanzmittel sollen der Bahn durch eine Beteiligung an der zum 1.1.1994 erhöhten Mineralölsteuer zufließen.

Unternehmensrechtlich interessant ist, daß die Deutsche Bahn AG in eine öffentlich-rechtliche Suprastruktur eingebaut wird, die durch das Bundeseisenbahnvermögen, das Eisenbahn-Bundesamt und die Eisenbahnaufsicht gebildet werden. Ob der angestrebte Netzzugang Privater zumindest auf regionalen Nebenstrecken zustande kommen wird, wird die Zukunft weisen. Jedenfalls wurden die Organisationsnormen dafür geschaffen, daß die beiden relativ schwerfälligen Verwaltungsapparate "Bundesbahn" und "Reichsbahn" in eine wirtschaftliche Unternehmensführung hineinwachsen können.

Dienst- und arbeitsrechtliche Probleme ergeben sich aus der Beschäftigung von Beamten, deren Dienstherr nach wie vor der Bund ist, bei den neu geschaffenen Aktiengesellschaften.[294]

4. Post

Nach Artikel 87 GG war die Deutsche Bundespost bis 1994 in bundeseigener Verwaltung zu führen. Durch die sogenannte Postreform I wurde das Poststrukturgesetz vom 8.6.1989[295] geschaffen. Das Poststrukturgesetz war ein sogenanntes Artikelgesetz, welches das Postverfassungsgesetz, schuf und zahlreiche bestehende Gesetze novellierte. Nach § 1 des Postverfassungsgesetzes gliederte sich die Deutsche Bundespost in drei Teilbereiche, die als öffentliche Unternehmen mit den Bezeichnungen Deutsche Bundespost Postdienst, Deutsche Bundespost Postbank und Deutsche Bundespost Telekom geführt wurden. Die hoheitlichen Aufgaben auf diesem Gebiet und die Wahrnehmung der Rechte des Bundes auf dem Gebiet des Post- und Fernmeldewesens waren beim Bundesminister für Post und Telekommunikation (BMPT) angesiedelt. Die Deutsche Bundespost war ein Sondervermögen des Bundes. Für die Verbindlichkeiten haftete der Bund nur mit diesem Sondervermögen. Infrastrukturdienste (Monopolaufgaben und Pflichtleistungen) und die notwendige Infrastruktur im Sinne der öffentlichen Aufgabenstellung, insbesondere der Daseinsvorsorge, waren zu sichern und der Entwicklung anzupassen (§ 4 Abs. 1 Satz 2 Postverfassungsgesetz). Hierbei wurden die drei Unternehmen wie Aktiengesellschaften behandelt.

Durch die sogenannte Postreform II des Jahres 1994 wurden die drei Teilbereiche Post, Bank und Telekom in die Rechtsform von Aktiengesellschaften überführt. Voraussetzung hierfür ist eine Änderung des Grundgesetzes in Art. 87f. und Art. 143b. Einerseits gewährleistet der Bund nach Art. 87f. Abs. 1 Satz 2, daß im Bereich des Postwesens und

---

294 Vgl. Engels/Müller/Mauß, DB 1994, S. 473-479

295 BGBl. I, S. 1026

der Telekommunikation flächendeckend angemessene und ausreichende Dienstleistungen erbracht werden. Andererseits werden diese Dienstleistungen nach Art. 87f. Abs. 2 als privatwirtschaftliche Tätigkeiten durch die aus dem Sondervermögen Deutsche Bundespost hervorgegangenen Unternehmen und durch Wettbewerber angeboten. Aus Art. 143b Abs. 1 folgt weiter, daß dieses Sondervermögen in Unternehmen privater Rechtsform umgewandelt wird, wobei der Bund sich die ausschließliche Gesetzgebung über alle diesbezüglichen Angelegenheiten vorbehält. Nach Art. 143b Abs. 2 Satz 2 darf der Bund die Kapitalmehrheit an der sogenannten Gelben Post (früher „Deutsche Bundespost Postdienst") frühestens fünf Jahre nach Inkrafttreten eines Bundesgesetzes aufgeben, welches die Rechte des Bundes den drei Nachfolgeunternehmen verleiht. Dieses „Mehrheitsaufgabegesetz" bedarf der Zustimmung des Bundesrats.

Die Umsetzung der Postreform II ist im Postneuordnungsgesetz verankert, einem Artikelgesetz, durch welches u.a. die Bundesanstalt Post eingeführt wird, eine Unfallkasse gebildet wird, die drei Teilbereiche in Aktiengesellschaften umgewandelt werden, das Personalrecht in Ausführung von Art. 143b Abs. 2 Satz 1 GG geschaffen wird und ein Regulierungsrat für das Postwesen und die Telekommunikation eingeführt wird.

Die komplexe Gesetzgebungsmaterie, von der insgesamt 670 000 Beschäftigte (320 000 Beamte sowie 350 000 Arbeiter und Angestellte) betroffen sind, kann hier nur in Auszügen dargestellt werden. Das Gesetz über die Errichtung einer Bundesanstalt für Post und Telekommunikation Deutsche Bundespost (Bundesanstalt Postgesetz) regelt die Wahrnehmung der Rechte und Pflichten der Bundesrepublik Deutschland aus den Anteilen an den Aktiengesellschaften, die aus den drei Teilbereichen Post, Postbank und Telekom gebildet werden. Diese Anstalt steht unter der Aufsicht des Bundesministers für Post und Telekommunikation. Neben den Aufgaben aus dem Aktiengesetz obliegen der Bundesanstalt weitere Aufgaben, so z.B. die Koordinierung der Unternehmen durch Beratung, Anregung für das äußere Erscheinungsbild der Unternehmen und vor allem der Abschluß von Manteltarifverträgen.

Das Postumwandlungsgesetz behandelt die Umwandlung der drei Teilbereiche in Aktiengesellschaften als formalen Errichtungsakt nach § 57 Umwandlungsgesetz (vgl. oben). Für die Aktiengesellschaften gelten im wesentlichen die Vorschriften des Aktiengesetzes. Die Einnahmen des Bundes aus Dividenden und Aktienverkäufen fließen der Bundesanstalt zu (§ 7 Abs. 4). Teil des Gesetzespakets ist auch die Satzung jeder der drei Nachfolgegesellschaften. Hierbei werden für die Aufsichtsräte keine Mindestkompetenzen festgelegt; die Kompetenzverteilung und -wahrnehmung wird vielmehr der Geschäftsordnung des Aufsichtsrats überlassen.

Das Gesetzgebungsverfahren gestaltete sich vor allem deshalb als besonders schwierig, weil eine Änderung des Grundgesetzes erforderlich war und die hierfür erforderliche Zweidrittelmehrheit nur durch Einbeziehung der SPD erzielt werden konnte. Gegen den zu Recht oder zu Unrecht geäußerten Vorwurf, die Bundespost werde an private Spekulanten ausverkauft, wurde in Art. 143b Abs. 2 Satz 2 GG eine Sicherung eingeführt, wonach die Mehrheit an der sogenannten Gelben Post frühestens fünf Jahre nach Inkrafttreten des Gesetzes und nur durch Gesetz mit Zustimmung des Bundesrats aufgegeben werden darf. In der Telekom AG wurde die Kapitalmehrheit des Bundes befristet dadurch abgesichert, daß in § 4 Abs. 2 der Vorstand ermächtigt wird, das Grundkapital bis zum Ablauf von fünf Jahren seit Eintragung durch Ausgabe neuer Aktien gegen Sach- und Bareinlagen einmal oder mehrmals zu erhöhen; der Gesamtbetrag der Erhöhungen darf aber die Hälfte des Grundkapitals nicht übersteigen. Dieses beträgt übrigens 10 Milliarden DM, so daß eine kurzfristige „Überfremdung" der Telekom AG ohnehin kaum möglich wäre. In der Deutschen Postbank AG wird nach § 3 des Postumwandlungsgesetzes für die Dauer von 4 Jahren nach Inkrafttreten des Gesetzes ein Mindestanteil des Bundes von 25 % plus einer Aktie verankert.

Für die Unternehmensmitbestimmung in den drei Aktiengesellschaften gilt das Mitbestimmungsgesetz. Für die betriebliche Mitbestimmung gilt entsprechend das Betriebsverfassungsgesetz, da es sich nicht mehr um öffentlich-rechtliche Unternehmen handelt. In einem Tarifvertrag handelten die Deutsche Postgewerkschaft und die Postarbeitgeber nicht nur eine weitgehende Erhaltung der Sozialleistungen, sondern auch eine befristete Absicherung der jetzt freigestellten mehr als 2 000 Personalratsmitglieder in den Postunternehmen aus, soweit sie nicht als zukünftige Betriebsratsmitglieder freigestellt werden.

Die rechtliche Umwandlung der drei Teilbereiche in Aktiengesellschaften erfolgt zum 1.1.1995.

5. Sparkassen

Die Sparkassen als eine der drei Säulen des deutschen Bankensystems entstanden vor allem im 19. Jahrhundert aus privaten, wohltätigen Gründungen. Noch heute werden die sogenannten freien Sparkassen von privatrechtlichen Gesellschaften oder Stiftungen getragen.[296] Die Rechtsform dieser freien Sparkassen kann die des Vereins, der Stiftung oder der Aktiengesellschaft sein. Mit den öffentlichen Sparkassen, die über 95 % der Sparkassen ausmachen, haben sie gemeinsam, daß sie den Leitgedanken der Förderung und Pflege des Sparens mit Jedermann im Rahmen der satzungsmäßigen Bestimmungen verfolgen und sich dem Gemeinnützigkeitsprinzip verpflichtet wissen. Schon 1931 wurden die Sparkassen mit eigener Rechtspersönlichkeit ausgestattet und von den Kommunalverwaltungen getrennt. Sie sind rechtsfähige Anstalten, die nach den Vorschriften des öffentlichen Rechts organisiert sind, aber mit ihren Kunden in den Rechtsformen des Privatrechts Geschäfte abschließen. Aus dieser Zwitterstellung ergeben sich einige Probleme. Einerseits sind sie von ihrer Zielsetzung her den wirtschaftlich schwächeren Bevölkerungskreisen verpflichtet, denen sie einen erleichterten Zugang zu Krediten bieten wollen. Hinzu kommt die Aufgabe, den Sparsinn und die Vermögensbildung zu fördern. Andererseits nehmen sie am Wettbewerb mit den anderen Banken teil, müssen wirtschaftlich arbeiten und sind daher erwerbswirtschaftlich orientiert.

Die meisten Sparkassen sind kommunale juristische Personen. Die betreffende kommunale Körperschaft (Kreis oder Gemeinde) haftet für die Verbindlichkeiten der Sparkassen als Gewährträger. Die Geschäftspolitik wird in vollständiger sachlicher und persönlicher Unabhängigkeit durch die Sparkassenorgane festgelegt. Organe sind der Verwaltungsrat und der Vorstand. Der Verwaltungsrat stellt die Verbindung zum Gewährträger her, bestimmt die Richtlinien der Gechäftspolitik, bestellt den Vorstand, beaufsichtigt ihn und beruft ihn ab. Die Verwaltungsratsmitglieder sind nicht an Weisungen gebunden. Der Vorstand vertritt die Sparkasse nach außen und führt die laufenden Geschäfte. Zur Beschlußfassung über die Kreditanträge wird ein Kreditausschuß eingerichtet, dessen Zu-

[296] Vgl. Wolff/Bachof/Stober, Verwaltungsrecht II, 5. Aufl., § 100 Randnummer 26

sammensetzung in den einzelnen Bundesländern unterschiedlich geregelt ist. Da der Gewährträger für die Schulden der Sparkasse haftet, ist der Verwaltungsrat mit seiner Richtlinienkompetenz und seiner Kontrollfunktion erheblich wichtiger als der Aufsichtsrat der Aktiengesellschaft. Darüber hinaus gibt es eine Staatsaufsicht, die sich allerdings auf die Rechtsaufsicht beschränkt. Die inhaltliche Kontrolle der Sparkassen obliegt den Sparkassen und Giroverbänden. An dieser Vielzahl von Entscheidungs- und Kontrollkompetenzen zeigt sich schon, daß die Sparkassen Unternehmen besonderer Art sind. Ihre Kontrolle erfolgt auch nach regionalpolitischen Gesichtspunkten, so daß die Parallele zu den Unternehmensorganen der Aktiengesellschaft, Vorstand, Aufsichtsrat und Hauptversammlung, nicht gezogen werden kann.

Trotz dieser Besonderheiten nähern sich die Sparkassen in ihrer praktischen Geschäftstätigkeit den privaten Banken an. Dies gilt insbesondere für die sogenannten Landesbanken, die die Funktion der Sparkassen und Girozentrale mit der Funktion der Staats- und Kommunalbank verbinden. Sie sind nicht auf Bankgeschäfte beschränkt, die mit diesen Funktionen zusammenhängen. Für sie gelten auch die Beschränkungen der kommunalen Sparkassen nicht. Daher haben sich diese Landesbanken zu Mitspielern bei den Großbanken entwickelt. Eine hervorgehobene Stellung nimmt die Westdeutsche Landesbank-Girozentrale (WestLB) ein. Hieraus schöpft das Sparkassensystem sogar einen Wettbewerbsvorteil: Einerseits werden die Spareinlagen in kleinen und kleinsten Filialen vor Ort eingesammelt. Andererseits wird von den Landesbanken das große Geschäft der Universalbanken getätigt, was auch auf die Geschäftstätigkeit der kommunalen Sparkassen zurückstrahlt. Man spricht daher heute von einer Entkommunalisierung der Sparkassen und von einer faktischen Anpassung ihrer Geschäftstätigkeit an die der Privatbanken.

In den Sparkassen gibt es Personalräte wie in jeder Behörde der öffentlichen Hand. Angesichts der Annäherung ihrer Geschäftstätigkeit an die Privatbanken liegt es nahe, für die Beschäftigten eine Unternehmensmitbestimmung in den Verwaltungsräten einzuführen. Gegen eine entsprechende gesetzliche Regelung des Landes Nordrhein-Westfalen, die eine Drittelbeteiligung der Arbeitnehmer in den Verwaltungsräten der kommunalen Sparkassen vorsah, entschied der dortige Verfassungsgerichtshof am 15.9.1986,[297] daß die Regelung gegen das Demokratieprinzip verstoße und daher verfassungswidrig sei. Es sei nur zulässig, den Beschäftigten ein Vorschlagsrecht zuzugestehen, die Arbeitnehmervertreter müßten aber dann von den kommunalen Trägern gewählt werden. Das Urteil beruft sich auf eine herrschende Meinung, die sich aus der unveröffentlichten Habilitationsschrift von Roman Herzog entwickelt hat. Vom Volk müsse es eine ununterbrochene Legitimationskette zu allen mit Staatsgewalt betrauten Amtswaltern geben. Die Sparkassen seien Teil der öffentlichen Verwaltung. Die Entscheidungsträger in den Sparkassen und damit auch die Verwaltungsräte seien Amtswalter. Die Legitimationskette, die vom Gesamtvolk ausgehe, dürfe nicht durch die Partialrepräsentation von Mitbestimmungsinteressen durchbrochen werden. Das Urteil ist höchst bedenklich, da es die Demokratie des Staatswesens gegen die Mitbestimmung, also eine Demokratisierung gesellschaftlicher Teilbereiche, ausspielt (vgl. WR I, S. 82). Es kommt weniger auf eine organisatorisch-personelle Legitimation als auf einen bestimmten inhaltlichen Gehalt an Legitimation an. Diese inhaltliche Legitimation kann auch durch ein Weisungsrecht erteilt werden. Sie kann ferner auch dadurch sichergestellt werden, daß sich die Vertreter, welche durch ein Votum des Parlaments legitimiert sind, als Gruppe gegenüber den Mitbestim-

[297] DVBl. 1986, S. 1196 mit Anmerkung von Püttner

mungsträgern in einem gemischten Entscheidungs- und Kontrollgremium durchsetzen können. Der Volkssouverän behält dann das letzte Wort.[298]

Es bleibt hinzuzufügen, daß die Sparkassenorganisation in Bayern von der im übrigen Bundesgebiet abweicht; die Funktion der Außenvertretung der Sparkasse nimmt dort in erster Linie der Verwaltungsrat wahr, die Arbeitnehmer der Sparkassen sind Bedienstete des kommunalen Gewährträgers.[299] Für das Bundesland Hamburg ist anzumerken, daß dort nur eine private Sparkasse existiert.

6. Anmerkung

Bereits dieser kursorische Überblick hat gezeigt, daß das Recht der öffentlichen Unternehmen sehr vielfältig ist. Es existieren nicht nur Rechtsformen des privaten und des öffentlichen Rechts, sondern auch erhebliche Regelungsspielräume innerhalb der vorgeformten rechtlichen Typen. Für das Unternehmens- und Konzernrecht besonders bedeutsam sind die Verzahnungen zwischen der privatrechtlichen Organisation der eigentlichen Unternehmen der Bahn und der Post und der öffentlich-rechtlich verfaßten Holding. Es zeigt sich z.B. bei der Post, daß die strikte Trennung zwischen Vorstand und Aufsichtsrat als Entscheidungs- und Kontrollorgane so nicht zwingend ist, daß also auch eine vermittelnde Lösung möglich ist, die dem Aufsichtsrat in einigen wesentlichen Regelungsbereichen eine Entscheidungskompetenz mit Außenwirkung zuspricht. Dieser Vergleich ist insofern nützlich, als die Bundesrepublik Deutschland im internationalen Vergleich mit dem aktienrechtlichen Trennungsprinzip eher eine Ausnahme darstellt; andere Länder haben ihr Aktienrecht nach der sogenannten Verwaltungsratslösung oder dem board-Modell ausgerichtet. Im folgenden sollen einige rechtsvergleichende Hinweise gegeben werden, aus denen sich auch in anderen Punkten nützliche Erkenntnisse für das deutsche Unternehmens- und Konzernrecht ergeben können.

Zur Vertiefung: Vgl. *Püttner*, Die öffentlichen Unternehmen, 2. Aufl. 1985

---

[298] Vgl. Nagel/Bauers, Mitbestimmung in öffentlich-rechtlichen Unternehmen und Verfassungsrecht, Baden-Baden 1990, S. 43-52

[299] Vgl. Nagel/Bauers, a.a.O., S. 80 ff.

XV. Rechtsvergleichende Hinweise

In allen EG-Staaten gibt es Gesellschaftsformen, die der deutschen Aktiengesellschaft und GmbH entsprechen. Dasselbe gilt für OHG, KG und (mit zwei Ausnahmen) Genossenschaften. Einen Überblick zu den Rechtsformen gewerblicher Betätigung in der EG gibt Zwernemann.[300]

Erhebliche Unterschiede ergeben sich zwischen dem anglo-amerikanischen Rechtskreis und dem kontinentaleuropäischen Recht. In England wie in den USA geht man von einer einheitlichen Rechtsform der company (England) und der corporation (USA) aus. Besondere Regeln gelten für die close corporation und die private company, beides Gesellschaften mit geschlossenem Mitgliederkreis. In England ist allerdings seit der Rechtsangleichung durch die Bilanzrichtlinie und andere gesellschaftsrechtliche Richtlinien der EG eine Annäherung an das kontinentaleuropäische Recht festzustellen.

In der Praxis ergeben sich dennoch erhebliche Unterschiede, wenn man z.B. an die Häufigkeit der Rechtsformen von AG und GmbH denkt. In Frankreich und der Schweiz gibt es erheblich mehr Aktiengesellschaften als in der Bundesrepublik, weil dort der Zugang zu dieser Gesellschaftsform fast ebenso leicht wie der zur GmbH ist. In England gibt es hingegen viele private companies, weil diese Rechtsform auch für solche Kleinunternehmen attraktiv ist, welche in Deutschland als OHG oder KG betrieben werden.

Zur Gründung einer Kapitalgesellschaft müssen die Gesellschafter in allen Ländern eine Satzung mit bestimmtem Mindestinhalt aufstellen. In den USA unterscheidet man zwischen dem certificate of incorporation, das für das Außenverhältnis maßgeblich ist, und den sogenannten by-laws, welche das Innenverhältnis regeln. Eine entsprechende Trennung kennt das englische Recht zwischen dem memorandum of association (Außenverhältnis) und den articles of association (Innenverhältnis). Keine GmbH & Co. KG gibt es z.B. in der Schweiz, eine Mischung zwischen Personal- und Kapitalgesellschaft nach deutschem Muster ist dort also ausgeschlossen. Eine eigene Regelung für Interessengemeinschaften, die nicht auf Gewinnerzielung ausgerichtet sind, schafft das französische Recht mit dem groupement d'interêt économique (g.i.é.). Es wurde zum Vorbild für die europäische wirtschaftliche Interessenvereinigung (EWIV).

In Frankreich ist zur Gründung einer Aktiengesellschaft (societé anonyme) ein Mindestgrundkapital von 250.000 ffs. erforderlich, wovon mindestens ein Viertel bei der Gründung einbezahlt werden muß. Die GmbH (societé à responsabilité limitée, SARL) muß ein Mindeststammkapital von 20.000 ffs. aufweisen, die voll einbezahlt werden müssen. Im anglo-amerikanischen Recht gibt es keine Vorschriften über ein Mindestgrundkapital. Wegen der zweiten gesellschaftsrechtlichen EG-Richtlinie mußte jedoch die public company in England dem kontinentaleuropäischen Recht angepaßt werden. Das gesetzliche Mindestgrundkapital beträgt 50.000 Pfund; es muß zu einem Viertel einbezahlt werden. Für die Gründungsprüfung ergeben sich auch im Ausland erhebliche Unterschiede, je nachdem, ob eine AG oder eine GmbH angestrebt wird.

Hinzuweisen ist noch auf zwei Unterschiede für das Aktienrecht: Zum einen gibt es fast nirgendwo einen Aufsichtsrat nach dem deutschen Trennsystem. Lediglich das italienische Recht hat ihn für die Aktiengesellschaft (società par azioni, S.p.A.) generell und für die GmbH (società à responsibilità limitata, S.R.L.) bei einem Stammkapital von über

[300] Schwappach, EG-Rechtshandbuch für die Wirtschaft, München 1991, S. 321-355

100 Mio. Lire übernommen. In Frankreich besteht seit der Aktienrechtsreform von 1966 zwar die Möglichkeit, statt des überkommenen Verwaltungsratssystems das Aufsichtsratssystem einzuführen; hiervon wird aber bisher kaum Gebrauch gemacht. In England und den USA gibt es nur das board-System (Verwaltungsrat). Die Unternehmensleitung liegt in den Händen des board of directors, der von den Anteilseignern bestellt wird. Man unterscheidet in der Praxis meist zwischen hauptamtlichen board-Mitgliedern (executive directors oder officers) und nebenamtlichen Mitgliedern (outside directors).

Für die kleineren Gesellschaftsformen außerhalb von AG und GmbH gelten auch im Ausland meist die Prinzipien der Selbstorganschaft. Eine Haftungsbeschränkung ist möglich.

Eine Unternehmensmitbestimmung, die der deutschen nach dem Gesetz von 1976 vergleichbar ist, gibt es außer in Österreich (Struktur wie in Deutschland) nur in den Niederlanden. Dort werden die Mitglieder des Aufsichtsrats, der für große Aktiengesellschaften verbindlich vorgeschrieben ist, kooptiert. Der Aufsichtsrat entscheidet selbst, an Wahlvorschläge ist er nicht gebunden. Empfehlungen für die Kooptation können von der Hauptversammlung, dem Betriebsrat und dem Vorstand der Gesellschaft gegeben werden. Arbeitnehmer der Gesellschaft und Personen, die im Dienst einer Gewerkschaft stehen, welche mit dem Unternehmen Tarifverträge abschließt, dürfen nicht Aufsichtsratsmitglieder werden. Weicht der Aufsichtsrat von den Empfehlungen ab, können sowohl die Hauptversammlung als auch der Betriebsrat unter bestimmten Voraussetzungen Beschwerde bei einer dafür eingesetzten staatlichen Kommission einlegen.

In den skandinavischen Staaten gibt es seit 1976 eine Minderheitsrepräsentanz der Arbeitnehmer im Verwaltungs- oder Aufsichtsrat der Aktiengesellschaften ab einer bestimmten Größenordnung. Auch Luxemburg kennt eine Arbeitnehmervertretung in den Verwaltungsräten. Dagegen wird die Mitbestimmung in England und den USA abgelehnt. Diese völlig unterschiedliche Grundhaltung liefert möglicherweise eine Erklärung dafür, wieso sich die deutschen Tochtergesellschaften von englischen und amerikanischen Konzernmüttern oft vor die Gerichte ziehen lassen, um dann die (für sie meist negative) Gerichtsentscheidung als Begründung für ihr Verhalten gegenüber den Mitbestimmungsträgern gegenüber der Muttergesellschaft vorweisen zu können.

Die Unternehmensfinanzierung ist in den einzelnen Ländern unterschiedlich geregelt. Alle Rechtsordnungen kennen aber Vorschriften zur Gläubigersicherung. Insbesondere darf das gesetzliche Mindestkapital nicht an die Gesellschafter ausgezahlt werden. Ebensowenig ist der Erwerb eigener Anteile gestattet. Diese Regeln gelten aber meist nur für die Aktiengesellschaften. In England und den USA gibt es bei der private company bzw. bei der close corporation kein vorgeschriebenes Mindestkapital. Vielmehr genügt es, im Gesellschaftsvertrag einen Betrag festzulegen, bis zu dem der Vorstand Anteile zur Kapitalbeschaffung ausgeben kann (authorized capital). Es ähnelt dem genehmigten Kapital nach deutschem Aktienrecht. Der Vorstand muß nicht bzw. nicht völlig von dieser Ermächtigung zur Kapitalbeschaffung Gebrauch machen. Man unterscheidet darüber hinaus zwischen dem tatsächlich eingezahlten Kapital (paid-up capital) und dem noch nicht eingezahlten, aber bereits als Haftungsgrundlage gewerteten Kapital (issued capital).

Die Rechnungslegung und die Publizität werden in den europäischen Kapitalgesellschaften durch die vierte oder Bilanzrichtlinie von 1978 und die siebte oder Konzernbilanzrichtlinie von 1983 geregelt, die zu einer weitgehenden Rechtsvereinheitlichung geführt haben. Eine derart einheitliche Rechnungslegung, die der Öffentlichkeit ein Bild über die Vermögens- und Ertragslage des Unternehmens gibt, kennen die Staaten der USA nicht. Es gibt dort aber eine bundesrechtliche Regelung zur Börsenaufsicht im Securities and Exchange Act, welche durch Vorschriften der Wirtschaftsprüferverbände ergänzt wird. Dies gilt aber nur für Gesellschaften, die an der Börse gehandelt werden. Bei der close corporation gibt es kaum Vorschriften zur Rechnungslegung oder Publizität.

In Frankreich gibt es ein Gesetz aus dem Jahre 1977, das die Unternehmen zur Aufstellung von Sozialbilanzen verpflichtet. Dazu gehören Belegschaftszahlen, Verdienstspannen, Kosten für Personal und Soziales, betriebliche Aus- und Weiterbildung, Arbeitsschutz, Altersversorgung und ähnliches.[301]

In den USA wird das Gesellschaftsrecht von den Einzelstaaten geregelt. Es wird vielfach behauptet, daß diese in ihrem Wetteifer darum, den Sitz großer Kapitalgesellschaften zu bekommen, den Schutz der Aktionäre und die Sicherung der Gläubiger vernachlässigen. Eine ähnliche Entwicklung könnte sich in den Mitgliedstaaten der EG ergeben, wenn es nicht gelingt, Richtlinien über Mindestschutzvorschriften zu verabschieden. Seit 1970 bemüht sich die EG-Kommission darum, eine Richtlinie über eine europäische Aktiengesellschaft durch den Ministerrat zu bringen. Erhebliche Interessenunterschiede vor allem auch in der Frage der Mitbestimmung haben aber bisher eine Verabschiedung verhindert. Neuerdings mehren sich die Stimmen, die die Kompetenz zur Verabschiedung gesellschaftsrechtlicher Vorschriften weiter bei den EG-Mitgliedstaaten ansiedeln wollen. Die Mitbestimmung soll dann im wesentlichen über europäische Betriebsräte verwirklicht werden, die aber nur Informationsrechte erhalten sollen. Auch in dieser Frage ist es aber bisher noch zu keiner Einigung gekommen.[302]

Bei der Auseinandersetzung um gesellschaftsrechtliche Richtlinien der EG wird vielfach übersehen, daß es auch andere Formen der Rechtsvereinheitlichung gibt, die sich bereits in den USA entwickelt haben. Dort gibt es z.B. einen Model Business Corporation Act, an den kein Einzelstaat gebunden ist, der aber doch als Vorbild für einige Novellierungen benutzt wurde. Bereits die Diskussionen um ein solches Modellgesetz zeigen, daß die einzelnen Mitgliedstaaten viel voneinander lernen können. Insofern müßte in Europa, ehe man zu einem einheitlichen Gesellschaftsrecht kommt, erst die Diskussion der Wissenschaftler und Praktiker zum Gesellschaftsrecht intensiviert werden. Es gibt, um nur ein Beispiel zu nennen, in Dänemark eine konzernbezogene Ausschüttungssperre, durch welche das erheblich höhere Kapitalstrukturrisiko des Konzerns neutralisiert wird.[303] Derartige Vorbilder der Gesetzgebung müssen erst diskutiert werden, ehe die Maschine zur Gesetzgebung angeworfen werden kann.

Hinzuweisen ist auf die Probleme des internationalen Gesellschaftsrechts. Insbesondere bei den sog. multinationalen Unternehmen fragt es sich, welcher nationalen Privatrechtsordnungen die Gesellschaften unterliegen. Hinzu kann die Frage kommen, ob sie als In- oder Ausländer zu behandeln sind.[304]

---

[301] Text in ZGR 1979, 381, dazu Martens, S. 387

[302] Vgl. Nagel, Erosion der Mitbestimmung und EG-Kommissionsentwürfe zur Europa-AG, Arbeit und Recht 1990, S. 205-213; ders. Der EG-Richtlinienentwurf zum europäischen Betriebsrat, Arbeit und Recht 1991, S. 161-166; zur gegenwärtigen Verhandlungssituation vgl. oben XI 2 d am Ende.

[303] Vgl. Theisen, Der Konzern, S. 349

[304] Vgl. Kübler, Gesellschaftsrecht, § 34, S. 414-423

Zur Vertiefung:

Allgemein: *Frommel/Thompson*, Company Law in Europe. London 1975; *Jura Europae*, Gesellschaftsrecht Bd. I-IV, 2. Aufl. 16. Lieferung. Stand 1990 (Loseblattausgabe); *Hachenburg/Behrens*, GmbH-Gesetz, 8. Aufl. 1989, Einl. Rdn. 106ff; *Pennington/Wooldridge*, Company Law in European Communities, 3. Aufl. 1982. *Lutter*, Kapital, Sicherung der Kapitalaufbringung und Kapitalerhaltung in den Aktien- und GmbH-Rechten der EWG, 1964; *ders.*: Stand und Entwicklung des Konzernrechts in Europa, ZGR 3/1987, S. 324-369; *Sugarman/Teubner* (Hrsg.), Regulating Corporate Groups in Europe, Baden-Baden 1990; *Conard*, (Hrsg.), Business and Private Organisations. International Encyclopedia of Comparative Law. Vol. XIII; prägnante Zusammenfassung in *Raiser, Th.*, Recht der Kapitalgesellschaften, S. 23-27.

Belgien: *Hoffmann*, Das neue Recht der Handelsgeselllschaften in Belgien, RiW 1985, 539 ff.

Dänemark: *Steininger*, Neue Entwicklungen im dänischen Gesellschaftsrecht, RiW 1983, 494 ff.

England: *Charlesworth and Morse*, Company Law. 14. Aufl. 1991; *Gower*, Principles of Modern Company Law, 4. Aufl. 1979, 2nd Suppl. 1988; *Hadden*, Company Law and Capitalism, 2. Aufl. 1977; *Meinhardt*, Der Englische Companies Act 1985, RiW 1987, 10 ff.; *Moellering/Koepsell,* Das neue englische Gesellschaftsrecht, RiW 1981, 517 ff.; *Palmers*, Company Law, 22. Aufl. 1976; *Pennington*, Company Law, 5. Aufl. 1985; *Scholtissek*, Companies Act und Nebengesetze von 1985, RiW 1985, 706 ff.

Europäische Gemeinschaft: *Lutter* (Hrsg.), Europäisches Unternehmensrecht, 3. Aufl. 1991; *Abeltshauser*, Strukturalternativen für eine europäische Unternehmensverfassung, 1990; *Buxbaum/Hopt*, Legal Harmonization and the Business Enterprise, 1988; *Meyer-Schatz*, Europäische Harmonisierung des Gesellschafts- und Kapitalmarktrechts, Wirtschaft und Recht 1989, S. 84-110.

Frankreich: *Hémard/Terré/Mobilat*,Sociétés commerciales, 1973 ff.; *Lemeunier*, Principes et pratique du droit des sociétés, 10. Aufl. 1989; *Sonnenberger*, Französisches Handels- und Wirtschaftsrecht, 2. Aufl. 1991; *Tillmanns*, Gesellschaftsrecht in Frankreich, 1989; *Tillmanns*, Das Groupement d'Intérèt Economique, Internationale Wirtschaftsbriefe 5 Gruppe 3, Seite 359 vom 10.8.1984; *Weyand*, Zur Einführung der Einmann-GmbH in Frankreich, RiW 1986, 418 ff.

Italien: *Verrucoli*, Italian Company Law, London 1977.

Österreich: *Kastner/Doralt/Nowotny*, Grundriß des österreichischen Gesellschaftsrechts, 5. Aufl. 1990.

Schweiz: *Forstmoser/Meier-Hayoz*, Einführung in das Aktienrecht, 3. Aufl. 1983.

Spanien: *Belke/Pfaar*, Rechtsformwahl in Spanien nach der Reform des spanischen Handels- und Gesellschaftsrechts, RiW-Beilage 21 zu Heft 11/1990; *Fischer/Fischer*, Das neue Aktiengesetz in Spanien, RiW 1991, 18 ff.; *Güntzer*, Die Reform des spanischen Gesellschaftsrechts, RiW 1989, 619 ff.; *Leonhardt/Lembach/Keil*, Aktiengesellschaft und GmbH in Spanien, 1990.

USA: *Cary/Eisenberg*, Corporations, 5. Aufl. 1980; *Conard*, Corporations in Perspective, 1976; *Eisenberg*, The Structure of the Corporation, 1976; *Jenning/Buxbaum*, Corporations, 5. Aufl. 1979; *Vagts*, Basic Corporation Law, 3. Aufl. 1988.

XVI. Perspektiven

Im Jahre 1992 erschien ein Buch von Günter Ogger mit dem Titel "Nieten in Nadelstreifen", das sich bis heute in den Bestsellerlisten weit oben behauptet. Es thematisiert die Fehlleistungen deutscher Manager anhand von sehr drastisch geschilderten Beispielen. Kritisiert werden nicht nur organisatorische Fehlleistungen, sondern auch falsche Unternehmensstrategien, erfolglose Fusionsbewegungen, Mängel der Überwachung durch die Aufsichtsräte und allgemein Bürokratismus. Am Ende eines Lehrbuchs des Unternehmens- und Konzernrechts soll die Diskussion um die Effizienz und Effektivität des Managements aufgegriffen werden, nicht, um im einzelnen die Stichhaltigkeit der Vorwürfe von Herrn Ogger zu überprüfen, wohl aber, um einige Schwachpunkte der Organisationsnormen aufzuzeigen, welche das Managerhandeln im Bereich des Unternehmensrechts regulieren.

Zu Anfang ist fairerweise festzustellen, daß die Handlungsbedingungen der Manager in den letzten Jahren erheblich schwieriger geworden sind. Dies hängt vor allem mit drei Entwicklungen zusammen: Zum einen wird der Wettbewerb auf den Waren- und Dienstleistungsmärkten härter, weil sich die Wirtschaftsbeziehungen internationalisieren. Dies hängt mit der Herstellung des europäischen Binnenmarkts und mit dem Fall der ökonomischen Schranken zu den ehemaligen Staatshandelsländern in den letzten Jahren zusammen. Einfache Produkte können zum Teil in Westeuropa nicht mehr konkurrenzfähig produziert werden, weil die osteuropäischen Wettbewerber mit extrem niedrigen Arbeitskosten operieren. Zum zweiten wird die wirtschaftliche Situation durch die zunehmenden Verflechtungen und Vernetzungen der Unternehmen immer komplizierter. Kam es früher zu Vollfusionen oder zumindest zur Übernahme von Mehrheitsbeteiligungen, so gehen die Unternehmen neuerdings dazu über, Vernetzungen und Abhängigkeiten durch klassische Schuldverträge in Kombination mit anderen vertraglichen oder faktischen Verflechtungsmitteln herzustellen. Hierzu gehören insbesondere die Beziehungen zwischen Herstellern und Zulieferern im Rahmen der Just-in-Time-Produktion und das Franchising, aber auch andere Netzwerke im Rahmen von Joint Ventures und Arbeitsgemeinschaften. Diese Netzwerke sind manchmal monozentristisch, manchmal polyzentristisch organisiert. In fast jedem Fall ist eine Abhängigkeit der peripheren von den zentralen Unternehmen festzustellen. Beim Franchising übernimmt die Funktion der Zentrale der Franchisegeber, bei der Just-in-Time-Zulieferung der Hersteller. Da die Abhängigkeit nicht gesellschaftsrechtlich vermittelt ist, sondern nach traditionellem Rechtsverständnis lediglich über Dauerschuldverhältnisse aus Lieferverträgen, zu denen weitere Verträge kommen können, entziehen sich diese Netzwerke jedenfalls nach herkömmlichem Verständnis einer konzernrechtlichen Betrachtung.

Nicht unerwähnt bleiben soll eine dritte Krisenursache, welche auf die Manager einwirkt. Die Finanzmärkte weiten sich immer mehr aus, werden immer unübersichtlicher und sind immer weniger durch die Zentralbanken beeinflußbar. Man spricht bereits vom Kasino-Kapitalismus. Der Kampf um die internationalen Märkte wird als Spiel begriffen. Bereits in offiziellen Papieren werden multinationale Konzerne als "Spieler" auf den diversen Märkten charakterisiert. Hinzu kommt: Der Finanzspekulant setzt in der Börse wie in einer Spielbank auf den Erfolg oder Mißerfolg eines oder mehrerer Konzerne. Es mag sein, daß sich die realen Grundlagen der Produktionsseite immer noch langfristig in diesem Spiel durchsetzen. Kurz und mittelfristig kann es durch Gerüchte und Moden jedoch zu erheblichen Verwerfungen kommen, gegen die kein Konzern gefeit ist.

Anstatt die Auswüchse dieser aus den Fugen geratenen Weltwirtschaft durch eine intelligente, interventionistische Struktur- und Konjunkturpolitik einzudämmen, sind die meisten Nationalstaaten einer Ideologie der Deregulierung verhaftet, welche das Übel durch Untätigkeit noch verstärkt und alle Hiobsbotschaften wie die Erhöhung der Arbeitslosenzahlen und den ökonomischen Zusammenbruch ganzer Regionen mit dem Glauben an die Selbstheilungskräfte des Marktes abwehrt.

Wer demgegenüber eine Politik der intelligenten Regulierung befürwortet, muß negative Erfahrungen aus der Vergangenheit zur Kenntnis nehmen. Diskutiert werden vor allem die sogenannten Mitnehmereffekte bei der Arbeitsmarktpolitik, es gibt aber auch negative Erfahrungen mit einer falschen Regulierung im Bereich des Unternehmens- und Konzernrechts.

Im folgenden sollen einige Bereiche des Unternehmens- und Konzernrechts genannt werden, in denen eine neue, intelligente Regulierung notwendig ist.

Die Vermischung von Personal- und Kapitalgesellschaften sollte abgeschafft werden. Die GmbH & Co. KG ist ein unternehmensrechtliches Ungeheuer, das lediglich für Steuerberater und Rechtsanwälte vorteilhaft ist. Die Schweiz als ein Musterland des Kapitalismus hat bis heute überlebt, obwohl dort die Vermischung von Personal- und Kapitalgesellschaften nicht zulässig ist. Realistisch erscheint eine solche Gesetzesänderung allerdings erst, wenn auch die Besteuerung reformiert wird. Auch wenn das Ziel der einheitlichen Unternehmensbesteuerung noch in weiter Ferne liegen dürfte, gibt es doch die Möglichkeit, die steuerliche Behandlung von Personal- und Kapitalgesellschaften so stark anzugleichen, daß der Anreiz zum Wechsel der Rechtsform und zur Typenmischung schwindet.

Ein zweiter wichtiger Punkt ist die Vielfalt der Gesellschaftsformen. Der Gesetzgeber muß sie eindämmen. Insbesondere die GmbH hat sich als sehr konkursanfällig erwiesen, weil sie die Gründer zur Unterkapitalisierung geradezu einlädt und weil eine angemessene Erhaltung des Grundkapitals nicht gesichert ist. Der Vorschlag, die GmbH ganz abzuschaffen und stattdessen die kleine Aktiengesellschaft von den Rigiditäten des gegenwärtig noch geltenden Aktiengesetzes zu entlasten, geht möglicherweise zu weit. Als zweitbeste Lösung ist aber zumindest eine gesetzgeberische Schranke gegen Mißbräuche notwendig. So sollte der Grundsatz verankert werden, daß eine Aufspaltung eines Konzerns in viele kleine GmbHs mit dem Ziel der Haftungssegmentierung zur vollen persönlichen Haftung des Konzernherrn führt. Damit würden viele komplizierte richterrechtliche Konstruktionen zum qualifiziert faktischen Konzern entfallen. Daneben muß auch für die GmbH gesichert werden, daß wie bei der AG Einlagen nicht an die Gesellschafter zurückgewährt werden dürfen und nur der Bilanzgewinn verteilt werden darf.

Drittens ist eine Bereinigung des Konzernrechts erforderlich, das gegenwärtig noch zu stark auf die Aktiengesellschaft ausgerichtet ist. Bei einer besonders engen faktischen Anbindung eines Unternehmens an ein anderes, die nicht nur durch Kapitalverflechtungen, sondern auch durch organisatorische Maßnahmen wie z.B. eine einheitliche EDV-Organisation sichergestellt werden kann, muß es eine Verlustausgleichspflicht des herrschenden Unternehmens nach dem Rechtsgedanken von § 302 AktG geben. Bei richtiger Interpretation von § 17 AktG ist dies schon heute möglich; wenn sich die Rechtsprechung weigern sollte, diesen Weg zu gehen, müßte man dieses Ergebnis durch eine Gesetzesänderung sicherstellen.[305]

Kleine und mittlere Unternehmen halten sich nach wie vor sehr bedeckt, was ihre Bilanzdaten sowie ihre Gewinn- und Verlustrechnung angeht. Zum Teil geschieht dies unter offenem Verstoß gegen das HGB bzw. das Publizitätsgesetz. Gegen dieses Verhalten müßte die Rechtsordnung schärfer vorgehen. Insbesondere müßte es möglich sein, Geldbußen nach dem Ordnungswidrigkeitengesetz zu verhängen. Schutzzweck ist zwar auch das Informationsinteresse einer allgemeinen Öffentlichkeit, noch mehr aber die Funktionsfähigkeit des Marktes, der Informationen über entscheidungsrelevante Daten benötigt. Bisher hat sich die Bundesrepublik zwar, wenn auch meist mit Verspätung, an die entsprechenden EG-Richtlinien angepaßt. Solange die materiell-rechtlichen Vorschriften allerdings nicht mit ausreichenden Sanktionsnormen abgestützt werden, werden Umgehungen an der Tagesordnung bleiben.

Nach französischem Vorbild sollten die Unternehmen verpflichtet werden, sog. Sozialbilanzen aufzustellen, in denen über Leistungen und Kosten im Bereich Personal und Soziales detailliert berichtet wird. Anfängliche Hoffnungen, daß die Unternehmen aus freien Stücken über diese Themen umfassend berichten, haben sich nicht bestätigt.

Spektakuläre Fehlentscheidungen und Informationsblockaden bei großen Konzernen wie der Volkswagen AG und der Metallgesellschaft haben gezeigt, daß die Kontrolle der Vorstände und Geschäftsführungen durch die Aufsichtsräte verbessert werden muß. Ein wichtiger Ansatz hierzu ist die Verstärkung der Arbeitnehmermitbestimmung in den Aufsichtsräten. Als Mittel hierzu ist der Wegfall des sogenannten Doppelstimmrechts des Aufsichtsratsvorsitzenden anzusehen, der in aller Regel von der Anteilseignerseite gestellt wird. Dadurch wird einem Mißstand abgeholfen, der die Arbeitnehmerseite im Aufsichtsrat beeinträchtigt: Bisher muß sie von vornherein einkalkulieren, im Falle einer Kampfabstimmung von der Anteilseignerseite überstimmt zu werden. Entsprechend verringert sich das Gewicht, das sie der Unternehmensmitbestimmung beimißt. Verbessert sich hier die Situation, so verbessert sich auch die Kontrollkompetenz des Aufsichtsrats.

Mit Hilfe des Depotstimmrechts haben sich die Banken in den Aufsichtsräten der deutschen Großunternehmen eine Stellung verschafft, der allenfalls die japanischen Banken etwas Vergleichbares entgegenzusetzen haben. Diese ungeheure Macht muß stärker als bisher kontrolliert werden. Eine Einschränkung des Depotstimmrechts würde in vielen Fällen dazu führen, daß die Stimmrechte in den Hauptversammlungen überhaupt nicht wahrgenommen werden, weil die Kleinaktionäre nur ein geringes Interesse daran haben, ihre Verwaltungsrechte zu nutzen. Gangbar ist aber ein anderer Weg: Zur Kontrolle der Bankenmacht sollte eine Bankenkommission eingesetzt werden, die nach dem Modell der Monopolkommission zusammenzusetzen wäre und das Recht erhalten müßte, mit beratender Stimme an den Sitzungen der Aufsichtsräte der Großbanken teilzunehmen. Dadurch würde die Bankenmacht zumindest transparenter. Es könnten Erfahrungen gesammelt werden, die später zu einer weiteren Verstärkung der Aufsicht über die Banken genutzt werden könnten. Hinzu kommt, daß für den sogenannten Eigenbesitz, also die Beteiligung von Banken an Nichtbanken, eine Obergrenze von 5 % oder 10 % eingeführt werden muß, wie von vielen Seiten gefordert wird.

---

[305] Vgl. schon Nagel, Der Lieferant on-line, unternehmensrechtliche Probleme der Just-in-Time-Produktion am Beispiel der Automobilindustrie, DB 1988, S. 2291

Der sogenannte Kasino-Kapitalismus hat dazu geführt, daß weltweit täglich mit hohen Summen spekuliert wird. Die nationalen Zentralbanken sind nicht mehr in der Lage, diese Spekulation einzudämmen. Als erster Schritt sollten daher internationale Börsenregeln geschaffen werden, durch die betrügerische Spekulationen weitgehend verhindert und Börsenzusammenbrüche durch Kumulation von computerprogrammierten Entscheidungen vermieden könnten.

Dies sind nur einige Vorschläge, die sich dazu hin noch auf das Recht der Kapitalgesellschaften konzentrieren. Sie könnten durch Vorschläge zur Reform des Handelsgesetzbuchs ergänzt werden. Es müßte von seiner Grundkonzeption her völlig überarbeitet werden; man müßte es von einem Gesetz zur Regelung des Rechts des "Handelsstandes" zu einem Unternehmensgesetzbuch weiterentwickeln. Karsten Schmidt hat im Rahmen eines Seminars Vorschläge in diese Richtung erarbeitet.[306] Sie gehen insbesondere von der überkommenen Kaufmannseigenschaft ab und definieren Unternehmen als "alle Rechtsträger, die unternehmerisch tätig sind oder vom Gesetz ohne Rücksicht auf ihren Zweck und Gegenstand dem Unternehmensgesetzbuch unterstellt werden". Als ein Teil dieses Unternehmensgesetzbuchs wären allgemeine Regeln des Konzernrechts zu kodifizieren, welche sowohl einen Konzerneingangsschutz als auch eine Konzernverhaltenskontrolle beinhalten.

Zu ergänzen wäre die unternehmensrechtliche Seite durch ein verbessertes Kartellrecht, das in den Grenzen der Europäischen Union einheitlich gelten müßte. Die Ansätze, die hierzu im Rahmen von Artikel 85 und Artikel 86 des EWG-Vertrages sowie der Fusionskontrollverordnung entwickelt wurden, müßten erweitert werden. Der Vollzug müßte in einem Europäischen Kartellamt gesichert werden.

Ein Dauerproblem wird bestehen bleiben: Die Grenzziehung zwischen Unternehmensrecht und allgemeinen Schuldvertragsrecht kann nicht nach formalen Gesichtspunkten, sondern nur funktional erfolgen. Die Gerichte werden mehr und mehr dazu übergehen müssen, unternehmens- und konzernrechtliche Regelungen analog auf Langzeitverträge anzuwenden, in denen sich äquivalente Abhängigkeiten zwischen den beteiligten Unternehmen entwickeln. So wird der dialektische Prozeß der gleichzeitigen Ausdifferenzierung und Wiederverknüpfung beider Rechtsgebiete weitergehen.

Bernhard Nagel

[306] DB 1994, S. 515-521

Stichwortverzeichnis

www.ingramcontent.com/pod-product-compliance
Lightning Source LLC
LaVergne TN
LVHW081331011026
849161LV00013BB/2901